大学计算机课程精品系列

普通高等院校新形态一体化“十三五”规划教材

河南省首批精品在线开放课程配套教材

大学计算机——面向计算思维

（微课+慕课版）

夏敏捷　齐　晖◎主　编

金　秋　孔梦荣　周雪燕　杨要科◎副主编

中国铁道出版社有限公司

CHINA RAILWAY PUBLISHING HOUSE CO., LTD.

内 容 简 介

本书依据教育部大学计算机课程教指委发布的《高等学校计算机基础课程教学基本要求》，结合计算机最新技术以及高等学校计算机基础课程改革的最新动向编写而成。本书基于新工科理念，阐述如何运用计算机科学的基础概念进行问题求解、系统设计以及人类行为理解，重点培养学生利用计算思维解决系统性、工程性问题的能力，为后续程序设计课程、信息系统开发以及专业课程的学习奠定坚实基础。全书内容包括计算、计算机与计算思维，数据的计算基础，计算系统与机器级程序的执行，计算思维与管理，万物互联，数据库与大数据技术，算法与程序设计基础，人工智能技术和信息素养。本书结构严谨、叙述准确，按照计算思维能力培养的要求，由浅入深，由易到难，系统展开。

本书适合作为高等院校非计算机专业“大学计算机”课程的教材，也可作为计算机技术培训教材和自学参考书。

图书在版编目（CIP）数据

大学计算机：面向计算思维：微课 + 慕课版 / 夏敏捷，齐晖主编 . —
北京：中国铁道出版社有限公司 , 2020.8（2022.8 重印）
大学计算机课程精品系列　普通高等院校新形态一体化
“十三五”规划教材
ISBN 978-7-113-27179-4

Ⅰ. ①大…　Ⅱ. ①夏…　②齐…　Ⅲ. ①电子计算机-
高等学校 - 教材　Ⅳ. ①TP3

中国版本图书馆 CIP 数据核字（2020）第 153108 号

书　　名：大学计算机——面向计算思维（微课 + 慕课版）
DAXUE JISUANJI——MIANXIANG JISUAN SIWEI(WEIKE+MUKE BAN)
作　　者：夏敏捷　齐　晖

策　　划：韩从付　　　　　　编辑部电话：（010）51873202
责任编辑：刘丽丽　彭立辉
封面设计：刘　颖
责任校对：张玉华
责任印制：樊启鹏

出版发行：中国铁道出版社有限公司（100054，北京市西城区右安门西街 8 号）
网　　址：http://www.tdpress.com/51eds/
印　　刷：三河市国英印务有限公司
版　　次：2020 年 8 月第 1 版　2022 年 8 月第 3 次印刷
开　　本：787 mm×1 092 mm　1/16　印张：17　字数：406 千
书　　号：ISBN 978-7-113-27179-4
定　　价：49.80 元

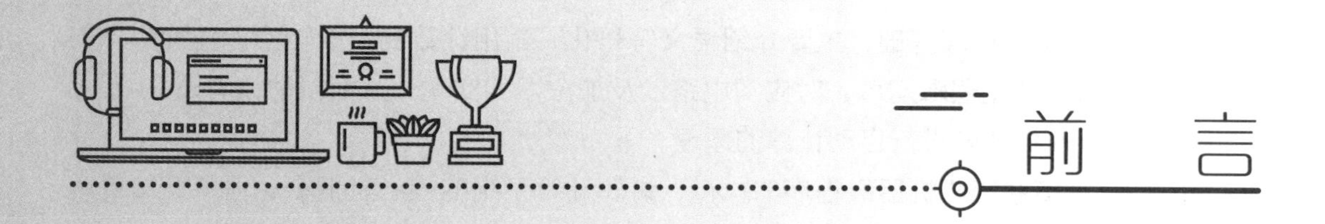

前言

2006年，周以真教授在美国ACM刊物上发表文章，提出计算思维的概念，激发和推进了学术界和社会对于计算思维的普遍关注和热烈探讨。概括地讲，计算思维是运用计算机科学的基础概念进行问题求解、系统设计，以及人类行为理解等涵盖计算机科学之广度的一系列思维活动。在面向信息社会的教育教学改革中，计算思维能力的培养已成为新工科建设的重点内容与核心观念，作为新工科建设的基础课程，“大学计算机”的教育必须始终贯彻这一理念。对大学生计算思维能力的培养，与数学和物理学的思维能力一样，在人才培养中都具有核心价值。

以往对学生科学思维能力的培养，基本都是依靠数学和物理学两大类课程训练。学习数学培养严谨的逻辑思维能力，学习物理学培养理性的实证能力，对于通过学习计算机应用培养计算思维能力重视不足，总体比重偏低，成为三大思维能力培养的短板。随着电子商务、数字媒体、智慧城市、网络安全等新概念应时而起，人类已经进入大数据时代，出现了数据密集型科学，产生了许多颠覆性的创新。计算思维在理解复杂的社会问题、经济运行以及人类行为方面，提供了一种描述现实世界的新的、有用的概念范型。由于信息技术已经渗透到工科的所有领域，传统的数学和物理思维能力培养已无法满足信息社会的发展要求，计算思维能力培养的重要性日益突显。

在此背景下，如何在全面培养学生的科学思维能力和综合素质基础上，进一步加强计算思维能力培养，已成为“大学计算机”教育教学的新课题。当然，对计算思维能力的培养，既不能片面理解为教会学生“各种计算机软硬件的应用”，也不能狭义地理解为“计算机语言程序设计”等细枝末节的东西，而是着眼于培养学生的思维意识，全面提高学生利用计算机技术解决问题的思维能力和研究能力，以及在此基础上的系统分析能力，包括培养学生在面对问题时具有计算思维的主动意识，以及应用计算思维解决问题的良好习惯。

本书就是基于培养高校学生计算思维能力而编写的一门大学计算机基础教材，按照计算思维能力培养的逻辑顺序，由浅入深，由易到难，系统展开。本书建议教学学时为45学时，其中理论课程为35学时，实践课程为10学时，各学校在教学过程中可根据专业类别、学生层次和学时的不同，选择书中的内容组织教学，应以实践为主线安排教学进度。

全书共分9章，主要内容如下：

第1章 计算、计算机与计算思维，首先带领读者走进计算机，讲述计算、计算机、计算思维的基本概念，以及计算工具的发展、计算机的基础知识，从计算模型着手，讲解计算机的工作原理和整体结构，以及基于计算机进行问题求解的一般过程。

第 2 章 数据的计算基础，主要介绍语义符号化、常用计数制及其转换、各种信息的编码，计算机中常见逻辑运算、对应门电路以及加法器的实现，从而帮助读者建立 0、1 思维，理解计算机能够进行自动计算的原理。

第 3 章 计算系统与机器级程序的执行，讲解计算系统的核心是指令、程序及其自动执行，介绍冯·诺依曼计算机、机器指令与机器级程序、程序的自动存取与自动执行的基本原理，以及机器指令与机器级程序的执行过程。

第 4 章 计算思维与管理，讲述操作系统的概念、操作系统的基本功能、分类及发展，理解存储体系和现代计算机的工作过程，并以 Windows 10 操作系统为例，介绍如何使用操作系统管理和控制计算机的软硬件资源，包括处理机管理、文件与磁盘管理和设备管理。

第 5 章 万物互联，介绍构成网络化社会的核心——互联网，以及网络化社会的基础——物联网，同时介绍了目前信息网络中信息的组织、传播、搜索方式，并通过经典案例讨论了基于互联网的思维模式的转变与创新。

第 6 章 数据库与大数据技术，介绍数据管理技术的发展、数据库的基础知识、数据库的基本模型和关系模型；了解大数据相关的计算思维以及数据库设计的一般步骤和大数据基础知识。

第 7 章 算法与程序设计基础，从算法的角度介绍程序设计，同时介绍目前常用的两种程序设计方法——结构化程序设计与面向对象程序设计，以及使用 Raptor 编程设计程序。

第 8 章 人工智能技术，介绍人工智能的基本概念、发展史及具体应用领域。同时对人工智能的研究分支——机器学习、知识图谱和知识推理、自然语言处理进行介绍，以增强读者对人工智能技术的切身体验。

第 9 章 信息素养，介绍在 Office 2010 环境下，信息排版和电子表格处理方面的知识，这是和人们学习生活更为贴近的一种能力，是必备的信息素养。

本书由夏敏捷、齐晖任主编，金秋、孔梦荣、周雪燕、杨要科任副主编，李枫、潘惠勇、刘姝、胡海燕参与编写。其中：第 1 章由杨要科编写，第 2 章由金秋编写，第 3 章由齐晖、李枫编写，第 4 章由孔梦荣编写，第 5 章由周雪燕编写，第 6 章由潘惠勇编写，第 7 章由胡海燕（郑州轻工业大学）编写，第 8 章由夏敏捷编写，第 9 章由刘姝编写，高丽平老师参与本书视频录制工作。全书由夏敏捷、齐晖审阅并统稿。

本书是一本侧重培养大学生计算机思维能力，重点讲解计算科学思想和方法的大学计算机教材，但由于新生的计算机基础水平参差不齐，“大学计算机”这门课教学内容的选取及相应教材的编写依然是难点。鉴于这样的特殊性，加之编者学识水平所限，书中疏漏和不妥之处在所难免，恳请广大师生不吝指正。

编　者

2020 年 5 月

目　录

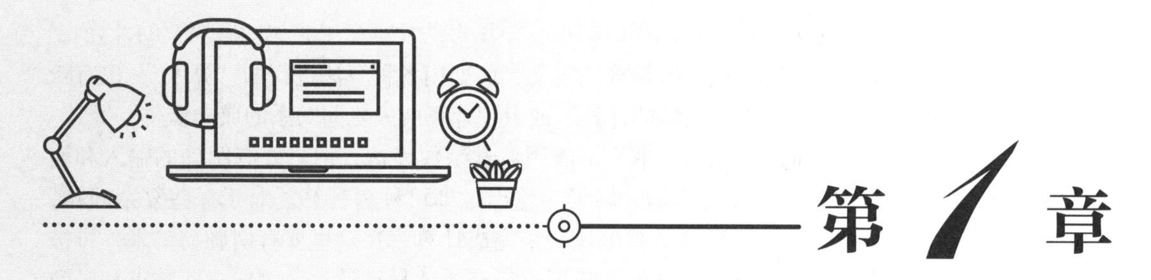

第 1 章 计算、计算机与计算思维

随着计算机、互联网和人工智能技术的发展，计算与社会、自然等各学科深度融合，并向高端技术发展。在当今信息化社会中，计算思维是所有学生都应该掌握的基本思维模式，是促进学科交叉、融合和创新的重要思维模式。本章将介绍计算、计算机与计算思维的基本概念，以及计算机安全基础知识，在此基础上希望能引领大家未来的学习方向。

学习目标：

- 掌握计算、计算机、计算思维的基本概念。
- 了解计算工具和计算机的发展过程。
- 了解并掌握计算模型及计算机系统。
- 理解计算思维方法及实现过程。
- 了解并掌握计算机安全基础知识。

1.1 计　　算

1.1.1 计算的基本概念

计算就是基于规则的、符号集的变换过程，即从一个按照规则组织的符号集合开始，再按照既定的规则一步步地改变这些符号集合，经过有限步骤之后得到一个确定的结果。可以简单地理解为“数据”在“运算符”的操作下，按照“计算规则”进行的数据变换。

计 算

人们从小就开始学习和训练的算术运算，如1+2=3、3×4=12、16−7=9，就是简单计算，这里就是指“数据”在“运算符”的操作下，按照“计算规则”进行的数据变换。人们不断学习和训练的是各种运算符的“计算规则”及其组合应用，目的是通过计算得到正确的结果。

广义地讲，一个函数$f(x)$，如

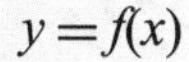

$$y=f(x)$$

把x变成y就可认为是一次计算，与各种函数及其“计算规则”一样，应用这些规则求解问题，就可以得到正确的计算结果。“计算规则”可以学习与掌握，但使用“计算规则”进行计算却可能超出了人的计算能力，即知道规则但却没有办法得到计算结果，比如圆周率的计算。

其实，计算的定义有许多种方式，有精确的定义，例如用各种算法进行的“算术”；也有较为抽象的定义，例如在一场竞争中“策略的计算”或者“计算两人之间关系的成功概率”等。

从计算机学科角度，任何函数$f(x)$，不一定能用数学函数表达，但只要有明确的输入和输出，并有明确的可被机器执行的步骤将输入转换为输出，即可称为计算。对于一些复杂问题，需要设计一些简单的规则，能够让机器重复地执行来完成计算，在这里要有明确的输入、可被机器执行的步骤、输出。只有这样，才能使用机器进行有效的自动计算。例如，两数求和函数的计算、排序函数的计算。

1.1.2　计算工具的探索

随着社会生产力的发展，计算工具不断得到相应的发展。世界上最早的计算工具是古代中国人发明的算筹，在算筹的使用过程中，由于携带不方便及容易损坏等原因，到公元六七百年前，中国人发明了更加方便的算盘，并一直沿用至今；而在国外，自17世纪以来的近400年内，计算工具的发展主要有1642年法国物理学家帕斯卡（Blaise Pascal，1623—1662）发明的齿轮式加法器，1672年德国数学家莱布尼茨（Gottfriend Wilhelm Leibniz，1646—1716）在帕斯卡的基础上增加了乘除法器研制出能进行四则运算的机械式计算器等。

在近代的计算机发展史中，起奠基作用的是英国数学家查尔斯·巴贝奇（CharlesBabbage，1791—1871）。他于1822年、1834年先后设计了以蒸汽机为动力的差分机和分析机。虽然受当时技术和工艺的限制都没有成功，但是分析机已使计算机具有输入、处理、存储、输出及控制5个基本装置的构想，成为今天计算机硬件系统组成的基本框架。1936年，美国霍德华·艾肯（Howard Aiken，1900—1973）提出用机电方法实现巴贝奇分析机的想法，并在1944年制造成功MarkI计算机，使巴贝奇的梦想变为现实。

20世纪40年代中期，由于在导弹、火箭和原子能的研究过程中，需要解决一些复杂的数学问题，传统的计算方式计算速度慢、精度差，无法满足需要，因此，迫切需要研制计算速度快、精度高和能够自动控制的电子计算机。世界上第一台电子计算机ENIAC（Electronic Numerical Integrator And Calculator，电子数字积分计算机）于1946年在美国宾夕法尼亚大学研制成功，如图1–1所示。它使用了18 800个电子管，1 500个继电器及其他器件，占地面积170 m^2，质量为30 t，功率约150 kW，每秒可进行5 000次加减法运算或400次乘法运算。虽然第一台电子计算机还有许多缺点（如存储容量太小、程序是用线路连接的方式实现不便于使用等），但毕竟提高了计算速度。ENIAC的问世具有划时代的意义，象征着电子计算机时代的到来，实现了计算工具由机械计算机时代到电子计算机的过渡。

图1–1　ENIAC

1.2　计　算　机

简单来讲，计算机就是能够执行程序、完成各种自动计算的机器，包括软件和硬件。软件是运行在硬件设备上的各种程序；硬件是指能够看得见摸得着的设备。下面介绍计算机的发展、计算机的基础知识，以及计算机新技术等内容。

1.2.1　计算机的发展

1. 计算机的分代

从第一台电子计算机诞生至今，计算机技术得到了迅猛的发展。通常，根据计算机所采用的主要物理器件，可将计算机的发展大致分为4个阶段：电子管时代、晶体管时代、中小规模集成电路时代、大规模和超大规模集成电路时代。表1–1所示为四代计算机的主要特征。

表 1–1　四代计算机的主要特征

指标	年　代			
	第一代（1946—1957）	第二代（1958—1964）	第三代（1965—1970）	第四代（1971年至今）
电子器件	电子管	晶体管	中小规模集成电路	大规模和超大规模集成电路
主存储器	阴极射线示波管静电存储器、水银延迟线存储器	磁芯、磁鼓存储器	磁芯、半导体存储器	半导体存储器
运算速度	几千次～几万次/秒	几十万次～百万次/秒	百万次～几百万次/秒	几百万次～千亿次/秒
技术特点	辅助存储器采用磁鼓；输入/输出装置主要采用穿孔卡；使用机器语言和汇编语言编程，主要用于科学计算	辅助存储器采用磁盘和磁带；提出了操作系统的概念；使用高级语言编程，应用开始进入实时过程控制和数据处理领域	磁盘成为不可缺少的辅助存储器，并开始采用虚拟存储技术；出现了分时操作系统，程序设计采用结构化、模块化的设计方法	计算机体系结构有了较大发展，并行处理、多机系统、计算机网络等进入实用阶段；软件系统工程化、理论化，程序设计实现部分自动化

第五代计算机，也就是智能电子计算机正在研究过程中，目标是希望计算机能够打破以往固有的体系结构，能够像人一样具有理解自然语言、声音、文字和图像的能力，并且具有说话的能力，使人–机能够用自然语言直接对话，它可以利用已有的和不断学习到的知识，进行思维、联想、推理并得出结论，能解决复杂问题，具有汇集、记忆、检索有关知识的能力。另外，人们还在探索研究各种新型的计算机，如生物计算机、光子计算机、量子计算机、神经网络计算机等。

2. 微型计算机发展

日常生活中人们使用最多的个人计算机（Personal Computer，PC）又称微型计算机，其主要特点是采用中央理器（Central Processing Unit，CPU）（在微型计算机中常称为微处理器）作为计算机的核心部件。按照计算机使用的微处理器的不同，形成微型计算机不同的发展阶段。

第一代，1971—1972年。Intel公司于1971年利用4位微处理器Intel 4004，组成了世界上第一台微型计算机MCS-4。1972年，Intel公司又研制了8位微处理器Intel 8008，这种由4位、8位微处理器构成的计算机，人们通常把它们划分为第一代微型计算机。

第二代，1973—1977年。1973年开发出了第二代8位微处理器。具有代表性的产品有Intel公司的Intel 8080，Zilog公司的Z80等。由第二代微处理器构成的计算机称为第二代微型计算机。它的功能比第一代微型计算机明显增强，以它为核心的外围设备也有了相应发展。

第三代，1978—1980年。1978年开始出现了16位微处理器，代表性的产品有Intel公司的Intel 8086等。由16位微处理器构成的计算机称为第三代微型计算机。

第四代，1981—1992年。1981年，采用超大规模集成电路构成的32位微处理器问世，具有代表性的产品有Intel公司的Intel 386、Intel 486、Zilog公司的Z8000等。用32位微处理器构成的计算机称为第四代微型计算机。

第五代，1993—2002年。1993年以后，Intel又陆续推出了Pentium、Pentium Pro、Pentium MMX、Pentium Ⅱ、Pentium Ⅲ和Pentium 4，这些CPU的内部都是32位数据总线宽度，所以都属于32位微处理器。在此过程中，CPU的集成度和主频不断提高，带有更强的多媒体效果。

第六代，2003年至今。2003年9月，AMD公司发布了面向台式机的64位处理器：Athlon 64和Athlon 64 FX，标志着64位微型计算机的到来；2005年2月，Intel公司也发布了64位处理器。由于受物理元器件和工艺的限制，单纯提升主频已经无法明显提高计算机的处理速度，2005年6月，Intel公司和AMD公司相继推出了双核心处理器；2006年，Intel公司和AMD公司发布了四核心桌面处理器。多核心架构并不是一种新技术，以往一直运用于服务器，所以将多核心也归为第六代——64位微处理器。

总之，微型计算机技术发展异常迅猛，平均每两三个月就有新产品出现，平均每两年芯片集成度提高一倍，性能提高一倍，价格反而有所降低。微型计算机将向着质量更小、体积更小、运行速度更快、功能更强、携带更方便、价格更便宜的方向发展。

1.2.2 计算机基础知识

1. 计算机发展趋势

目前，计算机会朝着微型化、巨型化、网络化和智能化4个方向发展。

（1）微型化

微型化是指体积更小、功能更强、可靠性更高、携带更方便、价格更便宜、适用范围更广的计算机系统。微型计算机已嵌入电视、电冰箱、空调等家用电器以及仪器、仪表等小型设备中，同时也进入工业生产中作为主要部件控制着工业生产的整个过程，实现了生产过程自动化。

（2）巨型化

巨型化是指运算速度更快、存储容量更大、功能更强的巨型计算机。巨型计算机的发展集中体现了计算机科学技术的发展水平，主要用于尖端科学技术和军事国防系统的研究开发，以及大型工程计算、科学计算、数值仿真、大范围天气预报、地质勘探、高性能飞机船舶的模拟设计、核反应处理等尖端科学技术研究。

（3）网络化

计算机网络是现代通信技术与计算机技术相结合的产物。网络化就是利用现代通信技术和计算机技术，将分布在不同地点的计算机连接起来，在网络软件的支撑下实现软件、硬件、数据资源的共享。目前，使用最广泛的计算机网络是Internet，人们以某种形式将计算机连接到网络上，以便在更大的范围内，以更快的速度相互交换信息、共享资源和协同工作。

（4）智能化

让计算机模拟人的感觉、行为、思维过程等，使计算机具有视觉、听觉、语言、推理、思维、学习等能力，成为智能型计算机。其中，最具代表性的领域是专家系统和机器人，机器人是一种能模仿人类智能和肢体功能的计算机操作装置，可以完成工业、军事、探险和科学领域中的复杂工作。2017年，更是有人工智能系统AlphaGo与围棋世界冠军柯洁的人机大战3：0获胜。计算机正朝着智能化的方向发展，并越来越多地代替人类的脑力劳动。

2. 计算机的应用

计算机应用涉及科学技术、工业、农业、军事、交通运输、金融、教育及社会生活的各个领域，归纳起来有以下六方面。

（1）科学计算

科学计算也称数值运算，是指用计算机来解决科学研究和工程技术中所提出的复杂的数学问题。科学计算主要包括数值分析、运筹学、模仿和仿真、高性能计算，是计算机十分重要的应用领域。计算机技术的快速性与精确性大大提高了科学研究与工程设计的速度和质量，缩短了研制时间，降低了研制成本。例如，卫星发射中卫星轨道的计算、发射参数的计算、气动干扰的计算，都需要高速计算机进行快速而精确的计算才能完成。

（2）信息处理

人类在科学研究、生产实践、经济活动和日常生活中每时每刻都在获得大量的信息，计算机在信息处理领域已经取得了辉煌的成就。据统计，世界上70%以上的计算机主要用于信息处理，因此，计算机也早已不再是传统意义上的计算工具了。信息处理的主要特点是数据量大，计算方法简单。计算机具有高速运算、海量存储、逻辑判断等特点，已成为信息处理领域最强有力的工具，被广泛用于信息传递、情报检索、企事业管理、商务、金融、办公自动化等领域。

（3）实时控制

实时控制又称过程控制，要求及时地检测和收集被控对象的有关数据，并能按最佳状况进行自动调节和控制。利用计算机可以提高自动控制的准确性，例如，在现代工业生产中大量出现的智能仪表、自动生产线、加工中心，乃至无人车间和无人工厂，其高度复杂的过程及自动化程度，大大提高了生产效率和产品质量，改善了劳动条件，节约能源并降低了成本。过程控制的突出特点是实时性强，即计算机的反应时间必须与被控过程的实际所需时间相适应。实时控制广泛用于工业、现代农业、交通运输、军事等领域。

（4）计算机辅助系统

计算机辅助系统包括计算机辅助设计（Computer Aided Design，CAD）、计算机辅助教学（Computer Aided Instruction，CAI）、计算机辅助制造（Computer Aided Management，CAM）、计算机辅助工程（Computer Aided Engineering，CAE）等。计算机辅助系统可以帮助人们有效地提高工作效率，现代的一些无人工厂正是借助各类辅助系统实现从订单、设计、图纸到工艺、制造以及销售的全自动过程。

（5）人工智能

人工智能是计算机科学理论的一个重要领域。人工智能是探索和模拟人的感觉和思维过程的科学，它是在控制论、计算机科学、仿生学、生理学等基础上发展起来的新兴的边缘学科。其主要内容是研究感觉与思维模型的建立，图像、声音、物体的识别。目前，人工智能在机器人研究和应用方面方兴未艾，对机器人视觉、触觉、嗅觉、语音识别等领域的研究已经取得了很大进展。

（6）多媒体技术

多媒体技术是指计算机能够综合处理声音、文字、图形、图像、动画、音频、视频等多种媒体信息的技术。多媒体技术使计算机不再只涉及那些单调的数字和字符，而是从“计算”和“文字处理”迅速扩展到“综合信息处理”。将多媒体计算机系统与电视机、传真机、音响、电话机等电子设备结合起来，在网络的作用下，可实现世界范围内的信息交换和信息存取，如网络新闻、电子图书、网上直播、网上购物、远程教学、股票交易、电子邮件等，从根本上改变人们的生活与工作习惯。

1.2.3 计算机新技术

在计算机技术浪潮风起云涌的今天，正在兴起的大数据、人工智能、云计算、互联网+、物联网等产业被视为IT产业的一次工业革命，它将带动当今社会的工作方式和商业模式发生根本性变化。

1. 人工智能

人工智能（Artificial Intelligence，AI）是研究、开发用于模拟、延伸和扩展人的智能的理论、方法、技术及应用系统的一门新的技术科学。从1956年以麦卡赛、明斯基、罗切斯特和香农等正式提出人工智能学科算起，60多年来，取得长足的发展，成为一门广泛的交叉和前沿学科。2019年3月4日，我国已将与人工智能密切相关的立法项目列入立法规划。

人工智能在计算机上的实现有2种不同方式。一是工程学方法，即采用传统的编程技术，使系统呈现智能的效果，而不考虑所用方法是否与人或动物机体所用的方法相同。它已在文字识别、计算机下棋等领域内做出了成果。二是模拟法，它不仅要看效果，还要求实现方法也和人类或生物机体所用的方法相同或相类似，如遗传算法和人工神经网络等。遗传算法模拟人类或生物的遗传-进化机制，人工神经网络则是模拟人类或动物大脑中神经细胞的活动方式。

人工智能包括五大核心技术，即计算机视觉、机器学习、自然语言处理、机器人和语音识别。

①计算机视觉：指计算机从图像中识别出物体、场景和活动的能力。其应用包括医疗成像分析和人脸识别。医疗成像分析被用来提高疾病预测、诊断和治疗；人脸识别被Facebook用来自动识别照片里的人物、在安防及监控领域被用来指认嫌疑人等。

②机器学习：指计算机系统无须遵照显式的程序指令，而只依靠数据来提升自身性能的能力。机器学习是从数据中自动发现模式，模式一旦被发现便可用于预测。其应用包括欺诈甄别、销售预测、库存管理、石油和天然气勘探，以及公共卫生等。

③自然语言处理：指计算机拥有的人类般的文本处理能力。例如，从文本中提取意义，甚至从那些可读的、风格自然、语法正确的文本中自主解读出含义。其应用包括分析顾客对某项特定产品和服务的反馈、自动发现民事诉讼或政府调查中的某些含义、自动书写诸如企业营收和体育运动的公式化范文等。

④机器人：它是将机器视觉、自动规划等认知技术整合至极小却高性能的传感器、制动器以及设计巧妙的硬件，可以与人类一起工作，能在各种未知环境中灵活处理不同的任务。其应用有无人机、可以在车间为人类分担工作的cobots等。

⑤语音识别：主要是指自动且准确地转录人类的语音技术，使用一些与自然语言处理系统

相同的技术，再辅以其他技术，如描述声音和其出现在特定序列与语言中概率的声学模型等。其应用包括医疗听写、语音书写、计算机系统声控、电话客服等。

人工智能是计算机科学的一个分支，它企图了解智能的实质，并生产出一种新的能以人类智能相似的方式做出反应的智能机器，该领域的研究包括机器人、语言识别、图像识别、自然语言处理和专家系统等。人工智能从诞生以来，理论和技术日益成熟，应用领域也不断扩大，可以设想，未来人工智能带来的科技产品，将会是人类智慧的“容器”。人工智能可以对人的意识、思维的信息过程进行模拟。人工智能不是人的智能，但能像人那样思考，也可能超过人的智能。人工智能是包括十分广泛的学科，它由不同的领域组成，如机器学习、计算机视觉等。总的来说，人工智能研究的一个主要目标是使机器能够胜任一些通常需要人类智能才能完成的复杂工作。但不同的时代、不同的人对这种“复杂工作”的理解是不同的。

人工智能的应用领域非常广泛，包括虚拟个人助理、智能汽车、在线客服、购买预测、音乐和电影推荐服务、智能家居设备、大型游戏、欺诈检测、安全监控、新闻生成等很多领域。

2. 大数据

大数据（Big Data）是指无法在一定时间范围内用常规软件工具进行捕捉、管理和处理的数据集合，是需要新处理模式才能具有更强的决策力、洞察发现力和流程优化能力的海量、高增长率和多样化的信息资产。麦肯锡全球研究所给出的定义是：一种规模大到在获取、存储、管理、分析方面大大超出了传统数据库软件工具能力范围的数据集合，具有海量的数据规模、快速的数据流转、多样的数据类型和价值密度低四大特征。

对于大数据，可以从3个层面认识。第一是理论，理论是认知的必经途径，也是被广泛认同和传播的基线。在这里从大数据的特征定义理解行业对大数据的整体描绘和定性；从对大数据价值的探讨来深入解析大数据的珍贵所在；洞悉大数据的发展趋势；从大数据隐私这个特别而重要的视角审视人和数据之间的长久博弈。第二是技术，技术是大数据价值体现的手段和前进的基石。在这里分别从云计算、分布式处理技术、存储技术和感知技术的发展来说明大数据从采集、处理、存储到形成结果的整个过程。第三是实践，实践是大数据的最终价值体现。在这里分别从互联网的大数据、政府的大数据、企业的大数据和个人的大数据四方面来描绘大数据已经展现的美好景象和即将实现的蓝图。

大数据价值创造的关键在于大数据的应用，随着大数据技术飞速发展，大数据应用已经融入各行各业。在电子商务行业，借助于大数据技术，分析客户行为，进行商品个性化推荐和有针对性的广告投放；在制造业，大数据为企业带来其极具时效性的预测和分析能力,从而大大提高制造业的生产效率；在金融行业，利用大数据可以预测投资市场，降低信贷风险；在汽车行业，利用大数据、物联网和人工智能技术可以实现无人驾驶汽车；在物流行业，利用大数据优化物流网络，提高物流效率，降低物流成本；城市管理，利用大数据实现智慧城市；政府部门，将大数据应用到公共决策当中，提高科学决策的能力。

大数据的价值，远远不止于此，大数据对各行各业的渗透，大大推动了社会的发展和进步，未来必将产生重大而深远的影响。

3. 云计算

2006年8月9日，Google首席执行官埃里克·施密特（Eric Schmidt）在搜索引擎大会（SES San Jose 2006）首次提出“云计算”（Cloud Computing）的概念。

云计算是分布式处理、并行处理和网格计算的发展，是一种基于因特网的超级计算模式，共享的软硬件资源和信息可以按需提供给计算机和其他设备。典型的云计算提供商提供通用的网络业务应用，可以通过浏览器等软件或者其他Web服务访问，而软件和数据都存储在服务器上。

云计算服务通常提供通用的通过浏览器访问的在线商业应用，软件和数据可存储在数据中心。云计算中的“云”是一个形象的比喻，人们以云可大可小、可以飘来飘去的特点形容云计算中服务能力和信息资源的伸缩性，以及后台服务设施的透明性。

（1）云计算包括的层次的服务

①基础设施即服务（Infrastructure as a Service，IaaS）：提供给消费者的服务是对所有设施的利用，包括处理、存储、网络和其他基本的计算资源，用户能够部署和运行任意软件，包括操作系统和应用程序。消费者不管理或控制任何云计算基础设施，但能控制操作系统的选择、存储空间、部署的应用，也有可能获得有限制的网络组件（例如防火墙、负载均衡器等）的控制。

②平台即服务（Platform as a Service，PaaS）：提供给消费者的服务是把客户采用的开发语言和工具（例如Java、Python、.Net等）、开发的或收购的应用程序部署到供应商的云计算基础设施上。客户既能控制部署的应用程序，也可以控制运行应用程序的托管环境配置。

③软件即服务（Software as a Service，SaaS）：提供给客户的服务是运营商运行在云计算基础设施上的应用程序，用户可以在各种设备上通过客户端界面访问，如浏览器。

（2）云计算的部署模式

根据云计算服务的用户对象范围的不同，可以把云计算按部署模式大致分为两种：公有云和私有云。

①公有云：有时也称外部云，是指云计算的服务对象没有特定限制，也就是说它是为外部客户提供服务的云，其所有的服务是供别人使用。当然，服务提供商自己也可以作为一个用户来使用，例如，微软公司内部的一些信息技术（IT），系统也在其对外提供的Windows Azure平台上运行。对于使用者而言，公有云的最大优点是其所应用的程序及相关数据都存放在公有云的平台上，自己无须前期的大量投资和漫长的建设过程。

②私有云：有时也称内部云，是指组织机构建设的专供自己使用的云平台，它所提供的服务不是供他人使用，而是供自己的内部人员或分支机构使用。对于那些已经有大量数据中心投资，或者由于各种原因暂时不会采用第三方云计算服务的机构，私有云是一个比较好的选择。私有云比较适合于有众多分支机构的大型企业或政府部门。不同于公有云，私有云部署在企业内部网络，因此它的优势是数据安全性、系统可用性等都可由自己控制。但缺点是依然有大量的前期投资，也就是说它仍然采用传统的商业模型。

图1–2所示为云平台拓扑架构图。

云计算最突出的优势表现在以下几方面：

①资源配置动态化。根据消费者的需求动态划分或释放不同的物理和虚拟资源，云计算为客户提供的这种能力是无限的，实现了IT资源利用的可扩展性。

②需求服务自助化。云计算为客户提供自助化的资源服务，用户无须同提供商交互就可自动得到自助的计算资源能力。同时，云系统为客户提供一定的应用服务目录，客户可采用自助方式选择满足自身需求的服务项目和内容。

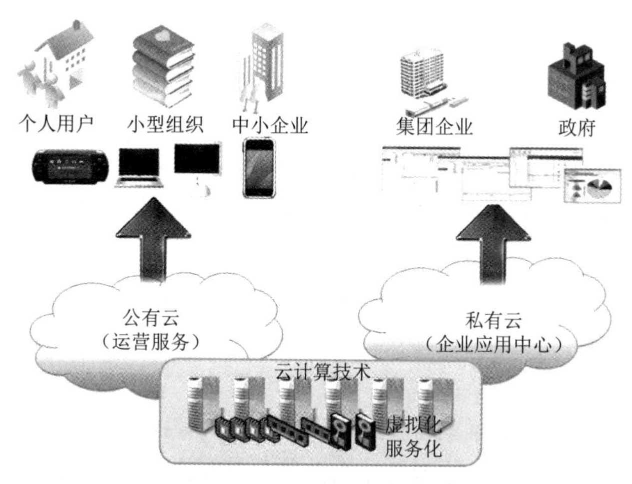

图 1–2　云平台拓扑架构图

③以网络为中心。云计算的组件和整体构架由网络连接在一起并存在于网络中，同时通过网络向用户提供服务。而客户可借助不同的终端设备，通过标准的应用实现对网络的访问，从而使得云计算的服务无处不在。

④服务可计量化。在提供云服务的过程中，针对客户不同的服务类型，通过计量的方法来自动控制和优化资源配置。即资源的使用可被监测和控制，是一种即付即用的服务模式。

⑤资源的池化和透明化。对云服务的提供者而言，各种底层资源（计算、存储、网络、资源逻辑等）的异构性（如果存在某种异构性）被屏蔽，边界被打破，所有的资源可以被统一管理和调度，成为所谓的“资源池”，从而为用户提供按需服务；对用户而言，这些资源是透明的，无限大的，用户无须了解内部结构，只关心自己的需求是否得到满足即可。

因此，“云”具有前所未有的性能价格比，用户可以充分享受“云”的低成本优势。

4. 互联网+

“互联网+”代表一种新的经济形态，即充分发挥互联网在生产要素配置中的优化和集成作用，将互联网的创新成果深度融合于经济社会各领域之中，提升实体经济的创新力和生产力，形成更广泛的以互联网为基础设施和实现工具的经济发展新形态。“互联网+”是创新 2.0 下互联网发展的新业态，也是知识社会创新 2.0 推动下的互联网形态演进及其催生的经济社会发展新形态。

“互联网+”是互联网思维的进一步实践成果，推动经济形态不断地发生演变，从而带动社会经济实体的生命力，为改革、创新、发展提供广阔的网络平台。通俗地说，“互联网+”就是“互联网+各个传统行业”，但这并不是简单的两者相加，而是利用信息通信技术以及互联网平台，让互联网与传统行业进行深度融合，创造新的发展生态。它代表一种新的社会形态，即充分发挥互联网在社会资源配置中的优化和集成作用，将互联网的创新成果深度融合于经济、社会各域之中，提升全社会的创新力和生产力，形成更广泛的以互联网为基础设施和实现工具的经济发展新形态。

“互联网+”有六大特征，即跨界融合、创新驱动、重塑结构、尊重人性、开放生态、连接一切。

①跨界融合。“+”就是跨界，就是变革，就是开放，就是重塑融合。敢于跨界了，创新的基础就更坚实；融合协同了，群体智能才会实现，从研发到产业化的路径才会更垂直。融合本身也指代身份的融合，客户消费转化为投资，伙伴参与创新等，不一而足。

②创新驱动。中国粗放的资源驱动型增长方式早就难以为继，必须转变到创新驱动发展这条正确的道路上来。这正是互联网的特质，用所谓的互联网思维来求变、自我革命，也更能发挥创新的力量。

③重塑结构。信息革命、全球化、互联网业已打破了原有的社会结构、经济结构、地缘结构、文化结构。权力、议事规则、话语权不断在发生变化。互联网+社会治理、虚拟社会治理会是很大的不同。

④尊重人性。人性的光辉是推动科技进步、经济增长、社会进步、文化繁荣的最根本的力量，互联网力量之强大，最根本的来源是对人性最大限度的尊重、对人体验的敬畏、对人的创造性发挥的重视。例如UGC（用户原创内容）、卷入式营销、分享经济。

⑤开放生态。关于“互联网+”，生态是非常重要的特征，而生态本身就是开放的。我们推进“互联网+”，其中一个重要的方向就是要把过去制约创新的环节化解掉，把孤岛式创新连接起来，让研发由人性决定的市场驱动，让创业并努力者有机会实现价值。

⑥连接一切。连接是有层次的，可连接性是有差异的，连接的价值是相差很大的，但是连接一切是“互联网+”的目标。

“互联网+”在日常生活中的项目有很多。例如：

- “互联网+安全”=360。
- “互联网+通信”=QQ、微信。
- “互联网+购物”=淘宝、京东。
- “互联网+饮食”=美团、饿了么。
- “互联网+出行”=摩拜、青桔。
- “互联网+交易”=支付宝、微信钱包。
- “互联网+企业政府”=各类信息化办公软件。

5. 物联网

1991年，美国麻省理工学院（MIT）的Kevin Ashton教授首次提出物联网（Internet of Things，IOT）的概念。1999年，美国麻省理工学院建立了自动识别中心（Auto-ID），提出“万物皆可通过网络互联”，阐明了物联网的基本含义。早期的物联网是依托射频识别（RFID）技术的物流网络，随着技术和应用的发展，物联网的内涵已经发生了较大变化。

2005年，在突尼斯举行的信息社会世界峰会（WSIS）上，国际电信联盟（ITU）发布《国际电联互联网报告2005：物联网》，引用了“物联网”的概念。物联网的定义和范围已经发生了变化，覆盖范围有了较大的拓展。2009年8月，温家宝总理在视察中科院无锡物联网产业研究所时，提出“感知中国”，物联网被正式列为国家五大新兴战略性产业之一，写入“政府工作报告”。

物联网是新一代信息技术的重要组成部分，顾名思义，“物联网就是物物相连的互联网”。这里有两层意思：第一，物联网的核心和基础仍然是互联网，是在互联网基础上延伸和扩展的网络；第二，其用户端延伸和扩展到了任何物品与物品之间进行信息交换和通信。

物联网是指通过各种信息传感设备，实时采集任何需要监控、连接、互动的物体或过程等各种需要的信息，与互联网结合形成的一个巨大的智能网络。其目的是实现物与物、物与人、所有的物品与网络的连接，方便识别、管理和控制。

物联网架构可分为三层：感知层、网络层和应用层，如图 1–3 所示。

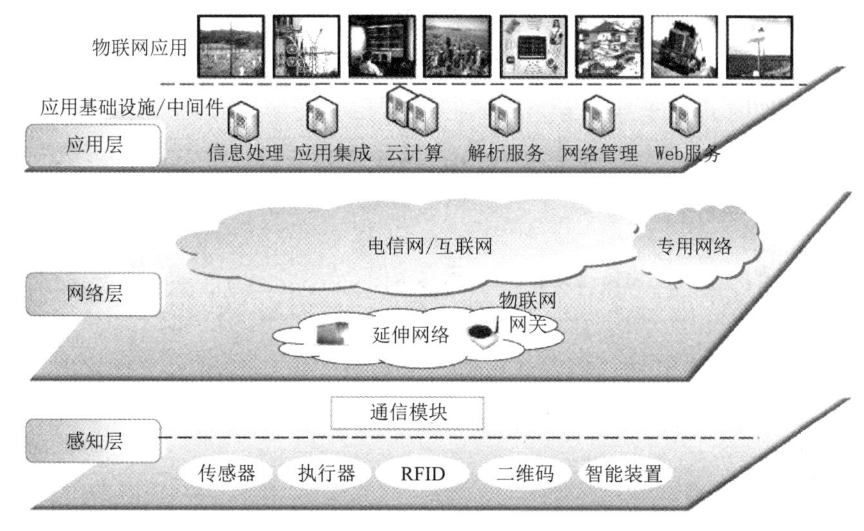

图 1–3　物联网的技术架构

感知层由各种传感器构成，包括温湿度传感器、二维码标签、RFID 标签和读写器、摄像头、GPS 等感知终端。感知层是物联网识别物体、采集信息的来源。

网络层由各种网络组成，包括互联网、电信网、网络管理系统和云计算平台等，是整个物联网的中枢，负责传递和处理感知层获取的信息。

应用层是物联网和用户的接口，它与行业需求结合，实现物联网的智能应用。

国际电信联盟于 2005 年的报告曾描绘“物联网”时代的图景：当驾驶人出现操作失误时汽车会自动报警；公文包会提醒主人忘带了什么东西；衣服会“告诉”洗衣机对颜色和水温的要求等。物联网用途广泛，遍及智能交通、环境保护、政府工作、公共安全、平安家居、智能消防、环境监测等多个领域。

1.3　计 算 模 型

计算模型是刻画计算的抽象的形式系统或数学系统。在计算科学中，计算模型是指具有状态转换特征，能够对所处理对象的数据和信息进行表示、加工、变换和输出的数学机器。

1.3.1　图灵机模型

1936 年，英国数学家阿兰·麦席森·图灵（1912—1954）提出了一种抽象的计算模型——图灵机(Turing Machine)，又称图灵计算机，即将人们使用纸笔进行数学运算的过程进行抽象，由一个虚拟的机器替代人类进行数学运算。

其实图灵机就是指一个抽象的机器，它有一条无限长的纸带，纸带分成了逐个的小方格，每个方格有不同的颜色。有一个读写头在纸带上移来移去。读写头有一组内部状态，还有一些固定的程序。在每个时刻，读写头都要从当前纸带上读入一个方格信息，然后结合自己的内部状态查找程序表，根据程序输出信息到纸带方格上，并转换自己的内部状态，然后进行移动。图1–4所示为图灵机模型图。

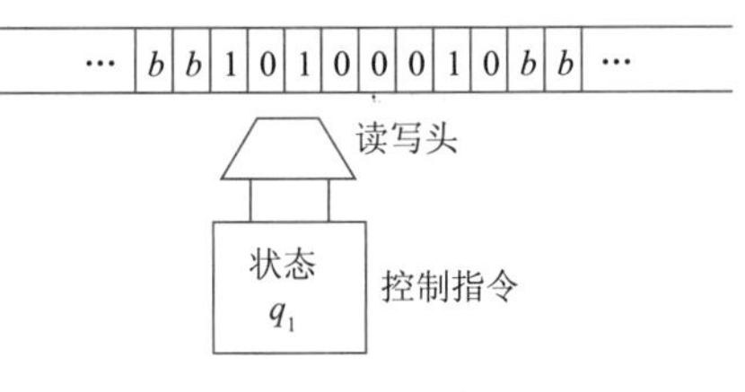

图1–4　图灵机模型图

一台图灵机可以定义为一个七元组，即$\{Q, \Sigma, \Gamma, \delta, q_0, B, F\}$，其中$Q$、$\Sigma$、$\Gamma$都是有限集合，且满足以下条件：

① Q是状态集合。

② Σ是输入字母表，且不包含特殊的空符号（Blank Symbol）□。

③ Γ是带字母表，其中$\square \in \Gamma$且$\Sigma \in \Gamma$。

④ δ：$Q \times \Gamma \rightarrow Q \times \Gamma \times \{L, R\}$是转移函数，其中L、R表示读写头是向左移还是向右移。

⑤ $q_0 \in Q$是起始状态。

⑥ $B \in Q$是接受状态。

⑦ $F \in Q$是拒绝状态，且$B \neq F$。

图灵机$M=\{Q, \Sigma, \Gamma, \delta, q_0, B, F\}$的工作过程如下：

开始时将输入符号串从左到右依次填在纸带的第0号格子上，其他格子保持空白（即填以空符号）。M的读写头指向第0号格子，M处于状态q_0。机器开始运行后，按照转移函数δ所描述的规则进行计算。例如，若当前机器的状态为q，读写头所指的格子中的符号为x，设$\delta(q, x) = (q', x', L)$，则机器进入新状态$q'$，将读写头所指的格子中的符号改为$x'$，然后将读写头向左移动一个格子。若在某一时刻，读写头所指的是第0号格子，但根据转移函数其下一步将继续向左移，这时它停在原地不动。换句话说，读写头始终不移出纸带的左边界。若在某个时刻M根据转移函数进入了状态B，则它立刻停机并接收输入的字符串；若在某个时刻M根据转移函数进入了状态F，则它立刻停机并拒绝输入的字符串。

在图灵机模型中，计算就是计算者对一条无限长的纸带上的符号串执行指令，逐步改变纸带上某位置的符号，经过有限步骤，最后得到一个满足预先规定的符号串的变换过程。这个模型的关键是形式化方法，即用“纸带符号串→控制有限步骤→读/写头→结果”这一形式表述了计算过程的本质。

图灵机模型被认为是计算机的基本理论模型，它是一种离散的、有穷的、构造性的问题求解思路，一个问题的求解可以通过构造其图灵机来解决。

1.3.2　冯·诺依曼计算机模型

冯·诺依曼计算机是使用冯·诺依曼体系结构的电子数字计算机。1945年6月，冯·诺依曼提出了在数字计算机内部的存储器中存放程序的概念（Stored Program Concept），这是所有现代电子计算机的模型，称为“冯·诺依曼结构”，按这一结构建造的计算机称为存储程序计算机（Stored Program Computer），又称通用计算机或冯·诺依曼计算机。冯·诺依曼计算机由运算器、存储器、控制器、输入设备和输出设备五大部件组成，并规定了这五部分的基本功能。冯·诺依曼计算机模型如图1–5所示。

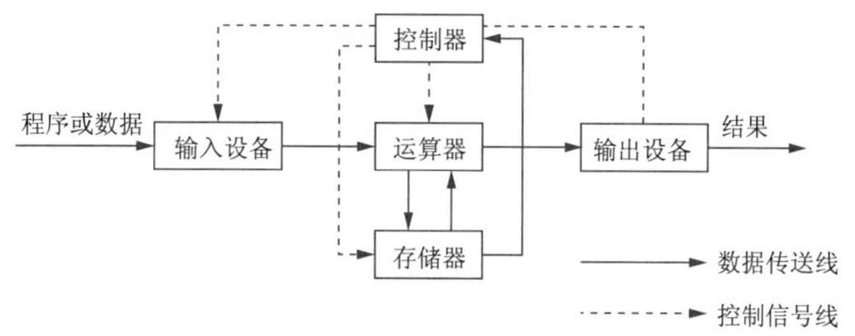

图1–5　冯·诺依曼计算机模型

1.采用二进制形式表示数据和指令

在存储程序的计算机中，数据和指令都是以二进制形式存储在存储器中的。从存储器存储的内容来看两者并无区别，都是由0和1组成的代码序列，只是各自约定的含义不同而已。计算机在读取指令时，把从计算机读到的信息看作是指令；而在读取数据时，把从计算机读到的信息看作是操作数。数据和指令在软件编制中就已加以区分，两者不会产生混乱。

2.采用存储程序方式

采用存储程序方式是冯·诺依曼思想的核心内容。需要事先编制程序，将程序（包含指令和数据）存入主存储器中，计算机在运行程序时就能自动地、连续地从存储器中依次取出指令且执行，这是计算机能高速自动运行的基础。计算机的工作体现为执行程序，计算机功能的扩展在很大程度上也体现为所存储程序的扩展。冯·诺依曼计算机的这种工作方式，按照指令的执行序列，依次读取指令，然后根据指令所含的控制信息，调用数据进行处理。

冯·诺依曼机的特点如下：①机器以运算器和控制器为中心，输入、输出设备与存储器之间的数据传送都要经过运算器；②采用存储程序原理；③指令是由操作码和地址码组成；④数据以二进制表示，并采用二进制运算；⑤硬件与软件完全分开，硬件在结构和功能上是不变的，完全靠编制软件来适应用户需要。

1.4　计算机系统

1.4.1　计算机系统的组成

一个完整的计算机系统是由硬件系统和软件系统两部分组成的。硬件系统是指组成计算机的物理设备，即由电子器件、机械部件构成的具有输入、输出、处理等功能的实体部件。软件系统是指计算机系统中的程序以及开发、使用和维护程序所形成的文档。计算机系统的组成如图1–6所示。

1. 计算机硬件系统

根据组成计算机各部分的功能划分，计算机硬件系统由控制器、运算器、存储器、输入设备和输出设备5部分组成。

（1）控制器

控制器（Controller）是整个计算机的控制指挥中心，其功能是控制计算机各部件自动协调地工作。控制器负责从存储器中取出指令，然后进行指令的译码、分析，并产生一系列控制信号。这些控制信号按照一定的时间顺序发往各部件，控制各部件协调工作，并控制程序的执行顺序。

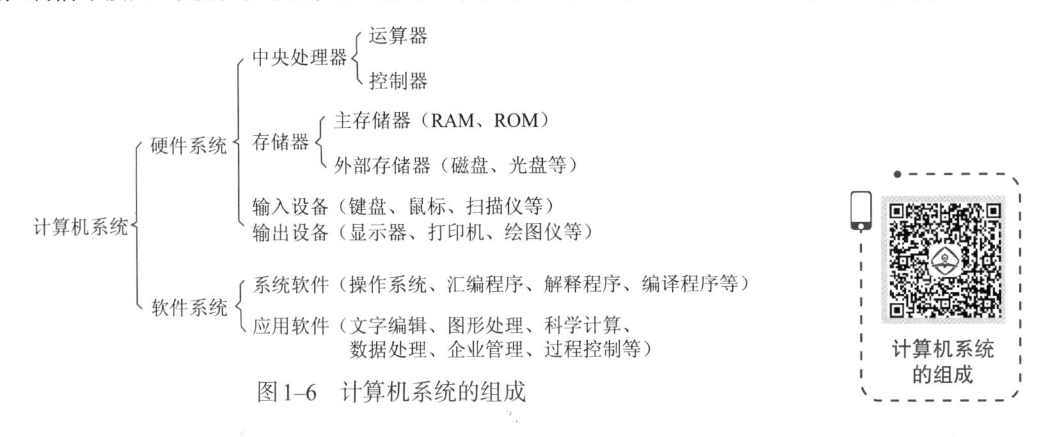

图1–6　计算机系统的组成

（2）运算器

运算器（Arithmetic Logical Unit，ALU）是对信息进行加工、运算的部件。运算器的主要功能是对二进制数进行算术运算（加、减、乘、除）、逻辑运算（与、或、非）和位运算（移位、置位、复位），又称为算术逻辑单元。它由加法器（Adder）、补码器（Complement）等组成。运算器和控制器一起组成中央处理器（CPU）。

（3）存储器

存储器（Memory）是计算机存放程序和数据的设备。它的基本功能是按照指令要求向指定的位置存进（写入）或取出（读出）信息。

计算机中的存储器分为两大类：主存储器（又称内存储器，简称内存）和辅助存储器（又称外存储器，简称外存）。

内存按存取方式的不同，可分为随机存储器（Random Access Memory，RAM）和只读存储器（Read Only Memory，ROM）两类。RAM中的信息可以通过指令随时读出和写入，在计算机工作时用来存放运行的程序和使用的数据，断电以后RAM中的内容自行消失。ROM是一种只能读出而不能写入的存储器，其信息的写入是在特殊情况下进行的，称为“固化”，通常由厂商完成。ROM一般用于存放系统专用的程序和数据。其特点是关掉电源后存储器中的内容不会消失。

外存用于扩充存储器容量和存放“暂时不用”的程序和数据。外存的容量大大高于内存的容量，但它存取信息的速度比内存慢很多。常用的外存有磁盘、磁带、光盘等。

存储器的有关术语有位、字节、地址。

①位（bit）：计算机中最小的存储单位，用来存放一位二进制数（0或1）。

②字节（byte，B）：8个二进制位组成一个字节。为了便于衡量存储器的大小，统一以字节为基本单位。存储器的容量一般用KB、MB、GB、TB等来表示，它们之间的关系为1 KB=2^{10} B=1 024 B，1 MB=2^{10} KB，1 GB=2^{10} MB，1 TB=2^{10} GB，1 PB=2^{10} TB，1 EB=2^{10} PB。

③地址：计算机的内存被划分成许多独立的存储单元，每个存储单元一般存放8位二进制数。为了有效地存取该存储单元中的内容，每个单元必须有一个唯一编号来标识，这些编号称为存储单元的地址。

（4）输入设备

输入设备（Input Device）用来向计算机输入程序和数据，可分为字符输入设备、图形输入设备、声音输入设备等。微型计算机系统中常用的输入设备有键盘、鼠标、扫描仪、光笔等。

（5）输出设备

输出设备（Output Device）用来向用户报告计算机的运算结果或工作状态，它把存储在计算机中的二进制数据转换成人们需要的各种形式的信号。常见的输出设备有显示器、打印机、绘图仪等。

U盘和硬盘驱动器也是微型计算机系统中的常用外围设备，由于U盘和硬盘中的信息是可读写的，所以，它们既是输入设备，也是输出设备。这样的设备还有传真机、调制解调器（Modem）等。

2. 计算机软件系统

软件是为了运行、管理和维护计算机所编制的各种程序及相应文档资料的总和。软件系统可分为系统软件和应用软件两大类。

（1）系统软件

系统软件是为了方便用户使用和管理计算机，以及为生成、准备和执行其他程序所需要的一系列程序和文件的总称，包括操作系统、机器语言、汇编程序，以及各种高级语言的编译或解释程序等。

①操作系统：是最基本的系统软件，直接管理计算机的所有硬件和软件资源。操作系统是用户与计算机之间的接口，绝大部分用户都是通过操作系统来使用计算机的。同时，操作系统又是其他软件的运行平台，任何软件的运行都必须依靠操作系统的支持。

使用操作系统的目的是提高计算机系统资源的利用率和方便用户使用计算机。操作系统的主要功能为作业管理、CPU管理、存储管理、设备管理和文件管理。

②程序设计语言：是生成和开发应用软件的工具，一般包括机器语言、汇编语言和高级语言三大类。

机器语言是面向机器的语言，是计算机唯一可以识别的语言，它用一组二进制代码（又称机器指令）来表示各种各样的操作。用机器指令编写的程序叫作机器语言程序（又称目标程序），其优点是不需要翻译而能够直接被计算机接收和识别，由于计算机能够直接执行机器语言程序，所以其运行速度最快；缺点是机器语言通用性极差，用机器指令编制出来的程序可读性差，程序难以修改、交流和维护。

机器语言程序的不易编制与阅读促使了汇编语言的产生。为了便于理解和记忆，人们采用能反映指令功能的英文缩写助记符来表达计算机语言，这种符号化的机器语言就是汇编语言。汇编语言采用助记符，比机器语言直观、容易记忆和理解。

汇编语言也是面向机器的程序设计语言，每条汇编语言的指令对应了一条机器语言的代码，不同型号的计算机系统都有自己的汇编语言。

高级语言采用英文单词、数学表达式等人们容易接受的形式书写程序中的语句，相当于低级语言中的指令。它要求用户根据算法，按照严格的语法规则和确定的步骤用语句表达解题的过程，它是一种独立于具体的机器而面向过程的计算机语言。

高级语言的优点是其命令与人类自然语言和数学语言十分接近，通用性强、使用简单。高级语言的出现使得各行各业的专业人员，无须学习计算机的专业知识，就拥有了开发计算机程序的强有力工具。

用高级语言编写的程序即源程序，必须翻译成计算机能识别和执行的二进制机器指令才能被计算机执行。由源程序翻译成的机器语言程序称为“目标程序”。

高级语言源程序转换成目标程序有两种方式：解释方式和编译方式。解释方式是把源程序逐句翻译，翻译一句执行一句，边解释边执行。解释程序不产生将被执行的目标程序，而是借助于解释程序直接执行源程序本身。编译方式是首先把源程序翻译成等价的目标程序，然后再执行此目标程序。

目前，比较流行的高级语言有C、C++、Python、Java等。有时也把一些数据库开发工具归入高级语言，如SQL 2019，MySQL、PowerBuilder等。

（2）应用软件

应用软件是为解决各种实际问题所编制的程序。应用软件有的通用性较强，如一些文字和图表处理软件，有的是为解决某个应用领域的专门问题而开发的，如人事管理程序、工资管理程序等。应用软件往往涉及某个领域的专业知识，开发此类程序需要较强的专业知识作为基础。应用软件在系统软件的支持下工作。

3. 微型计算机系统组成

微型计算机是大规模集成电路发展的产物，是以中央处理器为核心，配以存储器、I/O接口电路及系统总线所组成的计算机。微型计算机以其结构简单、通用性强、可靠性高、体积小、重量轻、耗电省、价格便宜，成为计算机领域中一个必不可少的分支。

微型计算机在系统结构和基本工作原理上与其他计算机没有本质的区别。通常，将微型计算机的硬件系统分为两大部分：主机和外围设备。主机是微型计算机的主体，微型计算机的运算、存储过程都是在这里完成的。主机以外的设备称为外围设备。

从外观上看，一台微型计算机的硬件主要包括主机箱、显示器和常用输入/输出设备（如鼠标、键盘等），如图1–7所示。

主机包含微型计算机的大部分重要硬件设备，如CPU、主板、内存、硬盘、光驱、各种板卡、电源及各种连线。外围设备包含常用输入/输出设备等。

1.4.2 计算机系统的层次结构

计算机系统由硬件系统和软件系统两大部分所构成。如果按功能划分，可将计算机系统细分为7层结构，如图1–8所示。

图1–7 微型计算机系统

层次	类别
第6级：应用语言级	应用软件
第5级：高级语言级	系统软件
第4级：汇编语言级	
第3级：操作系统级	
第2级：传统机器级	软硬件分界
第1级：微程序级	硬件
第0级：硬联逻辑级	

图1–8 计算机系统的层次结构

第0级是硬联逻辑级，这是计算机的内核，由门、触发器等逻辑电路组成。

第1级是微程序级。这级的机器语言是微指令集，程序员用微指令编写的微程序，一般是由硬件直接执行的。

第2级是传统机器级，这级的机器语言是该机的指令集，程序员用机器指令编写的程序可以由微程序进行解释。

第3级是操作系统级，从操作系统的基本功能来看，一方面它要直接管理传统机器中的软硬件资源，另一方面它又是传统机器的延伸。

第4级是汇编语言级，这级的机器语言是汇编语言，完成汇编语言翻译的程序叫作汇编程序。

第5级是高级语言级，这级的机器语言就是各种高级语言，通常用编译程序来完成高级语言翻译的工作。

第6级是应用语言级，这一级是为了使计算机满足某种用途而专门设计的，因此这一级语言就是各种面向问题的应用语言。

把计算机系统按功能分为多级层次结构，有利于正确理解计算机系统的工作过程，明确软件、硬件在计算机系统中的地位和作用。

1.4.3　计算机的基本工作原理

1. 计算机的指令和程序

指令就是让计算机完成某个操作所发出的命令，即计算机完成某个操作的依据。一条指令通常由操作码和操作数两部分组成，操作码指明该指令要完成的操作，操作数是指参加操作的数或者操作数所在的单元地址。一台计算机所有指令的集合，称为该计算机的指令系统。

程序是人们为解决某一问题而为计算机编制的指令序列。程序中的每条指令必须是所用计算机的指令系统中的指令。指令系统是提供给使用者编制程序的基本依据。指令系统反映了计算机的基本功能，不同的计算机其指令系统也不相同。

2. 计算机执行指令的过程

计算机执行指令一般分为两个阶段。首先将要执行的指令从内存中取出送入CPU，然后由CPU对指令进行分析译码，判断该条指令要完成的操作，并向各个部件发出完成该操作的控制信号，完成该指令的功能。当一条指令执行完后，自动进入下一条指令的取指操作。

3. 程序的执行过程

程序由计算机指令序列组成，程序的执行就是逐条执行这一序列当中的指令。也就是说，计算机在运行时，CPU从内存读出一条指令到CPU执行，指令执行完，再从内存读出下一条指令到CPU执行。CPU不断地取指令并执行指令，这就是程序的执行过程。

4. 工作原理

计算机的工作原理可以概括为：存储程序、程序控制，计算机的工作原理如图1–9所示。其具体的执行过程是计算机在运行时，先从内存中取出第一条指令，通过控制器的译码，按指令的要求，从存储器中取出数据进行指定的运算和逻辑操作

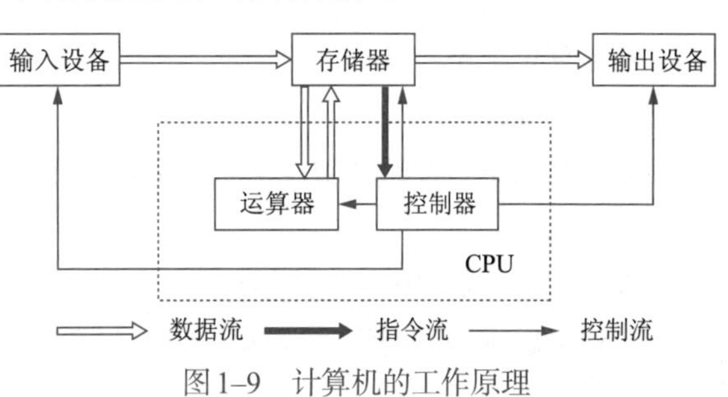

图1–9　计算机的工作原理

等加工，然后再按地址把结果送到内存中。接下来，再取出第二条指令，在控制器的指挥下完成规定操作。依此进行下去，直至遇到停止指令。总之，程序与数据一样存取，按程序编排的顺序，逐步地取出指令，自动完成指令规定的操作。

1.5 计算思维概述

在人类科技进步的大潮中，逐渐形成了科学思维。科学思维是指人类在科学活动中形成的，以产生结论为目的的思维模式，具备两个特质，即产生结论的方式方法和验证结论准确性的标准。可以分为以下三类思维模式：一是以推理和逻辑演绎为手段的理论思维；二是以实验—观察—归纳总结的方法得出结论的实验思维；三是以设计和系统构造为手段的计算思维。随着科技的飞速发展，传统的理论思维和实验思维已经难以满足人们进行科学研究和解决问题的需要，在这种情况下，计算思维的作用就十分重要。

计算思维概述

2006年3月，美国卡内基・梅隆大学计算机科学系主任周以真（Jeannette M. Wing）教授提出计算思维（Computational Thinking）是运用计算机科学的基础概念进行问题求解、系统设计，以及人类行为理解等涵盖计算机科学之广度的一系列思维活动的统称。它是如同所有人都具备“读、写、算”能力一样，都必须具备的思维能力。计算思维建立在计算过程的能力和限制之上，由人控制机器执行。其目的是使用计算机科学方法求解问题、设计系统、理解人类行为。

理解一些计算思维，包括理解计算机的思维，即理解“计算系统是如何工作的，计算系统的功能是如何越来越强大的”，以及利用计算机的思维，即理解现实世界的各种事物如何利用计算系统来进行控制和处理等，培养一些计算思维模式。对于所有学科的人员，建立复合型的知识结构，进行各种新型计算手段研究，以及基于新型计算手段的学科创新都有重要的意义。技术与知识是创新的支撑，思维是创新的源头。

由计算思维的概念可以引申出以下计算思维的方法例子。

①计算思维是通过约简、嵌入、转化和仿真等方法，把一个看来困难的问题重新阐释成一个人们知道问题怎样解决的方法。

②计算思维是一种递归思维，是一种并行处理，既能把代码译成数据，又能把数据译成代码，是一种多维分析推广的类型检查方法。

③计算思维是一种采用抽象和分解来控制庞杂的任务或进行巨大复杂系统设计的方法，是基于关注分离的方法（SoC方法）。

④计算思维是一种选择合适的方式去陈述一个问题，或对一个问题的相关方面建模使其易于处理的思维方法。

⑤计算思维是按照预防、保护及通过冗余、容错、纠错的方式，并从最坏情况进行系统恢复的一种思维方法。

⑥计算思维是利用启发式推理寻求解答，即在不确定情况下规划、学习和调度的思维方法。

⑦计算思维是利用海量数据来加快计算，在时间和空间之间，在处理能力和存储容量之间

进行折中的思维方法。

计算思维的本质是抽象和自动化。计算思维的本质反映了计算的根本问题，即什么能被有效地自动执行。计算是抽象的自动进行，自动化需要某种计算机去解释现象。从操作层面上讲，计算就是如何寻找一台计算机去解决求解问题，选择合适的抽象，选择合适的计算机去解释执行抽象，后者就是自动化。计算思维中的抽象完全超越物理的时空观，并完全用符号来表示，其中，数字抽象只是一类特例。自动化就是机械地、一步一步地执行，其基础和前提是抽象，如哥尼斯堡七桥问题。

计算思维具有以下特性：

①计算思维是概念化，不是程序化。计算机科学不是计算机编程，像计算机科学家那样去思维意味着远远不止能为计算机编程。它要求能够在抽象的多个层次上进行思维。

②计算思维是基础的，不是机械的技能。基础的技能是每一个人为了在现代社会中发挥职能所必须掌握的。生搬硬套的机械技能意味着机械地重复。只有当计算机科学解决了人工智能的宏伟挑战——使计算机像人类一样思考之后，思维才真的变成机械的了。

③计算思维是人的思维，不是计算机的思维。计算思维是人类求解问题的一条途径，但决非试图使人类像计算机那样思考。计算机枯燥且沉闷；人类聪颖且富有想象力，赋予计算机以激情。配置了计算设备，就能用自己的智慧去解决那些计算时代之前不敢尝试的问题，实现“只有想不到，没有做不到”的境界。

④计算思维是数学和工程思维的互补与融合。计算机科学在本质上源自数学思维，因为像所有的科学一样，它的形式化解析基础筑于数学之上。计算机科学又从本质上源自工程思维，因为人们建造的是能够与实际世界互动的系统。基本计算设备的限制迫使计算机学家必须计算性地思考，不能只是数学性地思考。构建自由的虚拟世界使人们能够超越物理世界去打造各种系统。

⑤计算思维是思想，不是人造品。不只是所生产的软件硬件、人造品以物理形式到处呈现并时时刻刻触及人们的生活，更重要的是人们用以接近和求解问题、管理日常生活、与他人交流和互动的计算性概念。

⑥计算思维是面向所有的人、所有的地方。当计算思维真正融入人类活动的整体以致不再是一种显式的哲学时，它就将成为现实。

计算思维的实现就是设计、构造与计算，通过设计组合简单的、已实现的动作而形成程序，由简单功能的程序构造出复杂功能的程序，尽管复杂，但计算机可以执行。

计算思维反映了计算机学科最本质的特征和方法，推动了计算机领域的研究发展。计算机学科研究必须建立在计算思维的基础上。进入21世纪以来，以计算机科学技术为核心的计算机科学发展异常迅猛，计算思维的意义和作用提到了前所未有的高度，成为现代人类必须具备的一种基本素质。计算思维代表着一种普适的态度和一种普适的技能，在各种领域都有很重要的应用，尤其是大数据计算领域的研究。

计算思维代表着一种普遍的认识和一类普适思维，属于每个人的基本技能，不仅仅属于计算机科学家。其主要应用领域有计算生物学、脑科学、计算化学、计算经济学、机器学习、数学和其他的很多工程领域等。计算思维不仅渗透到每一个人的生活里，而且影响了其他学科的发展、创造，并形成了一系列新的学科分支。

1.6 计算机安全基础

随着计算机技术的发展和互联网的扩大，计算机已成为人们生活和工作中所依赖的重要工具。与此同时，计算机病毒及网络黑客对计算机网络的攻击也与日俱增，而且破坏性日益严重。计算机系统的安全问题，成为当今计算机研制人员和应用人员所面临的重大问题。

1.6.1 基本概念

计算机安全基础

1. 计算机安全的定义

国际标准化组织对“计算机安全”的定义是“为数据处理系统所采取的技术和管理的安全保护，保护计算机硬件、软件、数据不因偶然的或恶意的原因而遭到破坏、更改、泄露。”中国公安部计算机管理监察司对其的定义是“计算机安全是指计算机资产安全，即计算机信息系统资源和信息资源不受自然和人为有害因素的威胁和危害。”由此可见，计算机安全主要包括两方面：一是信息本身的安全，即在信息的存储和传输过程中是否会被窃取、泄密；二是计算机系统或网络系统本身的安全。

2. 计算机安全的主要内容

计算机安全主要包括以下三方面。

（1）计算机硬件安全

计算机硬件及其运行环境是计算机网络信息系统运行的基础，它们的安全直接影响着网络信息的安全。由于自然灾害、设备自然损坏和环境干扰等自然因素以及人为的窃取与破坏等原因，计算机设备和其中信息的安全受到很大的威胁。

计算机硬件安全技术是指用硬件的手段保障计算机系统或网络系统中的信息安全的各种技术，其中也包括为保障计算机安全可靠运行而产生的对机房环境的要求。

（2）计算机软件安全

计算机软件的安全就是为计算机软件系统建立和采取的技术和管理的安全保护，保护计算机软件、数据不因偶然或恶意的原因而遭破坏、更改、泄露、非法复制，保证软件系统能正常连续地运行。计算机软件安全的内容包括：软件的自身安全、软件的存储安全、软件的通信安全、软件的使用安全、软件的运行安全等。

（3）计算机网络安全

计算机网络安全是指利用网络管理控制和技术措施，保证在一个网络环境里数据的保密性、完整性及可使用性受到保护。具体包括两方面：一方面是物理安全，指网络系统中各通信、计算机设备及相关设施等有形物品的保护，使它们不受到雨水淋湿等；另一方面还包括通常所说的逻辑安全，包含信息完整性、保密性及可用性等。

网络系统面临的威胁主要来自外部的人为影响和自然环境的影响，它们包括对网络设备的威胁和对网络中信息的威胁。这些威胁的主要表现有：非法授权访问、假冒合法用户、病毒破坏、线路窃听、黑客入侵、干扰系统正常运行、修改或删除数据等。这些威胁大致可分为无意威胁和故意威胁两大类。

3. 计算机安全的措施

计算机网络安全措施主要包括保护网络安全、保护应用服务安全和保护系统安全三方面，需要综合考虑安全防护的物理安全、防火墙、信息安全、Web安全、媒体安全等。

（1）保护网络安全

网络安全是为保护商务各方网络端系统之间通信过程的安全性。主要措施有全面规划网络平台的安全策略、制定网络安全的管理措施、使用防火墙、尽可能记录网络上的一切活动、注意对网络设备的物理保护、检验网络平台系统的脆弱性、建立可靠的识别和鉴别机制。

（2）保护应用安全

保护应用安全主要是针对特定应用（如Web服务器、网络支付专用软件系统）所建立的安全防护措施，它独立于网络的任何其他安全防护措施。应用层上的安全业务可以涉及认证、访问控制、机密性、数据完整性、不可否认性、Web安全性、电子数据交换（EDI）和网络支付等应用的安全性。

（3）保护系统安全

保护系统安全是指从整体电子商务系统或网络支付系统的角度进行安全防护，它与网络系统硬件平台、操作系统、各种应用软件等互相关联。涉及网络支付系统安全的措施有：在安装的软件中，如浏览器软件、电子钱包软件、支付网关软件等，检查和确认未知的安全漏洞；通过诸多认证才允许连通，对所有接入数据必须进行审计，对系统用户进行严格安全管理；建立详细的安全审计日志，以便检测并跟踪入侵攻击等。

1.6.2　信息安全

随着网络信息时代的到来，信息通过网络共享，带来了方便的同时也带来了安全隐患。网络安全指通过必要措施，防范对网络的攻击、侵入、干扰、破坏和非法使用及意外事故，使网络处于稳定可靠运行的状态，以及保障网络数据的完整性、保密性、可用性的能力。

1．安全指标

信息安全的指标可以从完整性、保密性、可用性、授权性、认证性及抗抵赖性几方面进行评价。

①保密性：在加密技术的应用下，网络信息系统能够对申请访问的用户展开筛选，允许有权限的用户访问网络信息，而拒绝无权限用户的访问申请。

②完整性：在加密、散列函数等多种信息技术的作用下，网络信息系统能够有效阻挡非法与垃圾信息，提升整个系统的安全性。

③可用性：网络信息资源的可用性不仅仅是向终端用户提供有价值的信息资源，还能够在系统遭受破坏时快速恢复信息资源，满足用户的使用需求。

④授权性：在对网络信息资源进行访问之前，终端用户需要先获取系统的授权。授权能够明确用户的权限，这决定了用户能否对网络信息系统进行访问，是用户进一步操作各项信息数据的前提。

⑤认证性：在当前技术条件下，认证方式主要有实体性的认证和数据源认证。之所以要在用户访问网络信息系统前展开认证，是为了令提供权限用户和拥有权限的用户为同一对象。

⑥抗抵赖性：任何用户在使用网络信息资源时都会在系统中留下一定痕迹，操作用户无法否认自身在网络上的各项操作，整个操作过程均能够被有效记录。这样可以应对不法分子否认自身违法行为的情况，提升整个网络信息系统的安全性，创造更好的网络环境。

2. 安全防护策略

（1）数据库管理安全防范

在具体的计算机网络数据库安全管理中经常出现各类由于人为因素造成的计算机网络数据库安全隐患，对数据库安全造成了较大的不利影响。因此，计算机用户和管理者应能够依据不同风险因素采取有效控制防范措施，从意识上真正重视安全管理保护，加强计算机网络数据库的安全管理工作力度。

（2）加强安全防护意识

每个人在日常生活中都经常会用到各种用户登录信息，必须时刻保持警惕，提高自身安全意识，拒绝下载不明软件，禁止点击不明网址、提高账号密码安全等级、禁止多个账号使用同一密码等，加强自身安全防护能力。

（3）科学采用数据加密技术

对于计算机网络数据库安全管理工作而言，数据加密技术是一种有效手段，它能够最大限度地避免计算机系统受到病毒侵害，从而保护计算机网络数据库信息安全，进而保障相关用户的切身利益。数据加密技术的特点是隐蔽性和安全性，是指利用一些语言程序完成计算数据库或者数据的加密操作。当前应用的计算机数据加密技术主要有保密通信、防复制技术及计算机密钥等，这些加密技术各有利弊，对于保护用户信息数据具有重要的现实意义。需要注意的是，计算机系统存有庞大的数据信息，对每项数据进行加密保护显然不现实，这就需要利用层次划分法，依据不同信息的重要程度合理进行加密处理，确保重要数据信息不会被破坏和窃取。

（4）提高硬件质量

影响计算机网络信息安全的因素不仅有软件质量，还有硬件质量，并且两者之间存在一定区别。硬件系统在考虑安全性的基础上，还必须重视硬件的使用年限问题。硬件作为计算机的重要构成要件，具有随着使用时间增加其性能会逐渐降低的特点，用户应注意这一点，在日常使用中加强维护与修理。

（5）改善自然环境

改善自然环境是指改善计算机的灰尘、湿度及温度等使用环境。具体来说，就是在计算机的日常使用中定期清理其表面灰尘，保证其在干净的环境下工作，可有效避免计算机硬件老化；最好不要在温度过高和潮湿的环境中使用计算机，注重计算机的外部维护。

（6）安装防火墙和杀毒软件

防火墙能够有效控制计算机网络的访问权限，通过安装防火墙，可自动分析网络的安全性，将非法网站的访问拦截下来，过滤可能存在问题的消息，在一定程度上增强了系统的抵御能力，提高了网络系统的安全指数。同时，还需要安装杀毒软件，这类软件可以拦截和中断系统中存在的病毒，对于提高计算机网络安全大有益处。

（7）加强计算机入侵检测技术的应用

入侵检测主要是针对数据传输安全检测的操作系统，通过使用入侵检测系统（IDS），可以及时发现计算机与网络之间的异常现象，通过报警的形式给予提示。为更好地发挥入侵检测技术的作用，通常在使用该技术时会辅以密码破解技术、数据分析技术等一系列技术，确保计算机网络安全。

（8）其他措施

为计算机网络安全提供保障的措施还包括提高账户的安全管理意识、加强网络监控技术的应用、加强计算机网络密码设置、安装系统漏洞补丁程序等。

3. 安全防御技术

（1）入侵检测技术

入侵检测技术是通信技术、密码技术等技术的综合体，合理利用入侵检测技术，用户能够及时了解计算机中存在的各种安全威胁，并采取一定的措施进行处理，更加有效地保障计算机网络信息的安全性。

（2）防火墙与病毒防护技术

防火墙是一种能够有效保护计算机安全的重要技术，由软硬件设备组合而成，通过建立检测和监控系统来阻挡外部网络的入侵，有效控制外界因素对计算机系统的访问，确保计算机的保密性、稳定性和安全性。病毒防护技术是指通过安装杀毒软件进行安全防御，并且及时更新软件，其主要作用是对计算机系统进行实时监控，同时防止病毒入侵计算机系统对其造成危害，将病毒进行截杀与消灭，实现对系统的安全防护。

（3）数字签名与生物识别技术

数字签名技术主要针对电子商务，有效地保证了信息传播过程中的保密性和安全性，同时也能够避免计算机受到恶意攻击或侵袭等事件发生。生物识别技术是指通过对人体的特征识别来决定是否给予应用权利，主要包括指纹、视网膜、声音等方面。应用最为广泛的就是指纹识别技术。

（4）信息加密处理与访问控制技术

信息加密技术是指用户可以对需要进行保护的文件进行加密处理，设置有一定难度的复杂密码，并牢记密码保证其有效性。访问控制技术是指通过用户对某些信息进行访问权限设置，或者利用控制功能实现访问限制，从而保护用户信息。

（5）病毒检测与清除技术

病毒检测技术是指通过技术手段判定出特定计算机病毒的一种技术。病毒清除技术是病毒检测技术发展的必然结果，是计算机病毒传染程序的一种逆过程。

（6）安全防护技术

安全防护技术包含网络防护技术（防火墙、UTM、入侵检测防御等）、应用防护技术（如应用程序接口安全技术等）、系统防护技术（如防篡改、系统备份与恢复技术等），防止外部网络用户以非法手段进入内部网络，访问内部资源，保护内部网络操作环境的相关技术。

（7）安全审计技术

安全审计技术包含日志审计和行为审计，通过日志审计协助管理员在受到攻击后查看网络日志，从而评估网络配置的合理性、安全策略的有效性，追溯分析安全攻击轨迹，并能为实时防御提供手段。

（8）安全检测与监控技术

安全检测与监控技术是指对信息系统中的流量及应用内容进行二至七层的检测并适度监管和控制，避免滥用网络流量、传播垃圾信息和有害信息。

（9）解密、加密技术

解密、加密技术是指在信息系统的传输过程或存储过程中进行信息数据的加密和解密。

（10）身份认证技术

身份认证技术是用来确定访问或介入信息系统用户或者设备身份的合法性技术，典型的手段有用户名、密码、身份识别、PKI（公钥基础设施）证书和生物认证等。

1.6.3 计算机病毒与防治

1. 计算机病毒

计算机病毒（Computer Virus）是一种人为编制的程序，不独立以文件形式存在，通过非授权入侵而隐藏在可执行程序或数据文件中，具有自我复制能力，可通过磁盘或网络传播到其他机器上，并造成计算机系统运行失常或导致整个系统瘫痪。

我国于1994年颁布的《中华人民共和国计算机系统安全保护条例》中对计算机病毒的定义如下："计算机病毒，是指编制或者在计算机程序中插入的破坏计算机功能或者毁坏数据，影响计算机使用，并能自我复制的一组计算机指令或者程序代码。"

病毒一般具有破坏性、传染性、潜伏性、隐蔽性、变种性等特征。

2. 计算机病毒的危害及症状

计算机病毒的危害及症状一般表现为以下一些情况：①导致内存受损，主要体现为占用内存，禁止分配内存、修改内存与消耗内存，导致死机等；②破坏文件，具体表现为复制或颠倒内容，重命名、替换、删除内容，丢失个别程序代码、文件簇及数据文件，写入时间空白、假冒或者分割文件等；③影响计算机运行速度，例如"震荡波"病毒就会100%占用CPU，导致计算机运行异常缓慢；④影响操作系统正常运行，例如频繁开关机等、强制启动某个软件、执行命令无反应等；⑤破坏硬盘内置数据、写入功能等。

3. 计算机病毒的预防与检测

（1）计算机病毒的传播途径

计算机病毒的传播主要有两种途径：一种是多台机器共享可移动存储器（如U盘、可移动硬盘等），一旦其中一台机器被病毒感染，病毒就会随着可移动存储器感染到其他的机器；另一种途径是网络传播，一旦使用的机器与病毒制造者传播病毒的机器联网，就可能被感染病毒，通过计算机网络上的电子邮件、下载文件、访问网络上的数据和程序时，病毒也会得以传播。

（2）计算机病毒的预防

阻止病毒的侵入比病毒侵入后再去发现和清除重要得多。堵塞病毒的传播途径是阻止病毒入侵的最好方式。

预防计算机病毒的主要措施如下：

①选择、安装经过公安部认证的防病毒软件，经常升级杀毒软件、更新计算机病毒特征代码库，并定期对整个系统进行病毒检测、清除工作，同时启用计算机病毒软件的实时监控功能。

②在计算机和互联网之间安装使用防火墙，提高系统的安全性；计算机不使用时，不要接入互联网。

③少用外来光盘和来历不明的软件，来历不明的邮件不要轻易打开，新的计算机软件应先

经过检查再使用。

④系统中的数据盘和系统盘要定期进行备份，以便染上病毒后能够尽快恢复；系统盘中不要装入用户程序或数据。

⑤除原始的系统盘外，尽量不用其他系统盘引导系统。

⑥对外来的U盘、光盘和网上下载的软件等都应该先查杀计算机病毒，然后再使用。不进行非法复制，不使用盗版光盘。

（3）病毒检测技术

计算机病毒检测技术是指通过一定的技术手段判断计算机病毒的一种技术。通常，病毒存储于磁盘中，一旦激活就驻留在内存中，因此，计算机病毒的检测分为对内存的检测和对磁盘的检测。

（4）计算机病毒的清除和常见的反病毒软件

目前，病毒的破坏力越来越强，一旦发现病毒，应立即清除。一般使用反病毒软件，即常说的杀毒软件。反病毒软件（实质是病毒程序的逆程序）具有对特定种类病毒进行检测的功能，可查出数百种至数千种病毒，且可同时清除；使用方便安全，一般不会因清除病毒而破坏系统中的正常数据。

反病毒软件的基本功能是监控系统、检查文件和清除病毒。检测病毒程序不仅可以采用特征扫描法，根据已知病毒的特征代码来确定病毒的存在与否，以便用来检测已经发现的病毒，还能采用虚拟机技术和启发式扫描方法来检测未知病毒和变种病毒。常用的反病毒软件有360杀毒软件、金山毒霸、瑞星杀毒软件等。

除了上述的反病毒软件以外，还有很多的反病毒软件，有些软件将预防、检测和清除病毒功能集于一身，功能越来越强。随着新计算机病毒的出现，反病毒软件也需要不断更新，以保护计算机不受病毒的危害。

1.6.4　防火墙技术

防火墙是一个由计算机硬件和软件组成的系统，部署于网络边界，是内部网络和外部网络之间的连接桥梁，同时对进出网络边界的数据进行保护，防止恶意入侵、恶意代码的传播等，以保障内部网络数据的安全，如图1–10所示。

1．防火墙的特征

通常意义下的防火墙具有以下三方面的特征：

①所有的网络数据流都必须经过防火墙。这是不同安全级别的网络或安全域之间的唯一通道。

②防火墙是安全策略的检查站。只有被防火墙策略明确授权的通信才可以通过。

③防火墙系统自身具有高安全性和高可靠性。这是防火墙能担当企业内部网络安全防护重任的先决条件。

2．防火墙的功能

防火墙的功能有：①过滤和管理作用，限定内部用户访问特殊站点，防止未授权用户访问内部网络；②保护和隔离作用，允许内部网络中的用户访问外部网络的服务和资源，不泄露内部网络的数据和资源；③日志和警告作用，记录通过防火墙的信息内容和活动，对网络攻击进行监测和报警。

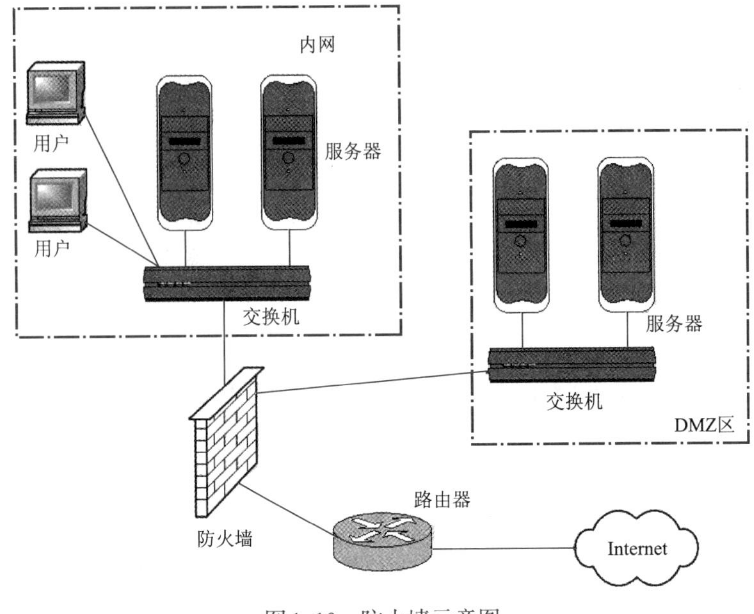

图 1–10　防火墙示意图

习　　题

一、选择题

1. 微型计算机的发展经历了从集成电路到超大规模集成电路等几代的变革，各代变革主要是基于（　　）。

A. 存储器　　B. 输入/输出设备　　C. 中央处理器　　D. 操作系统

2. 计算机系统由（　　）组成。

A. 运算器、控制器、存储器、输入设备和输出设备

B. 主机和外围设备

C. 硬件系统和软件系统

D. 主机箱、显示器、键盘、鼠标、打印机

3. 组成计算机CPU的两大部件是（　　）。

A. 运算器和控制器　　B. 控制器和寄存器

C. 运算器和内存　　D. 控制器和内存

4. 任何程序都必须加载到（　　）中才能被CPU执行。

A. 磁盘　　B. 硬盘　　C. 内存　　D. 外存

5. 以下软件中，（　　）不是操作系统软件。

A. Windows　　B. UNIX　　C. Linux　　D. Microsoft Office

6. 所谓“计算机病毒”的实质，是指（　　）。

A. 盘片发生了霉变

B. 隐藏在计算机中的一段程序，条件适合时就运行，破坏计算机的正常运行

C. 计算机硬件系统损坏，使计算机的电路时通时断

D. 计算机供电不稳定造成的计算机工作不稳定

7. 下列不属于计算机病毒特征的是（　　）。

A. 传染性　　B. 潜伏性　　C. 可预见性　　D. 破坏性

8. 首次提出“人工智能”是在（　　）年。

A. 1946　　B. 1956　　C. 1916　　D. 1960

9. 信息安全的金三角是（　　）。

A. 可靠性、保密性和完整性　　B. 多样性、冗余性和模化性

C. 保密性、完整性和可用性　　D. 多样性、保密性和完整性

二、填空题

1. 未来计算机将朝着微型化、巨型化、________和智能化方向发展。

2. 世界上第一台电子计算机是________，1946年诞生于美国宾夕法尼亚大学。

3. 冯•诺依曼计算机由________、________、________、________和________五大部件组成。

4. 世界上第一台微型计算机是________位计算机。

5. 图灵机可以定义为一个七元组，表示为______________________。

6. 计算机安全主要包括________安全、________安全和________安全。

7. 计算思维是运用计算机科学的基础概念进行________、________以及________等涵盖计算机科学之广度的一系列思维活动的统称。

8. 人工智能在计算机上实现的方式是________和________。

9. 信息安全的指标有________、________、________、授权性、认证性及抗抵赖性几方面。

三、简答题

1. 什么是计算，其有什么特点？

2. 简述计算机的工作原理。

3. 从思维上讲，试述人计算和机器自动计算的异同。

4. 谈一下你所熟悉的安全防护策略。

四、网上练习与课外阅读

1. 请上网查阅有关计算机的两位奠基人——阿兰•图灵和冯•诺依曼的生平及重要贡献。

2. 请上网查阅最新的全球超级计算机TOP 500排行榜情况，了解我国高性能计算机的研制能力。

3. 请上网查阅近年来比较流行的计算机病毒及其危害情况。

4. 请上网查阅成功的“互联网+”的项目并进行详细介绍。

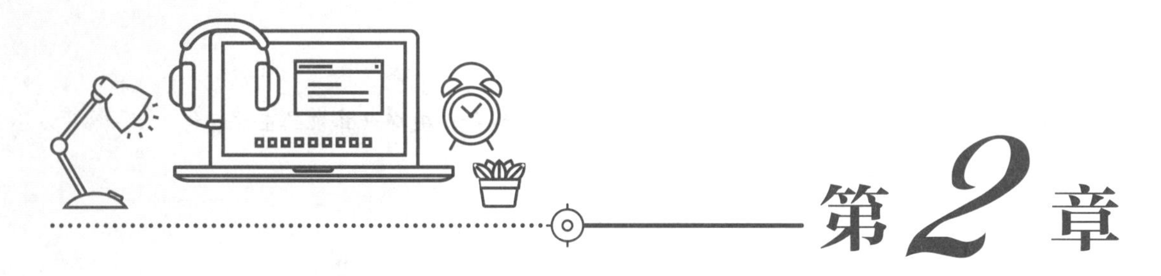

第2章 数据的计算基础

计算机能够实现各种功能离不开数据计算，如何实现数据计算的自动化是本章探讨的重点问题。本章主要介绍语义符号化、常用计数制及其转换、各种信息的编码，计算机中常见逻辑运算、对应门电路以及加法器的实现，从而帮助读者建立0、1思维，理解计算机能够进行自动计算的原理。

学习目标：

- 能复述语义符号化的概念、各种信息的编码方法、加法器的工作原理。
- 能运用数制转换方法完成常见计数制数之间的转换。
- 能运用真值表进行简单门电路的结果分析，能将简单门电路转换为逻辑表达式。

2.1 语义的符号表示

在人类文明发展的过程中，人们发明了各种各样的符号体系，用来表征事物，交流思想。现实世界的任何事物，都可以使用符号表示。

语义的符号表示

符号是语言的载体，其本身没有任何意义。只有被赋予含义的符号才能被使用，这时语言就转化为信息，而语言的含义就是语义。语义是符号所对应的现实世界中的事物所代表的含义以及这些含义之间的关系，是符号在某个领域上的解释和逻辑表示。

最典型的符号体系是人类所使用的语言。在一个符号体系中存在一组基本符号，它们可构成更大的语言单位，而基本符号的数目一般比较小。例如英语，基本英文字符只有52个（包括大小写），却可以构成成千上万个单词。

2.1.1 自然现象用符号表示

自然界中，寒来暑往、昼夜交替、四季变化，自然现象丰富多彩、循环往复，人们使用多种符号体系表示自然现象，比如天气预报中的表示天气的符号，如图2–1所示。

天气符号也可以写作0和1的排列组合，图2–1的8种天气可以写成8个“二进制数”的编码，形成一个简单的天气符号二进制编码系统，如表2–1所示。

当然，也可以指定晴为000，阴为001。如果有更多的天气符号需要转换为二进制，只需增加二进制编码的位数。再如，可以指定“0表示性别男，1表示性别女”；也可以指定“1表示性别男，0表示性别女”。为了避免使用符号时产生歧义，使用符号进行编码必须满足3个主要特征：唯一性、公共性和规律性。唯一性指编码能唯一区分需要表示的每一个对象；公共性指不同组织、应用程序都承认并遵循这种编码规则；规律性指编码规则能被精确表达，能被计算机和人识别与使用。例如，为了全面准确地在计算机、智能手机、平板计算机等数字设备中表示颜色，大多数码厂商设置RGB为标准色彩模式。RGB模式通过红、绿、蓝3种单色光的辐射量叠加描述任一颜色，每种单色光的辐射量取值范围是0~255。如果RGB颜色值为（0，0，0），表示3种单色光的辐射量为最低，代表的颜色是黑色；如果RGB颜色值为（255，255，255），表示3种单色光的辐射量为最高，代表的颜色是白色。图2–2所示为Photoshop图像处理软件中的拾色器，当前设置的颜色是品红色，RGB颜色值为（255，0，255），#ff00ff是品红的RGB颜色值的简写，编码符号采用十六进制数。

图2–1　天气预报中表示天气的符号

表2–1　天气的二进制编码

天气	二进制编码	天气	二进制编码
阴	000	雷阵雨	100
晴	001	雨	101
多云	010	雪	110
多云有雨	011	风	111

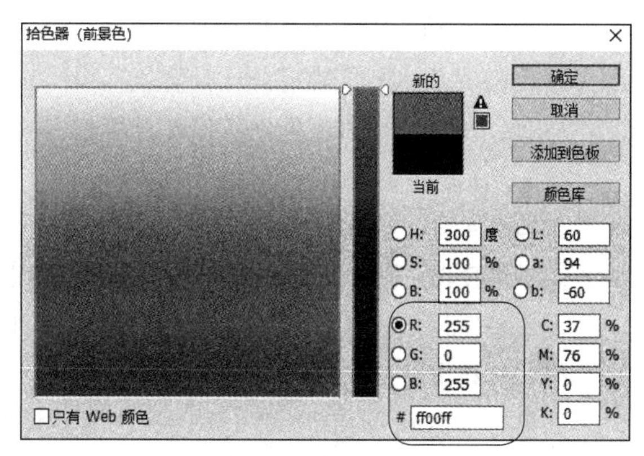

图2–2　Photoshop中的拾色器

2.1.2　思维逻辑用符号表示

思维逻辑是人运用概念、判断、推理等思维类型认识事物本质与规律的过程，是人们认知客观世界重要而普遍的思维方式。逻辑的基本表现形式是命题和推理，命题由语句表述，即由语句表达的内容为“真”或“假”的一个判断。例如：

命题1：苏格拉底是人。

命题2：所有的人都会死。

命题3：苏格拉底会死。

表2–2　与、或、非逻辑运算真值表

X	Y	Z=X AND Y	Z=X OR Y	Z=NOT X
假	假	假	假	真
假	真	假	真	真
真	假	假	真	假
真	真	真	真	假

推理是由简单命题通过判断推导得出复杂命题的判断结论的过程。例如，用命题1和命题2进行推理，可得命题3为真，即因为苏格拉底是人并且所有的人都会死，所以苏格拉底会死。

命题可以使用符号X、Y、Z等表示，符号的值可能是真（使用符号TRUE）或假（使用符号FALSE）。命题还可以进行逻辑运算，从而得到推理结论。基本逻辑运算包括“与”运算、“或”运算和“非”运算，运算规则如表2–2所示。

“与”运算（AND）：当X和Y都为真时，X AND Y的运算结果为真；其他情况，X AND Y的运算结果为假。

“或”运算（OR）：当X和Y都为假时，X OR Y的运算结果为假；其他情况，X OR Y的运算结果为真。

“非”运算（NOT）：当X为真时，NOT X的运算结果为假；当X为假时，NOT X的运算结果为真。

例如，将上述命题使用符号表示：命题1用符号X表示，命题2用符号Y表示，X和Y是基本命题，则命题3是复杂命题，用符号Z表示。则

Z=X AND Y

【例2.1】一个推理的示例。在新生计算机能力测试中，三位老师做出预测：A 班长能熟练操作计算机；B 有人不能熟练操作计算机；C 所有人都不能熟练操作计算机。测试结果表明只有一位老师的预测是对的，请问谁对谁错？

解析：该题有3个命题，需要通过3个命题的关系判断命题的真假。

命题A：“班长能熟练操作计算机”。

命题B：“有人不能熟练操作计算机”。

命题C：“所有人都不能熟练操作计算机”。

从3个命题的关系中，可得如下推理：

①如果A真，则C假；如果C真，则A假。

②如果B真，则A或C可能有一个为真，与题目中仅有一个命题为真矛盾。

③如果B假，则“所有人都能熟练操作计算机”，即C假。

因此推断出：A为真。

如果对上述示例使用逻辑关系表达，关系式如下：

已知：(A AND (NOT C)) OR ((NOT A) AND C) = TRUE

(NOT B) AND ((A AND (NOT C)) OR ((NOT A) AND C)) = TRUE

(NOT B) AND (NOT C) =TRUE

而A、B、C所有可能的解是：

<A=TRUE, B=FALSE, C=FALSE>,

<A=FALSE, B=TRUE, C=FALSE>,

<A= FALSE, B=FALSE, C=TRUE>。

将可能解分别带入3个已知条件，得到问题的解：<A=TRUE, B=FALSE, C=FALSE>。

【例2.2】另一个推理的示例。赵女士买了一些水果和零食去看朋友，谁知这些水果和零食被她的儿子们偷吃了，但她不知道是哪个儿子。为此，赵女士非常生气，就盘问4个儿子谁偷吃了水果和零食。老大说：“是老二吃的。”老二说：“是老四吃的。”老三说：“反正我没偷吃。”老四说：“老二在说谎。”这4个儿子中只有一人说了实话，其他的儿子都在撒谎。那么，到底是谁偷吃了这些水果和零食？

解析：该问题有4个命题，需要通过4个命题的关系判断命题的真假，4个儿子分别按年龄由大到小编号为A、B、C、D。

命题A：“B偷吃的”。

命题B：“D偷吃的”。

命题C：“C没偷吃”。

命题D：“D没偷吃”。

从4个命题的关系中，可得如下推理：

①如果B真，则D假；如果D真，则B假；二者有一成立。

②如果A真，则B和D有一个为真，与题目矛盾。如果A假，则B和D有一个为真。

③如果C真，则B和D有一个为真，与题目矛盾。如果C假，则B和D有一个为真。

④如果B真，则D假，C真，与题目矛盾。如果B假，则D真，A假，C假。所以D说的是实话。因为C撒谎，所以是C偷吃的水果和零食。

如果对上述示例使用逻辑关系表达，关系式如下：

(B AND (NOT D)) OR ((NOT B) AND D) = TRUE

(NOT A) AND (B AND (NOT D)) OR ((NOT B) AND D) = TRUE

(NOT C) AND (B AND (NOT D)) OR ((NOT B) AND D) = TRUE

(NOT B) AND (NOT C) = TRUE

将4组可行解分别带入以上4个表达式得最终解：A=FALSE，B=FALSE，C=FALSE，D=TRUE。

2.2 计算机中的数制与运算

2.2.1 常用计数制

生活中，人们使用一组固定的符号和统一的规则来表示数值，这种方法称为“计数制”，简称数制。十进制是最常用的数制，此外，60 min为1 h采用的是六十进制，7天为1周采用的是七进制，12个月为1年采用的是十二进制。

但在计算机内部，信息的表示和计算依赖于计算机的硬件电路。计算机由电子电路组成，电子电路有两个基本状态，即电路的接通与断开，这两种状态正好可以用“1”和“0”表示。另外，使用电子电路能够较容易地实现二进制数的运算。因此，计算机使用二进制来表示、计算和存储数据。但是，二进制在书写和阅读时容易出错，为了便于记录和阅读，人们常将二进制数转换为八进制数或十六进制数。

2.2.2 数制与数制间的转换

1. 常见进制

数制及数制转换

（1）十进制（Decimal）

十进制的计数规则如下：

①有10个不同的数码：0、1、2、3、4、5、6、7、8、9。

②每位逢十进一。

通常把一种数制所拥有的数码的个数叫作该数制的基数，十进制有10个数码，基数为10。

一个十进制数可以写成一个多项式的形式，例如，756.34可以写成：

$756.34=7\times10^2+5\times10^1+6\times10^0+3\times10^{-1}+4\times10^{-2}$

在十进制中，对于任意一个有n位整数、m位小数的数都可以展开为如下的多项式形式：

$(x)_{10}=k_{n-1}\times10^{n-1}+k_{n-2}\times10^{n-2}+\cdots+k_0\times10^0+k_{-1}\times10^{-1}+\cdots+k_{-m}\times10^{-m}$

式中，k_i取数码0，1，⋯，9中的一个，m、n为正整数。

从上式可以看出，同一数字处在不同的数位上，它所代表的数值大小是不同的。一个数位所对应的常数（10^i），称为该数位的“位权”，简称“权”。位权是一个指数，指数的底是该数制的基数。因此，一个数中的某个数字表示的值等于该数字本身乘以其所在数位的位权。

（2）二进制（Binary）

二进制的计数规则如下：

①有2个不同的数码：0、1。

②每位逢二进一。

二进制数11101.01可以写成如下的多项式形式：

$11101.01=1\times2^4+1\times2^3+1\times2^2+0\times2^1+1\times2^0+0\times2^{-1}+1\times2^{-2}$

同样，对于任意一个有n位整数、m位小数的二进制数也可以展开为如下的多项式形式：

$(x)_2=k_{n-1}\times2^{n-1}+k_{n-2}\times3^{n-2}+\cdots+k_0\times2^0+k_{-1}\times2^{-1}+\cdots+k_{-m}\times2^{-m}$

式中，k_i取数码0，1，⋯，9中的一个，m、n为正整数。

（3）八进制（Octal）

八进制的计数规则如下：

①有8个不同的数码：0、1、2、3、4、5、6、7。

②每位逢八进一。

八进制数316.74可以写成如下的多项式形式：

$316.74=3\times8^2+1\times8^2+6\times8^0+7\times8^{-1}+4\times8^{-2}$

（4）十六进制（Hexadecimal）

十六进制的计数规则如下：

①有16个不同的数码：0、1、2、3、4、5、6、7、8、9、A、B、C、D、E、F。

②每位逢十六进一。

其中，数码A、B、C、D、E、F代表的数值分别对应十进制数的10、11、12、13、14和15。十六进制数4C21.A5的按权相加展开式为：

$4C21.A5=4\times16^3+12\times16^2+2\times16^1+1\times16^0+10\times16^{-1}+5\times16^{-2}$

一般来说，对于一个n位整数，m位小数的进制数r，其按权相加展开式为：

$(x)_r=k_{n-1}\times r^{n-1}+k_{n-2}\times r^{n-2}+\cdots+k_0\times r^0+k_{-1}\times r^{-1}+\cdots+k_{-m}\times r^{-m}$

式中，k_i取数码0, 1, 2, ⋯, r–1中的一个，m、n为正整数。

2. 常见的进制转换

（1）二进制数转换为十进制数

将二进制数写成按权展开式后，其积相加，和数就是对应的十进制数。

【例2.3】将数$(110111)_2$和$(11.01)_2$转换为十进制数。

解：

$$(110111)_2=1\times2^5+1\times2^4+0\times2^3+1\times2^2+1\times2^1+1\times2^0$$
$$=32+16+0+4+2+1$$
$$=(55)_{10}$$

$$(11.01)_2=1\times2^1+1\times2^0+0\times2^{-1}+1\times2^{-2}$$
$$=2+1+0+0.25$$
$$=(3.25)_{10}$$

（2）十进制数转换为二进制数

把一个十进制数转换为二进制数时，其整数部分与小数部分需要分别进行转换，然后将两部分相加合并，即可得到转换结果。对于一个十进制的整数或纯小数而言，只需转换成整数或小数。

①整数部分的转换：除以2取余。连续用该数除以2，得到的余数(0或1)分别为$k_0, k_1, \cdots$，直到商是0为止。将所有余数$k_{n-1}, k_{n-2}, \cdots, k_1, k_0$从左向右排列起来，即为所转换的二进制整数。

②小数部分的转换：乘2取整。将十进制数的小数部分连续乘以2，乘积的整数部分（0或1）为$k_{-1}, k_{-2}, \cdots, k_{-m}$，直至乘积是0或达到所需的精度为止。将$0, k_{-1}, k_{-2}, \cdots, k_{-m}$从左向右排列起来组成小数形式，即为所转换的二进制小数。

【例2.4】将$(25.625)_{10}$转换为二进制数。

解：①整数部分。用25除以2，商12余1；再用12除以2，商6余1……直到商是0。

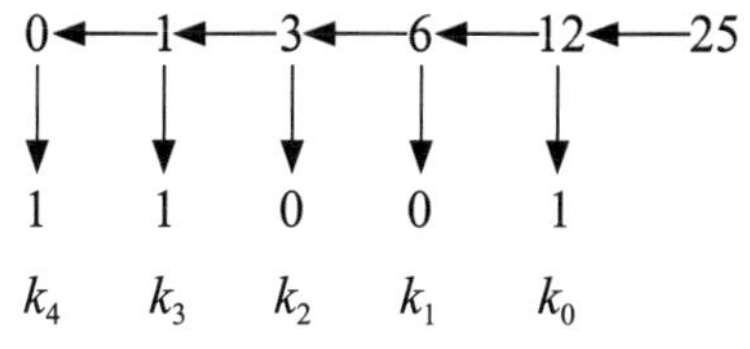

②小数部分。0.625乘2等于1.25，取出整数部分的1后，用小数部分0.25再乘2……直到乘积是0或达到所需的精度。

0.625→0.250→0.500→0.000

1　0　1

k_{-1}　k_{-2}　k_{-3}

转换结果为：$(25.625)_{10}=(1\,1001.101)_2$

注意：十进制小数转换成二进制小数时，有时永远无法使乘积等于零，在满足一定精度的情况下，可以取若干位数作为其近似值。

（3）二进制数转换为十六进制数

转换方法：从小数点开始向左、右划分，每4位二进制数为一组，不足4位的用0补足，然后按照“数值相等”的原则（见表2–3），把4位二进制数转换为1位十六进制数即可。

表 2-3　二进制数和十六进制、八进制、十进制数对照表

二进制数	十六进制数	八进制数	十进制数	二进制数	十六进制数	八进制数	十进制数
0000	0	0	0	1000	8	10	8
0001	1	1	1	1001	9	11	9
0010	2	2	2	1010	A	12	10
0011	3	3	3	1011	B	13	11
0100	4	4	4	1100	C	14	12
0101	5	5	5	1101	D	15	13
0110	6	6	6	1110	E	16	14
0111	7	7	7	1111	F	17	15

【例2.5】将（111011.0110101）$_2$转换为十六进制数。

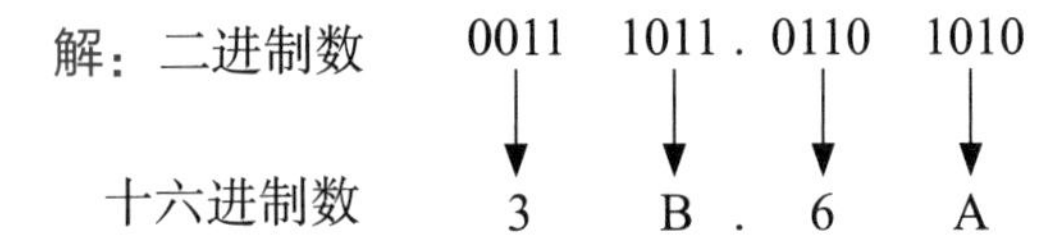

转换结果为：（111011.0110101）$_2$=（3B.6A）$_{16}$

（4）十六进制数转换为二进制数

转换方法：按“数值相等”的原则，把每个十六进制数用4位的二进制数表示。

【例2.6】将（20E.4C）$_{16}$转换为二进制数。

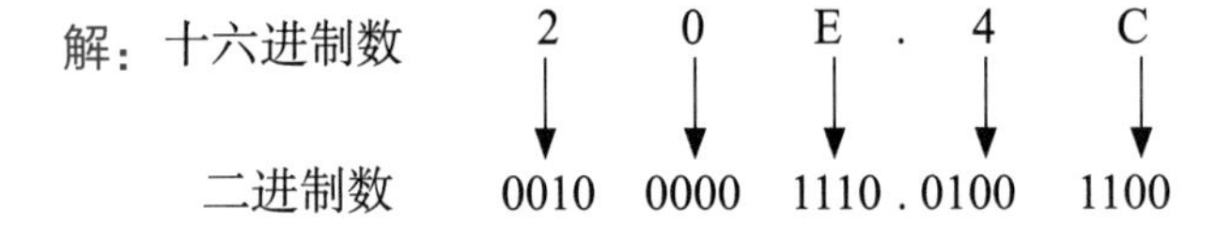

转换结果为：（20E.4C）$_{16}$=(001000001110.01001100)$_2$=(1000001110.010011)$_2$

（5）八进制与二进制之间的转换

二进制数转换为八进制数时，由于每3位二进制数相当于1位八进制数，所以从小数点开始向左、右划分，每3位二进制数为一组，不足三位的用0补足，按“数值相等”原则逐一转换即可，具体参见表2-3。八进制数转换为二进制数时，将每个八进制数用3位二进制数表示即可。

（6）十进制转换为十六进制或八进制

将十进制数转换为十六进制数或八进制数，可以采用类似于十进制数转为二进制数的方法，但由于除数较大，存在运算困难。所以，通常先将十进制数转换为二进制数，再将二进制数转换为十六进制数或八进制数。

2.2.3　二进制数的运算

二进制数的算术运算与十进制数算术运算类似，其不同之处在于加法的“逢二进一”规则和减法的“借一为二”规则。表2-4所示为二进制数加、减、乘、除的运算法则，表中只考虑一位数运算结果，忽略了进位。

表 2-4　二进制数加、减、乘、除的运算法

+			-			×			÷		
加数 1	加数 2		被减数	减数		乘数 1	乘数 2		被除数	除数	
	0	1		0	1		0	1		0	1
0	0	1	0	0	–1	0	0	0	0	出错	0
1	1	0	1	1	0	1	0	1	1	出错	1

下面给出一些利用这些运算法则进行二进制数运算的例子：

10101+10110=101011　　11+1011010=1011101

11010–10101=101　　1010–10111=–1101

11 × 101=1111　　101 × 1100=111100

1.01+100.01=101.1　　0.11 × 110=100.1

1010 ÷ 100=10.1　　101.101 ÷ 101=1.001

二进制数的运算

2.2.4　机器数的表示和运算

机器数是计算机内部使用0和1表示的数据，机器数受到“机器字长”的限制。机器字长是指计算机内部进行数据处理、信息传输等基本操作时所包含的二进制位数。机器字长通常是8位、16位、32位、64位等。

机器字长是衡量计算机性能的重要指标，计算机的微处理器和存储器都有字长，两者需要匹配。人们平常所说的“64位机”指的是CPU的字长是64位的计算机。

1. 机器数的表示

如果机器数表示的是无符号整数，仅需将该数按规定的字长转换成相应的二进制数。例如，无符号整数（56）$_{10}$转换为16位的机器数是（00000000 00111000）$_2$。

不同字长的机器数所保存的数据是有范围的，超出其范围时，就称为“溢出”。溢出是一种错误状态，有溢出则说明用于表达数据的字长满足不了需求，需要考虑使用更大的字长来表示数据。

在更多情况下，计算机处理的是有符号数。有符号的机器数使用最高位作为符号位。计算机中有符号数的编码有3种方式：原码、反码和补码。

对于任何正数，这3种编码都相同，但是负数的原码、反码和补码各不相同。下面以整数为例，讨论有符号数的表示方法。

（1）原码

原码表示法规定：最高一位用作符号位，用“0”表示正数，用“1”表示负数，其后的数值部分用二进制数来表示数的绝对值。例如：

$[+37]_{原}$=00100101　$[-37]_{原}$=10100101

从上例可以看出，两个符号相异、绝对值相同的数的原码，除了符号位以外，其他位都是相同的。

原码表示法简单易懂，但对应的运算电路比较复杂。例如，两数相加，同号时做加法运算，异号时则要做减法运算，需要考虑进位或借位规则。因此，需要寻求更适合计算机使用

的、有效的编码方法。

（2）反码

反码表示法规定：正数的反码和原码相同，负数的反码是对该数的原码除符号位外各位求反（即0变成1，1变成0）。例如：

$[+55]_{反}=00110111$ $[-37]_{反}=11011010$

反码是求取补码过程的中间形式。

（3）补码

补码表示法规定：正数的补码和原码相同，负数的补码是对该数的反码加1。例如：

$[+10]_{补}=00001010$ $[-10]_{反}=11110101$ $[-10]_{补}=11110110$

2. 机器数的运算

机器数进行运算时，使用补码表示有符号数，并且符号位参与运算。符号位参与运算不仅可以将减法运算转换为加法运算，还能验证计算结果的正确性。

【例2.7】使用五位机器数（含符号位）计算：$(-5)_{10}+(-7)_{10}$。

解：首先将数值表示为机器数：

$(-5)_{10}+(-7)_{10}=(1\ 1011)_{补}+(1\ 1001)_{补}$

按照二进制计算规则，可知结果为10100，如图2–3(a)所示。符号位为1，说明是负数。再转换为原码，即11100。11100即为$(-12)_{10}$。

【例2.8】使用五位机器数（含符号位）计算：$(-7)_{10}+(-12)_{10}$。

解：首先将数值表示为机器数

$(-7)_{10}+(-12)_{10}=(1\ 1001)_{补}+(1\ 0100)_{补}$

按照二进制计算规则，可知结果为0 1101，如图2–3(b)所示。符号位为0，说明是正数。此时两个负数相加结果为正数，出错，这种情况称为“溢出”。

(a)	(b)
1 1011	1 1001
+) 1 1001	+) 1 0100
1 0100	0 1101

图2–3　五位机器数的加法运算

“溢出”的判断规则：两个异号数的补码相加不会溢出。两个同号数的补码相加，如果结果的符号与两个加数一致，则没有溢出；反之，则一定溢出。通过判断结果是否溢出，计算机就能够校验补码计算结果的正确性。

补码的引入简化了运算规则，加减法运算都可以使用加法运算实现，进而简化了运算电路的设计。在计算机中，带有小数点的实数可以按定点数或浮点数来处理，本章不进行讨论。

2.3 信息编码

计算机在处理信息时，无论是声音、图像、数字符号还是汉字等，在计算机内部，都是以二进制编码的形式存在，不同信息的编码原理各不相同。编码的含义不能任意指定，以免不同的人在使用该编码时产生歧义。因此，编码必须满足唯一性、公共性和规律性。

编码规则中的编码长度限定了编码的信息容量。例如，4位二进制编码，共形成16种组合，能用于16个不同对象的编码；如果采用8位编码，则能标识256个不同对象。

2.3.1　数值信息的表示

计算机内部采用二进制编码表示和处理数值型数据，但由于人们习惯使用十进制数，所以在计算机输入、输出时仍采用十进制编码。十进制数在计算机中的编码方式多种多样，其中BCD码（Binary-Coded Decimal notation）比较常见。

在BCD码中，每一位十进制数使用4位一组的二进制编码表示，组与组之间仍遵循“逢十进一”的进位规则。BCD码选用的是4位二进制编码中前10个编码0000~1001，十进制数与BCD码的对应关系如表2–5所示。4位二进制编码从左到右，各位的“权”分别是8、4、2、1，因此，BCD码又称为“8421码”。

表 2–5　十进制数和 BCD 码的对应关系

十进制数	BCD码	十进制数	BCD码	十进制数	BCD码
0	0000	4	0100	8	1000
1	0001	5	0101	9	1001
2	0010	6	0110	10	0001 0000
3	0011	7	0111	100	0001 0000 0000

BCD码既有二进制的形式，又有十进制的特点。它可以作为人与计算机沟通时的一种中间表示形式。一个十进制数用BCD码表示时，只要把这个十进制数按位用BCD码进行转换即可，反之亦然。例如：

$(158.79)_{10} = (0001\ 0101\ 1000\ .\ 0111\ 1001)_{BCD}$

$(0100\ 0101\ 1000\ 0110)_{BCD} = (4586)_{10}$

2.3.2　字符信息的编码

英文字符有26个大写字母、26个小写字母、10个数字符号和一些标点符号，约100余个，因此二进制编码长度至少需要7位。为满足编码的公共性原则，国际上广泛采用ASCII码（American Standard Code for Information Interchange，美国信息交换标准代码）进行字符信息的编码，如表2–6所示。例如，字母B的ASCII码为$b_6b_5b_4b_3b_2b_1b_0$ = 100 0010，符号#的ASCII码为$b_6b_5b_4b_3b_2b_1b_0$ = 010 0011。

表 2–6　ASCII 码对照表

低位码 $b_3b_2b_1b_0$	高位码 $b_6b_5b_4$							
	000	001	010	011	100	101	110	111
0000	NUL	DLE	SP	0	@	P	`	p
0001	SOH	DC1	!	1	A	Q	a	q

续表

<table>
<tr><th rowspan="2">低位码 $b_3b_2b_1b_0$</th><th colspan="8">高位码 $b_6b_5b_4$</th></tr>
<tr><th>000</th><th>001</th><th>010</th><th>011</th><th>100</th><th>101</th><th>110</th><th>111</th></tr>
<tr><td>0010</td><td>STX</td><td>DC2</td><td>"</td><td>2</td><td>B</td><td>R</td><td>b</td><td>r</td></tr>
<tr><td>0011</td><td>ETX</td><td>DC3</td><td>#</td><td>3</td><td>C</td><td>S</td><td>c</td><td>s</td></tr>
<tr><td>0100</td><td>EOT</td><td>DC4</td><td>$</td><td>4</td><td>D</td><td>T</td><td>d</td><td>t</td></tr>
<tr><td>0101</td><td>ENQ</td><td>NAK</td><td>%</td><td>5</td><td>E</td><td>U</td><td>e</td><td>u</td></tr>
<tr><td>0110</td><td>ACK</td><td>SYN</td><td>&</td><td>6</td><td>F</td><td>V</td><td>f</td><td>v</td></tr>
<tr><td>0111</td><td>BEL</td><td>ETB</td><td>'</td><td>7</td><td>G</td><td>W</td><td>g</td><td>w</td></tr>
<tr><td>1000</td><td>BS</td><td>CAN</td><td>(</td><td>8</td><td>H</td><td>X</td><td>h</td><td>x</td></tr>
<tr><td>1001</td><td>HT</td><td>EM</td><td>)</td><td>9</td><td>I</td><td>Y</td><td>i</td><td>y</td></tr>
<tr><td>1010</td><td>LF</td><td>SUB</td><td>*</td><td>:</td><td>J</td><td>Z</td><td>j</td><td>z</td></tr>
<tr><td>1011</td><td>VT</td><td>ESC</td><td>+</td><td>;</td><td>K</td><td>[</td><td>k</td><td>{</td></tr>
<tr><td>1100</td><td>FF</td><td>FS</td><td>,</td><td><</td><td>L</td><td>\</td><td>l</td><td>|</td></tr>
<tr><td>1101</td><td>CR</td><td>GS</td><td>–</td><td>=</td><td>M</td><td>]</td><td>m</td><td>}</td></tr>
<tr><td>1110</td><td>SO</td><td>RS</td><td>.</td><td>></td><td>N</td><td>^</td><td>n</td><td>~</td></tr>
<tr><td>1111</td><td>SI</td><td>US</td><td>/</td><td>?</td><td>O</td><td>_</td><td>o</td><td>DEL</td></tr>
</table>

ASCII码用7位二进制代码表示128（2^7=128）个字符，包括52个英文字符、10个阿拉伯数字、33个控制码和33个标点与运算符号。表的前两列和最后一个（DEL）为控制码，是不可显示字符，可以直接控制计算机执行某种操作。为满足计算机字节处理需求，ASCII码采用8位编码，最高位为0，也可采用十六进制形式。例如，B的ASCII编码为$b_7b_6b_5b_4b_3b_2b_1b_0$ = 0100 0010，转换为十六进制是42H；#的ASCII编码为23H。常用英文大写字母A~Z的ASCII码为41H~5AH，小写字母a~z的ASCII码为61H~7AH。

注意：后缀H表示十六进制数；8位二进制位称为1个字节（B）。

再如，信息“We are students”，如果按ASCII编码存储为文件（txt类型文本文件）则为一组0、1串：01010111 01100101 00100000 01100001 01110010 01100101 00100000 01110011 01110100 01110101 01100100 01100101 01101110 01110100 01110011。而要打开该文件并读出其内容，只要按照规则“对0、1串按8位一组分隔，查找ASCII码表将其映射成相应的符号”进行解析即可。

2.3.3 汉字信息的编码

汉字在计算机内部也是以二进制编码的形式存在，但由于汉字的数量庞大、字形复杂，其编码较英文字符要复杂得多。在输入、输出、存储等各个环节中，要涉及多种汉字编码，如汉字输入码、汉字交换码、汉字机内码、汉字字形码等。

1. 汉字输入码

汉字输入码与输入汉字时所使用的汉字输入法有关，同一个汉字在不同的输入法下的输入码是不同的。我国先后研制出的汉字输入方案多达数百种，可分为音码、形码、音形码、数字码等几大类。音码是以汉字拼音为基础编码汉字的方法；形码是以汉字的笔画与结构为基础编码汉字的方法；音形码是以汉字的拼音与字形为基础编码汉字的方法；数字码是以汉字在某编码方法中的编号信息为基础编码汉字的方法。常用的汉字输入法有全拼、双拼、区位码、快速码、自然码、五笔字型、首尾码、电报码等。

2. 汉字机内码

用户从键盘上把一个汉字输入码输入到计算机时，将由计算机自动完成从输入码到机内码的转换。汉字的机内码采用了较为统一的编码，目前国内大多使用两字节的变形国标码。

国标码是我国国家标准局1981年颁布的GB 2312—1980《信息交换用汉字编码字符集 基本集》所规定的汉字编码。该字符集包括汉字、各种数字和符号，共计7 445个。根据编码需要，这些字符被分成94个区，每区94位。采用十进制编码，区号和位号由4位十进制数组成区位码，如54区48位的汉字“中”的区位码为5448。

区号和位号为01~94，对应的十六进制为01H~5EH，为了避开ASCII中的控制符，将它们分别加上32（20H）后，其十六进制为21H~7EH，这就是汉字的国标码。

国标码的形式是7位二进制编码，编码与ASCII中的可显示字符重复。例如，“中”的国标码是“56H，50H”。作为ASCII，56H和50H分别代表V和P。在这种情况下，计算机无法判断某个字节代表的到底是ASCII，还是汉字编码的一半。因此，需要将国标码再做某种变形处理。方法是将两个字节的国标码分别再加上128（80H），将此变形国标码作为汉字的机内码，如“中”的机内码为“D6H，D0H”。汉字机内码是计算机内部存储、处理汉字所使用的统一编码。

为了表示世界上绝大多数国家的文字和符号，国际组织提出了Unicode标准，用十六进制0~10FFFF来映射所有字符，用来支持多种语言的信息交换。

具体实现时，Unicode标准将唯一的码位按照不同的编码方案映射为相应的编码，有UTF-8、UTF-16、UTF-32等多种编码方案。其中，UTF-8（8-bit Unicode Transformation Format）是一种可变长度字符编码，使用1~4个字节编码Unicode字符，又称“万国码”。UTF-8的编码规则是如果只有一个字节，则其最高二进制位为0；如果是多字节，其第一个字节从最高位开始，连续的二进制位值为1的个数决定其编码的字节数，其余各字节均以10开头。UTF-8的编码规则如下：

1字节 0×××××××

2字节 110××××× 10××××××

3字节 1110×××× 10×××××× 10××××××

4字节 11110××× 10×××××× 10×××××× 10××××××

5字节 111110×× 10×××××× 10×××××× 10×××××× 10××××××

6字节 1111110× 10×××××× 10×××××× 10×××××× 10×××××× 10××××××

因此，UTF-8中可以用来表示字符编码的实际位数最多有31位，即上面中×所表示的位。除去那些控制位（每字节开头的10等），这些×表示的位与Unicode编码是一一对应的，位高低顺序也相同。

UTF-8可用于在同一文件界面中显示中文简体、繁体及其他语言（如英文、日文、韩文）。

英文使用1 B，欧洲文字使用2 B，中文、亚洲文字使用3 B。

3. 汉字字形码

显示器中显示汉字、打印机打印汉字时，需要使用汉字的字形信息。为了用数字化的方式描述汉字的字形，一般使用“点阵”的方式表示汉字。汉字字形码就是确定汉字字形的点阵码。将汉字点阵码按一定顺序排列起来，就组成了汉字字模库，即“汉字库”。

图2–4所示为汉字“中”的16×16字模、位代码和点阵码。

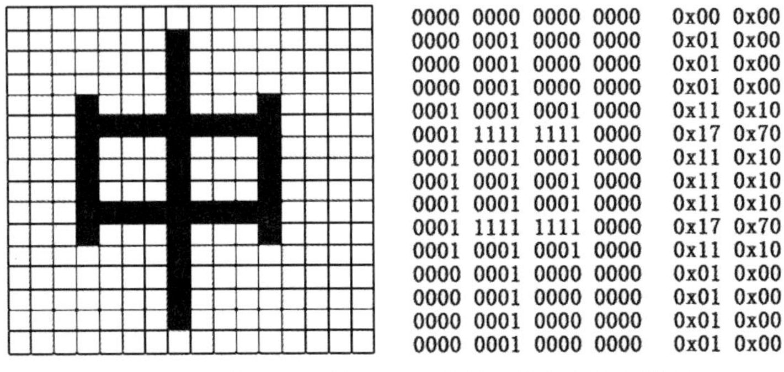

图2–4　汉字“中”的16×16字模、位代码和点阵码

汉字点阵有16×16、24×24、32×32、48×48等类型，点阵数越多，表示的字形信息就越完整，显示的汉字越精细。汉字的字体不同，组成汉字的点阵也不同，例如，人们经常使用的有“宋体字库”“楷体字库”“黑体字库”等不同的汉字库。

除字模点阵码外，汉字还有矢量编码，能够实现汉字字形无失真的任意比例缩放。

2.3.4　多媒体信息的编码

媒体是信息表示和传输的载体，多媒体是文字、图像、动画、声音、视频等多种媒体的统称。多媒体信息的表现形式各不相同，但在计算机内部都是以二进制表示的，这就需要对各种媒体信息进行不同的编码。

1. 音频信息的编码

声音是由物体振动引发的物理现象，以波的形式进行传播，即声波。声波是连续变化的物理量，可以近似地把它看成是一种周期性函数，如图2–5（a）所示，图中横坐标表示时间，纵坐标表示声音信号幅值。声波是模拟信号，需要经过采样、量化和编码后形成数字音频，才能进行数字处理。

采样是每隔一个时间间隔测量一次声音信号的幅值。测量到的每个数值称为样本，这个时间间隔称为采样周期。采样后会得到一个时间段内的有限个幅值，如图2–5（b）所示。量化是将声波的幅度取值范围加以限制，以适应计算机有限的精度。编码是将量化后的幅度值按一定规则编码存储。图2–5（c）所示为音频信息的数字化过程。

声波的采样周期越小或采样频率越高，采样精度（即采样值的编码位数）越高，则采样数据的质量越高，生成的数字化信息就越接近于连续的声波。例如，标准CD的采样频率为每秒44 100次，量化位数为16位，这样的声音已经非常逼真。声音文件还需要压缩存储，即声音编码或音频编码。常见的声音文件的编码格式有WAV、AU、AIFF、VQF和MP3。

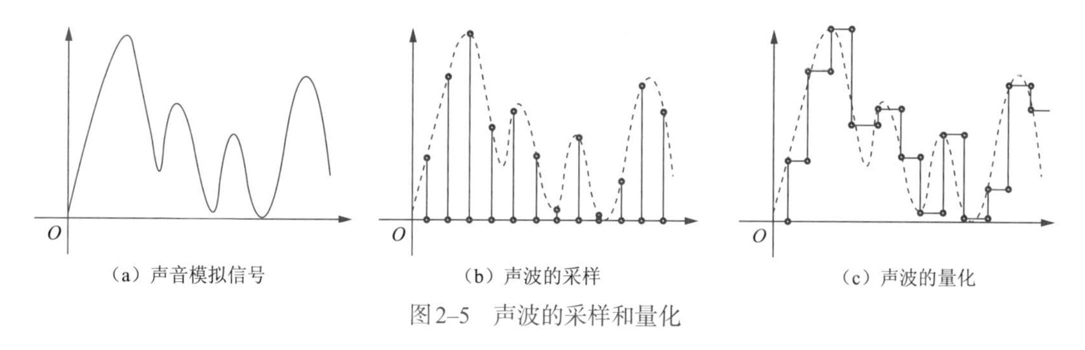

（a）声音模拟信号　（b）声波的采样　（c）声波的量化

图2–5　声波的采样和量化

2. 图像信息的编码

由扫描仪、数码照相机、摄像机等输入设备捕捉的模拟图像信号经数字化处理后生成数字图像。数字图像以位图形式存储，如图2–6所示。该图像被均匀分成若干小方格，每一个小方格称为一个像素，每个像素呈现不同的颜色（彩色）或层次（黑白图像）。如果是黑白图像，每个像素点仅需要1位来表示；如果是灰度图像，每个像素点需要8位来表示256（2^8=256）个黑白层次；如果是彩色RGB图像，每个像素点则需要3个8位来分别表示三原色：红、绿、蓝，即“24位真彩色图像”。

图2–6　位图形式存储的数字图像

除了图像的颜色，人们通常还会关心图像的“尺寸”。图像尺寸一般指的是图像分辨率，即“水平像素点数 × 垂直像素点数”。图像是像素的集合，对每个像素进行编码，然后按一定顺序将所有编码组合在一起，就能构成整幅图像的编码。一幅图像需占用的存储空间是“水平像素点数 × 垂直像素点数 × 像素的位数”。例如，一副图像分辨率是640 × 480像素的24位真彩色图像，需要占用的存储空间是640 × 480 × 24/8=921 600 B=900 KB。因此，需要采用编码技术来压缩其信息量。

图像的编码既要考虑每个像素的编码，又要考虑如何组织行、列像素点进行存储的方式。图像压缩通过分析图像行列像素点间的相关性来实现压缩，压缩掉冗余的像素点，实现存储空间占用的降低。例如，原始数据为00000000 00000010 00011000 00000000，压缩后的数据为1110 0100 0000 1011，这里采用的压缩原则是用4位编码表示两个1之间0的个数。显然，压缩后的数据不能直接使用，所以使用前需要解压缩，恢复原来的形式。目前已出现很多种图像编码的方法，如BMP（BitMap）、JPEG（Joint Photographic Group）、GIF（Graphic Interchange Format）、PNG（Portable Network Graphics）等。具体的图像编码方法可查阅相关资料进行深入学习。

3. 视频信息的编码

视频本质上是基于时间序列的动态图像，也是连续的模拟信号，需要经过采样、量化和编码形成数字视频。同时，视频还可能是由视频、音频和文字经同步后形成的。因此，视频编码相当于按照时间序列处理图像、声音和文字编码并将其同步化。典型的视频编码有国际电联的

H.261、H.263，国际标准化组织运动图像专家组的MPEG系列标准。此外，在互联网上被广泛应用的还有Real-Networks的RealVideo、微软公司的WMV及Apple公司的QuickTime等。

2.4　逻辑代数基础

2.4.1　关于逻辑

由2.1.2节可知，逻辑通常指事物之间的因果关系。当两个二进制数码表示不同的逻辑状态时，它们之间可以按照指定的某种因果关系进行推理运算，这种运算称为逻辑运算。

在计算机的数字电路中，可以使用1位二进制数表示一个事物的两种不同逻辑状态。例如，可以将1和0分别表示一件事情的是和非、有和无、真和假，或者表示电路的通和断、电灯的亮和暗、门的开和关等。这种只有两种对立逻辑状态的逻辑关系称为二值逻辑。

能够进行逻辑运算的数学方法，叫作布尔代数。当今，人们普遍使用布尔代数解决开关电路和数字逻辑电路的分析与设计问题。本节讨论的逻辑代数，指的是布尔代数在二值逻辑电路中的应用。逻辑代数和普通代数的运算公式在形式上雷同，但逻辑运算表示的是逻辑状态的推理，而普通运算表示的是数值之间的运算。

在二值逻辑中，每个变量的取值只有0和1两种可能。人们通常使用含多变量的逻辑表达式表示事物的多种逻辑状态，从而处理任意复杂的逻辑问题。

2.4.2　基本逻辑运算

基本的逻辑运算可以由开关及其电路连接来实现。图2–7所示为使用开关电路实现基本逻辑运算，规则如下：

①“与”运算：使用开关A和B串联控制灯L来实现。仅当两个开关均闭合时，灯才能亮；否则，灯灭。即只有决定事物结果的全部条件同时具备，结果才发生。

②“或”运算：使用开关A和B并联控制灯L来实现。当两个开关有任一个闭合时，灯亮；仅当两个开关均断开时，灯灭。即在决定事物结果的诸多条件中，只要有任何一个条件满足，结果就会发生。

③“非”运算：使用开关和灯并联来实现。仅当开关断开时，灯亮；否则，灯灭。即只要条件具备了，结果便不会发生；而条件不具备时，结果一定发生。

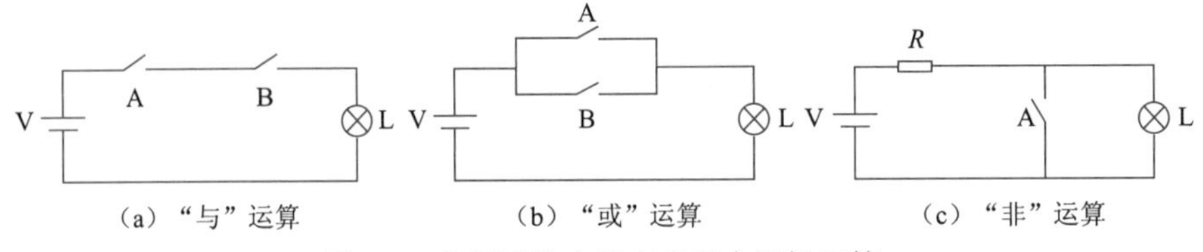

图2–7　使用开关电路实现基本逻辑运算

如果以A和B表示开关，1表示开关闭合，0表示开关断开；以 L表示指示灯，1表示灯亮，

0表示灯灭；可以列出以0和1表示的与、或、非逻辑关系的图表，如表2–7所示，这种图表称为真值表。

表 2–7　与、或、非逻辑运算真值表

A	B	A AND B	A OR B	NOT A
0	0	0	0	1
0	1	0	1	1
1	0	0	1	0
1	1	1	1	0

2.4.3　其他逻辑运算

实际的逻辑问题往往比与、或、非运算复杂得多，需要使用基本逻辑运算和复合逻辑运算的组合来实现。常见的复合逻辑运算有与非（NAND）、或非（NOR）、异或（XOR）、同或（XNOR）等，如表2–8所示。其中，计算机中最常见的是异或运算。

表 2–8　其他逻辑运算的真值表

A	B	A NAND B	A NOR B	A XOR B	A XNOR B
0	0	1	1	0	1
0	1	1	0	1	0
1	0	1	0	1	0
1	1	0	0	0	1

如果两个逻辑运算表达式的真值表完全相同，则认为这两个表达式相等。例如，异或运算也可以用与、或、非的组合表示：

L=A XOR B=(A AND (NOT B)) OR ((NOT A) AND B)

计算机内，二进制数的算术运算，可以通过逻辑运算、移位实现，而逻辑运算可以通过“门电路”实现。例如，不考虑进位和借位时，一位数的加减法运算可以通过“异或”逻辑实现，即两个运算数相同时结果为0，相异时结果为1，即S_i=A_i XOR B_i。如果两数相加考虑进位，两个运算数同时为1时产生进位1，否则产生进位0，则向高位的进位值可以使用“与”逻辑实现，即CO_{i+1}= A_i AND B_i。

再如，一个二进制数左移一位相当于乘以2（不考虑溢出），右移一位相当于除以2。例如，将二进制数000011（十进制的3）左移一位，变化为000110（十进制的6）；110000（十进制的48）右移一位，变化为011000（十进制的24）。除了移位，乘除法还可以通过多次加减运算实现。因此，只要实现了二进制数加法运算的自动化，便可以实现任何运算的自动化。

2.5　电子元器件与基本门电路

现实中，基本的逻辑运算是通过电子元器件及其电路连接来实现的。如图2–8（a）所示，在电子电路中用高、低电平分别表示1和0两种逻辑状态。获得高、低输出电平的基本原理可以通过图2–8（b）所示单开关电路来说明。在单开关电路中，v_1是输入信号，v_0是输出信号，当开关S断开时，输出电压v_0为高电平（V_{CC}即1）；而当S接通后，输出电压为低电平（0）。

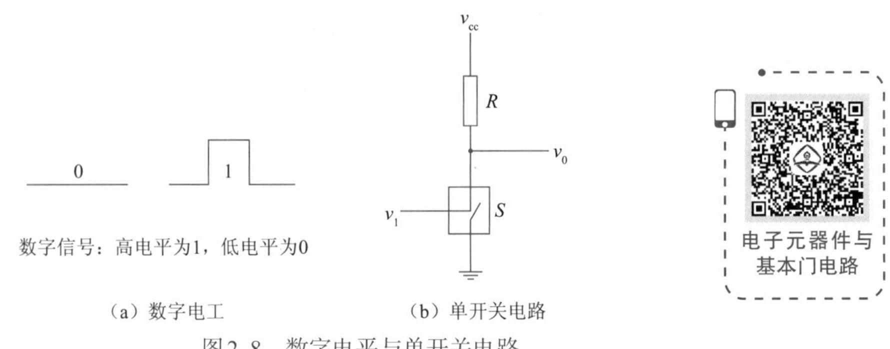

（a）数字电工　　（b）单开关电路

图2–8　数字电平与单开关电路

单开关电路的主要缺点是功耗较大。当S导通使V_0为低电平时，电源电压全部加在电阻R上，产生功率消耗，为了克服这个缺点，将单开关电路中的电阻用另外一个开关代替，就形成了如图2–9所示的互补开关电路。在互补开关电路中，S_1和S_2两个开关虽然受同一输入信号V_1控制，但它们的开关状态是相反的。当V_1使S_1接通、S_2断开时，V_0为低电平；当V_1使S_2接通、S_1断开时，则V_0为高电平。这样，无论V_0是高电平还是低电平，S_1和S_2总有一个是断开的，所以通过S_1和S_2的电流始终为零，电路的功耗极小。这种互补式的开关电路在数字集成电路中应用广泛。在实际工作时只要能区分高、低电平就可以知道它所代表的逻辑状态，所以高、低电平都有一个允许的范围。因此，在数字电路中无论是对元器件参数的要求，还是对供电电源稳定度的要求，都比模拟电路要低。

2.5.1　二极管和三极管的开关特性

1. 二极管的开关特性

由于半导体二极管具有单向导电性，即外加正向电压时导通，外加反向电压时截止，所以它相当于一个受外加电压极性控制的开关，用它取代图2–8（b）中的开关S，可以得到如图2–10所示的二极管开关电路。

假设二极管D正向导通时电阻为0，反向电阻为无限大。当输入信号V_1为高电平（1）时，二极管截止，输出端V_0为高电平（1）；当输入信号V_1为低电平（0）时，二极管导通，输出端V_0为低电平（0）。因此，可以用输入信号的高、低电平控制二极管的开关状态，并在输出端得到相应的高、低电平输出信号。

2. 三极管的开关特性

如图2–11所示，三极管是在二极管的基础上增加了一个栅极b，当b极施加一个高电平时（V_1=1），c极和e极连通，即c极为低电平0（V_0=0）；否则，当b极施加一个低电平时（V_1=0），c极和e极断开，即c极为高电平1（V_0=1）。这样就可以由b极的高电平与低电平控制三极管的c极为低电平（0）或高电平（1）。当然，三极管还有另一种非常重要的作用就是信号放大。

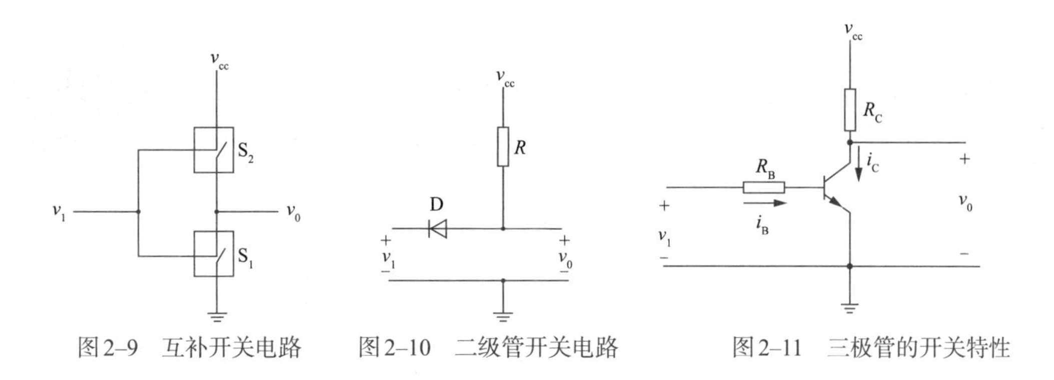

图2–9　互补开关电路　　图2–10　二级管开关电路　　图2–11　三极管的开关特性

2.5.2　简单的与门电路

简单的与门电路可以由二极管和电阻组成。图2–12（a）所示的是有两个输入和一个输出的与门电路，A、B为输入变量，Y为输出变量。假设V_{CC}和A、B输入端的高电平相等，A、B输入端低电平为0，D_1、D_2正向导通时电阻为0，当A、B中只要有一个是低电平，则必有一个二极管导通，Y输出为0，正好符合与运算逻辑。图2–12（b）所示为常见的与运算的图形符号，用来在数字逻辑电路设计中更简洁、清晰地表现逻辑与运算。

2.5.3　简单的或门电路

简单的或门电路也是通过使用二极管和电阻组成的。在图2–13（a）中，A、B为输入变量，Y为输出变量。如果输入的A、B中有一个是高电平，输出Y就是高电平。只有当A、B同时为低电平时，输出才是低电平。此电路的输入、输出规律符合或运算逻辑。图2–13（b）所示为或运算的图形符号。

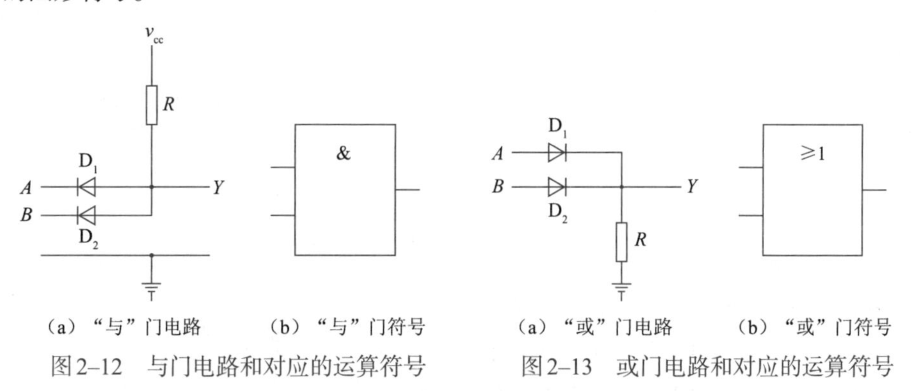

（a）“与”门电路　（b）“与”门符号

图2–12　与门电路和对应的运算符号

（a）“或”门电路　（b）“或”门符号

图2–13　或门电路和对应的运算符号

注意：由于简单的门电路存在电平偏移问题，二极管门电路仅用作集成电路内部的逻辑单元，并不能用于制作具有标准化输出电平的集成电路。

2.5.4　简单的非门电路

仔细观察2.5.1中图2–11所示的三极管的开关特性，当输入为高电平时输出为低电平，输入为低电平时输出为高电平，可以得到如图2–14（a）所示的简单非门电路。图2–14（b）所示为非运算的图形符号。

2.5.5 加法器

使用门电路可以构成编码器、译码器、数值比较器、加法器等复杂的电路。本小节重点讨论加法器的实现原理，在学习加法器之前，首先需要了解与或非门和异或门。

与或非门电路有四个输入、一个输出，假设输入为*A*、*B*、*C*、*D*，则输出*L*=NOT(（*A*&*B*）OR（*C*&*D*）)，可以通过组合基本门电路实现，如图2–15所示。

异或门使用CMOS反向器和CMOS传输门实现，其基本组成器件是MOS管，这里不再深入介绍其实现原理。异或门能够实现异或逻辑运算，即两个输入信号同时为高电平或低电平时，输出低电平；两个输入信号一个为高电平另一个为低电平时，输出高电平。图2–16所示为异或门符号。

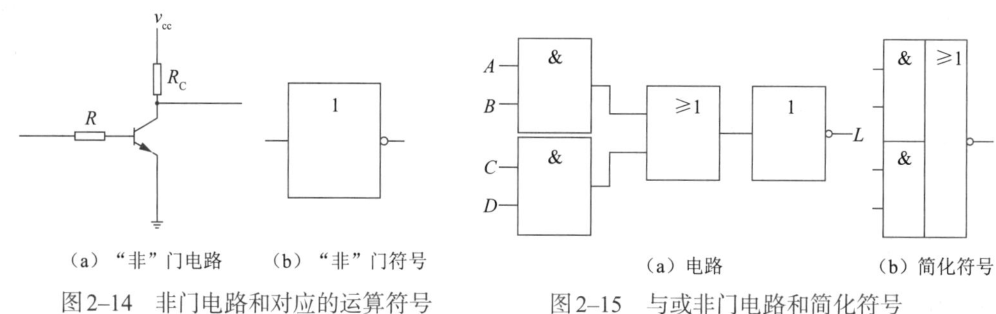

（a）“非”门电路　（b）“非”门符号

图2–14　非门电路和对应的运算符号

（a）电路　（b）简化符号

图2–15　与或非门电路和简化符号

如果不考虑有来自低位的进位，仅将两个1位二进制数相加，称为半加运算。根据二进制的加法运算规则可以列出如表2–9所示的真值表，其中*A*、*B*是两个加数，*S*是相加的和，*CO*是向高位的进位。

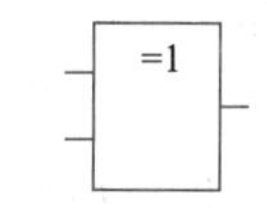

图2–16　异或门符号

分析发现，可以将*S*、*CO*和*A*、*B*的关系写成下列逻辑表达式：

S= *A* XOR *B*

CO=*A* AND *B*

表2–9　半加运算真值表

输入		输出	
A	*B*	*S*	*CO*
0	0	0	0
0	1	1	0
1	0	1	0
1	1	0	1

因此，半加器（不考虑低位进位的1位二进制加法器）是由一个异或门和一个与门组成的，如图2–17所示。

当2个多位二进制数相加时，除了最低位以外，每一位都应考虑来自低位的进位，即将两个加数的对应位和来自低位的进位3个数相加，称为全加运算。根据二进制的加法运算规则，可以列出如表2–10所示的真值表，其中*A*、*B*是两个加数，*CI*是来自低位的进位，*S*是相加的和，*CO*是向高位的进位。

图2–17　半加电路

可以将*S*、*CO*和*A*、*B*、*CI*的关系写成下列逻辑表达式：

S=NOT (((NOT *A*) AND (NOT *B*) AND (NOT *CI*)) OR (*A* AND (NOT *B*) AND *CI*) OR ((NOT *A*) AND *B* AND *CI*) OR (*A* AND *B* AND (NOT *CI*)))=(*A* XOR *B*) XOR *CI*

CO=NOT (((NOT *A*) AND (NOT *B*)) OR ((NOT *B*) AND (NOT *CI*)) OR ((NOT *A*) AND (NOT

CI)))= NOT(NOT(((A XOR B) AND CI) OR (A AND B)))= (A XOR B) AND CI) OR (A AND B)

根据该逻辑表达式，可以有多种形式的逻辑电路结构，它们的逻辑功能都必须符合真值表。常见的全加器是由两个异或门、一个与或非门和一个非门组成，如图2–18所示。

表 2–10　全加运算真值表

输　入			输　出	
CI	A	B	S	CO
0	0	0	0	0
0	0	1	1	0
0	1	0	1	0
0	1	1	0	1
1	0	0	1	0
1	0	1	0	1
1	1	0	0	1
1	1	1	1	1

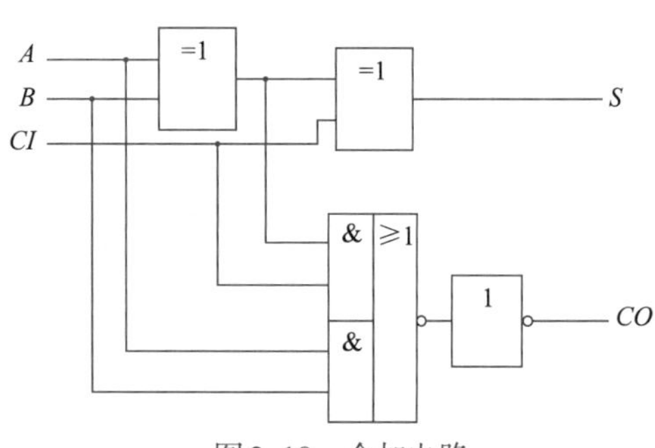

图2–18　全加电路

两个多位数相加时每一位都是带进位相加的，将低位全加器的进位输出端接到高位全加器的进位输入端，就可以构成多位加法器。图2–19所示为根据该原理构成的4位加法器电路。每一位的相加结果都必须等到低一位的进位产生后才能计算，因此这种结构的电路称为串行进位加法器。

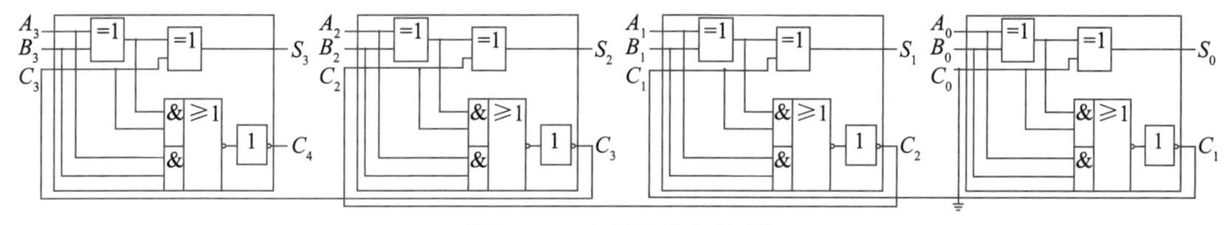

图2–19　串行进位加法器

由于二进制数之间的算数运算无论是加、减、乘、除，都可以转化为若干步的加法运算来进行。因此，实现了加法器就能实现所有的二进制算术运算，加法器是构造计算机运算部件的基本单元。

再看一个利用门电路构造复杂电路的例子，如图2–20所示，输入两位0、1编码，输出4条线，每一条线对应一个编码，这种电路称为“译码器”，经常用于地址编码的翻译电路。图2–20给出的是2–4译码器，如输入10，则对应Y_{10}线有效。图2–20（a）所示为电路连接并进行封装。图2–20（b）所示为模拟一组输入，并判断输出是否正确，图中给出A_0A_1输入为01，如果电路正确则Y_{01}为高电平有效，根据图中的验证结果得Y_{01}为高电平有效。如果所有可能的输入模拟得到的结果都是正确的，则电路正确。

简单电路封装后再集成，可用来构造功能更强的复杂电路。图2–21（a）所示为封装后的2–4译码器，A_1和A_0是地址信号输入端，$\overline{EN}$是控制译码器是否可用的信号输入端，$\overline{Y}_0$~$\overline{Y}_3$是输出端，在译码器可用情况下，一组输入信号对应1个有效输出。图2–21（b）是由5个2–4译码器组合而成的四位地址译码器，当输入一组由四位01构成的地址编码时，$\overline{Y}_0$~$\overline{Y}_{15}$输出端仅有1个是高电平有效输出。图2–21（c）是4–10译码器，能将用$A_3A_2A_1A_0$表示的二进制数（10以内）转换成一位十进制数，$\overline{Y}_0$~$\overline{Y}_9$分别对应十进制的0~9，当输入一组由四位01构成的编码时，$\overline{Y}_0$~$\overline{Y}_9$输出端仅有1个是低电平有效输出。

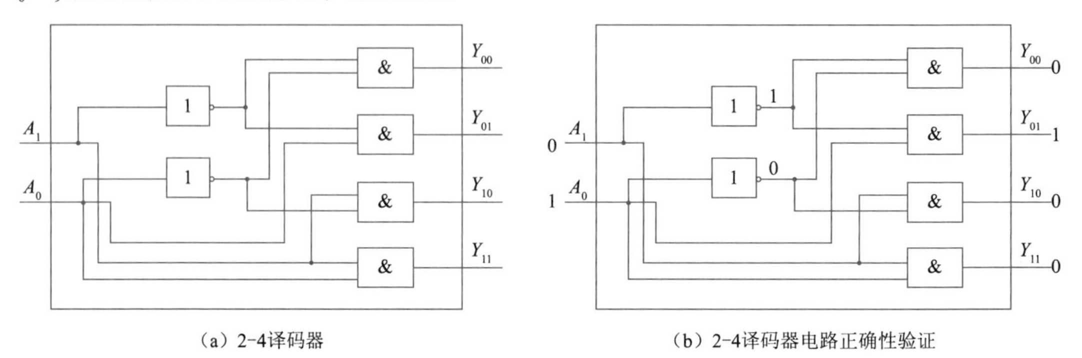

（a）2-4译码器　　（b）2-4译码器电路正确性验证

图2–20　2–4译码器及其电路正确性验证

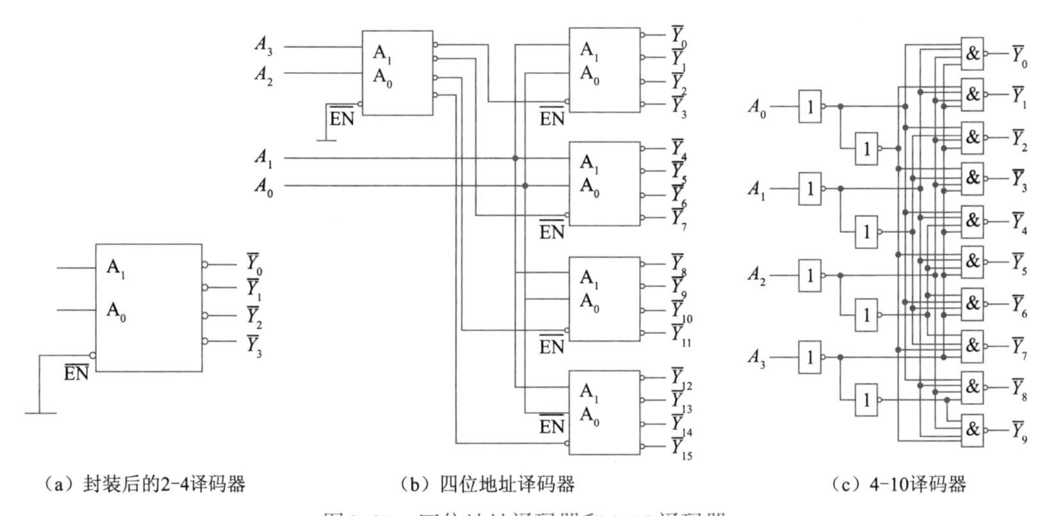

（a）封装后的2-4译码器　　（b）四位地址译码器　　（c）4-10译码器

图2–21　四位地址译码器和4–10译码器

图2–21（c）中的4–10译码器可作为基本芯片，用于构造更复杂的电路。我们熟知的微处理器芯片就是这样逐步构造出来的，从Intel 4004在12 mm^{2}的芯片上集成2 250个晶体管开始，到Pentium 4处理器采用0.18 μm技术内建4 200万个晶体管的电路，再到英特尔的45 nm Core 2至尊/至强四核处理器上装载8.2亿个晶体管，计算机微处理器的发展带动了计算技术的普及和发展。

【例2.9】已知基本门电路符号为 & ≥1 1 =1 “与”门 “或”门 “非”门 “异或”门，请写出电路图2–22所示电路图对应的逻辑表达式。

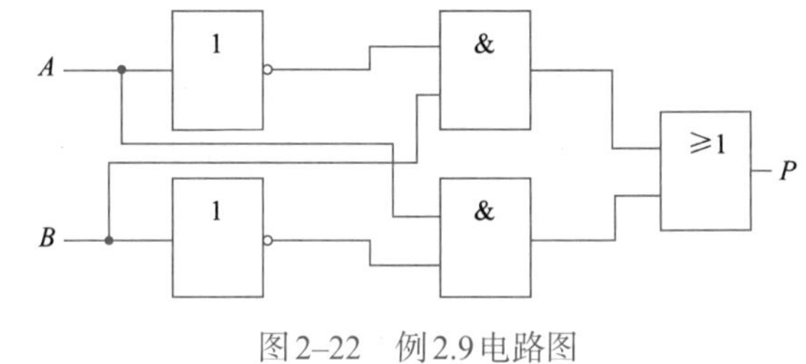

图2–22　例2.9电路图

解：观察发现，电路由与、或、

非门组成，已知门电路的左侧为输入信号、右侧为输出信号。自左向右依次标出每个门电路的输出逻辑表达式（见图2–23），最后得到电路输出P的逻辑表达式。

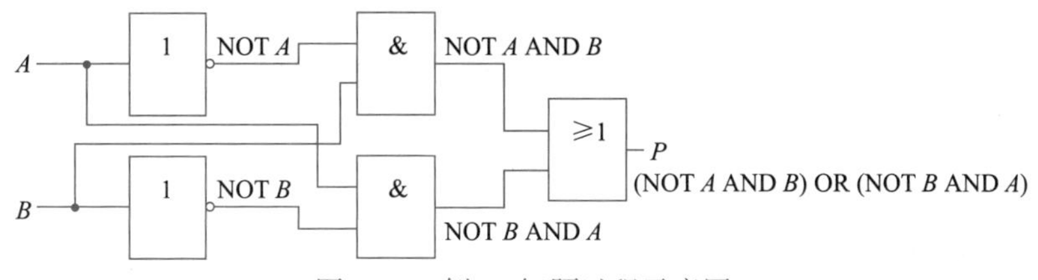

图2–23　例2.9解题过程示意图

因此，电路图对应的逻辑表达式为：P=(NOT A AND B) OR (NOT B AND A)。

【例2.10】已知基本门电路符号为 & （“与”门）、≥1 （“或”门）、1 （“非”门）、=1 （“异或”门），图2–24所示电路图所实现的逻辑运算是（　　）。

A. P= (A AND (NOT B)) AND ((NOT A) AND B)

B. P=A XOR B

C. P=NOT (A AND B) OR (A AND B)

D. P=NOT (A OR B) AND (A AND (NOT B))

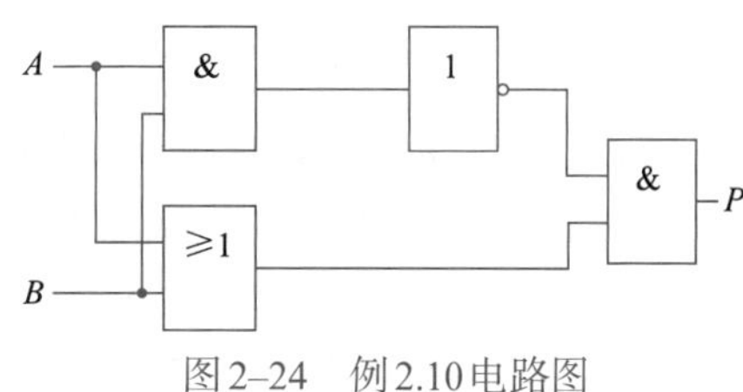

图2–24　例2.10电路图

解：根据电路图，自左向右写出P的逻辑表达式为：P=NOT(A AND B) AND (A OR B)。

通过观察，发现答案选项没有一项和上式直接匹配。需要分别列出各逻辑表达式的真值表进行比对，如表2–11所示。

表 2–11　电路对照表达式和各选项逻辑表达式真值表

A	B	P(电路图输出)	P(选项A输出)	P(选项B输出)	P(选项C输出)	P(选项D输出)
0	0	0	0	0	1	0
0	1	1	0	1	1	0
1	0	1	0	1	1	0
1	1	0	0	0	1	0

通过比较发现，只有选项B的真值表和电路图输出的真值表完全匹配，所以该题答案为B。题目所示的电路图中，A、B为输入变量，P为输出变量。如果输入的A、B中有一个是高电平而另一个是低电平，输出P就是高电平；当A、B同时为低电平或高电平时，输出低电平。因此，该电路可以实现异或逻辑运算。

习　　题

一、选择题

1. 天气的符号化案例，说明（　　）。

A. 研究社会或自然规律的方法之一是符号化，即利用符号的组合及其变化来反映社会或

自然现象及其变化，将世间万物转换为可以计算的事物

B. 任何事物只要符号化，就可以被计算。符号化，不仅仅是数学符号化；任何事物都可以符号化为0和1，也可以进行基于0和1的运算

C. 符号的计算不仅仅是数学计算，符号的组合及其变化同样也是一种计算，这种计算可以基于0和1来实现

D. 上述选项均正确

2. 下列说法正确的是（　　）。

A. 数值信息可采用二进制数表示

B. 非数值信息可采用基于0和1的编码表示

C. 任何信息，若想用计算机进行处理，只需将其用0和1表示出来即可

D. 上述选项均正确

3. 关于二进制的算术运算，下列选项正确的是（　　）。

A. 二进制算术运算不能用逻辑运算来实现

B. 二进制算术运算的符号位可以和数值位一样参与运算并能得到正确的结果

C. 二进制算术运算的符号位不参与运算也能得到正确的结果

D. 仅有二进制的加法运算能通过逻辑运算实现

4. 关于汉字的机内码，下列选项正确的是（　　）。

A. 汉字机内码采用4字节存储汉字

B. 汉字机内码是2字节码，2字节的最高位均为1

C. 汉字机内码是机器显示汉字所使用的编码

D. 汉字机内码是向机器输入汉字所使用的编码

5. 关于汉字输入码，以下选项错误的是（　　）。

A. 汉字输入码是用于将汉字输入到机器内所使用的编码

B. 汉字输入码不是0、1编码

C. 汉字输入码有拼音码、音型码、字形码和字模点阵码

D. 汉字输入码不是等长的编码

6. 关于$(215)_{10}$，下列选项不正确的是（　　）。

A. 等价于$(327)_8$　　B. 等价于$(D7)_{16}$

C. 等价于$(1101\ 0111)_2$　　D. 上述选项有误

7. 已知A~Z的ASCII码是$(41)_{16}$~$(5A)_{16}$，请将下面一段ASCII码存储的字符解析出来：0100 1000 0101 1010 0100 0111 0100 1111 0100 0010 0100 1110正确的是（　　）。

A.HZGOBM　　B.GZGOBN　　C.HZGOBN　　D.GYFNAM

8. 使用有符号的五位二进制数表示数值，进行（−7−4）的十进制数学运算。如果采用补码进行运算，下列运算式以及结果正确的是（　　）。

A.1 0111+1 0100=1 1011　　B.1 1011+1 1100=1 0111

C.1 1001+1 1100=1 0101　　D.0 1011+1 1011=00110

9. 使用有符号的五位二进制数表示数值，进行（−7−13）的十进制数学运算。如果采用补

码进行运算，下列运算式以及结果正确的是（　　）。

A.1 0111 + 1 1101 = 1 0100（溢出）　　B.1 1001 + 1 0011 = 0 1100（溢出）

C.1 0111 + 1 1101 = 1 0100（未溢出）　　D.1 1001 + 1 0011 = 0 1100（未溢出）

10. 逻辑运算是基于“真/假”值的运算，下列选项不正确的是（　　）。

A. “与”运算是“有0为0，全1为1”

B. “或”运算是“有1为1，全0为0”

C. “非”运算是“非0则1，非1则0”

D. “异或”运算是“相同为1，不同为0”

11. 已知A、B和C的值只能有一个1，其他为0，并且满足下列所有逻辑式：

((A AND (NOT C)) OR ((NOT A) AND C)) = 1;

(NOT B) AND ((A AND (NOT C)) OR ((NOT A) AND C)) = 1;

(NOT B) AND (NOT C) = 1;

问：A、B、C的值为（　　）。

A. 0，0，1　　B.0，1，0　　C.1，0，0　　D.0，1，1

12. 已知基本门电路符号为 & “与”门　≥1 “或”门　1 “非”门　=1 “异或”门，图2–25所示的电路图不能实现的功能是（　　）。

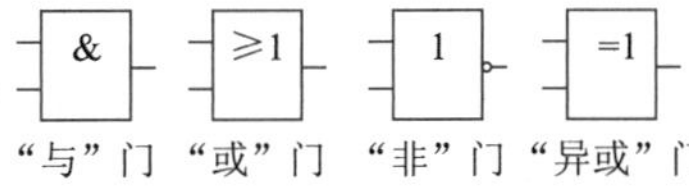

A. 当A=1，B=1时，P=0

B. 当A=1，B=0时，P=1

C. 当A=1，B=1时，P=1

D. 当A=0，B=1时，P=1

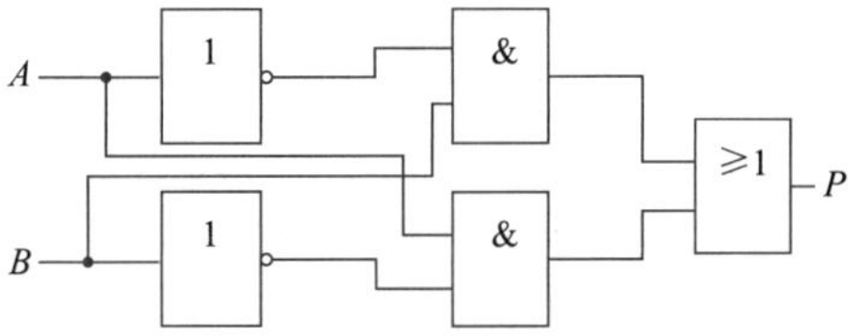

图2–25　选择题第12题电路图

二、填空题

1. 为了将550份文件按顺序编码，如果采用二进制编码，至少需要________位；如果采用八进制编码，至少需要________位；如果是十六进制，至少需要________位。

2. 字符串"Wellcome!"对应的ASCII码是________。

3. 如果使用8位二进制数表示数值，最高位是符号位，其余7位为数值位。那么$(+19)_{10}$的原码、反码和补码分别是________、________、________。

4. 汉字信息的编码包括________、________、________等。

5. 已知基本门电路符号为 & “与”门　≥1 “或”门　1 “非”门　=1 “异或”门，写出图2–26所示电路图所实现的逻辑运算表达式（答案不唯一）。

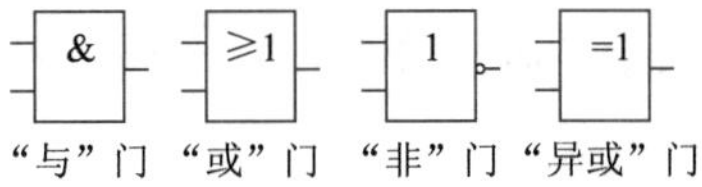

6. 已知基本门电路符号为 & “与”门　≥1 “或”门　1 “非”门　=1 “异或”门，当在图2–27所示电路中输入信号A=1，B=1时，输出信号P=________。

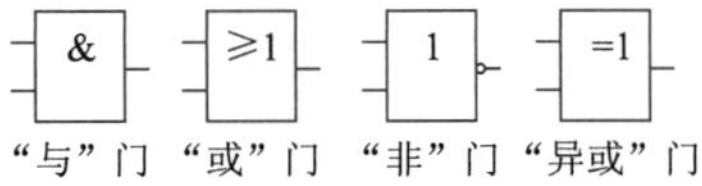

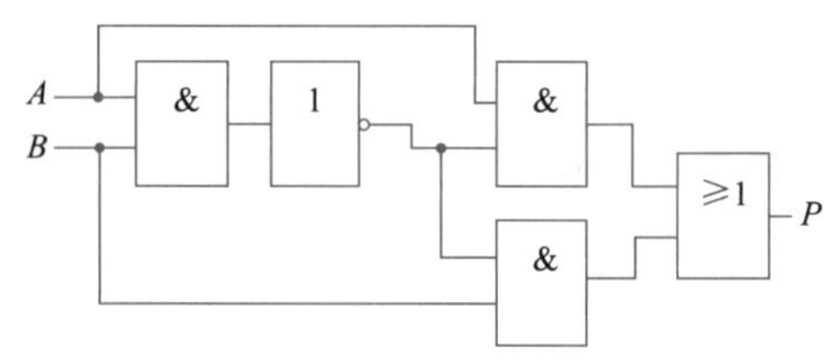

图2–26　填空题第5题电路图

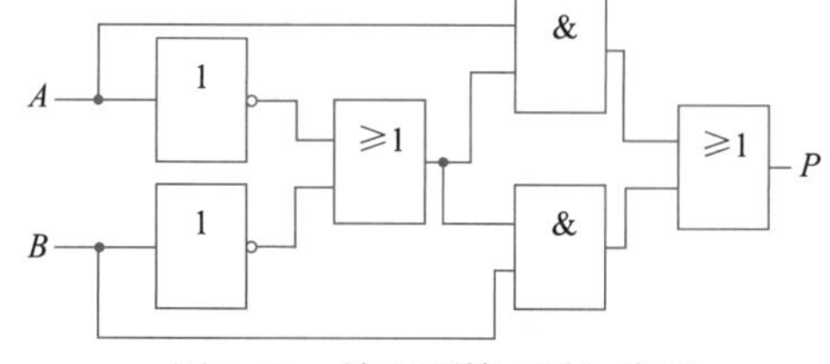

图2–27　填空题第6题电路图

三、综合题

1. 写出4位二进制数、4位八进制数、4位十六进制数的最大数及其等值的十进制数。

2. 使用二进制补码运算求出：

①（13+10）②（23–11）③（–13+10）④（–16–14）

3. 将下列二进制数转换为等值的十进制数：

①（101.011）②（101.101）③（1111.1111）④（1001.0101）

4. 将下列二进制数转换为等值的八进制数和十六进制数：

①（1110.0111) ②（1001.1101）③（0110.1001）④（101100.110011）

5. 将下列十六进制数转换为等值的二进制数和十进制数：

①（8C）②（3D.BE）③（8F.FF）④（10.00）

6. 将下列十进制数转换为等值的二进制数，要求二进制数保留小数点后4位有效数字。

①（25.7）②（107.39）③（174.06）④（0.519）

7. 用8位数的二进制补码表示下列十进制数：

①（+17）②（+28）③（–13）④（–47）⑤（–121）

8. 计算下列用补码表示的二进制数的代数和，如果和为负数，请求出负数的绝对值。

①（11011101+01001011）②（10011101+01100110）③（11100111+11011011）

④（11111001+10001000）

9. 如何理解“所有计算都可以转换为逻辑运算来实现”？请说明23乘法运算是如何用逻辑运算实现的。

10. 假如要给2万名学生每人一个编码，请根据你所在的学校学生的特点给出一个编码规则。说明用多少位进行编码以及编码每一位的取值范围和含义。

11. 如何理解“构造”和“集成”的概念？假如一座楼房有33层，请设计一个电梯楼层的控制电路。当用户按下电梯楼层指示键时，便可产生一个电梯在该层停留的信号。提示：可参考四位地址译码器的原理。

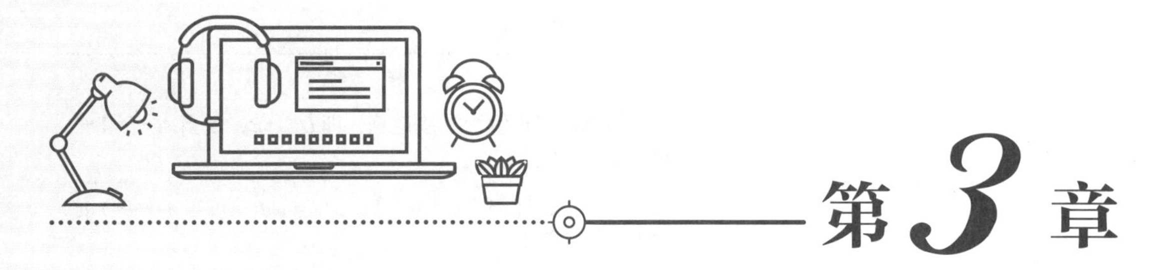

第3章 计算系统与机器级程序的执行

计算系统最主要的特征是存储程序并自动执行。要实现这一目标，需要解决几个重要的技术问题。其一是基本计算的物理实现方法；其二是自动执行的原理和机制；其三是程序与数据的存储方式与执行的过程控制。

学习目标：

- 了解计算系统的基本构成要素。
- 熟悉程序的构造方法。
- 了解图灵机与程序自动执行的原理和机制。
- 熟悉冯·诺依曼计算机的体系架构。
- 了解机器级程序的表示方法，以及机器程序的存储与执行过程。

3.1 计算系统与程序

计算系统是一种自动计算过程的硬件实现；程序则是在硬件实现基础上的算法描述方法，也就是为了得到计算结果而编写的代码的集合。

3.1.1 计算系统的构造

完成计算任务是一个计算系统应具有的最基础的能力。除此之外，计算系统还应具有完成自动计算的控制能力和组合基本计算逻辑实现复杂计算的能力。

1. 基本计算能力

根据前面章节的介绍可知，为降低制造的复杂程度，计算系统的计算是基于二进制（取值范围0或1）进行设计的，而二进制计算基于最基本的与、或、非和异或这4种逻辑门电路，它们各自的特点如表3–1所示。

由这些基本的逻辑运算门电路，可以构造并实现基本的加、减、乘、除数学运算。图3–1所示是一个“1位加法”的运算示例，其逻辑电路实现如图3–2所示。

在上述的计算过程中，本位S_i上的结果可以通过“异或”运算来实现，即“相异为1，相同为0”，进位C_i上的结果则可以通过“与”运算实现，即“A和B均为1时结果为1”。

在实现了这些基本运算模块之后，就可以利用它们来实现更复杂的计算模块，这就是所谓的集成制造技术。计算系统的计算能力通过这种方式得以实现。

表 3–1　基本逻辑运算

逻辑运算	符号	解释
与运算	A, B → & → AB	与运算可以理解为乘法运算，即$L=A\cdot B$，仅当$A\times B=1$时，输出结果才为1
或运算	A, B → ≥1 → 1	或运算可以理解为加法运算，即$L=A+B$，仅当$A+B\geqslant 1$时，输出结果才为1
非运算	A → 1 → $\overline{A}$	非运算可以理解为取模（减法）运算，即$\overline{A}=1-A$，当A为1时，输出结果为0；当A为0时，输出结果为1
异或运算	A, B → =1 → 1	异或运算基于前3个门电路实现，仅当A、B不同时，输出结果才为1，即$A+B\equiv 1$（$A+B$的结果必须等于1）

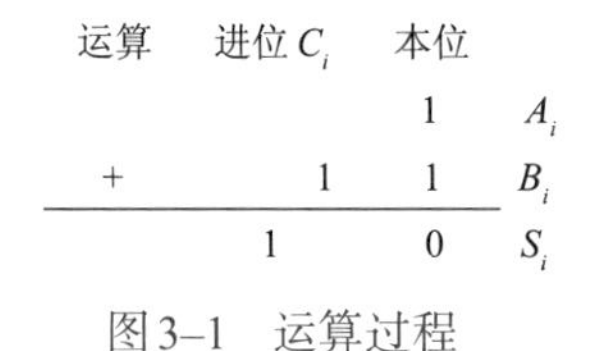

图3–1　运算过程

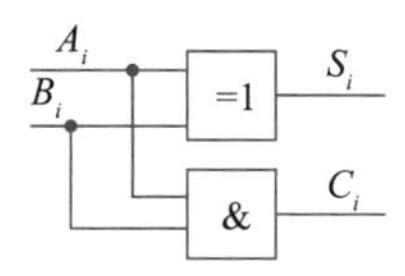

图3–2　逻辑电路实现

2. 控制能力

通过加入控制逻辑可以实现基本计算的自动执行，从而形成计算系统完整的指令体系。

首先，控制逻辑是一种电压的传递过程，包括基本计算的实现也是这样的过程。

根据图3–2所示的逻辑电路，当A_i和B_i均为高电压时，S_i端输出的是低电压，C_i端输出的是高电压。如果这个电路用来表示计算，则这个过程中的高电压可以被解读为“1”，低电压可以解读为“0”，从而可以表示“1+1=10”这样的二进制运算。

如果S_i和C_i用于控制两扇房门，则当A_i和B_i都是高电压时，对应S_i端的房门会关闭，而C_i端的房门会打开，这就是控制逻辑。这里是以“房门”为例进行控制，但在计算系统中控制的可能就是存储器、运算器或者控制的是输入/输出设备。

其次，自动计算过程需要进行精细的控制设计。

诸如“1+2×3−4”这样的算式，其中就包含多种控制问题需要解决。

①如何控制计算过程的开始和结束？

②如何控制取得数据？

③如何控制计算的进行？

④如何控制计算结果的存储？

⑤如何自动进入下一步的计算？

只有解决了这些问题，才能实现计算过程的自动化，这样的计算系统才具有实用价值。后面3.3.4节有关于自动计算过程控制的较为详细的说明，对于更加深入的内容，则需要借助于微电子技术与集成电路技术的相关理论及方法，具体内容请参阅相关的专业书籍。

总之，自动计算过程的控制也可以通过相应的数字电路的设计来实现。

最后，控制逻辑是计算系统中不可或缺的组成部分。

计算逻辑和控制逻辑是计算系统中同等重要的两个部分，自动计算的过程由它们共同协作来完成。计算逻辑的最终实现就是CPU内部的运算器（Arithmetic and Logic Unit，ALU），而控制逻辑的最终实现就是CPU中的控制器。

在实际应用时，计算系统中不同的计算逻辑以不同的计算指令来表示，而计算系统中不同的控制逻辑则以不同的控制指令来表示。计算指令与控制指令合在一起构成了一套完整的计算系统指令体系，利用这套指令体系，使用者就可以编制程序来解决实际问题。

3. 组合能力

计算系统的指令体系描述了最基本的操作，通过组合使用这些基本指令可以解决不同的基本问题。计算系统在此基础上还应具有组合能力，即将上述组合指令重复使用从而完成更加复杂计算的能力。组合能力可以由基本逻辑运算抽象出复杂的运算，如+、–、*（乘法）、/（除法）运算。还可以更进一步抽象出更复杂的数学运算，如求正弦、余弦值等。

这有点类似于搭积木，先由基本元件搭建房子、道路、桥梁，再由房子、道路、桥梁组合出更加复杂的场景。

3.1.2 程序的构造

当在硬件层面解决了“实现自动计算的技术及方法”这一问题后，接下来的问题就是“如何构造具体的程序来解决现实中的实际问题”，这就是编制程序的具体方法。其中包含运算的表示方法以及流程控制的表示方法这两个方面的内容。

1. 运算的表示

运算的表示

计算系统在解决实际问题的程序中会出现大量的运算步骤，这些运算需要在程序中用一定的方式表达出来，以便于理解运算和执行运算。在具体应用时，运算式的表达方式又分为“前缀表示法”、“中缀表示法”和“后缀表示法”3种。

中缀表示法指的就是人们日常的数学算式的书写方法，即“运算符写在两个运算数的中间，通过加括号来描述优先计算的部分”。

例如，写法$A+B*(C-D)-E*F$就是一个中缀表达式。我们可以根据中缀表达式画出一棵语法树（见图3–3），计算由树的底层向上层进行。

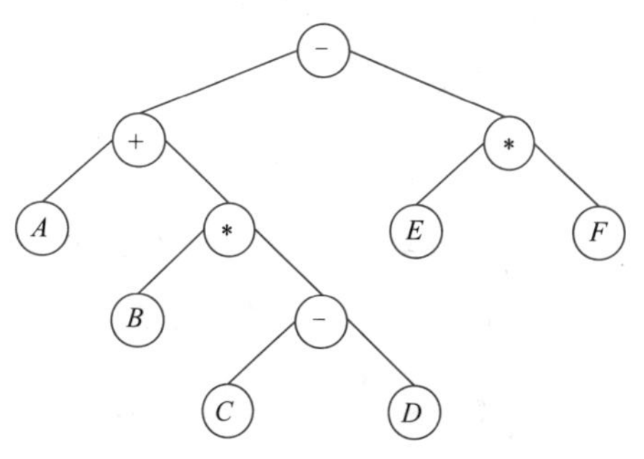

图3–3　中缀表示法的语法树

前缀表达式又称“波兰式”，是对相应的语法树执行“前序遍历”得到的结果。根据图3–3所示的语法树，执行前序遍历得到的前缀表达式为：

-+A*B-CD*EF

整理以后，也可以将该前缀表达式写成如下形式：

-*EF+*-CDBA

后缀表达式又称“逆波兰式”，是对相应的语法树执行“后序遍历”得到的结果。根据图3–3所示的语法树，执行后序遍历得到的后缀表达式为：

CD-B*A+EF*-

整理后还可以写成：

ABCD-*+EF*-

前缀表达式和后缀表达式是针对“堆栈”的操作特点而提出的算式表达方法。下面以前缀表达式为例，说明一下其计算过程。

从右往左进行扫描，如果扫描到操作数，则压进堆栈，如果扫描到操作符，则从堆栈弹出两个操作数进行相应的操作，并将结果压进堆栈（出2进1）。当扫描结束后，栈顶数据就是表达式结果。

后缀表达式的计算过程也是一样的，只是扫描的方向是“从左向右”，与前缀表达式刚好相反。

使用前缀表示法和后缀表示法，可以更加简洁地表示“求一组数据的和”这样的运算，以前缀表示法为例：

```
+ 4 11 78 23 45
```

可以表示将上述的五个运算数求“和”。为了更清楚地说明运算式的开始和结束，可以使用“括号”来进行界定，将其写成

```
(+ 4 11 78 23 45)
```

的形式，这种写法称为运算组合式。这样做的另一个好处是，可以用它构造更加复杂的运算组合式。

【例3.1】构造如下所示的复杂的运算组合式。

$$\frac{(a+b)\times\dfrac{(a-b)\times c}{(a+b)\times(d-a)}}{(a+c)\times(b-d)}$$

解析：

①整个算式为除法，表示为：

```
(/分子 分母)
```

②分子和分母均为乘法，进一步表示为：

```
(/(*因子1 因子2) (*因子3 因子4))
```

③因子1、3和4均为简单的运算组合式，写入后的结果为：

```
(/(*(+a b)因子2) (*(+a c)(-b d)))
```

④因子2为除法运算，写为运算组合式后的结果为：

```
(/(*(+a b) (/分子 分母)) (*(+a c)(-b d)))
```

⑤式中的分子和分母均为乘法，写成运算组合式后的结果为：

```
(/(*(+a b) (/(*因子1 c) (*因子2 因子3))) (*(+a c) (-b d)))
```

⑥将因子1、2和3表达为运算组合式，最终的运算组合式为：

```
(/(*(+a b) (/(*(-a b) c) (*(+c d) (-d a)))) (*(+a c) (-b d)))
```

2. 运算的抽象

如例3.1所示，任何复杂的运算都可以用运算组合式来表示。但这并不能满足现实的需求，因为任何一个新的复杂运算都要求重新编写其运算组合式，哪怕它们之间只有细微的差别。

对于复杂运算中的相同部分，需要将其提炼出来，并通过一定的方法实现重复使用，这就是一个抽象的过程。简单地理解，就是为现有的运算组合式中的各种元素命名一个名称，然后使用该名称来构造新的运算组合式。

首先是运算数的抽象，即将一个名称与一个特定的运算数相关联。描述这个抽象的过程，需要引入一个新的运算符 define，具体使用方式如下：

```
( define  名称  特定运算数 )
```

经过这样的抽象以后，在后续的运算组合式中就可以使用“名称”来代表“特定运算数”。

【例3.2】利用抽象名称计算矩形面积。

程序代码：

```
( define  width  12 )
( define  height  5 )
( *  width  height )
```

这个案例中将矩形的宽、高抽象为 width、height 两个名称，然后利用名称描述运算。在执行过程中，遇到的 width 和 height 将分别用 12 和 5 来替换以求得结果。

其次是运算组合式的抽象，即将一个名称与一个特定的运算组合式相关联。也同样使用 define 来描述，具体格式如下：

```
( define  名称  特定运算组合式 )
```

抽象后的“名称”代表的是“特定的运算组合式”，可以在后续的运算组合式中使用。

【例3.3】与圆（球）相关的运算组合式抽象。

程序代码：

```
( define  pi  3.1415926 )
( define  radius  100 )
( define  diameter ( *  2  radius ) )
( define  circumference  ( *  2  pi  radius ) )
( define  area ( *  pi  radius  radius ) )
( define  volume ( *  ( /  4  3)  ( *  pi  radius  radius  radius ) )
```

在这个案例中，包含有圆周率和半径两个运算数的抽象，还包含有直径、圆周长、圆面积和球体积这几个运算组合式的抽象。当然，在运算组合式的抽象描述中，仍然可以使用其他已定义运算组合式的抽象，如圆周长和球体积的抽象还可以使用直径和圆面积的抽象名称来描述。代码如下：

```
( define  circumference ( *  pi  diameter ) )
( define  volume ( *  ( /  4  3) ( *  area  radius ) )
```

在包含运算组合式抽象的复杂运算组合式的计算过程中，所有抽象的名称都会被其所代表的具体运算组合式替换，然后再按照运算规则进行计算并得出结果。

最后一点，不仅“运算数”和“运算组合式”可以抽象表示，甚至还可以对“运算符”进行抽象表示。通过对运算符的抽象，就可以将基本运算（加、减、乘、除）进行封装，从而定义并产生“高层次”的运算形式。通过运算符的抽象，可以使运算的描述更加贴近现实问题解决过程的描述。

运算符抽象的表述仍然使用define关键字，其具体形式如下：

```
( define (新运算符  参数1  参数2  …)  (对应的运算组合式) )
```

其中，“(新运算符　参数1　参数2　…)”是新运算符的运算组合式的表示形式，而“(对应的运算组合式)”则是其对应的实际运算组合式的表示形式。实际运算组合式借助基本运算符来实现，属于“低层次”的表示形式，而“新运算符”的运算组合式更加贴近现实问题的描述形式，属于“高层次”的表示形式。

运算符的抽象

【例3.4】运算符的抽象。

程序代码：

```
( define  pi  3.1415926 )  //圆周率
( define ( circumference  r ) ( *  2  pi  r ) )  //计算圆周长度
( define ( area  r ) ( *  pi  r  r ) )           //计算圆面积
( define ( volume  r ) ( *  ( /  4  3) ( *  pi  r  r  r ) )    //计算球体积
```

与运算组合式的抽象类似，在一个运算符的抽象描述中也可以使用其他已经定义过的抽象运算符。例如，上述“计算球体积”运算符的描述中，就可以使用“计算圆面积”运算符，因此可将其改写成如下的形式。

```
( define ( volume  r ) ( *  ( /  4  3) ( *  ( area  r )  r ) )  //计算球体积
```

与前两种抽象相同，在利用抽象运算符执行计算时，首先要检查其中是否包含其他的抽象名称。如果有，则将其替换为对应的运算数或者运算组合式，最后再按顺序进行计算并得出结果。

在当前的各种高级编程语言中，运算符的抽象相当于其中的过程，也可称作函数或方法。

综上所述，运算的执行最终由基本的运算逻辑来完成。但在描述运算的过程中，使用必要的抽象方法则可以将解决问题的过程，描述得更加贴近自然语言的语境。

3. 流程的表示

在解决现实问题的过程中，通常会遇到需要做选择的情况。例如，人们从甲地出发到乙地去，途经的每个路口都要做出方向的选择。计算系统也同样存在“接下来如何运算”的问题。计算系统中的解决办法是检测一个条件，然后决定接下来的运算方向。

下面给出了在运算组合式中描述条件的方法：

```
( cond (条件1   运算1)
       (条件2   运算2)
        …
       (条件n   运算n)
)
```

其执行流程是，若“条件1”为真，则执行“运算1”得到结果；否则，若“条件2”为真，则执行“运算2”得到结果，依此类推。

在描述“条件 1”等这些条件时，需要用到一些新的运算符，第一类是关系运算符（<、<=、==、>=、>、<>），这类运算符用于进行大小的比较判断，其中的“==”用于判断是否相等，“<>”用于判断是否不等。关系运算符的结果只有两个：“真”或者“假”。对于运算组合式

```
( > 2 3 )
```

其结果为“假”。

【例3.5】用关系运算符描述条件，计算 $|x|$。

$$|x|=\begin{cases}-x & ,x<0\\ x & ,x\geqslant 0\end{cases}$$

程序代码：

```
( cond ( ( < x  0 ) ( - 0 x ))
       ( ( >= x  0 )  x )
)
```

用于描述条件的第二类运算符是逻辑运算符（and、or、not）。逻辑运算符用于将关系运算进行组合并判断“真”或者“假”。对于运算组合式

```
( and ( > 3 5 ) ( < 2 4 ) )
```

其结果为“假”。

【例3.6】用逻辑运算符描述条件，计算如下算式的结果。

$$f(a,b)=\begin{cases}100\times b & b\leqslant 5\\ 150\times b & a=0\text{ 且 }b>5\\ 200\times b & a=1\text{ 且 }b>5\end{cases}$$

程序代码：

```
( cond ( ( <= b  5 )  ( *  100  b ))
       ( ( and  ( =  a  0 ) ( >  b  5 ) ) ( * 150  b ) )
       ( ( and  ( =  a  1 ) ( >  b  5 ) ) ( * 200  b ) )
)
```

除了上述形式之外，还有另外一种描述条件的运算组合式形式。

```
( if  条件  真部的运算  假部的运算 )
```

其执行流程是，当“条件”为真时，执行“真部的运算”得出结果，否则，执行“假部的运算”得出结果。对于运算组合式

```
( if  ( >  5  3 )  5  3 )
```

其结果为 5。

【例3.7】改写例3.5，用 if 运算组合式来描述。

```
( if ( < x  0 ) ( -  0  x )  x )
```

流程控制体现的是解决现实问题过程中的决策机制，这是计算系统能用于现实生活的一个非常重要的功能。没有了流程控制功能，计算系统只能以“记流水账”的方式完成运算过程，

无法应对“突发”的情况。

4．递归的思想

在抽象出新的运算符后，就可以利用抽象出的运算符执行相应的运算。而在各种类型的运算中，有一类就比较有趣，其中最典型的例子当属“阶乘”的计算。

例如，n的阶乘的计算方法是，$n!=1\times2\times3\times\cdots\times(n-1)\times n$。仔细分析这个算式，发现这样一个情况，那就是$n!=(n-1)!\times n$。也就是说，如果知道$(n-1)!$的值，就可以计算$n!$，或者说计算$n!$依赖于$(n-1)!$。

递归的思想

我们将这种有趣的现象叫作递归。递归的特点是“用自己来描述自己”，拿上面阶乘的例子来说就是“通过阶乘来计算阶乘”。

【例3.8】用递归的形式来描述阶乘的计算。

$$f(n)=\begin{cases}1 & ,n\leqslant1\\ nf(n-1) & ,n>1\end{cases}$$

```
( define ( fact  n )
     ( cond ( ( <= n  1 )  1)
              ( ( >  n  1 ) ( * n  ( fact  ( -  n  1 ) ) ) )
       )
  )
```

递归的计算过程是一个“由后向前”的代入过程，为了要得到最终的结果，必须先找到一个明确的起点。图3–4描述了使用递归思想计算4 ！ 的整个过程，其中实线表示一次函数调用的执行过程，虚线表示一次新的函数调用与返回。

简单解释一下这个过程，计算4!需要先计算3!，还需要先计算2!，最终需要计算出1!结果为1；然后逐级返回可以计算出2!=2，3!=6，4!=24，然后程序结束。

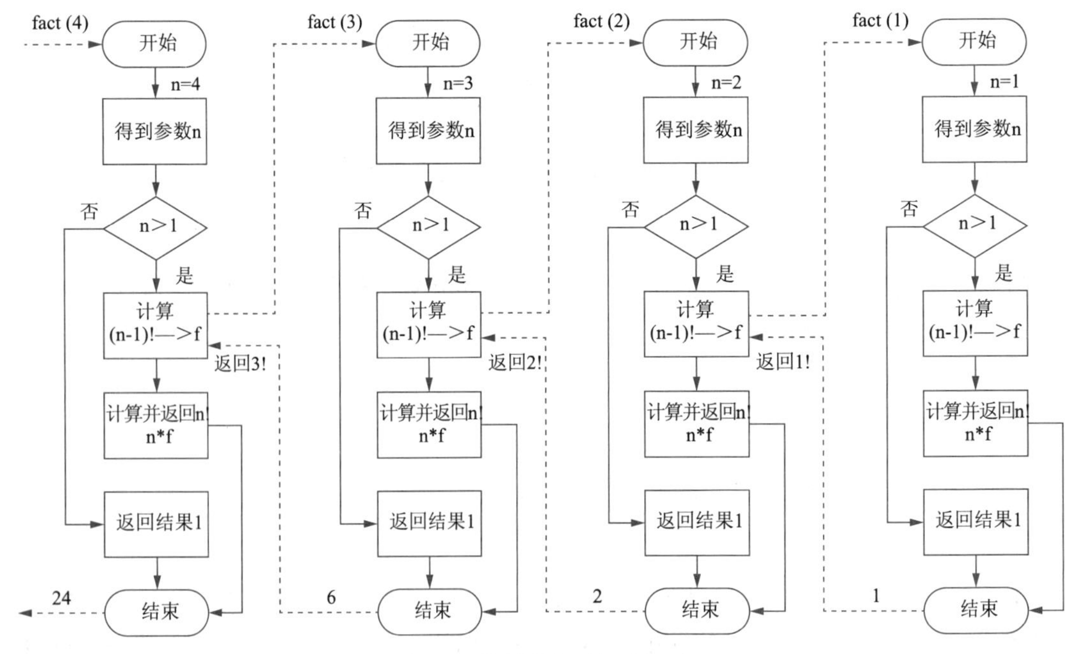

图3–4　使用递归思想求阶乘

递归的思想是一种奇特的解决某类问题的方法，但这种方法在运算过程中会占用更多的计算系统的资源，需要谨慎选择。

3.2　图灵机模型

艾伦·麦席森·图灵（Alan Mathison Turing），英国数学家、逻辑学家，被称为计算机科学理论之父、人工智能之父。图灵对计算机科学最大的贡献在于对“可计算性理论”的研究，而“图灵机”就是这一研究的成果。

3.2.1　图灵机的基本思想

1. 思想起源

在科技文明发展上，由于逻辑的数学化，促使了数理逻辑学科的诞生和发展。在20世纪以前，人们普遍认为，所有的“问题类”都是有算法的，所以人们的计算研究就是找出各类问题的算法。

图灵在自己的论文《论可计算数及其在判定性问题上的应用》中给出了自己不同的思考方式，图灵提出了3个问题：

①是否世界上所有的数学问题都有明确的答案？

②如果有明确的答案，是否可以通过有限步骤的计算得到答案？

③对于那些有可能通过有限步骤计算出来的数学问题，是否有一种假想的机械让它不断运行，最后机器停下来时，那个数学问题的答案就计算出来了？

图灵首先考虑的是是否所有数学问题都有解，如果不首先解决这个问题，那么若在辛苦地解题后发现无解，则之前所有的努力都是在浪费时间和精力。

其次，对于存在答案的数学问题，是否能够在有限步骤内完成，就是接下来要解决的问题，因为这样就能把计算的边界确定下来。

最后，在确定了计算边界之后，就要设计一种通用、有效、等价的机器，并保证可以按照这个方法来解决问题，最后得到答案。而图灵机就是图灵设计出来的这样一台机器，严格来讲是一种数学模型、计算理论模型。

这里涉及一个很重要的概念，那就是停机问题（Halting Problem）。停机问题是逻辑数学的“可计算性理论”中很重要的问题，通俗地说，停机问题就是判断任意一个程序是否能在有限的时间之内结束运行的问题。该问题等价于如下的判定问题：是否存在一个程序P，对于任意输入的程序w，能够判断w会在有限时间内结束或者死循环。

2. 思想的内涵

图灵的基本思想是用机器来模拟人用纸笔进行数学运算的过程，这样的运算过程可以分解为如下两种简单的动作：

①在纸上写上或擦除某个符号。

②把关注点从纸的一个位置移动到另一个位置。

而下一步要执行的动作，依赖于“当前所关注的纸上某个位置上的符号”和“当前思维的状态”。

为了模拟这种运算过程，图灵构造了一台假想的机器，如图3–5所示。

该机器由以下几个部分组成：

①一条无限长的纸带（Tape）：纸带被划分为一个接一个的小格子，每个格子上包含一个来自有限字母表的符号，字母表中有一个特殊的符号来表示空白。纸带上的格子从左到右依此被编号为 0，1，2,...，纸带的右端可以无限伸展。

②一个读写头（Head）：该读写头可以在纸带上左右移动，它能读出当前所指的格子上的符号，并能改变当前格子上的符号。

③一套控制规则（Table）：根据当前机器所处的状态以及当前读写头所指的格子上的符号来确定读写头下一步的动作，并改变状态寄存器的值，令机器进入一个新的状态。

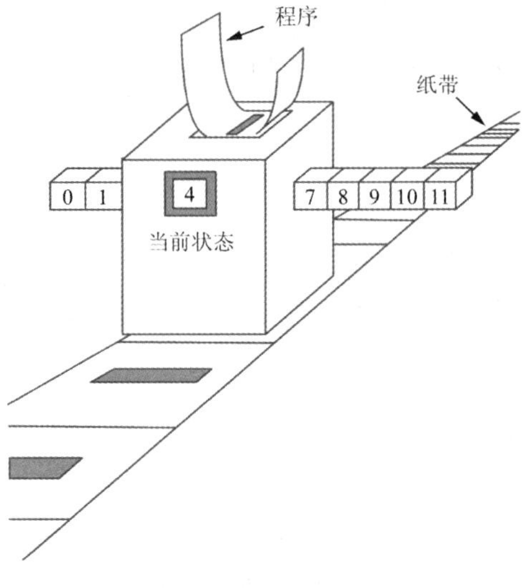

图3–5　图灵机模型

④一个状态寄存器（State）：用来保存图灵机当前所处的状态。图灵机的所有可能状态的数目是有限的，并且有一个特殊的状态，称为停机状态。

根据图灵机的构想，可以绘制一个简化版的图灵机的构成模型，如图3–6所示。

图3–6　图灵机简化模型

在这个简化模型中，符号在纸带上表示（包括需要处理的符号s，以及一些特殊的符号，如空白符B）；纸带上的符号通过“读写头”进行处理（读取和写入）；当前的机器状态保存在“状态寄存器”中，并以此作为依据来确定处理方式；“程序控制器”则根据“状态寄存器”中的内容，决定该符号的处理方式及处理后的移动方向。

这台机器中的每一部分都是有限的，但它有一个潜在的无限长的纸带，因此这种机器只是一个理想的设备。图灵认为这样的一台机器就能模拟人类所能进行的任何计算过程。

3.2.2　图灵机模型程序的表达及其执行

图灵机描述了一个通用的基于符号的数据处理过程，该过程的实现又基于3项很重要的内容：一是符号集的表示；二是状态集的表示；三是状态转移函数。

1. 基于图灵机模型的程序表示方法

简单地说，图灵机要做的工作就是将纸带上记录的一组符号进行变换，完成后得到一组不同的符号。通常可以将变换前的符号称作“输入”，将变换后的符号称作“输出”。要说明这个输入变成输出的过程，需要借助一些表示方法。

首先，需要明确的是“机器能够处理的符号的集合”，称为“输入字符集合”（用Σ表示），该机器只能识别和处理集合 Σ 中的字符。还需要明确一个“空白符号”（用B表示），表示该处无输入字符。纸带上只可以出现输入字符集合 Σ 中的符号和空白符号B，称为“带符号集合”

（用Γ表示）。

其次，需要明确的是“内部状态集合”（用Q表示），该集合描述的是该机器可能出现的所有状态。在状态集合中，必须有一个开始状态（用q_0表示），机器就是从q_0状态开始读取并处理纸带上的符号；状态集合中还必须有一个或者多个终止状态，称为“终止状态集合”（用F表示），机器运行到F中的状态时将停止运行。

最后，还需要明确“动作集合”，动作也可以称为“指令”或者“状态转移函数”，实际上就是常说的“算法/程序”。一个动作可以用一个五元组$<q, X, Y, R/L/N, p>$来表示，也可以用数学式的形式表示为$\delta(q, X) = (p, Y, R/L/N)$，用这种方式表示“当机器的状态为$q$，且读写头从纸带读入的字符为X时，所应采取的动作是在纸带的读写头位置写入符号Y，然后向右（R）或向左（L）移一格，或者不移动（N），同时将机器状态调整为p”。所有用于完成状态变换的函数就构成了“动作集合”（用δ表示），或者说是这些五元组的集合。

综上所述，图灵机由前述的7个要素构成，可以被定义为一个如下的七元组。

$$M = (Q, \Sigma, \Gamma, \delta, q_0, B, F)$$

在这7个要素中，最重要的就是输入字符集合（Σ）、内部状态集合（Q）和动作集合（δ）。构造者只要给出这3个集合即可创建一个图灵机。换句话说，输入字符集合不同、内部状态集合不同或者动作集合不同，则图灵机便可实现不同的计算。

2. 图灵机的图示化表示法

在图灵机的构成要素中，输入字符集合（Σ）、内部状态集合（Q）和动作集合（δ）的关系非常紧密。如果使用文字来描述一个图灵机的处理过程，远不如使用图示的方法更加直观易懂。

图灵机的动作集合（δ）完成的是状态的识别与转换，我们可以绘制“状态转换图”来描述动作集合，从而更清晰地描述和理解状态转换的全部过程。

【例3.9】绘制“状态转换图”。

假设输入字符集是Σ={0, 1, 2, 3, 4, 5, 6, 7, 8, 9}，加上一个空白字符构成带字符集Γ={0, 1, 2, 3, 4, 5, 6, 7, 8, 9, B}。内部状态集合包括开始状态S_1、右移状态S_2、左移状态S_3和终止状态S_4，表示为$Q=\{S_1, S_2, S_3, S_4\}$，动作集合包括：

①开始状态S_1遇到“空白字符B”则右移一格，状态不变，仍为开始状态S_1。

②开始状态S_1遇到“输入字符”则右移一格，状态转换为右移状态S_2。

③右移状态S_2遇到“输入字符”则右移一格，状态仍为右移状态S_2。

④右移状态S_2遇到“空白字符”则写入“0”，状态转换为左移状态S_3。

⑤左移状态S_3遇到“输入字符”则左移一格，状态仍为左移状态S_3。

⑥左移状态S_3遇到“空白字符”，状态转换为终止状态S_4。

将上述动作集表示为五元组的形式为：

①$(S_1, B, \text{-}, R, S_1)$；

②$(S_1, x \in \Sigma, \text{-}, R, S_2)$；

③$(S_2, x \in \Sigma, \text{-}, R, S_2)$；

④$(S_2, B, 0, N, S_3)$；

⑤$(S_3, x \in \Sigma, \text{-}, L, S_3)$；

⑥(S_3, B, -, N, S_4)。

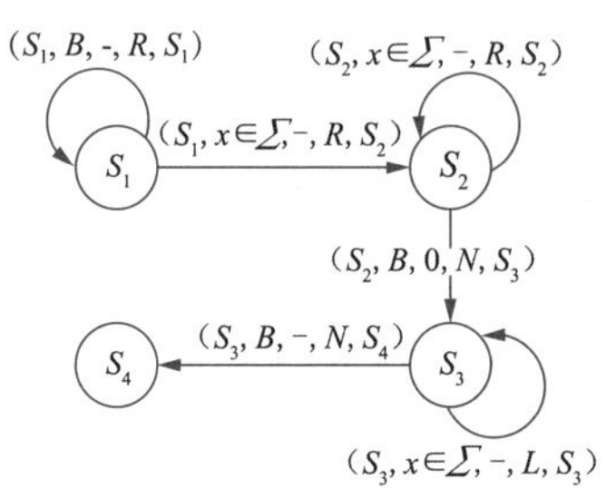

图3–7　状态转换图

将上述动作集合绘制成“状态转换图”，结果如图3–7所示。

状态转换图中的结点(圆圈)表示的是状态，其中包括起始状态(如S_1)和终止状态(如S_4)，除此之外的其他状态为中间状态(如S_2和S_3)。两个状态之间的箭头，表示由箭头尾部的状态转换为箭头所指向的状态，而箭头上的标记文字（S_2, B, 0, N, S_3）则表示当输入为B时，对应的输出为0（“-”表示输出字符与输入字符相同），同时读写头不移动(N)或者向左移动(L)或向右动(R)。一个相同或不同状态之间的转换，即代表一个状态转换函数，或者一个程序。

3. 图灵机模型程序的执行过程

当一个图灵机创建后，该图灵机就具备了所有的7个要素，此时，只要按照“带符号集”的要求构建一个用于输入的“纸带”，图灵机就可以处理该纸带上的数据并得到一个处理（输出）结果。

图灵机程序的执行过程

【例3.10】图灵机程序的执行。

根据例3.9中图灵机的要求构建一条数据纸带，并交由该图灵机处理，如图3–8所示。

图3–8　数据纸带

该图灵机程序的执行过程如下：

①读写头移动至第一个符号“B”的位置，设置状态为开始状态（S_1），如图3–9（a）所示。

②依据状态转换函数(S_1, x ∈ Γ, -, R, S_2)的要求，右移一格，同时状态转换为右移状态（S_2），如图3–9（b）所示。

③依据状态转换函数(S_2, $x \in \Sigma$, -, R, S_2)的要求，右移一格，状态仍然为右移状态（S_2），如图3–9（c）所示。

④重复步骤③直到读写头移到空白字符B的位置，如图3–9（d）所示。

⑤依据状态转换函数(S_2, B, 0, N, S_3)的要求，在当前位置写入“0”，同时位置保持不变，状态转换为左移状态（S_3），如图3–9（e）所示。

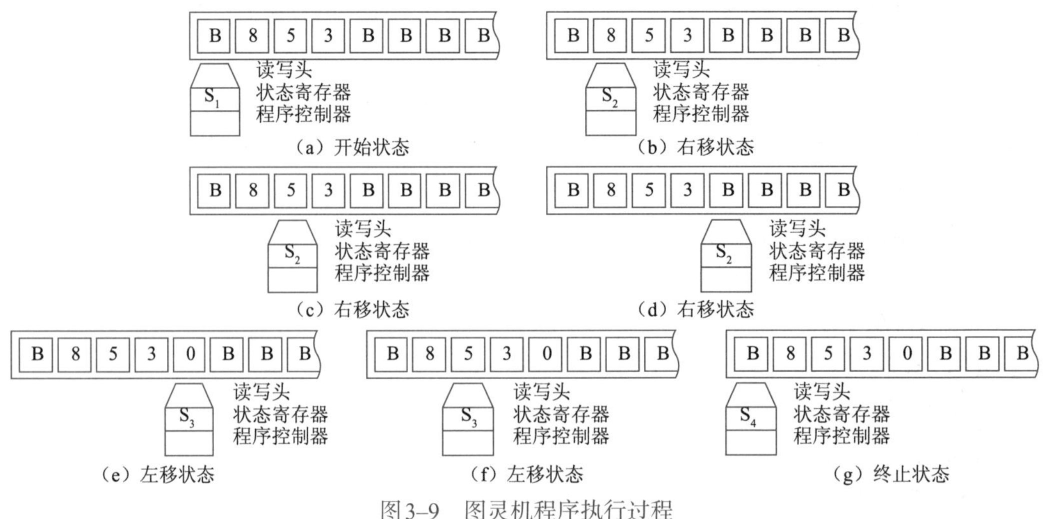

图3–9　图灵机程序执行过程

⑥依据状态转换函数$(S_3, x \in \Sigma, -, L, S_3)$的要求，左移一格，状态仍为左移状态（$S_3$），如图3–9（f）所示。

⑦重复步骤⑥直到读写头移到空白字符B的位置，如图3–9（g）所示。

⑧依据状态转换函数$(S_3, B, -, N, S_4)$的要求，位置不变，状态转换为终止状态（S_4），运行结束。

图灵机模型是计算机的基本理论模型，即计算机是使用程序来完成任何预先设置好的任务。一个问题的求解可以通过构建图灵机（算法和程序）来解决。

正如图灵本人认为的那样，凡是能用数学算法解决的问题也一定能用图灵机解决；凡是图灵机解决不了的问题任何算法也解决不了，这就是著名的“图灵可计算性问题”。

3.3　冯·诺依曼计算机

美籍匈牙利数学家冯·诺依曼1946年提出了“存储程序”原理，并和同事设计出了一个完整的计算机雏形。世界上第一台电子计算机ENIAC（Electronic Numerical Integrator And Calculator，电子数字积分计算机）就是依据这一原理和雏形设计并制造的，只是受限于当时的技术条件还无法解决存储的问题。冯·诺依曼的计算机设计思想深刻影响了现代计算机的发展，人们称其为“现代计算机之父”。

3.3.1　冯·诺依曼计算机的基本原理

冯·诺依曼计算机是根据图灵机的思想发展而来的。在图灵机思想的基础上，冯·诺依曼加入了自己对自动计算的理解，那就是“程序存储执行”的思想，使得自动计算的实现成为可能。

“程序存储执行”是冯·诺依曼计算机的核心思想，具体内容是：事先编制程序，并将程序（包含指令和数据）存入主存储器中，计算机在运行程序时自动地、连续地从存储器中依次取出指令并且执行。

基于这种思想，计算机就能高速自动地运行。计算机的主要工作就是执行程序，其功能的扩展在很大程度上也体现为所存储程序的扩展，计算机的许多具体工作方式也由此产生。

除了这种创造性的思想之外，冯·诺依曼还借鉴了德国哲学家、数学家莱布尼茨所提出的“二进制”的思想，认为二进制是计算机数据和指令的最佳表示形式。在冯·诺依曼计算机中，数据和指令都以二进制的形式存储在存储器中，从存储器存储的角度来看两者并无区别，都是由0和1组成的序列，只是各自约定的含义不同而已。计算机在读取指令时，把从存储器读到的信息看作是指令；而在读取数据时，把从存储器读到的信息看作是操作数。数据和指令在程序编制的过程中就已区分清楚，所以通常情况下两者不会产生混乱。

冯·诺依曼类型的计算机一般应具有以下几项功能：

①必须具有长期记忆程序、数据、中间结果及最终运算结果的能力。

②能够完成各种算术、逻辑运算和数据传送等数据加工处理的能力。

③能够根据需要控制程序走向，并能根据指令控制机器的各部件协调操作。

④能够按照要求将处理结果输出给用户。

冯·诺依曼体系结构的计算机，其核心设计思想就是存储程序和程序控制，这种类型的计算机从本质上讲采取的是串行顺序处理的工作机制，即使有关数据已经准备好，也必须逐条执行指令序列。

3.3.2 冯・诺依曼计算机的基本结构

冯・诺依曼计算机的工作方式可称为控制流(指令流)驱动方式，即按照指令的执行序列，依次读取指令，然后根据指令所含的控制信息，调用数据进行处理。

冯・诺依曼计算机在执行程序的过程中，始终以控制信息流作为驱动工作的因素，而数据信息流则是被动地被调用处理。为了控制指令序列的执行顺序，设置一个程序（指令）计数器PC（Program Counter），其中存放的是当前指令所在的存储单元的地址。程序如果是顺序执行的，则每取出一条指令后PC内容加1，指示下一条指令该从何处取得。程序如果要转移到别处，就将转移的目标地址送入PC，以便按新地址读取后续指令。所以，PC就像一个指针，一直指示着程序的执行进程，也就是指示控制流的方向。虽然程序与数据都采用二进制编码，但仍可按照PC的内容作为地址读取指令，再按照指令给出的操作数地址去读取数据。由于多数情况下程序是顺序执行的，所以大多数指令需要依次紧挨着存放，除了个别即将使用的数据可以紧挨着指令存放外，一般情况下指令和数据将分别存放在该程序区的不同区域内。

根据上述程序存储执行的特点，冯・诺依曼计算机被划分成运算器（Arithmetic Logical Unit，ALU）、控制器（Controller或Control Unit）、存储器（Memory）、输入设备（Input Device）和输出设备（Output Device）五大部件，并规定了这五大部件的基本功能。

图3–10所示为冯・诺依曼计算机的体系架构，这种体系架构的基本特征是“程序存储，共享数据，顺序执行”，需要CPU从存储器取出指令和数据然后进行相应的计算。概括起来，这种体系架构的主要特点如下：

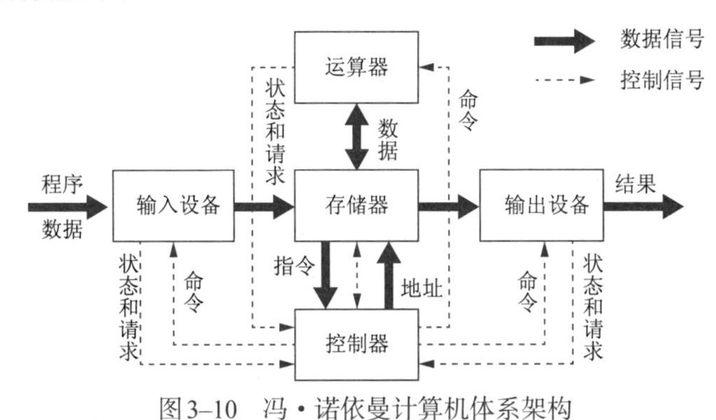

图3–10 冯・诺依曼计算机体系架构

①单处理机结构，计算机系统以运算器为中心。

②采用程序存储思想。

③指令和数据一样可以参与运算。

④程序和数据均以二进制表示。

⑤将软件和硬件完全分离。

⑥指令由操作码和操作数组成。

⑦指令顺序执行。

现在看来，这种体系架构还是有其自身的局限性的，主要表现为：CPU 与共享存储器间的信息交换速度成为影响系统性能的主要因素，而信息交换速度的提高又受制于存储元件的速度、存储器的性能和结构等诸多条件。概括起来，冯·诺依曼计算机体系结构主要存在以下几点缺陷：

①指令和数据存储在同一个存储器中，形成系统对存储器的过分依赖。如果存储器件的发展受阻，系统的发展也将受阻。

②指令在存储器中按其执行顺序存放，由指令计数器PC指明要执行的指令所在的单元地址，然后取出指令执行操作任务。所以，指令的执行是串行，会影响整个系统执行的速度。

③存储器是按地址访问的线性编址，按顺序排列的地址访问，有利于存储和执行的机器语言指令，适用于进行数值计算。但是，以高级语言形式表示的存储器则是一组有名字的变量，按名字调用变量，不按地址访问。机器语言同高级语言在语义上存在很大的距离，称为冯·诺依曼语义间隔。消除语义间隔成了计算机发展面临的一大难题。

④冯·诺依曼体系结构计算机是为算术和逻辑运算而诞生的，目前在数值处理方面已经到达较高的速度和精度，而在非数值处理领域的应用却发展缓慢，需要在体系结构方面有重大的突破。

⑤传统的冯·诺依曼型结构属于控制驱动方式。它是执行指令代码对数值代码进行处理，需要指令明确，输入数据准确，启动程序后自动运行而且结果是可预期的。一旦指令和数据有错误，机器不会主动修改指令并完善程序。而人类生活中有许多信息是模糊的，事件的发生、发展和结果是不能预期的，现代计算机的智能无法应对如此复杂任务。

面对冯·诺依曼计算机体系结构的不足，自然需要进行改进甚至设计新的架构，但在未出现新的架构之前，冯·诺依曼计算机体系结构仍然是首选方案。

3.3.3　存储器

存储器（Memory）就是用来存放数据的地方。存储器利用电平的高或低来存放数据，而不是我们所习惯的1234这样的数字信息。存储器中的一个最基本的存储位置称作比特（bit），在这个位置上的高电平被解读为1，低电平则被解读为0，这就是一个二进制状态表示。

图 3–11 所示为一个存储器的读写原理示意图。一个存储器由一个个的“小抽屉”组成，一个小抽屉里有8个“小格子”（bit），每个小格子用来存放电荷，电荷通过与它相连的电线传进来或释放掉。存储器中的每个小抽屉就是一个放数据的地方，称为一个“数据单元”。

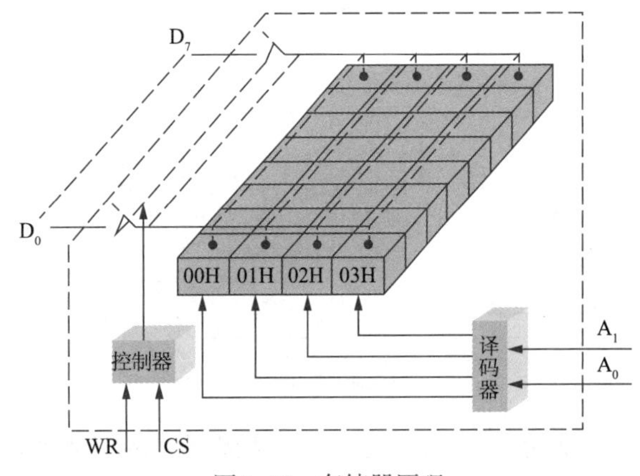

图 3–11　存储器原理

基于这样一种构造，数据就可以存储其中。例如，想要存放一个数据12（也就是二进制的00001100），只要把第二号和第三号小格子里存满电荷，而把其他小格子里的电荷给放掉即可。

如果一个存储器有好多单元，线是并联的，在充电和放电时，会影响所有的单元，这样一来，不管存储器有多少个单元，都只能放同一个数，这当然不是我们所希望的。解决这个问题的方法是为每个单元增加一条控制线，控制单元的打开和关闭，需要操作哪个单元，就把哪个单元打开，否则就关闭它。

新的问题来了，如果存储器中有1万个数据单元，就要引出1万条线，制造出的芯片就会多出1万个引脚，接线难度之大无法想象。为了减少芯片引脚的数量，又能控制每个存储单元的打开和关闭，需要加入“译码器”来实现控制功能。译码器右侧是芯片外部的地址线引脚A_0和A_1，根据二进制的特点，两个二进制位会产生00、01、10和11这4种组合结果，就可以控制4个存储单元的开关。例如，当A_0和A_1均为低电平时，译码器左侧控制00H单元的线路输出为高电平，则打开00H单元。按照这个思路，如果芯片上有10个地址引脚，就可以控制芯片内1 024（2^{10}）个存储单元。

最后还有一个问题，数据线D_0, D_1, …, D_7是一组公共线路，不仅要连接存储器，还要连接其他器件。因此还需要控制存储器与数据线之间的连接与断开，这就是“控制器”的作用。控制器的外部引脚包含两条控制线，如图3–11中所示的WR和CS，分别代表“读写”控制和“片选”控制。当要将数据写入存储器时，先通过“片选”信号选中该芯片，然后再发出“写”信号，之后控制器则发出控制信号，将数据线与存储器之间的开关闭合，数据线上的数据随即写入存储器的指定单元中。

无论技术如何进步，单个存储芯片的容量总是有一定限度的。如果单个存储芯片的容量不能满足使用需求，则可以通过一定的方法进行扩容，也就是使用多个同型号的存储芯片以产生更大的存储容量。

第一种扩展方式为“位扩展”，其特点是总存储单元的数量不变，但每个存储单元的位（bit）数增加，这种扩展方式的实现原理如图3–12所示。

第二种扩展方式为“字扩展”，其特点是每个存储单元的位（bit）数不变，但总存储单元的数量增加，这种扩展方式的实现原理如图3–13所示。

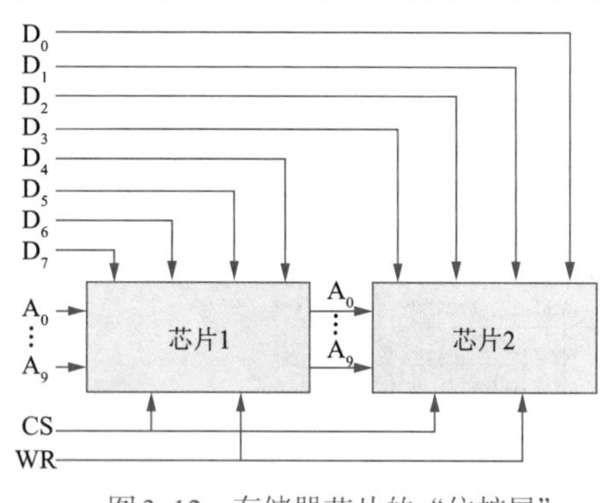

图3–12　存储器芯片的“位扩展”

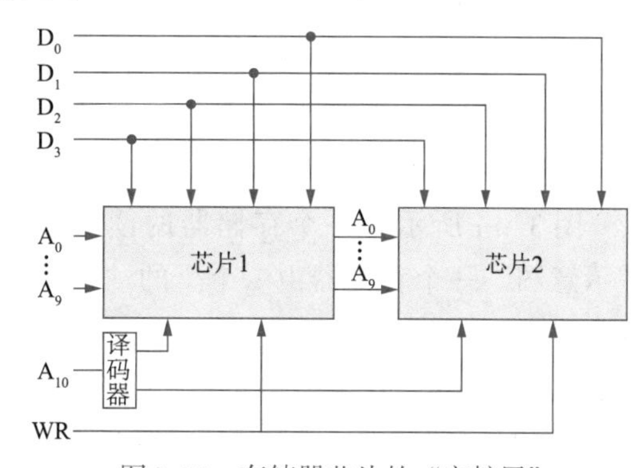

图3–13　存储器芯片的“字扩展”

无论采用哪种扩展方式，最终的目的都是保证有一个满足需要的存储空间。

通过对存储器的原理进行分析，可以得出如下结论：在微电路的层面，可以通过电信号控制存储器中数据的自动读取和写入，从而为实现“程序存储执行”提供可靠的保障。

3.3.4　运算器和控制器

计算系统的最终任务是完成计算并得出结果，所以运算器就是其核心部件。同时，计算的过程必须要有条不紊地进行，所以就需要一个控制器来指挥运算器的计算工作。两者的关系是密不可分的，因此在生产制造时运算器和控制器通常集成在一个芯片中，这个芯片就是我们熟知的CPU。

冯·诺依曼计算机的程序是存储执行的，因此整个运算过程都需要存储器的配合才能进行，三者缺一不可。图3–14所示为运算器、控制器和存储器之间协作关系的原理。

运算器主要由算术逻辑单元（Arithmetic Logic Unit，ALU）和数据寄存器组成。算术逻辑单元完成基本的算术运算、逻辑运算和移位运算，数据寄存器负责提供用于计算的数据和保存计算结果。数据寄存器中的数据通过系统的数据总线从存储器中读取，或者写入存储器。

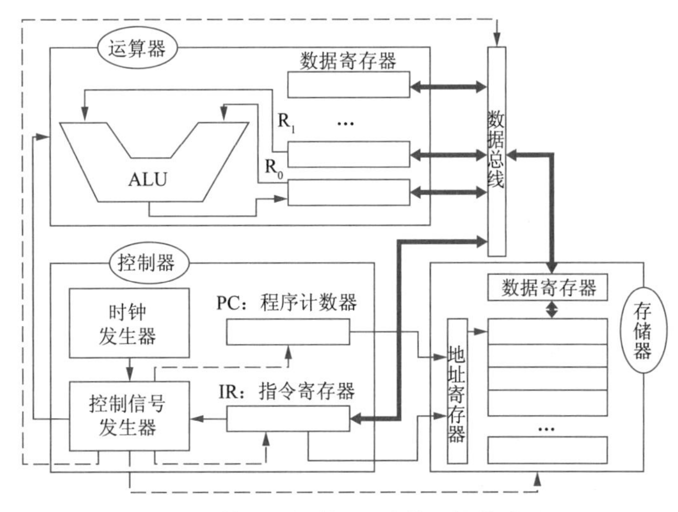

图3–14　运算器、控制器和存储器协作关系原理

控制器主要由程序计数器（Program Counter，PC）、指令寄存器（Instruction Register，IR）、时钟发生器和控制信号发生器组成。程序计数器中存放的是当前指令所在的存储器地址，从该地址取出的指令存放在指令寄存器中。根据指令寄存器中的指令信息，控制信号发生器会生成相应的控制信号，以保证指令的正确执行。时钟发生器是控制器中的重要部件，相当于音乐中的节拍，控制信号严格按照统一的节拍按顺序发出，从而确保指令的执行步骤有序地进行。

程序执行的基本过程如下：

①将程序及数据装载到存储器，并初始化程序计数器指向第1条指令。

②根据程序计数器，发送控制信号到存储器和数据总线取出指令。

③控制信号发生器根据指令生成并发出控制信号完成指令的执行。如果是跳转指令，则修改程序计数器，然后返回步骤②继续执行。如果是运算指令则执行步骤④及后续步骤。

④控制信号发送到存储器及数据总线，将数据读取到运算器的数据寄存器。

⑤控制信号发送到运算器完成运算，根据需要发出控制信号到存储器和数据总线，将数据写入存储器。

⑥程序计数器加1，返回步骤②继续执行。

综上所述，存储的程序装载入存储器后，即可自动完成程序的执行，并得到相应的计算结果，并将结果保存在存储器中。

3.4　机器级算法与程序

组合使用机器指令可以完成不同的运算并得到结果，而如何组合使用机器指令是与具体问题直接相关的。问题不同则组合方式就不同，这就是算法的概念。将相应算法表达为机器指令的集合得到的就是程序。

3.4.1 问题求解与机器级算法

计算系统存在的目的是帮助人们解决现实中的计算问题，但计算系统完成计算要依赖自身的指令系统来实现。这就存在一个问题，那就是计算系统和在描述问题求解的语系是不同的。因此，当要借助计算系统来解决具体问题时，就需要站在计算系统指令体系的角度来思考问题的解决步骤，简单地讲就是，要将用自然语言描述的解题思路，转换为对应的机器语言的指令描述。

例如，对于一个一元二次方程 $f(x)=3x^2+2x+6$，计算当 $x=7$ 时，$f(x)$ 的值。也就是要计算 $3\times7^2+2\times7+6$ 的值，这就涉及3、7、2和6四个数据。

站在计算系统的角度，可以按照下面的方式来描述整个计算过程，这里称其为“算法1”。

①取数据3到运算器的数据寄存器中。

②取数据7到运算器中进行乘法运算。

③步骤2的计算结果再次进行乘法运算。

④将 3×7^2 的计算结果保存到存储器中。

⑤取数据2到运算器的数据寄存器中。

⑥取数据7到运算器中进行乘法运算。

⑦取数据6到运算器中进行加法运算，得到结果 $2\times7+6$。

⑧取 3×7^2 的计算结果到运算器中进行加法运算。

当然，为了尽量少地与存储器之间传输数据，可以对这个过程进行优化，将算式 $3\times7^2+2\times7+6$ 转换形式为（$3\times7+2$）$\times7+6$。然后的计算过程则可调整为下面的形式，这里称其为“算法2”。

①取数据3到运算器的数据寄存器中。

②取数据7到运算器中进行乘法运算。

③取数据2到运算器中进行加法运算。

④取数据7到运算器中进行乘法运算。

⑤取数据6到运算器中进行加法运算。

优化以后，精简掉了三条指令。不要小看这三条指令，因为在进行海量运算时，它所节省出的时间和存储空间将是巨大的，这就是算法优化的问题。

3.4.2 机器指令与机器程序

根据前面的论述，计算系统的硬件实现是基于逻辑门电路实现的，并通过电压的高低来传递状态。这种状态在解读时可以理解为二进制的1或0，进而理解为数值。从这个层面来看，指令和数据在计算系统中是没有差别的。也就是说，计算系统中的每条指令也是以这种形式存在的。

计算系统中的每一条指令都要使用一个唯一的二进制编码来表示，通常称为“指令码”或“操作码”，不同的操作码对应着不同的底层操作。

指令的执行通常与具体的数据相关联，因此指令中必然要包含相关的数据信息。由于存储器中的数据是按地址编码存储的，因此与指令相关的数据通常用地址来表示。

也就是说，一条机器指令通常由“操作码”和“地址码”两部分构成。为了用机器指令来描述计算过程，虚构一个简单的指令集，操作码为8位编码，地址码为8位编码，具体内容如表3–2所示。

表3–2　虚拟的机器指令系统

机器指令		功能说明
操作码	地址码	
00000001	××××××××	取数，根据地址取数到运算器
00000010	××××××××	存数，保存数据到指定的地址
00000011	××××××××	加法，取指定地址的数并与运算器中的数相加
00000100	××××××××	减法，取指定地址的数并与运算器中的数相减
00000101	××××××××	乘法，取指定地址的数并与运算器中的数相乘
00000110	××××××××	除法，取指定地址的数并与运算器中的数相除
00000111	××××××××	打印，取指定地址的数并打印输出
00001000	00000000	停机指令

用这套虚拟的指令系统，就可以利用其将3.4.1节中的算法2用机器指令表示出来。

```
00000001 00001000                ;取数据3到运算器，8号地址
00000101 00001001                ;取数据7并相乘，9号地址
00000011 00001010                ;取数据2并相加，10号地址
00000101 00001001                ;取数据7并相乘，9号地址
00000011 00001011                ;取数据6并相加，11号地址
00000010 00001100                ;存计算结果到存储器，12号地址
00000111 00001100                ;打印计算结果，12号地址
00001000 00000000                ;停机
```

用机器指令编写的程序可以由计算系统直接解释并执行，称为“机器语言”。机器语言编写的程序非常难理解，需要对机器的指令系统非常熟悉才行。

3.4.3　机器程序的存储与执行

1. 机器程序的存储

在冯•诺依曼计算机中，程序与数据都是以二进制的方式存储在存储器中，但显而易见的是，它们肯定不是杂乱地堆放在一起的。

机器程序的存储与执行

根据前面对运算器和控制器结构原理的分析可知，程序计数器的基本执行机制是在连续的存储器空间内逐条读取指令并执行，因此指令必须按执行的顺序连续存放在存储器中。数据也是要集中存放的，但如果要与程序一起存储，就需要确定其前后的位置，以方便地址编码。

在存储器中，数据通常紧随着程序存储在其后，然后为其统一编写地址码。若将3.4.1节中的算法2中的机器指令和其用到的数据统一编码存储，则在存储器中的情况将会如表3–3所示。

程序及数据按照这种方式装载入存储器之后，即可进入执行阶段。需要说明的是，这种程

序和数据分段存储的方式，使得程序具有了某种通用性。也就是说，程序段不用修改，只需要改变数据段中的数据，就可以计算诸如$f(x)=4x^2+3x+1$之类的其他类似的结果。

表 3–3 加载到存储器中的程序与数据

地址（十进制）	地址（二进制）	指令或数据（二进制）	说　明
0	00000000 00000000	00000001 00001000	取数据3到运算器，8号地址
1	00000000 00000001	00000101 00001001	取数据7并相乘，9号地址
2	00000000 00000010	00000011 00001010	取数据2并相加，10号地址
3	00000000 00000011	00000101 00001001	取数据7并相乘，9号地址
4	00000000 00000100	00000011 00001011	取数据6并相加，11号地址
5	00000000 00000101	00000010 00001100	存计算结果到存储器，12号地址
6	00000000 00000110	00000111 00001100	打印计算结果，12号地址
7	00000000 00000111	00001000 00000000	停机
8	00000000 00001000	00000000 00000011	数据3
9	00000000 00001001	00000000 00000111	数据7
10	00000000 00001010	00000000 00000010	数据2
11	00000000 00001011	00000000 00000110	数据6
12	00000000 00001100		计算结果

2. 机器程序的执行

机器程序的执行必须按照一定的节奏进行，其中最基本的节奏就是“时钟周期”。时钟周期也称振荡周期，用晶振频率的倒数来表示，是计算机中最小的时间单位。

一条机器指令的完成通常被划分为若干阶段，每个阶段完成一个基本操作，例如取指令、存储器读、存储器写等，完成一个基本操作所需的时间称为一个“机器周期”，一个机器周期包含一个或多个时钟周期。一条指令需要若干机器周期才能完成，所需的时间称为一个“指令周期”。

时钟周期、机器周期与指令周期的关系如图3–15所示。

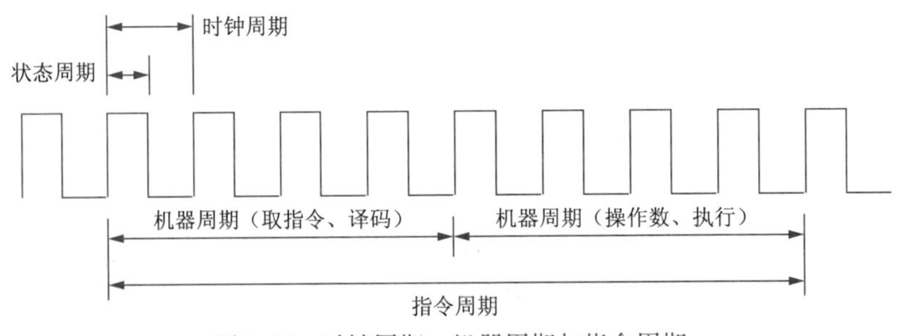

图3–15 时钟周期、机器周期与指令周期

程序和数据装载入存储器后，程序计数器随即指向程序中第一条指令（存储器地址），然后会按照时钟所产生的节奏进入程序的执行过程。指令基本的过程如下：

（1）读取指令1：取数据3（8号地址）到运算器

首先发送地址信息到存储器的“地址寄存器”，并同时发送“读”存储器的控制信号，如

图3–16中的①所示；然后发送控制信号给数据总线和指令寄存器（IR），将指令通过数据总线读取到IR中，如图3–16中的②所示。

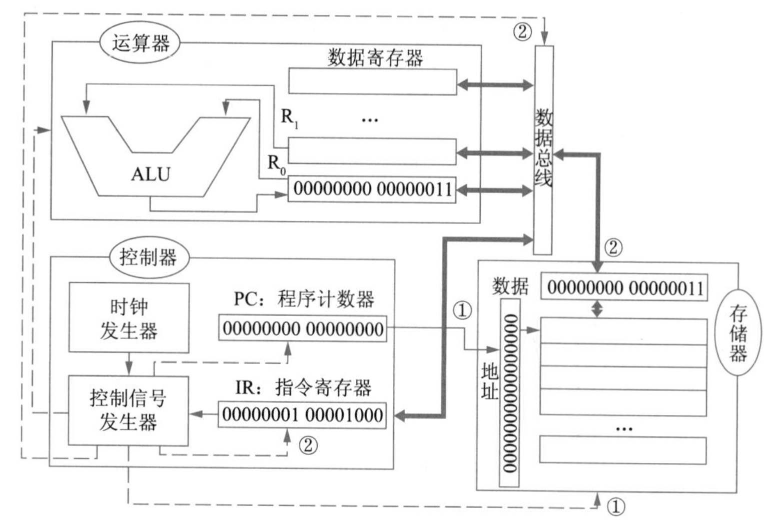

图3–16　读取指令1

（2）执行指令1

解析IR中的指令，并根据指令（00000001）中所指的地址（00001000）取出数据。首先将地址信息发送到存储器的“地址”寄存器，并向存储器发出“读”控制信号，将数据3（00000011）读取到存储器的“数据”寄存器，同时发送控制信号使程序计数器增1（00000001），为取下一指令作准备，图3–17中的③所示；然后发送控制信号到数据总线和运算器，将数据存入运算器的数据寄存器R_0中，图3–17中的④所示。

（3）读取指令2：取数据7（9号地址）并相乘

首先发送地址信息到存储器的“地址寄存器”，并同时发送“读”存储器的控制信号，如图3–18中的①所示；然后发送控制信号给数据总线和指令寄存器（IR），将指令通过数据总线读取到IR中，如图3–18中的②所示。

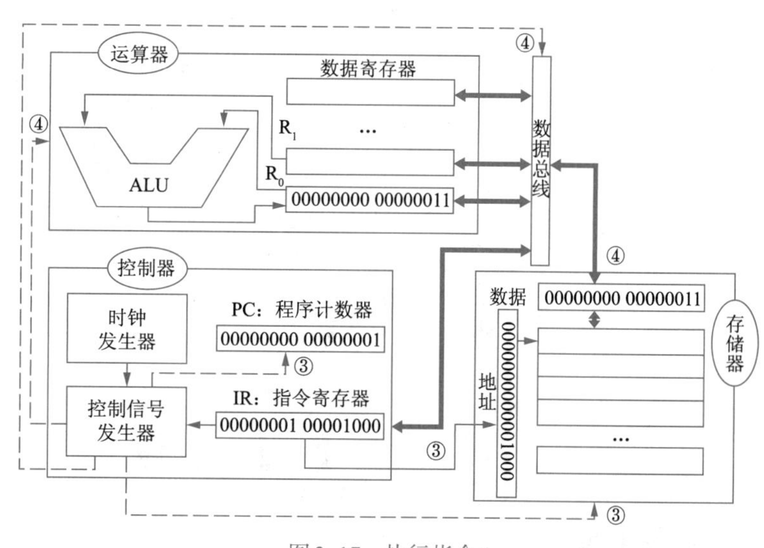

图3–17　执行指令1

（4）执行指令2

解析IR中的指令，并根据指令（00000101）中所指的地址（00001001）取出数据并执行乘法运算。首先将地址信息发送到存储器的“地址”寄存器，并向存储器发出“读”控制信号，将数据7（00000111）读取到存储器的“数据”寄存器，同时发送控制信号使程序计数器增1（00000010），为取下一指令作准备，图3–19中的③所示；然后发送控制信号到数据总线和运算器，将数据存入运算器的数据寄存器R_1中并执行乘法运算，运算结果存入R_0为下一次运算做准备，如图3–19中的④所示。

机器会不断重复这个取指令、分析指令和执行指令的过程，直到遇到停机指令为止。

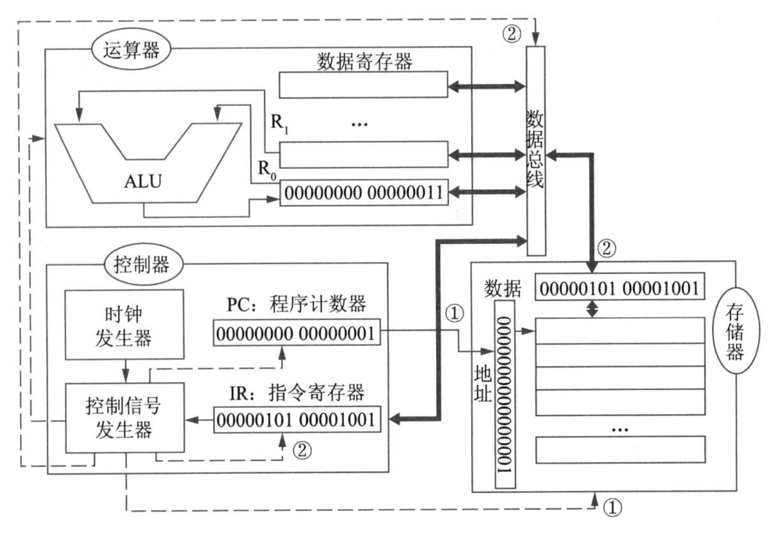

图3–18　读取指令2

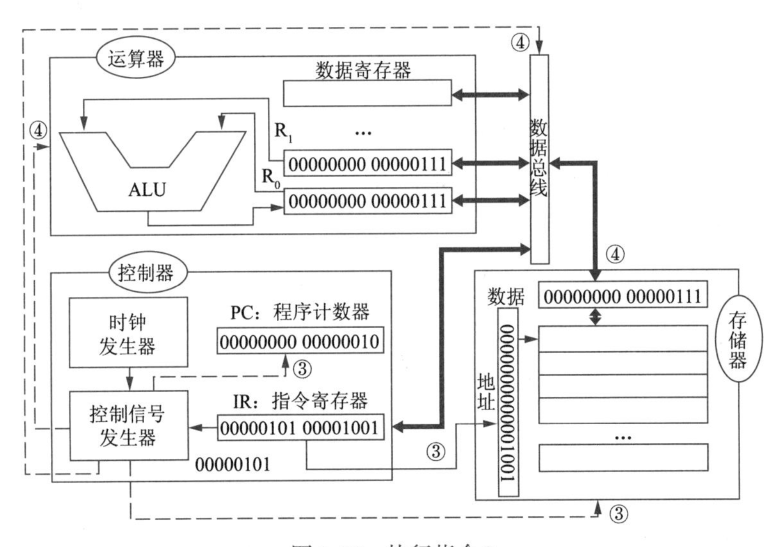

图3–19　执行指令2

习　　题

一、选择题

1. 在一个“1位加法”的运算中，本位S_i上的运算通过（　　）来完成。

   A. 与运算　　B. 或运算　　C. 非运算　　D. 异或运算

2. 与运算的特点是（　　）。

   A. 同为1时结果为1　　B. 同为0时结果为1

   C. 不相同时结果为1　　D. 相同时结果为1

3. 运算符的抽象相当于高级语言中的（　　）。

A. 类　　B. 模块　　C. 函数　　D. 包

4. 图灵机能实现自动运算主要依靠的是（　　）。

A. 符号集合　　B. 状态集合及其转换关系

C. 动作集合　　D. 纸带

5. 冯·诺依曼计算机体系的核心思想是（　　）。

A. 五大部件　　B. 以数据为中心

C. 软件与硬件分离　　D. 程序存储执行

6. 机器周期、时钟周期和指令周期三者的关系是（　　）。

A. 机器周期 > 时钟周期 > 指令周期

B. 指令周期 > 机器周期 = 时钟周期

C. 时钟周期 < 机器周期 < 指令周期

D. 机器周期 < 时钟周期 < 指令周期

二、填空题

1. 计算系统必须具备基本计算能力、________能力和________能力。
2. 二进制计算基于最基本的________、________、________和________这4种逻辑门电路。
3. 我们所理解的1或0在计算系统中是由________的高低来表示的。
4. 将算式“a+b”写成前缀表示法，其书写 形式是:________。
5. 递归思想的主要特点是________。
6. 中央处理器（CPU）中包含的是________和________两大部件。
7. 在存储器的内部结构中，译码器的作用是________。
8. 在存储器容量扩展时，若每个单元位数不变但总容量增加，称为________。

三、操作题

1. 查阅资料，了解使用逻辑电路实现“多位二进制数加法”的原理及实现方法。
2. 利用本章所讲的程序的构造方法来描述下列算式。

（1）$\dfrac{10+8+100\times(40+\dfrac{20+2}{6})}{3\times(10-6)}$

（2）$f(x)=\begin{cases} x^2-8, & x>0 \\ 12-x^2, & x\leqslant 0 \end{cases}$

（3）$\dfrac{1}{1+3}+\dfrac{1}{3+5}+\dfrac{1}{5+7}+\cdots$

3. 用递归的思想将“斐波那契数列（1，1，2，3，5，8，…）第n项”表示出来。
4. 用“<”、“>”和“==”这3个运算符来重新定义“>=”和“<=”运算符。
5. 构建一个图灵机，实现“将数据纸带上的0和1的变换”，即将0变成1，将1变成0。
6. 请使用机器级算法描述$f(x)=x^3-2x^2+3x-4$计算过程，假设$x=5$。

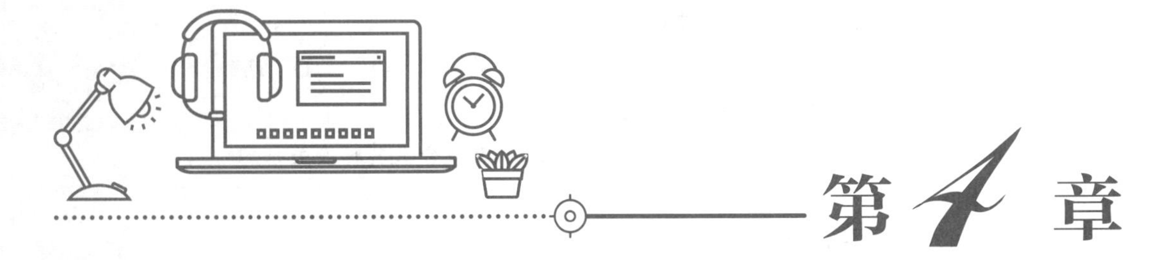

第4章 计算思维与管理

计算机系统是由硬件系统和软件系统两大部分组成的，软件系统分为系统软件和应用软件两大类，系统软件用于管理计算机本身和应用程序，而操作系统是系统软件的核心与基石。无论计算机技术如何纷繁多变，为计算机系统提供基础支撑始终是操作系统永恒的主题。本章主要讲述操作系统的概念、操作系统的基本功能、分类及发展，并以 Windows 10 操作系统为例，介绍如何使用操作系统管理和控制计算机的软硬件资源。

学习目标：

- 了解操作系统的基本功能和分类。
- 熟悉 Windows 10 的基本操作。
- 深入理解进程的基本状态及进程的生命周期。
- 理解操作系统中存储器管理的功能。
- 了解文件、磁盘管理和文件管理功能。
- 掌握设备管理器和控制面板的基本操作。

4.1 计算机的神经中枢——操作系统

操作系统在计算机系统中的作用相当于“大脑”在人体中的作用。这种比喻说明了操作系统在计算机系统中的重要性。

操作系统设计的主要目标是高效、方便和稳定。对于大型机来说，操作系统的主要目的是充分优化软硬件系统的性能，使整个系统高效执行；个人计算机的操作系统是为了方便用户使用；掌上计算机的操作系统则是为用户提供一个可以与计算机方便交互并执行程序的环境。

操作系统概述

本节通过跟踪操作系统的发展：从批处理系统、分时系统、多道程序设计到个人计算机系统，以及并行的、实时的、嵌入式的系统，讲述操作系统是什么、做什么，以及是怎样设计和构造的，同时也解释了操作系统的概念是如何发展的。

4.1.1 操作系统的概念

操作系统（Operating System, OS）是控制和管理计算机硬件资源和软件资源，并为用户提供交互操作界面的程序集合。操作系统是直接运行在“裸机”上的最基本的系统软件，任何其他软件都必须在操作系统的支持下才能运行。操作系统在整个计算机系统中具有极其重要的特殊地位，计算机系统可以粗分为硬件、操作系统、应用软件和用户四部分，计算机系统层次结构如图4–1所示。

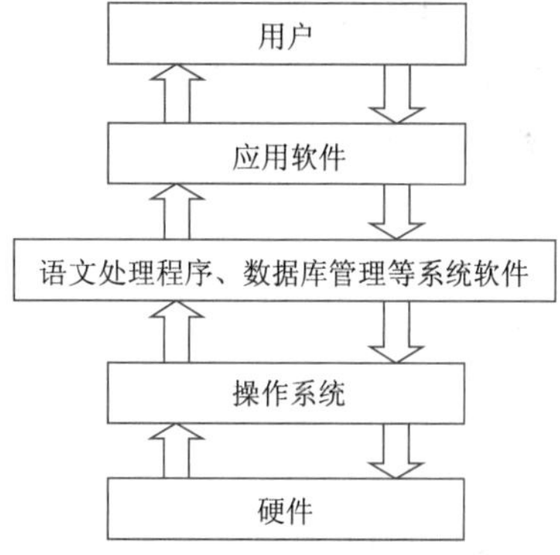

图4–1　计算机系统层次结构

从图4–1中可以看出，操作系统是用户和计算机的接口，同时也是计算机硬件和其他软件的接口。操作系统的功能包括管理计算机系统的硬件、软件及数据资源，控制程序运行，改善人机界面，为其他应用软件提供支持等，使计算机系统所有资源最大限度地发挥作用，提供各种形式的用户界面，使用户有一个好的工作环境。操作系统的作用总体上包括以下几方面：

①隐藏硬件：为用户和计算机之间的“交流”提供统一的界面。由于直接对计算机硬件进行操作非常困难和复杂，当计算机配置了操作系统之后，用户利用操作系统所提供的命令和服务去使用计算机。因此，从用户的角度看，需要计算机具有友好、易操作的使用平台，使用户不必考虑不同硬件系统可能存在的差异。对于这种情况，操作系统设计的主要目的是为了方便用户使用，性能、资源利用率是次要的。

②管理系统资源：从资源管理角度看，操作系统是管理计算机系统资源的软件。计算机系统资源包括硬件资源（CPU、存储器、输入/输出设备等）和软件资源（文件、程序、数据等）。操作系统负责控制和管理计算机系统中的全部资源，确保这些资源能被高效合理地使用，确保系统能够有条不紊地运行。

根据操作系统所管理的资源的类型，操作系统具有进程管理、存储器管理、文件管理、设备管理和用户接口五大基本功能，如图4–2所示。

①进程管理：又称处理机管理，负责CPU的运行和分配。

②存储器管理：负责主存储器的分配、回收、保护与扩充。

③文件管理：负责文件存储空间和文件信息的管理，为文件访问和文件保护提供更有效的方法及手段。

④设备管理：负责输入/输出设备的分配、回收与控制。

⑤用户接口：用户操作计算机的界面称为用户接口，用户通过命令接口或程序接口实现各种复杂的应用处理。

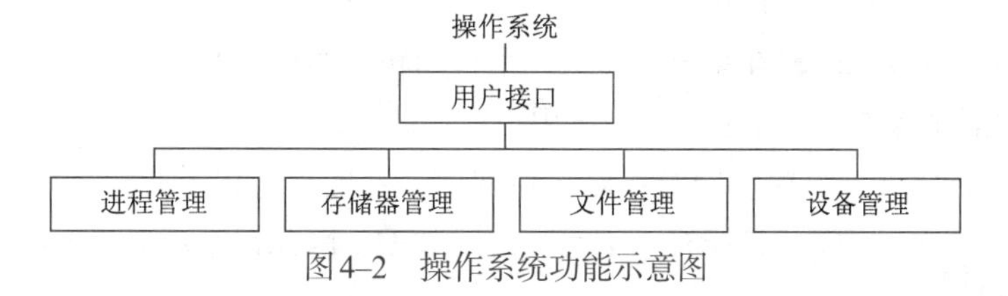

图4–2　操作系统功能示意图

用户需求的提升和硬件技术进步是操作系统发展的两大动力。

早期的计算机没有操作系统，用户在计算机上的操作完全由手工进行，使用机器语言编写程序，通过接插板或开关板控制计算机操作。程序的准备、启动和结束，都是手工处理，烦琐耗时。这个时期的计算机只能一个个、一道道地串行计算各种问题，一个用户上机操作，就独占了全机资源，资源的利用率和效率都很低，程序在运行过程中缺乏和程序员的有效交互。

1947年，晶体管的诞生使得计算机产生了一次革命性的变革。操作系统的初级阶段是系统管理工具以及简化硬件操作流程的程序。1960年，商用计算机制造商设计了批处理系统，此系统可将工作的建置、调度以及执行序列化。此时，厂商为每一台不同型号的计算机创造不同的操作系统，无通用性。

1964年，第一代共享型、代号为OS/360的操作系统诞生，它可以运行在IBM推出的一系列用途与价位都不同的大型计算机IBM System/360上。

随着计算机技术的发展，操作系统的功能越来越强大。今天的操作系统已包括分时、实时、并行、网络，以及嵌入式操作系统等多种类型，成为不论大型机、小型机还是微型机都必须安装的系统软件。

4.1.2 操作系统分类

经过多年的迅速发展，操作系统种类繁多，功能也不断增强，已经能够适应不同的应用和各种不同的硬件配置，很难用单一标准统一分类。但无论是哪一种操作系统，其主要目的都是：实现在不同环境下，为不同应用目的提供不同形式和不同效率的资源管理，以满足不同用户的操作需要。操作系统有以下不同的分类标准：

操作系统分类

根据应用领域划分，可分为桌面操作系统、服务器操作系统、主机操作系统和嵌入式操作系统等。

根据系统功能划分，操作系统可分为3种基本类型：批处理操作系统、分时系统、实时系统。随着计算机体系结构的发展，又出现了许多种操作系统，如个人计算机操作系统、网络操作系统和智能手机操作系统。除此之外，还可以从源代码开放程度、使用环境、技术复杂程度等多种不同角度进行分类。下面简要介绍几种操作系统。

1. 批处理操作系统

批处理操作系统（Batch Processing Operating System，BPOS）是一种早期用在大型计算机上的操作系统，用于处理许多商业和科学应用。批处理操作系统是指在内存中存放多道程序，当某个程序因为某种原因（例如执行I/O操作时）不能继续运行而放弃CPU时，操作系统便调度另一程序投入运行。这样可以使CPU尽量忙碌，提高系统效率。

批处理操作系统的工作方式：用户事先把作业准备好，该作业包括程序、数据和一些有关作业性质的控制信息，提交给计算机操作员。计算机操作员将许多用户的作业按类似需求组成一批作业，输入到计算机中，在系统中形成一个自动转接的连续的作业流，系统自动、依次执行每个作业，最后由操作员将作业结果交给用户。

批处理系统的特点：内存中同时存放多道程序，在宏观上多道程序同时向前推进，由于CPU只有一个，在某一时间点只能有一个程序占用CPU，因此在微观上是串行的。目前，批处理系统已经不多见。

2. 分时操作系统

分时操作系统（Time Sharing Operating System，TSOS）允许多个终端用户同时共享一台计算机资源，彼此独立互不干扰。分时操作系统的工作方式是：一台高性能主机连接若干个终端，每个终端有一个用户在使用，终端机可以没有CPU与内存（见图4–3）。用户交互式地向系统提出命令请求，系统接收每个用户的命令，采用时间片轮转方式处理服务请求，并通过交互方式在终端上向用户显示结果。

为使一个CPU为多道程序服务，分时操作系统将CPU划分成若干个很小的片段（如50ms），称为时间片。操作系统以时间片为单位，采用循环轮作方式将这些CPU时间片分配给排列队列中等待处理的每个程序，如图4–4所示。分时操作系统的主要特点是允许多个用户同时运行多个程序，每个程序都是独立操作、独立运行、互不干涉，具有多路性、交互性、独占性和及时性等特点。

多路性是指多个联机用户可以同时使用一台计算机，宏观上看是多个用户同时使用一个CPU，微观上看是多个用户在不同时刻轮流使用CPU。交互性是指多个用户或程序都可以通过交互方式进行操作。独占性是指由于分时操作系统是采用时间片轮转方法为每个终端用户作业服务，用户彼此之间都感觉不到计算机为其他人服务，就像整个系统为他所独占。及时性指系统对用户提出的请求及时响应。

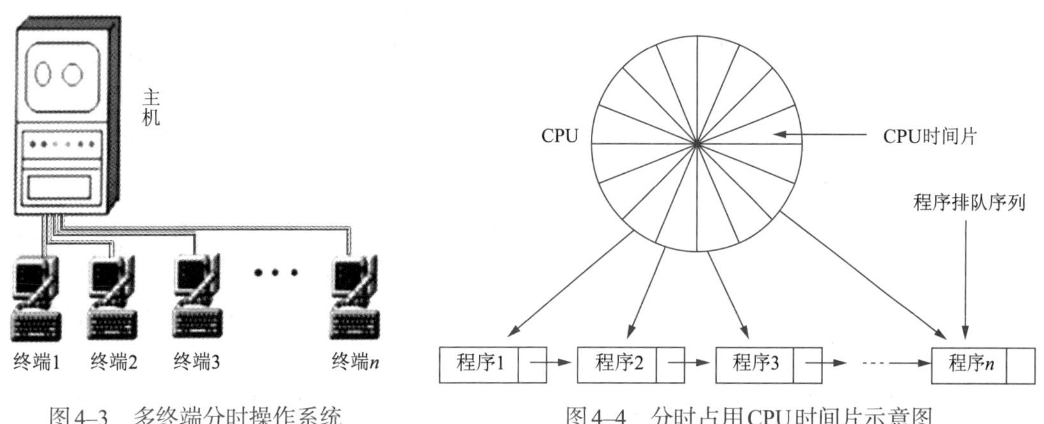

图4–3　多终端分时操作系统　　图4–4　分时占用CPU时间片示意图

现代通用操作系统是分时系统与批处理系统的结合。其原则是：分时优先，批处理在后，典型的分时操作系统有UNIX和Linux。

3. 实时操作系统

实时操作系统（Real Time Operating System，RTOS）是指使计算机能及时响应外部事件的请求，在严格规定的时间内完成对该事件的处理，并控制所有实时设备和实时任务协调一致地工作的操作系统。实时系统的主要特点是资源的分配和调度首先要考虑实时性，然后才是效率。当对处理器或数据流动有严格时间要求时，就需要使用实时操作系统。

实时操作系统有明确的时间约束，处理必须在确定的时间约束内完成，否则系统会失败，通常用在工业过程控制和信息实时处理中。例如，控制飞行器、导弹发射、数控机床、飞机票（火车票）预订等。实时操作系统除具有分时操作系统的多路性、交互性、独占性和及时性等特性之外，还必须具有可靠性。在实时系统中，一般都要采取多级容错技术和措施用以保证系统的安全性和可靠性。

4. 个人计算机操作系统

个人计算机操作系统是随着微型计算机的发展而产生的，用来对一台计算机的软件资源和硬件资源进行管理的单用户、多任务操作系统，其主要特点是计算机在某个时间内为单个用户服务；采用图形用户界面，界面友好；使用方便，用户无须专门学习，也能熟练操作机器。个人计算机操作系统的最终目标不再是最大化CPU和外围设备的利用率，而是最大化用户方便性和响应速度。

个人计算机操作系统主要供个人使用，功能强、价格便宜，几乎可以在任何地方安装使用。它能满足一般人操作、学习、游戏等方面的需求。典型的个人计算机操作系统是Windows。

5. 分布式操作系统

分布式操作系统（Distributed Software Systems）是通过网络将大量的计算机连接在一起，以获取极高的运算能力、广泛的数据共享，以及实现分散资源管理等功能为目的的操作系统。分布式操作系统主要具有共享性、可靠性、加速计算等优点。

①共享性。实现分散资源的深度共享，如分布式数据库的信息处理、远程站点文件的打印等。

②可靠性。由于在整个系统中有多个CPU系统，因此当一个CPU系统发生故障时，整个系统仍旧能够继续工作。

③加速计算。可以将一个特定的大型计算分解成能够并发运行的子运算，并且分布式系统允许将这些子运算分布到不同的站点，这些子运算可以并发地运行，加快了计算速度。

6. 嵌入式操作系统

嵌入式操作系统（Embedded Operating System，EOS）用于嵌入式系统环境中，对各种装置等资源进行统一调度、指挥和控制的操作系统。由于嵌入式系统一般应用于小型电子装置，系统资源相对有限，所以内核较之传统的操作系统要小得多。嵌入式操作系统具有如下特点：

①专用性强。嵌入式系统的个性化很强，其中的软件系统和硬件的结合非常紧密，一般要针对硬件进行系统的移植，即使在同一品牌、同一系列的产品中也需要根据系统硬件的变化和增减不断进行修改。

②高实时性。高实时性是嵌入式软件的基本要求，而且软件要求固态存储，以提高速度；软件代码要求高质量和高可靠性。

③系统精简。嵌入式系统一般没有系统软件和应用软件的明显区分，不要求其功能设计及实现上过于复杂，这样一方面利于控制系统成本，同时也利于实现系统安全。

嵌入式系统广泛应用在生活和工作的各个方面，涵盖范围从便携设备到大型固定设施，如数码照相机、手机、平板计算机、家用电器、医疗设备、交通灯、航空电子设备和工厂控制设备等，越来越多嵌入式系统安装有实时操作系统。

4.2 常用操作系统简介

操作系统从20世纪60年代出现以来，技术不断进步，功能不断扩展，产品类型也越来越丰富。目前主要有Windows、UNIX、Linux、Mac OS、iOS和Android。

常用操作系统简介

4.2.1 Windows 操作系统

Windows是由微软公司推出的基于图形窗口界面的多任务操作系统，是目前最流行、最常见的操作系统之一。随着计算机软硬件的不断发展，微软的Windows操作系统也在不断升级，从最初的Windows 1.0到大家熟知的Windows 95/98/XP/7/10系列。Windows 10是新一代跨平台及设备应用的操作系统，不仅可以运行在笔记本计算机和台式计算机上，还可以运行在智能手机、物联网等设备上。以下以目前使用较广泛的Windows 10为例进行介绍。

Windows 10有32位和64位之分。因为目前CPU一般都是64位的，所以操作系统既可以安装32位的，也可以安装64位的。

通常人们所说的32位有两种意思，32位计算机和32位操作系统。32位计算机，是指CPU的数据宽度为32位，也就是它一次最多可以处理32位数据。其内存寻址空间为2^{32} = 4 294 967 296 B = 4 GB左右。32位计算机只能安装32位系统，不能安装64位的操作系统。而32位的操作系统，是针对32位计算机而研发的，它最多可以支持4 GB内存，且只能支持32位的应用程序，满足普通用户的使用。

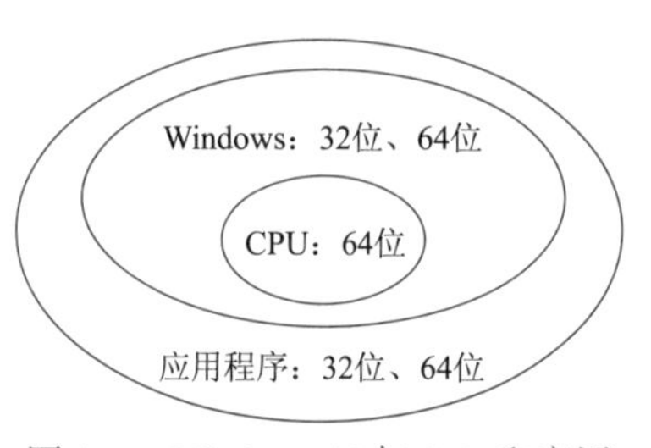

图4–5　Windows 10与CPU和应用程序的位数关系

若安装64位系统，需要CPU支持64位，能识别到128 GB以上内存，能够支持32位和64位的应用程序，如图4–5所示。

4.2.2　UNIX操作系统

UNIX 操作系统是当今世界最流行的多用户、多任务操作系统之一，支持多种处理器架构，属于分时操作系统，也是唯一能在各种类型计算机（微型计算机、工作站、小型机、巨型机等）都能稳定运行的全系列通用操作系统。UNIX 最早于1969年在美国 AT&T 的贝尔实验室开发，是应用面最广、影响力最大的操作系统。

UNIX系统实现技术中有很多优秀的技术特点，在操作系统的发展历程中，它们一直占据着技术上的制高点。UNIX系统的特点和优势很多，下面仅列出几个主要的特点，便于对UNIX系统有初步的了解。

①多用户、多任务。UNIX系统内部采用分时多任务调度管理策略，能够同时满足多个相同或不同的请求。

②开放性。开放性意味着系统设计、开发遵循国际标准规范，能够很好地兼容，很方便地实现互联。UNIX是目前开放性最好的操作系统。

③可移植性。UNIX系统内核的大部分是用C语言实现的，易读、易懂、易修改，可移植性好，同时也是UNIX系统拥有众多用户群以及不断有新用户加入的重要原因之一。

④稳定性、可靠性和安全性。由于UNIX系统的开发是基于多用户环境进行的，因此在安全机制上考虑得比较严谨，其中包括了对用户的管理、对系统结构的保护，以及对文件使用权限的管理等诸多因素。

⑤具有网络特性。新版UNIX系统中，TCP/IP协议已经成为UNIX系统不可分割一部分，优良的内部通信机制、方便的网络接入方式、快速的网络信息处理方法，使UNIX系统成为构造良好网络环境的首选操作系统。

UNIX的缺点是缺乏统一的标准，应用程序不够丰富，并且不易学习，这些都限制了UNIX的普及应用。

4.2.3 Linux操作系统

Linux是免费使用和开放源代码的类UNIX操作系统，是一个基于POSIX（Portable Operating System Interface，可移植操作系统接口）和UNIX的多用户、多任务、支持多线程和多CPU的操作系统。Linux可安装在各种计算机硬件设备中，如手机、平板计算机、路由器、视频游戏控制台、台式计算机、大型机和超级计算机。

Linux是由芬兰赫尔辛基大学计算机系学生Linux Torvalds在1991年开发的一种操作系统，主要用在基于Intel x86系列CPU的计算机上。Linux能运行主要的UNIX工具软件、应用程序和网络协议。由于Linux和UNIX非常相似，以至于被认为是UNIX的复制品。Linux主要具有如下特点：

①完全免费：Linux最大的特点在于它是一个源代码公开的操作系统，其内核源代码免费。用户可以任意修改其源代码，无约束地继续传播。因此，吸引了越来越多的商业软件公司和无数程序员参与Linux的修改、编写工作，使Linux快速向高水平、高性能方向发展。如今，Linux已经成为一个稳定可靠、功能完善、性能卓越的操作系统。

②多用户、多任务：Linux支持多用户，各个用户对于自己的文件设备有自己特殊的权利，保证了各用户之间互不影响。

③友好的界面：Linux提供了字符界面、图形用户界面和系统调用界面3种界面。

④支持多种平台：Linux可以运行在多种硬件平台上，如具有x86、680x0、SPARC、Alpha等处理器的平台。此外，Linux还是一种嵌入式操作系统，可以运行在掌上计算机、机顶盒或游戏机上。

注意：Linux是一种外观和性能与UNIX相同或更好的操作系统，但是源代码和UNIX没有任何关系。换句话讲，Linux不是UNIX，但像UNIX。

4.2.4 Mac OS

Mac OS是苹果公司（Apple）为Mac系列产品开发的专属操作系统，不兼容Windows系统软件，一般情况下在普通PC上无法安装。另外，现在疯狂肆虐的计算机病毒几乎都是针对Windows系统的，由于MAC的架构与Windows不同，所以很少受到病毒的袭击。Mac OS操作系统界面非常独特，突出了形象的图标和人机对话。

Mac OS以简单易用和稳定可靠著称，完美地融合了技术与艺术，从里到外都给人一种全新的感觉，较新的版本为Mac OS 10.15 Catalina。该系统主要具有如下特点：

①稳定、安全、可靠：Mac OS 构建于安全可靠的UNIX 系统之上，并包含了旨在保护 Mac和其中信息的众多功能。用户可在地图上定位丢失的Mac计算机，并进行远程密码设置等操作。

②简单易用。Mac OS 从开机桌面到日常应用软件，处处体现了简单、直观的设计风格。系统能自动处理许多事情，查找、共享、安装和卸载等一切操作都十分轻松简单。

③先进的网络和图形技术。Mac OS 提供超强性能、超炫图形处理能力并支持互联网标准。

4.2.5 苹果移动设备操作系统（iOS）

iOS是由苹果公司开发的移动操作系统，最初是设计给iPhone使用的，后来陆续套用到iPod touch、iPad，以及Apple TV等苹果产品上。iOS与苹果的Mac OS X操作系统一样，属于类UNIX的商业操作系统。原本这个系统名为iPhone iOS，但因iPad、iPhone、iPod touch都使用，所以2010年6月改名为iOS。

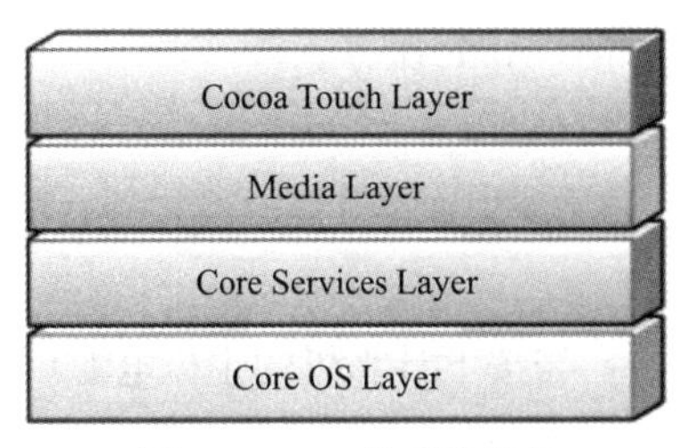

图4–6 iOS的系统结构

iOS的系统结构分为4个层次：核心操作系统层（Core OS Layer）、核心服务层（Core Services Layer）、媒体层（Media Layer）和可触摸层（Cocoa Touch Layer），如图4–6所示。

①Core OS Layer位于iOS系统架构最下面的一层，包括文件管理、文件系统以及一些其他操作系统任务。它可以直接和硬件设备进行交互。App开发者不需要与这一层打交道。

②Core Services Layer，为应用程序提供所需要的基础的系统服务，如Accounts账户框架、广告框架、数据存储框架、网络连接框架、地理位置框架、运动框架等。

③Media Layer为应用程序提供视听方面的技术，如绘制图形图像、录制音频与视频，以及制作基础的动画效果等。

④Cocoa Touch Layer为应用程序开发提供各种常用的框架并且大部分框架与界面有关，从本质上来说它负责用户在iOS设备上的触摸交互操作。

iOS平台的主要优点是流畅、稳定、新颖、简洁，性能与美观同时兼具。

4.2.6 安卓（Android）操作系统

Android是基于Linux内核的开放源代码操作系统，主要使用于移动设备，如智能手机和平板计算机。Android操作系统最初由Andy Rubin开发，主要支持手机。2005年8月由Google收购注资，并逐渐研发改良，扩展到平板计算机及其他领域，如电视、数码照相机、游戏机等。2017年3月数据显示，安卓首次超过Windows成为第一大操作系统。2019年6月，Android平台手机的全球市场份额已经达到87%，全球采用此系统的手机已经超过13亿部。

Android系统采用软件堆层（Software Stack，又名软件叠层）的架构，底层Linux内核只提供基本功能，其他的应用软件则由各公司自行开发，部分程序用Java编写。

Android平台系统主要具有如下特点：

①开放性。在优势方面，Android平台首先就是其开放性，开放的平台允许任何移动终端厂商加入到Android联盟中。显著的开放性可以使其拥有更多的开发者，随着用户和应用的日益丰富，一个崭新的平台即将走向成熟。开放性对于Android的发展而言，有利于积累人气，这里的人气包括消费者和厂商，而对于消费者来讲，最大的受益正是丰富的软件资源。开放的平台也会带来更大竞争，如此一来，消费者将可以用更低的价位购得心仪的手机。

②摆脱运营商的束缚。手机应用不再受运营商制约，使用什么功能接入什么网络，手机可以随意接入。

③丰富的硬件选择。由于Android的开放性，众多的厂商会推出功能特色各具的多种产品，且不会影响到数据同步、甚至软件的兼容。

④方便开发。Android平台提供给第三方开发商一个十分宽泛、自由的环境，不会受到各种条条框框的阻挠。可想而知，会有多少新颖别致的软件诞生，目前层出不穷的手机应用正源于此。

⑤无缝结合的Google应用。Google从搜索巨人到互联网的全面渗透，Google服务如地图、邮件、搜索等已经成为连接用户和互联网的重要纽带，而Android平台手机将无缝结合这些优

秀的Google服务。

4.3 现代计算机的工作过程

当按下计算机的主机电源后，计算机自动启动并进入系统工作界面。用户通过操作系统利用计算机中的各种资源。可以说，没有操作系统，人们基本无法利用计算机。那么，开机后第一个程序源自哪里？操作系统本身是如何装入内存并且执行的？处理上述过程的术语称为bootup（自举）。

4.3.1 运行BIOS程序

计算机接通电源后，在计算机内存（RAM）中，什么程序也没有。外存储器上虽然有操作系统，但是CPU的逻辑电路被设计为只能运行内存中的程序，它不能直接从外存运行操作系统。如果要运行操作系统，必须将其加载到内存中。这项任务由固化在ROM中的BIOS（Basic Input Output System，基本输入/输出系统）程序完成。

BIOS是一组存储在闪存中的软件，固化在主板上的BIOS芯片上，主要作用是负责对基本输入/输出系统进行管理，里面装有系统最重要的基本输入/输出程序、系统设置、开机后自检程序和系统自启动程序。BIOS设置程序的系统参数（如系统时钟、设备启动顺序等）存储在主板的CMOS（Complementary Metal Oxide Semiconductor，互补金属氧化物半导体）中。CMOS是主板上一块可读/写的RAM芯片，用来保存当前系统的硬件配置和用户对某些参数的设置，CMOS芯片由主板上的电池供电，即使系统断电，信息也不会丢失。

BIOS主要存放以下程序：

1. POST加电自检程序

计算机接通电源或者按下Reset按钮后，CPU会使其内部的程序计数器指针指向一个特殊的位置，例如，Intel 80x86系列将PC指针指向地址为0xFFFF0H的地方，这个位置存放的是一条跳转指令JUMP POST，启动加电自检（Power On Self Test，POST）程序。特别注意的是，这是一个纯硬件完成的动作。POST程序通过读取CMOS中的硬件配置，对各个设备进行检查和初始化。POST自检包括主板、CPU、内存、ROM、CMOS存储器、显卡等最核心的硬件。自检过程中若发现异常，系统给出提示信息或喇叭鸣笛提示。

2. BIOS设置程序

在系统引导过程中，可用特殊热键启动BIOS设置程序对计算机硬件进行设置，包括CPU、显卡、磁盘驱动器、键盘等，并将配置信息存入CMOS中。

3. 系统自举装载程序

在完成POST自检后，BIOS将按照系统CMOS设置中的启动设备顺序搜寻硬盘、光驱、U盘等有效的启动驱动器，读入操作系统引导记录，将系统控制权交给引导记录，由引导记录装入操作系统。操作系统启动后，由操作系统接管计算机。

4. 中断服务程序

中断服务程序是计算机系统软硬件之间的可编程接口，用于实现软硬件之间的衔接，这是BIOS提供的基本输入/输出服务功能。操作系统对磁盘、光驱、显卡等外围设备的管理即建立在系统BIOS基础之上。对于操作系统来说，BIOS的加载是在内存中建立了中断向量表和中断服务程序。

当计算机加电开机后，屏幕上通常会出现Press<Del>to run BIOS setup等提示信息，通过按【Del】键或按【F2】、【F12】键，可以进入CMOS设置界面对系统重要参数进行配置，包括系统时间、启动设备、键盘大小写键、显卡、IDE设备和超级密码等，这些设置也称CMOS设置。

4.3.2　读取主启动记录

在BIOS自举过程中，按照CMOS设置的启动设备顺序读取操作系统，通常为硬盘。计算机首先读取该设备的第一个扇区，这个扇区存放的内容是和操作系统启动相关的信息，如操作系统存放路径、操作系统需要什么参数等，称为主启动记录（Main Boot Record，MBR）。

通过图4–7来看MBR与硬盘分区以及格式化之间的关系。硬盘的第一个扇区比较特殊，称为主启动扇区（Main Boot sector，图中最左侧小方块），存放主启动记录MBR。再对剩下的空间进行分区，分别为Windows、Linux和其他文件系统3个分区。在进行分区格式化时，每个分区的第一个扇区也比较特殊，称为分区启动扇区（Partition Boot Sector图中后3个小方块），存放分区启动记录（Partition Boot Record，PBR）信息。

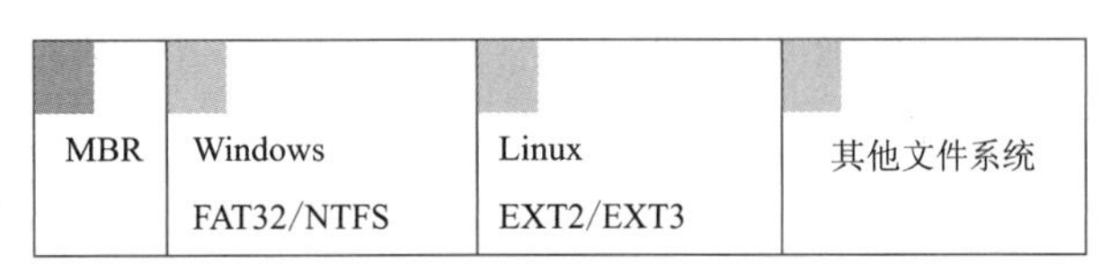

图4–7　MBR/硬盘分区/格式化

主启动记录内容用来启动操作系统或者多操作系统中的启动管理。具体有以下3个功能：

①提供菜单：让用户选择不同的启动项，实现多操作系统的选择。

②加载核心文件：直接指向可启动区，加载操作系统。

③跳转：将启动管理功能交给其他可启动区域，执行操作系统的加载。

4.3.3　加载操作系统

MBR 和PBR 存放的都是启动程序，这些程序使用汇编语言编写。在启动计算机时，启动过程一般是这样的：加电之后BIOS获得控制权，按照CMOS中记载的启动设备的顺序确定启动设备，一般是硬盘，也可以是光驱或者USB设备等。如果由硬盘启动计算机，BIOS会将控制权交给硬盘的MBR，MBR程序将控制权交给某个分区的PBR。例如，Windows 只能由活动的主分区来启动，即MBR将控制权交给活动主分区的PBR。Linux则不同，例如，Ubuntu的引导程序不仅可以安装在非活动的主分区，也可以安装在逻辑分区。PBR中的启动程序在它所在的分区搜索启动配置文件，根据启动配置文件来启动操作系统。

经过BIOS和启动程序的执行，整个操作系统的代码被装入内存。接下来加载系统模块系统，该模块要做大量的重建工作，包括重建寻址空间、设置中断描述符和全局描述符表等，为运行应用程序做好准备。至此，操作系统启动工作完成。

操作系统启动以后，由操作系统来接管计算机。然后在操作系统控制下，就可以读/写磁盘，把一些应用程序装进来，CPU可以执行应用程序。这是计算机系统的一个工作过程。

4.4 存储管理——不同性能资源的组合优化思维

现代的信息处理，如图像处理、数据库、知识库、语音识别、多媒体等对存储器的要求越来越高，存储器是计算机的关键资源之一，对其进行有效管理与组织，不仅可提高存储器的利用率，对系统的整体性能也有重大的影响。

计算机中的作业（处理的程序和数据）存放在外存中，需要调入内存才能被CPU处理。外存容量大，内存容量小；外存速度慢，内存速度快；外存可长久保存信息，内存断电后信息丢失。因此就引入这样一些问题：程序是如何调入内存的？如果内存空间不够该如何处理？当有多道程序运行时，如何分配内存才能最大限度地利用内存为多道程序服务等等，这些都是操作系统中存储管理需要解决的问题。

存储管理模块主要有地址映射、内存分配、存储扩充和存储保护四大功能。在进一步学习存储管理功能之前，首先了解存储体系和程序装入的过程。

4.4.1 存储体系

用户在购买计算机时，对存储系统的要求是存储容量要越大越好，存储设备速度越快越好，信息能够永久保存，价格越低越好，并且实现多道程序能够并行。现代计算机系统采用三级存储体系满足了人们对大容量、高速度和低价格的需求。

计算机系统中包含各种存储器，如CPU内部的通用寄存器组、高速缓冲存储器（Cache）、主存、主板外的联机磁盘，以及脱机的移动磁盘、光盘等。不同特点的存储器通过适当的硬件、软件有机地组合在一起形成计算机的存储体系结构，如图4–8所示。

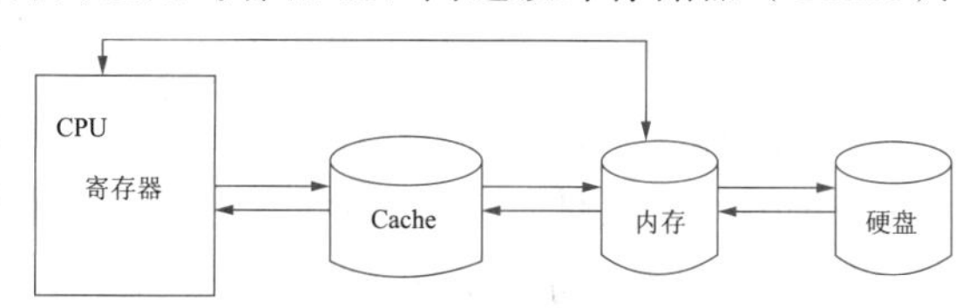

图4–8 计算机的存储体系结构

在计算机系统中存储层次（从CPU往外）可分为：高速缓冲存储器、主存储器、辅助存储器三级。高速缓冲存储器用来改善主存储器与中央处理器的速度匹配问题。辅助存储器用于扩大存储空间。

1. 硬盘

硬盘是最常用的辅助存储器，采用磁性材料制作，具有容量大、速度慢、价格低和永久保存信息等特点，用于保存平时不运行的文件。硬盘格式化时被划分为若干个磁道和扇区，每个扇区512 B，信息就保存在一个个扇区上。若干个相邻的扇区组成一个簇（1、2、4、8个等扇区，通常为2的幂次方个，最大64个扇区），外存速度慢，以簇块为单位进行读/写。硬盘无法与CPU直接交换信息，而是在需要时调入内存，再被CPU处理。

2. 内存

一般用RAM作为运行内存，它通常采用半导体材料制作，具有电易失性，用于保存正在运行的程序和数据。内存速度快，与CPU交换信息时按存储单元/存储字为单位进行读/写操作。内存速度远高于外存，但与CPU相比，其速度将近慢一个数量级，为解决这个问题，在计算机中增加一种造价比内存昂贵，但容量远小于内存的高速缓存器件Cache。

3. Cache

Cache也属于内存，可以用高速的静态存储器芯片（SRAM）实现，或者集成到CPU芯片内部，访问速度接近于CPU的速度，容量一般在几千字节到几兆字节之间。根据程序局部性原理，将主存中一些经常访问的信息存放在高速缓存中，减少访问主存储器的次数，可大幅度提高程序执行速度。通常，进程的程序和数据存放在主存，每当使用时，被临时复制到高速缓存中。当CPU访问一组特定信息时，首先检查它是否在高速缓存中，如果已存在，则直接取出使用；否则，从主存中读取信息。有的计算机系统设置了两级或多级高速缓存，一级缓存速度最高，容量小；二级缓存容量稍大，速度稍慢。

4. 寄存器

寄存器位于CPU内，是计算机系统内CPU访问速度最快的存储部件，用来存放系统最常访问的数据。但其价格太贵，只能做得很小。通常，CPU从主存读取数据，放入寄存器内，以便频繁访问。寄存器解决了CPU访问主存速度过慢的问题。

存储体系的基本原理是当内存太小不够用时，将暂时不用的模块换出到辅存上，用辅存支援内存，实现外存、内存和CPU之间的匹配。这种不同性能资源的组合优化，使用户者感觉到容量很大速度又很快。

4.4.2　程序的装入和连接

在多道程序环境下，程序要运行必须先将程序和数据装入内存，为之创建进程。

用户编写的源程序以文件形式存放在外存上，要将其变为一个可在内存中执行的程序，通常要经过如下几步：

①编译（Compile）：由编译程序将用户源代码编译成若干个由二进制语言表示的目标（Object）模块。

②连接（link）：由连接程序将编译后形成的一组目标模块，以及它们所需要的库函数连接在一起，形成一个完整的装入模块。

③装入（Load）：由装入程序将模块装入内存。

4.4.3　地址映射

为了保证CPU指令正确访问存储单元，需要将用户程序中的逻辑地址转换为内存空间中的物理地址，这一过程称为地址映射。随着程序的执行，进程可以通过产生绝对地址来访问内存中的程序。程序装入内存时成为进程，当进程运行完毕后，系统将其所占用的内存空间释放，以便装入下一道程序。

4.4.4　存储扩充

计算机中的作业只有装入内存才能运行。对于一个大作业来说，如果其所要求的内存空间超过了内存总容量，则作业不能全部被装入内存，致使该作业无法运行。另外，在多道程序系统中，由于内存容量不足以容纳所有这些作业，只能将少数作业装入内存先运行，而将其他大量作业留在外存上等待。

为了解决上述问题，可以增加物理内存，但这将增大系统成本。另外也可从逻辑上扩充内存容量。“存储扩充”就是解决如何在逻辑上扩充内存容量，即虚拟存储技术。

虚拟存储器由内存和部分外存组成（见图4–9），目的是为了克服内存容量的局限性，将外存空间作为内存使用，在逻辑上实现内存空间的扩充，实现“在小内存中运行大程序”，使用户在编程时，只需考虑逻辑地址空间，而不用考虑物理内存的大小。

虚拟存储器是基于程序的局部性原理（时间局限性和空闲局限性），程序运行前，不必将其全部装入内存，仅需将那些当前要运行的部分程序段先装入内存便可运行，其余部分暂留在外存中。

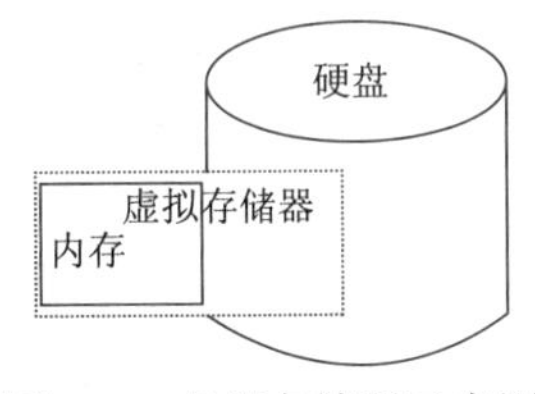

图 4–9　虚拟存储器示意图

在程序执行过程中，如果需要执行的指令或访问的数据尚未在内存，则向操作系统发出请求，将它们调入内存。如果此时内存已满，无法再装入新的程序段，则利用置换功能，将内存中暂时不用的程序段调至磁盘上，再将要访问的程序段调入内存，使程序继续执行。

虚拟内存的最大容量由CPU的地址长度决定，如果CPU的地址线是20位的，则虚拟内存最多1 MB；如果CPU地址线是32位的，则虚拟内存最多是4 GB。虚拟内存的实际容量由CPU的地址长度和外存的容量决定。一般情况下，CPU的地址长度能表示的容量都大于外存容量，虚拟内存的实际容量为内存和外存容量之和。

虚拟内存在Windows中又称页面文件。从Windows 7开始，虚拟内存在安装时由Windows自动分配管理，系统根据实际内存的使用情况，动态调整虚拟内存的大小，无须自己设置。

图4–10所示为某台计算机在Windows 10系统中的虚拟内存情况，它把C盘的一部分硬盘空间模拟成内存。如果不希望Windows自动分配，也可以手动设置，方法如下：

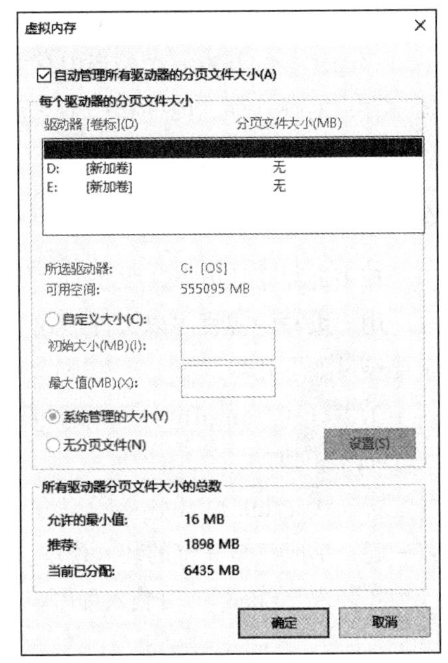

图4–10　某台Windows 10系统中的虚拟内存

①右击桌面上的“此电脑”图标，在弹出的快捷菜单中选择“属性”命令，打开“系统”窗口，选择“高级系统设置”，打开“系统属性”对话框。

②单击“高级”选项卡中“性能”的“设置”按钮，打开“性能选项”对话框。

③单击“高级”选项卡的“更改”按钮，打开“虚拟内存”对话框。

④取消选中“自动管理所有驱动器的分页文件大小”复选框，选择“自定义大小”进行设置。

⑤设置完毕后，单击“确定”按钮，重启系统即可应用设置。

4.4.5　存储保护

多道程序在内存中并发运行时，为了节省内存，应用程序都会共享一些底层的代码和数据，这些被共享的底层代码和数据在内存中只有一份。为了确保各类程序在各自的存储区内独立运行，互不干扰，系统必须提供安全保护功能，不允许内存中的程序相互间非法越权访问。措施之一就是把各类进程的实际使用区域分割开，使得各进程之间不可能发生有意或无意的损害行为。计算机中的程序，总体分为系统程序和应用程序两种，存储保护的最主要的目的，就是防止用户程序去随便干扰系统程序的运行，用户程序只能使用用户区域的存储空间，而系统程序则使用系统区域的存储空间。

4.5　处理器管理

在使用计算机时，计算机系统内常常同时运行多个程序，例如，在编辑一个文档时，会同时打开浏览器查看相关文档，或者边打字边听音乐。常规的计算机中只有一个CPU，那么，操作系统如何为这多个程序分配CPU资源？某一时刻CPU应该执行哪个程序？除此之外，一个程序也可以同时运行多次，如同时打开多个“记事本”进行文档编辑，那么此时操作系统又是如何区分这个程序的每个运行过程呢？

处理器管理

处理器管理，又称进程管理或作业管理，是操作系统最核心的功能，其主要作用是当有多个进程要执行时如何调度CPU执行某一个进程。CPU是计算机系统中最重要、最宝贵的硬件资源，所有程序都需要CPU来执行。在操作系统中，把计算机完成一项完整的工作任务称为一个作业。当有多个用户同时要求使用CPU时，允许哪些作业进入，不允许哪些进入，如何安排已进入作业的执行顺序等，都是处理器管理的任务。

正在运行的程序称为进程，操作系统是以进程为基本单位对处理器进行管理，要理解进程管理，需要掌握程序、进程和线程等基本概念。

4.5.1　程序

程序是计算机为完成一个任务所必须执行的一系列指令的集合。程序以文件形式存在外存储器上，是一个静态的概念，即使不执行也是存在的。管理程序的启动、运行和退出是操作系统的主要功能之一。一个程序开始执行，就从外存储器被调入内存开始运行。平时常用的Linux、Windows都是多任务操作系统，可以同时运行多个程序，一个程序也可以同时运行多次。

4.5.2　进程

进程（Process）被定义为“可并发执行的程序在一个数据集合上的运行过程”。通常人们把“程序的一次执行”称为一个进程，在这一过程中，进程被创建、运行，直到被撤销完成任务为止。

外存上的文件包含源程序文件及可执行文件，可执行文件在操作系统的管理下被装入内存，形成进程。进程中除可执行程序外，还应包含一部分描述信息，用于操作系统对程序和进程的调度与管理。一个程序被加载到内存，系统就创建一个或多个进程，程序执行结束后，该进程也就消亡了。当一个程序（如Windows的“记事本”程序）同时被执行多次时，系统就创建了多个进程，互不干扰地被执行。一个程序可以被多个进程执行，一个进程也可以同时执行多个程序。进程由程序执行而产生，随执行过程结束而消亡，所以进程是有生命周期的，是个动态的概念，描述程序执行时的动态行为。

下面通过Windows系统中的任务管理器，进一步了解和查看程序与进程的关系。在Windows系统正常运行下，连续两次打开记事本程序，然后再连续两次打开Word程序。

右击任务栏的空白处，选择“任务管理器”命令，或按【Ctrl+Alt+Del】组合键，打开“任务管理器”窗口，就可以看到多个进程的运行情况。如图4–11所示，左侧为启动的Word和记事本应用程序生成的3个进程，右侧是系统运行的进程列表，有应用程序进程，后台进程和

Windows进程。

Window 10的任务管理器功能很多，除了可查看系统当前运行信息之外，还可以管理启动项、监测GPU行为……几乎日常工作中所需的所有功能都能用它完成。例如：

①终止未响应的应用程序。在使用计算机的过程中，遇到一些应用程序卡住或者页面静止，系统出现像“死机”一样的症状时，往往存在未响应的应用程序。此时，可通过“任务管理器”来强行终止这些未响应的应用程序，从而恢复系统的正常运行。

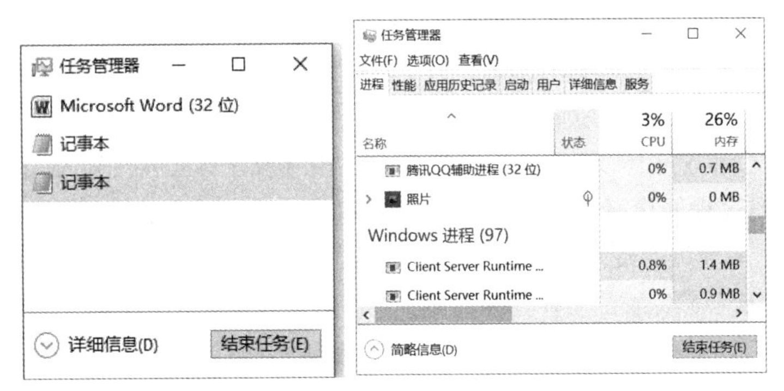

图4–11　Windows任务管理器中的应用程序及进程

②终止进程的运行。当CPU的使用率长时间达到或接近100%，或系统提供的内存长时间处于几乎耗尽的状态时，通常是因为系统感染了蠕虫病毒的缘故。利用“任务管理器”找到CPU或内存占用率高的进程，单击“结束任务”命令，就可以强行终止，不过这种方式将丢失未保存的数据，而且如果结束的是系统服务，则系统的某些功能可能无法正常使用。

4.5.3　进程的基本状态

进程在其生存周期内，由于受资源（如I/O请求等）制约，进程状态是不断变化的。一般来说进程有就绪、执行和等待3种基本状态，如图4–12所示。

①就绪状态。进程已经获得了除CPU之外的所有资源，一旦获得CPU资源便立即执行。在多道程序环境下，处于就绪状态的进程可能有多个，通常将它们排成一个队列，称为就绪队列。

②执行状态。进程获得了CPU使用权，正在运行。在单CPU系统中，只能有一个进程处于执行状态；在多CPU系统中，则可能有多个进程处于执行状态。

③等待状态。进程因等待某个事件而暂时不能运行的状态，例如当进程因等待使用I/O资源时，处于等待状态；一旦等待分配到所需资源后，便由等待状态变为就绪状态。处于等待状态的进程可以有多个，也将其排成队列。

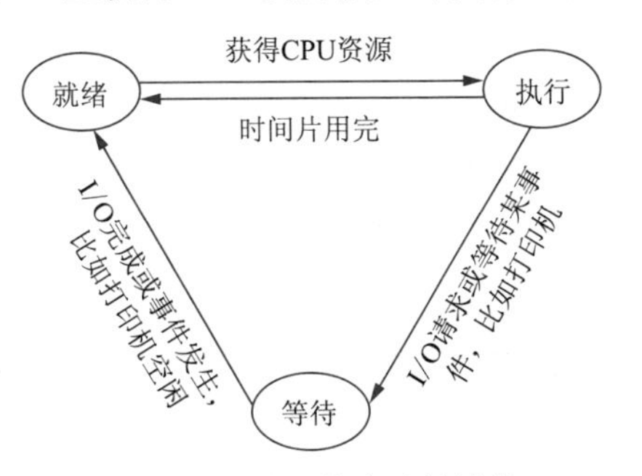

图4–12　进程状态及其转换

在运行期间，进程不断从一个状态转换到另一个状态。处于执行状态的进程，因时间片用完就转换为就绪状态；因为需要使用某个资源，而该资源被别的进程占用，则由执行状态转为等待状态；处于等待状态的进程因等待资源满足就转换为就绪状态；处于就绪状态的进程获得CPU资源后就转换为执行状态。

程序和进程是两个既有联系又有区别的概念，它们的主要区别如下：

①进程是一个活动主体，描述程序启动后的动态行为，强调其执行过程。进程由程序执行而产生，随执行过程结束而消亡，所以进程是有生命周期的。而程序是静态的概念，它描述的是静态的指令集合及相关的数据结构。

②进程具有并发特征，而程序没有，进程在并发执行时，由于需要使用CPU、存储器、I/O设备等资源，会受到其他进程的影响和制约。

③进程与程序不是一一对应的。一个程序的多次执行可产生多个不同的进程，一个进程也可对应多个程序。

④程序可以长期保存在外存中，而进程则是正在执行的程序，当程序执行完毕时，进程也就不复存在，进程的生命是暂时的。

4.5.4　进程调度

进程调度就是根据具体情况为每个进程分配CPU。在同一时刻，内存中会有多个进程存在，而CPU只有一个（这里不考虑多处理器系统的情况），这样便导致多个进程相互争用处理器的问题。进程调度的主要功能就是根据一定算法，从就绪队列中选择一个进程并把CPU分配给它，从而让它占有CPU执行。人们发明了“分时调度”策略，让所有进程（即进程相关的用户）都感觉到其独占CPU。

分时调度策略，也称时间片轮转法，即将CPU时间划分为特别短的时间片，就绪队列中的进程按到达的先后顺序排队轮流获得一个时间片运行。当选中的进程时间片用完、但未完成要求的任务时，系统将释放该进程所占的CPU而重新排到就绪队列的尾部，等待下一次的调度。如此轮流调度，使得就绪队列中的所有进程在一个有限的时间都可以依次轮流获得一个时间片的CPU时间，从而满足了系统对用户分时响应的要求。

例如，假设有A、B、C、D四个进程，每个进程被调度时都在就绪队列，规定每个进程占用CPU资源运行20 ms。进程A首先运行20 ms，不论是否运行结束，都必须让出CPU给B，此时A就处于就绪状态；B占有CPU运行20 ms后转到就绪状态，将CPU让给C，接着是D。然后再开始下一轮……如此循环往复，直到4个进程都运行结束为止。由于接连两次执行同一进程的时间间隔特别短（时间片的大小通常为10~100 ms），相对于人的感知能力，就好像每个程序都在同时运行一样，虽然它们实际上平均只有1/4时间在运行。

4.5.5　线程

随着计算机技术的发展，为了更好地实现并发处理和共享资源，提高CPU的利用率，目前，许多操作系统把进程再细分成线程（Threads）。线程是可由CPU直接运行的实体，是操作系统能够进行运算调度的最小单位。进程细分成多个线程后，可以更好地共享资源。

在支持多线程的操作系统中，一个进程可以创建多个线程，每个线程都是作为利用CPU的基本单位，多个线程共享CPU可以实现并发运行。

在Windows系统中经常进行的复制操作，当复制一个非常大的文件时，如果中途想暂停或取消这个复制过程，单击“暂停操作”或“取消操作”按钮就停止或取消复制，如图4–13所示。复制过程中把原文件逐字节读出来，然后写到目标文件中，这个过程是一个计算量很大的循环操作。为了保证前台消息响应顺利进行，需要把后台的“文件复制”设计为一个独立的线程，前台的主线程和后台的线程能够并发运行。这是一个典型的线程技术使用场景。

线程技术典型应用的另一个场景是让计算机模拟实现“左手画圆，右手画方”并发过程。在图4–14所示进程中，设计两个函数分别实现画圆和画方，由于线程可以共享CPU并发执行，使用线程创建的这两个函数实现了画圆、画方同时进行。

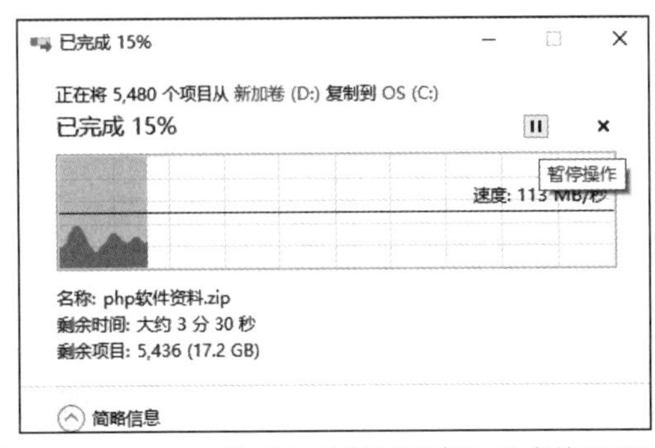

图4–13　Windows的“文件复制程序”是多线程程序

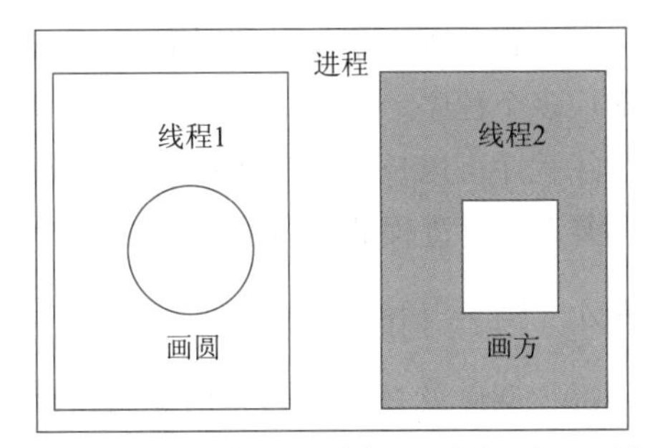

图4–14　线程技术实现并发“画圆”和“画方”

4.6　文件与磁盘管理——化整为零，零存整取

文件是存储在外部介质（如磁盘）上的有名称的一组相关信息的集合。在计算机系统中，程序和数据都是以文件的形式存放在计算机的外部存储器上。例如，Word文档、图像、声音、各种可执行程序等都是文件。

文件与磁盘管理

文件管理的主要任务是有效地管理文件的存储空间、合理地组织和管理文件，实现按名存取，保证文件安全，并提供使用文件的操作和命令。文件是操作系统管理信息的基本单位，在文件系统的管理下，用户可以按照文件名访问文件，而不必考虑各种外存储器的差异，不必关心文件在外部存储器上的具体物理位置，以及如何存取、如何删除等物理细节。文件系统为用户提供了一个简单、统一的访问文件的方法，因此也被称为用户与外存的接口。

4.6.1　文件

1. 文件名

每一个文件都有文件名，系统按文件名对文件进行识别和管理。一般来说，文件名包含主文件名和扩展名两部分，两者之间用分隔符“.”隔开。在为文件命名时，建议使用有意义的词汇或数字组合，有助于用户回忆文件的内容或用途，即见名知意，例如，“个人简历–李明.docx”。不同的操作系统中文件名的规定不完全相同。

在Windows中，文件的命名应遵循如下约定：

①文件名包括主文件名和扩展名，扩展名由1～4个字符组成，用以标识文件类型和与其相关联的程序，以便被特定的应用程序打开和操作。例如，扩展名txt表示一个文本文件；exe表示一个可执行文件，而扩展名docx表示一个Word文档。

②不能出现以下字符：\ / : * ? ” < > | 、“。

③系统保留用户命名文件时的大小写格式，但不区分其大小写。

④搜索和排列文件时，可以使用通配符“*”和“?”。其中，“?”代表文件名中的一个任意字符，而“*”代表文件名中的0个或多个任意字符。

⑤可以使用多分隔符的名字，如Work.Plan.2021.docx。

⑥同一个文件夹中的文件不能同名。

2. 文件属性

文件除了文件名外，还有其他几个属性，如文件的类型、文件的路径、文件的大小、创建时间、访问时间、存取属性（只读、隐藏）等信息。此外，操作系统还设置文件的安全属性，包括用户及权限设置。例如，在Windows资源管理器中，右击任一文件，选择“属性”命令，弹出如图4–15所示的对话框，可以看出该文件的各种属性。

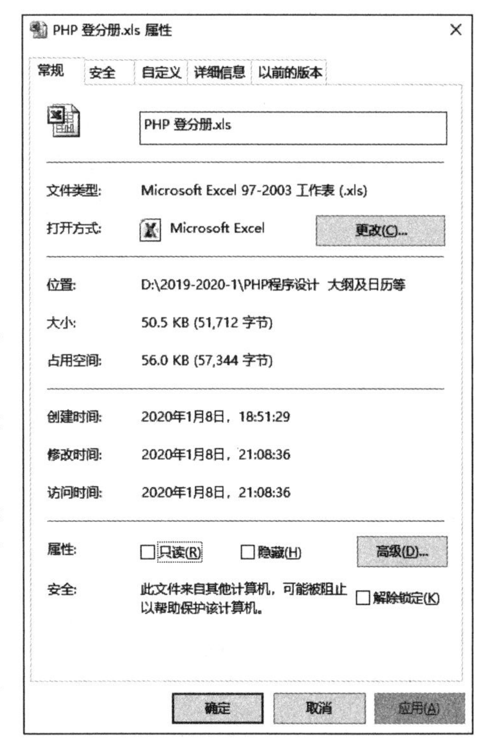

图4–15　文件属性对话框

3. 快捷方式

在Windows 10桌面上，左下角有一个弧形箭头的图标称为快捷方式，如图4–16所示。为了快速启动某个应用程序或打开文件（文件夹），通常在桌面或“开始”菜单中，创建一些常用对象的快捷方式。

快捷方式是为了方便操作而复制的指向对象的图标，是应用程序的快速连接。它不是这个对象本身，而是指向这个对象的指针。快捷方式的扩展名一般为lnk。创建快捷方式的常用方法如下：

图4–16　腾讯QQ快捷方式

①在“开始”菜单中用鼠标左键拖动。例如，在桌面上为腾讯QQ建立快捷方式，只需将开始菜单中“腾讯QQ”直接拖动到桌面上，桌面上即可出现如图4–16的快捷方式图标。

②在资源管理器中用鼠标右键拖动到目标位置，在打开的快捷菜单中，选择“在当前位置创建快捷方式”命令。

4.6.2　文件的结构

文件的结构有逻辑结构和物理结构两种。文件的逻辑结构是从用户的观点来看的，如常见的Windows资源管理器中的目录结构，与物理存储设备无关。物理结构是从系统实现的角度看文件在外围设备上的存放形式，与存储设备的特性有关。文件在逻辑上可以看作是连续的，但在存储设备上存放时有多种物理组织形式。文件系统的作用就是在逻辑文件和相应的存储设备上的物理文件之间建立映像关系。

1. 逻辑结构

文件的逻辑结构一般分为流式结构和记录式结构两类。流式结构文件的基本构成单位是字符，它由字符序列集合组成，其长度以字节为单位，例如一个源程序文件。

记录式结构文件由若干个记录组成，每个记录都包含若干个数据项。如一个学生的花名册文件包含若干个学生记录，每条学生记录由学号、姓名、性别、班级和成绩组成，这个学生花名册就是记录式文件，如图4–17所示。

学号	姓名	性别	班级	成绩
201917054104	段苗苗	女	工业191	90
201917054108	张强	男	建筑192	85
201917054109	郑艳	女	机械193	92
201917054110	黎明	男	广播192	76
201917054111	左丽丽	女	建筑191	87
201917054112	王刚	男	广播191	66

图4–17　记录式文件

现代操作系统中文件都是流式文件，由应用程序解释和处理文件，可以把流式文件看作是记录式文件的一个特例。

文件逻辑结构侧重点是为用户提供逻辑结构清晰、使用方便的文件，强调文件信息项的构成方式和用户的存取方式。

2. 物理结构

文件的物理结构是文件在存储设备上的存储结构，强调合理利用存储空间，缩短I/O存取时间。计算机最常用的、最基本的外存是磁盘，所以文件的物理结构就是研究文件在磁盘上的存放和组织方式。为了便于读取和管理，操作系统将磁盘划分为若干个大小相等的物理块，每一小块称为一个簇，以簇块为单位和内存交换信息。相应的，文件中的信息也划分为相同大小的逻辑块，以块为单位进行存储和管理。需要指出的是，在逻辑上连续的各文件块，在外存上却不一定能存放在连续的物理块中。

3. 目录结构

用户使用的是文件的逻辑结构，系统使用的是文件的物理结构，将这两种不同组织结构连接在一起的纽带就是文件的目录结构。

一个磁盘上往往存储了大量文件，为了有效管理和使用文件，用户通常在磁盘上创建目录（文件夹），在目录下再创建子目录（子文件夹），目录将磁盘上所有文件组织成树状结构，然后将文件分门别类地存放在不同目录中。对于每个磁盘或磁盘分区，有一个唯一的根目录（“/”），它是相对于子目录而言的，目录树中的非叶结点均为子目录，树叶结点均为文件。在Windows操作系统中，利用“此电脑”可显示系统的文件夹结构目录树，如图4–18所示。

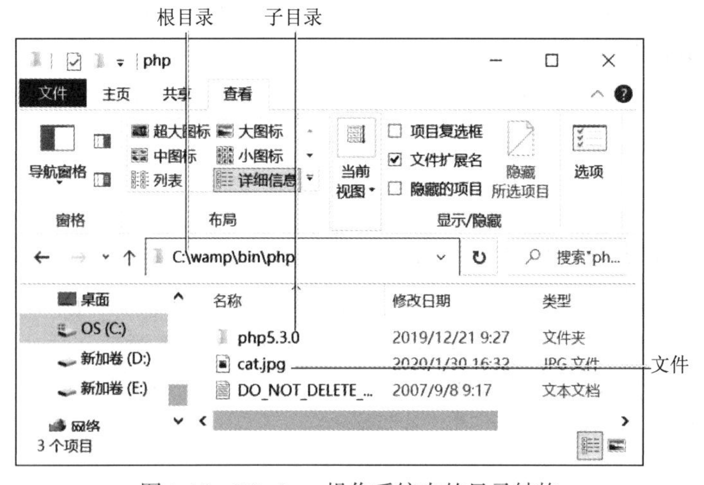

图4–18　Windows操作系统中的目录结构

目录以文件形式存于外存，称为目录文件，记录目录中文件列表信息。从目录中可以查看包含哪些文件，每个文件的文件名、文件存放地址、文件大小、文件更新时间等文件属性，目录文件相当于一个文件清单。文件目录的功能是将文件名转换为外存物理位置，帮助用户找到文件的存放位置。设计文件按目录组织的主要目的是实现对文件的“按名存取”，提高文件的检索速度。

4. 文件路径

在进行文件操作的过程中，如果操作的不是当前目录中的文件，就需要指明文件所在的位置，即需要指出它在哪个磁盘上以及指出它所在的目录。所谓路径就是描述文件所在位置的一种方式，分为绝对路径和相对路径。

①绝对路径：从盘符开始，到指定文件的路径。

子目录之间用正斜线“/”或反斜线“\”隔开，子目录名组成的部分又称路径名，每个文件都有唯一的路径名。绝对路径的一般形式如下：

```
[<盘符:]\<子目录1> \<子目录2>\…\<子目录n>\主文件名.扩展名
```

不加盘符时默认为当前盘的盘符，例如，图4–18所示文件cat.jpg的绝对路径为C:\wamp\bin\php\cat.jpg。

②相对路径：从当前目录开始到指定文件的路径。

这里常用到两个特殊的符号：“.”表示当前目录；“..”表示上一级目录。假定在图4–18中，当前目录为php，则其父目录为bin，bin目录下有一子文件夹mysql，在文件夹mysql下有文件a.txt，则文件a.txt的绝对路径为C:\wamp\bin\mysql\a.txt，相对路径为..\mysql\a.txt。

4.6.3　磁盘管理

磁盘是计算机必备的最重要的外部存储器，随着现在可移动磁盘越来越普及，为了方便文件管理、提高磁盘使用效率和数据安全，掌握有关磁盘基本知识和管理磁盘的正确方法是非常必要的。

在Windows系统中，一个新硬盘（假定出厂时没有进行过任何处理）需要进行如下处理：

①创建磁盘主分区和逻辑驱动器。

②格式化磁盘主分区和逻辑驱动器。

1. 磁盘分区

硬盘（包括可移动硬盘）容量很大，可安装多个不同的操作系统（如同时安装Windows和Linux）。为了便于管理，人们常把一个硬盘分为几个分区，就是把一个大容量的物理硬盘划分为多个逻辑磁盘，这些逻辑磁盘在用户看来就像是一个个独立的物理硬盘一样。

在Windows 10中，一个硬盘最多可以创建3个主分区，只有创建3个主分区后才能创建后面的逻辑驱动器。主分区是独立的，对应磁盘上的第一个分区，通常是C盘。

除了主分区外，剩余的磁盘空间就是扩展分区，但扩展分区是一个概念，实际在硬盘中是看不到的，也无法直接使用扩展分区。扩展分区可细分成若干逻辑分区，所有逻辑分区组成一个扩展分区。

2. 创建磁盘分区

创建磁盘分区的方法是，右击桌面上的“此电脑”图标，在弹出的快捷菜单中选择“管理”命令，打开“计算机管理”窗口，单击左侧的“磁盘管理”，如图4–19所示。从图中可以看到，计算机只有一个磁盘0，被分为3个主分区。

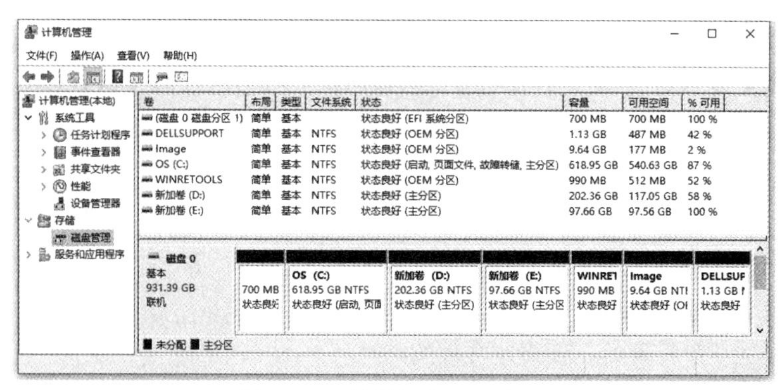

图4–19 “计算机管理”窗口

找到想要分区的磁盘（如D盘），然后右击，选择“压缩卷”命令，比如输入压缩空间量为100 000 MB，然后单击“压缩”按钮。在“计算机管理”中出现的一个未分配分区，如图4–20所示。

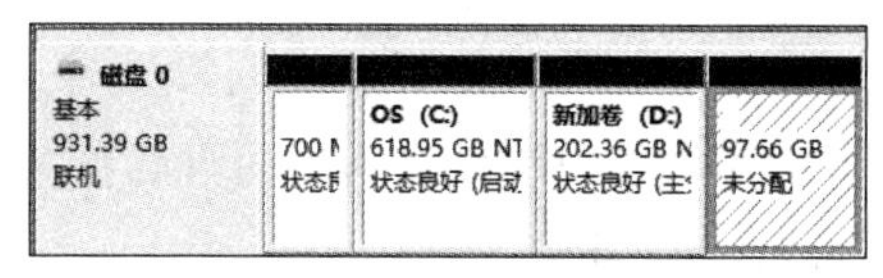

图4–20 创建磁盘分区

3. 磁盘格式化

新创建的磁盘分区还不能存放数据，使用之前必须将其格式化。格式化的目的是把新硬盘分区划分磁道和扇区，安装文件系统，设置卷标，建立文件分配表和根目录。根目录区域是一个特殊的目录，它不能被删除或更名，是存储文件名清单的第一个区域。

磁盘格式化的方法：在“未分配”磁盘空间的区块上右击，在弹出的快捷菜单中选择“新建简单卷”命令，单击“下一步”按钮，打开如图4–21所示的“新建简单卷向导”对话框，其中包含以下信息：

①文件系统：Windows支持FAT32、NTFS和ex-FAT文件系统。

②分配单元大小：只有当文件系统采用NTFS时才可以选择，否则只能使用默认值。

③卷标：即磁盘名称。

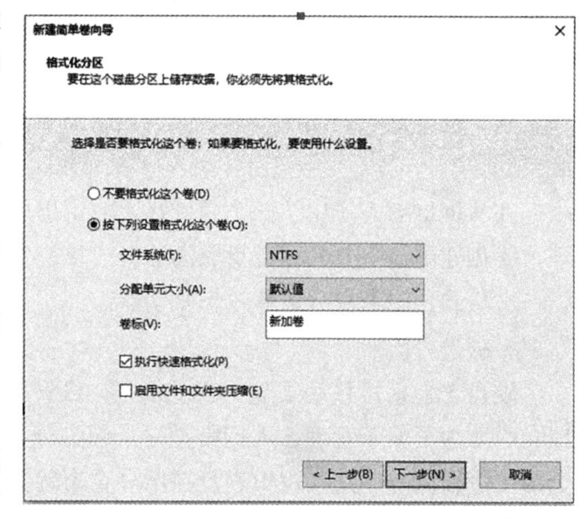

图4–21 “格式化分区”对话框

旧磁盘也可以格式化，在对旧磁盘格式化时，将删除磁盘上原有数据。因此，在对磁盘格式化时要特别慎重。如果选中“执行快速格式化”复选框，则仅仅删除磁盘上的文件和文件夹，而不检查磁盘的损坏情况。

4.6.4 文件存储空间管理

存储空间管理的主要任务是为文件在外存中分配必要的存储空间，并合理地组织文件的存取方式。

1. 文件分配表

文件信息按照簇块大小分成若干逻辑块，写入磁盘的一个个簇块上。由于文件大小不断变化，以及写入磁盘的先后次序不同，文件通常存放在不连续的簇块中。如何将分散的簇块再重新还原为文件呢？这就需要文件分配表。

文件分配表（File Allocation Table，FAT）是磁盘上记录文件存储的簇块之间衔接关系的信息区域。FAT表项的编号与磁盘簇块一一对应，磁盘上有多少簇块，FAT表就有多少项，每项记录一个簇的信息，FAT表项的内容为该簇块的下一个簇块的编号，如图4–22所示。有了FAT表，文件访问过程如下：

①访问文件目录，文件目录中记录了文件名和首块逻辑块的簇块编号。例如，FileA第1个逻辑块存放在2号簇块中。

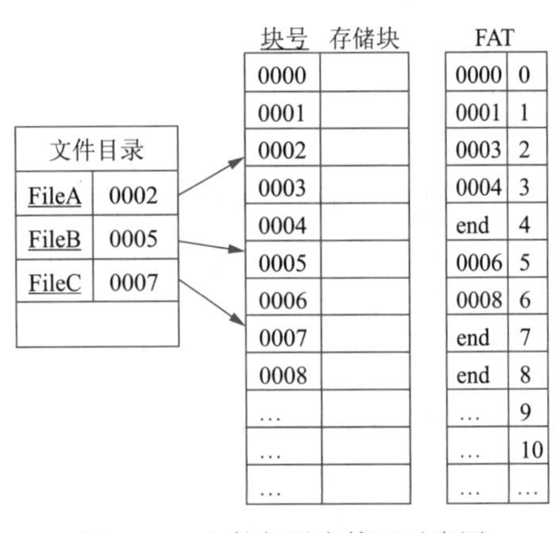

图4–22　文件与磁盘管理示意图

②访问FAT，查找下一簇块的簇号：FAT(i)，i为当前簇块的块号。例如，当前簇块号为2，2号表项内容为3，则说明2号簇块后面是3号簇块，3号表项内容为4，则说明3号簇块后面是4号簇块，依此类推，直到表项内容为end的簇块为止。

③FAT(i)=end，文件结束。如果FAT表项内容为end，表示文件结束。

由图4–22中可以看出，FileA有3个逻辑块，簇块号分别为2、3和4，FileB也有3个逻辑块，存放在5、6和8号簇块中，FileC只有一个逻辑块，存放在7号簇块中。这样构成文件的各簇块就由FAT表形成一个簇链，前一个簇块指向后一个簇块，直到结束为止。

针对FAT对于管理文件的重要性，为了安全，FAT设有一个备份，即在原FAT的后面再建一个同样的FAT，初始形成的FAT中所有项都标明为“未占用”。如果磁盘有局部损坏，格式化程序会检测出损坏的簇，在相应的项中标为“已损坏”，以后存文件时就不会再使用这个簇。

2. 磁盘碎片整理

磁盘碎片又称文件碎片，是指一个文件被分散保存到磁盘的不同地方。计算机工作一段时间后，磁盘进行了大量的读/写操作（如复制、删除文件），尤其在下载视频之类的大文件后，就会产生磁盘碎片，影响计算机的工作性能，特别是查找数据时，会造成查询时间过长。因此，现代操作系统中都有磁盘碎片整理工具，可以定期对磁盘进行碎片整理，使得磁盘上每个独立的文件中逻辑块的存放扇区能够彼此尽可能地靠近，以提高磁盘的读/写性能。在Windows 10中，启动磁盘碎片整理的方法是：选择“开始”→“所有程序”→“Windows管理工具”→“碎片整理和优化驱动器”，选择需要优化的驱动器，单击“优化”按钮，就可对磁盘碎片进行管理。图4–23所示为磁盘碎片“优化驱动器”窗口。

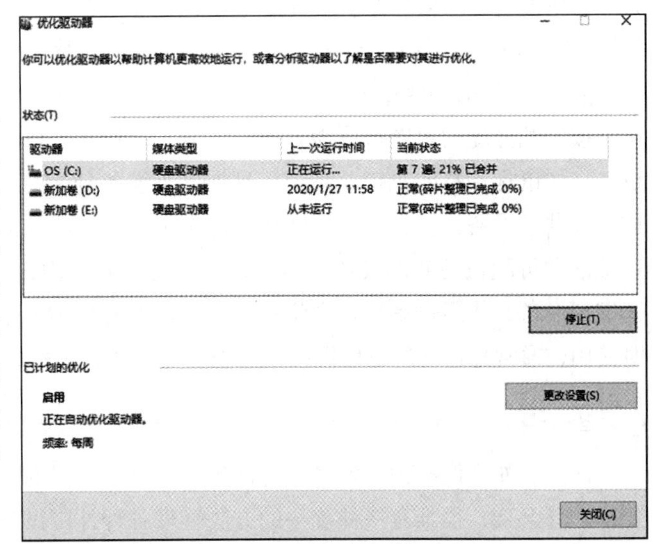

图4–23　“磁盘碎片优化驱动器”窗口

4.7 设备管理

每台计算机都配置了很多硬件设备，它们的性能和操作方式都不一样。但在操作系统的支持下，用户可以极其方便地添加和管理硬件设备。

设备管理

设备管理是对硬件资源中除CPU、内存之外的所有设备进行管理。设备管理的主要任务是负责控制和操纵各类外围设备，提供每种设备的驱动程序和中断处理程序，实现不同的I/O设备之间、I/O设备与CPU之间、I/O设备与通道以及I/O设备与控制器之间的数据传输和交换，屏蔽硬件细节，为用户提供一个透明、高效、便捷的I/O操作服务。

设备管理的功能包括监视系统中所有设备的状态、设备分配和设备控制等。设备控制包括设备驱动和设备中断处理，具体过程是在设备处理程序发出驱动某设备工作的I/O操作指令后，再执行相应的中断处理。

4.7.1 外围设备分类

外围设备类型繁多，按照不同的角度可以将其划归为不同的类型。从操作系统观点看，其重要的性能指标有数据传输速率、信息交换单位、资源分配的角度等。因此，可以按照不同的方式进行分类。

1. 按数据传输速率

按数据传输速率分类，可分为：①低速设备，如键盘、鼠标、语音输入/输出设备等，传输速率为每秒几字节至数百字节；②中速设备，如打印机等，传输速率为每秒数千字节至数十千字节；③高速设备，如网卡、磁盘、光盘等，传输速率在数百千字节至数兆字节。

2. 按信息交换的单位

按信息交换的单位可分为：①字符设备，以单个字符为单位来传输数据的设备，如交互式终端、打印机等，其特征包括：传输速率较低、可与人直接交互、不可寻址，采用中断驱动方式。②块设备，信息的存取以数据块为单位的设备，磁盘是典型的块设备，每个块的大小为512 B~4 KB，其特征包括：传输速率较高、不可与人直接交互、可寻址，即可随机读/写任意一块。

3. 按资源分配的角度

按资源分配的角度可分为：①独占设备，指在一段时间内只允许一个用户（进程）访问的设备，如鼠标和打印机等。系统一旦把这类设备分配给某进程后便由该进程独占，直至用完释放。②共享设备，指在一段时间内允许多个进程同时访问的设备，如硬盘。共享设备必须是可寻址的和可随机访问的设备。当然，对于每一时刻而言，该类设备仍然只允许一个进程访问。③虚拟设备，指通过虚拟技术将一台独占设备变换为若干台逻辑设备，供多个用户（进程）同时使用，通常把这种经过虚拟技术处理后的设备，称作虚拟设备，如虚拟光驱、虚拟网卡。

4.7.2 集中、统一管理

计算机外围设备种类繁多、特性各异、操作方式的差异很大，从而使操作系统的设备管理变得十分繁杂，很难有一种统一的方法管理各种外围设备。但是，各操作系统求同存异，尽可能统一集中管理设备，为用户提供一个简洁、可靠、易于维护的设备管理系统。

在Windows操作系统中，对设备进行集中统一管理的是“设备管理器”和“控制面板”。

打开“设备管理器”和“控制面板”的方法很多。右击“开始”按钮，选择“设备管理器”命令，或者右击“此电脑”，选择“属性”命令，在打开的“系统”窗口中，单击“设备管理器”或者“控制面板主页”，即可打开设备管理器或控制面板。

1. 设备管理器

设备管理器是管理计算机硬件设备的工具，如图4–24所示。用户可以借助设备管理器查看计算机中所安装的硬件设备、设置设备属性、安装或更新驱动程序、停用或卸载设备，可以说功能非常强大。设备管理器提供计算机上所安装硬件的图形视图。所有设备都通过一个称为“设备驱动程序”的软件与Windows通信。

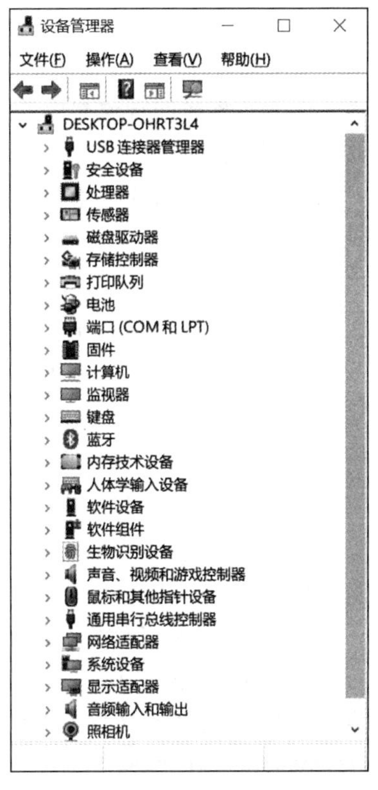

图4–24　Windows的设备管理器

2. 控制面板

控制面板是Windows提供的用来对系统进行设置和操作的工具集，它集成了设置计算机软硬件环境的所有功能，用户可以根据需要和爱好对桌面、用户等进行设置和管理，还可以进行添加或删除程序等操作，如图4–25所示。

在控制面板中，可以很方便地管理用户、卸载应用程序和管理设备。

（1）管理用户

Windows允许多个用户共同使用同一台计算机，这就需要进行用户管理，包括创建新用户以及为用户分配权限等。每一个用户都有自己的工作环境，如个性的桌面、锁屏设置等。

用户使用Microsoft账户登录即可查看家庭账户，或添加新的家庭成员。家庭成员可以有自己的登录名和桌面。管理子账户的成人账户还可以设置合适的网站、时间限制、应用和游戏来确保孩子的安全。如果和室友共用一台PC，管理员账户可以通过添加“其他用户”为室友创建用户。

图4–25　Windows的控制面板

（2）卸载应用程序

在使用计算机的过程中，经常需要安装、更新程序或删除已有的应用程序。在“控制面板”中，对程序的管理和设置集中在“程序”组中。单击控制面板中的“程序”选项，如图4–26所示。

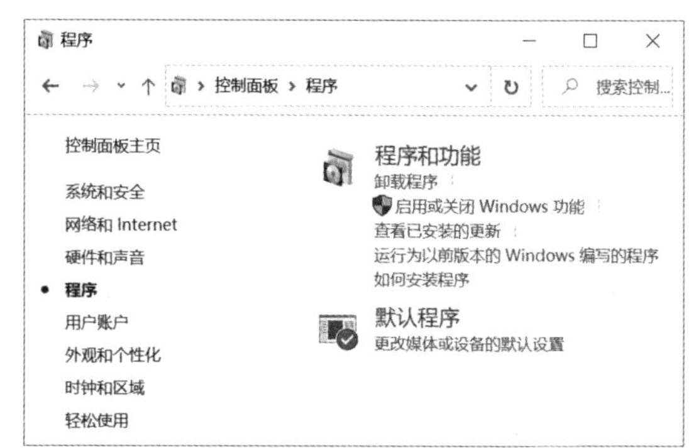

图4–26　控制面板中的“程序”窗口

对于不再使用的应用程序，应该卸载删除，有的软件安装完成后，在其安装目录或程序组的快捷菜单中会有一个名为“Uninstall+应用程序名”或“卸载+应用程序名”的文件或快捷方式，执行该程序可自动卸载应用程序。如果有的应用程序没有带Uninstall程序，或需要更改某些应用程序的安装设置，可单击“卸载程序”，选中要更改或卸载的程序，然后单击“卸载”、“更改”或“修复”按钮，按提示进行操作即可。

注意：删除应用程序不要通过打开其所在文件夹，然后删除其中文件的方式来删除某个应用程序。因为有些DLL文件安装在Windows目录中，因此不可能删除干净，而且很可能会删除某些其他程序也需要的DLL文件，导致破坏其他依赖这些DLL文件的程序。

Windows 10提供了丰富且功能齐全的组件，包括程序、工具和大量的支持软件，可能由于需求或者因为硬件条件的限制，很多功能没有打开，或者有些功能当前不需要。在使用过程中，可随时根据需要启用或关闭Windows功能。

习　题

一、选择题

1. 人与裸机间的接口是（　　）。

A. 应用软件　　B. 操作系统　　C. 支撑软件　　D. 都不是

2. 操作系统是一套（　　）程序的集合。

A. 文件管理　　B. 中断处理　　C. 资源管理　　D. 设备管理

3. 操作系统的功能不包括（　　）。

A. CPU管理　　B. 日常管理　　C. 作业管理　　D. 文件管理

4. 批处理系统的主要缺点是（　　）。

A. CPU使用效率低　　B. 无并行性　　C. 无交互性　　D. 都不是

5. 要求及时响应、具有高可靠性、安全性的操作系统是（　　）。

A. 分时操作系统　　B. 实时操作系统　　C. 批处理操作系统　　D. 都是

6. 能够实现通信及资源共享的操作系统是（　　）。

A. 批处理操作系统　　B. 分时操作系统　　C. 实时操作系统　　D. 网络操作系统

7. 在下列系统中，（　　）是实时系统。

A. 计算机激光照排系统　　B. 办公自动化系统
C. 化学反应堆控制系统　　D. 计算机辅助设计系统

8. 用户使用文件时不必考虑文件存储在哪里、怎样组织输入/输出等工作，称为（　　）。
A. 文件共享　　B. 文件按名存取　　C. 文件保护　　D. 文件的透明

9. 对文件的管理是对（　　）进行管理。
A. 主存　　B. 辅存
C. 地址空间　　D. CPU 处理过程的管理

10. 存储管理的主要目的在于（　　）。
A. 协调系统的运行　　B. 提高主存空间利用率
C. 增加主存的容量　　D. 方便用户和提高主存利用率

二、填空题

1. 让计算机系统使用方便和________是操作系统的两个主要设计目标。
2. 操作系统对文件的管理,采用________。
3. 存储管理的目的是尽可能方便用户和________。
4. 进程是一个________态概念，而程序是一个________态概念。
5. 启动任务管理器的组合键是________。
6. 回收站是________盘中的一块区域，通常用于________逻辑删除的文件。
7. 文件的扩展名反映文件________。
8. 通配符“*”表示________，“?”表示________。
9. 在 Windows 中，把一个文件 play.docx 的属性设置为________时，默认情况下在窗口中不显示出来。
10. 采用虚拟存储器的目的是________。
11. 操作系统的基本功能包括________、________、________、________和用户接口。
12. 进程在其生命周期中的3种基本状态是________、________和________。

三、简答题

1. 将程序装入内存必须经过哪些步骤?
2. 简述进程和程序的区别。
3. 说明为什么要引入进程和线程。
4. 计算机的启动过程是计算机硬件和操作系统联合完成的，回答下列问题:
（1）在计算机主板上，BIOS 芯片起什么作用?
（2）计算机主板上 CMOS 是什么，有什么作用?
（3）什么是硬盘分区，什么是主分区和逻辑分区?
（4）加载操作系统是什么意思?

第5章 万物互联

本章重点介绍了构成网络化社会的核心——互联网，以及网络化社会的基础——物联网，同时介绍了目前信息网络中信息的组织、传播、搜索方式，并通过经典案例讨论了基于互联网的思维模式的转变与创新。

学习目标：

- 了解网络化社会的构成。
- 熟悉机－机互联、网－网物联、物－物互联的技术和设备。
- 熟悉信息网络中信息的组织、传播、搜索方式。
- 了解基于互联网的创新思维模式。

5.1 网络化社会

5.1.1 物联网：网络化社会的基础

随着传感器、芯片和网络技术的发展与普及，原本相互孤立的物体通过网络连接在了一起。因此，在计算机和计算机、人和人互联的世界之外，产生了一个人和物体、物体和物体之间相互连接的世界——物联网。物联网是指通过各种信息传感设备，如传感器、射频识别（RFID）技术、全球定位系统、红外感应器、激光扫描器、气体感应器等各种装置与技术，实时采集任何需要监控、连接、互动的物体或过程，采集其声、光、热、电、力学、化学、生物、位置等各种需要的信息，与互联网结合形成的一个巨大网络。其目的是实现物与物、物与人，所有的物品与网络的连接，方便识别、管理和控制。

物联网将用户端延伸和扩展到了任何物品与物品之间，进行信息交换和通信，大大改变了人们的生产和生活，影响着既有的社会运行体系，其发展带来了新的社会发展方向。目前，我们已经进入"网络社会"，网络社会是指在以互联网为核心的信息技术的作用下，人类社会所开始进入的一个新的社会阶段或所产生的一种新的社会形式。在这种全新的社会结构或社会形式中，人们以及万物之间可以通过互联网实现点对点的互动。万物互联的物联网是网络社会的一个要素和特征。

5.1.2 互联网：物联网技术的核心

物联网是在互联网基础上延伸和扩展的网络。物联网技术的重要基础和核心仍旧是互联网，通过各种有线和无线网络与互联网融合，将物体的信息实时准确地传递出去。因此，网络社会和物联网都是互联网发展的产物，它们的不断发展和演进都需要互联网应用技术的不断发展。互联网是网络与网络之间串联而成的庞大网络。平时所说的因特网，就是世界上最大的互联网络。在这个网络中有交换机、路由器等网络设备，有各种不同的连接链路、种类繁多的服务器和数不尽的计算机、终端。使用互联网可以将信息瞬间发送到千里之外的人手中，它是信息社会的基础。

5.2　网络的构成

计算机与计算机之间的物理连接，形成了计算机网络；网络与网络之间的物理连接，形成了互联网络；物体与物体之间通过信息传感设备和互联网进行连接，形成了物联网。

5.2.1　机–机互联

现代计算机网络阶段，多台具有独立处理能力的计算机互相连接，可以构成局域网。局域网是连接近距离计算机的网络，覆盖范围从几米到数千米。局域网中的用户可以相互通信，并可以访问本地主机和网络上所有主机的软硬件资源。

机–机互联

1. 网络通信基础

网络通信的三大要素包括：信源、信宿和信道。信源是信息的发送方；信宿是信息的接收方，信道是连接信源和信宿的通道，是信息的传送媒介。信源通过信道可以将信息传输到信宿。

信源应具有产生信号、编码信号和发送信号的能力。可以将由 0、1 串表达的信息转换成不同波形、不同频率的信号发送到信道上；信宿应具有接收信号及解码信号的能力，即依据接收到的不同波形、不同频率的信号通过译码器还原回 0、1 串表示的数字信息。信道可以是有线的，即利用各种电缆线进行传输，也可以是无线的，即利用各种频率的电波进行传输，如图 5–1 所示。

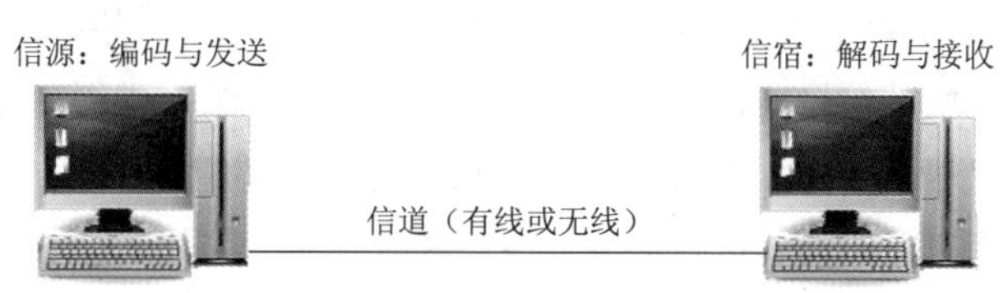

图 5–1　网络通信示意图

在计算机网络中，信源和信宿通常都是计算机。计算机之间为了相互通信，必须通过软件或硬件实现编解码器的功能，网卡就是常用的可以实现编解码器的硬件。网卡（Network Interface Card, NIC，也称网络适配器）是局域网中最基本的部件之一，插在计算机或服务器扩展槽中，提供主机与网络间数据交换的通道。无论是双绞线连接、同轴电缆连接还是光纤连接，都必须借助于网卡才能实现与计算机进行通信。网卡的工作是双重的：一方面它将本地计算机上的数据转换格式后送入网络；另一方面它负责接收网络上传过来的数据包，对数据进行与发送数据时相反的转换，将数据通过主板上的总线传输给本地计算机。每块网卡都有一个唯一的网络结点地址，它是网卡生产厂家在生产时写入 ROM 中的，称为 MAC 地址（物理地址），且保证其绝对不会重复。

2. 网络传输介质

网络通信中，信道（信息传输的媒介）可以分为有线和无线两类。目前最常用的有：

（1）双绞线

双绞线属于有线传输介质，类似于普通的相互绞合的电线，拥有8根相互绝缘的铜芯。这8根铜芯分为四对，每两根为一对，并按照规定的密度和一定的规律相互缠绕，双绞线两端必须安装RJ–45接头，也就是水晶头，如图5–2所示。

（2）光缆

光缆也是有线传输介质。光缆是一定数量的光纤按照一定方式组成缆芯，外包有护套，有的还包覆外护层，用以实现光信号传输的一种通信线路，如图5–3所示。

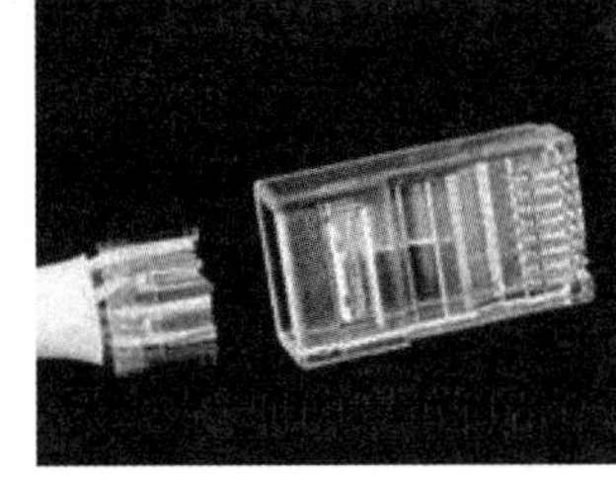

图5–2　双绞线和RJ–45接头

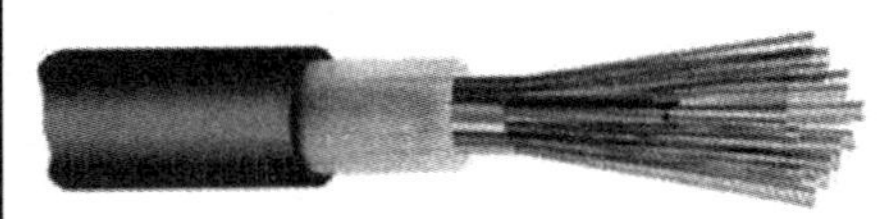

图5–3　光缆

（3）无线电波

无线电波属于无线传输介质，是以电磁波作为信息的载体实现计算机相互通信的。无线网络非常适用于移动办公，也适用于那些由于工作需要而经常在室外上网的公司或企业，如石油勘探、测绘等。目前，无线网络越来越多地用于家庭。

以传输介质使用双绞线为例，如果仅有两台计算机连接，直接把双绞线的两端分别接入到两台计算机的网卡中即可。

3. 局域网连接设备

多台计算机连接成局域网，仅使用网卡是不行的，需要专门的连接设备将多台计算机连接在一起，如集线器和交换机。目前，集线器已被交换机取代，组网中很少使用集线器了。

交换机（Switch）是一个扩大网络的器材，它具有多个端口，可通过双绞线与多台计算机的网卡相连，以便连接更多的计算机，形成局域网系统。

另外，交换机还是一种信号转发设备，它可以将接收到的信号转发出去，实现网络中多台计算机之间的通信。交换机接收存储端口上的数据包，根据不同的协议在交换器中选择数据包从哪个端口进，经处理后将数据包传送到目的端口，将数据直接发送到目的计算机，而不是广播到所有端口，提高了网络的实际传输效率，数据传输安全性较高。对于跨度较小，例如仅限定于一个宿舍或一间办公室内的局域网，可以用一台交换机构建图5–4（a）所示的星状结构局域网。如果局域网跨度较大，可使用多台交换机构建树状结构的局域网，如图5–4（b）所示。

4. 局域网拓扑结构

图5–4中的星状结构和树状结构，称为网络的拓扑结构。网络拓扑结构是指用传输介质互连各种设备的物理布局。网络中的计算机等设备要实现互联，就需要以一定的结构方式进行连

接，这种连接方式就称为“拓扑结构”，通俗地讲就是这些网络设备是如何连接在一起的。常见的网络拓扑结构主要有：总线结构、环状结构、星状结构、树状结构和网状结构等。

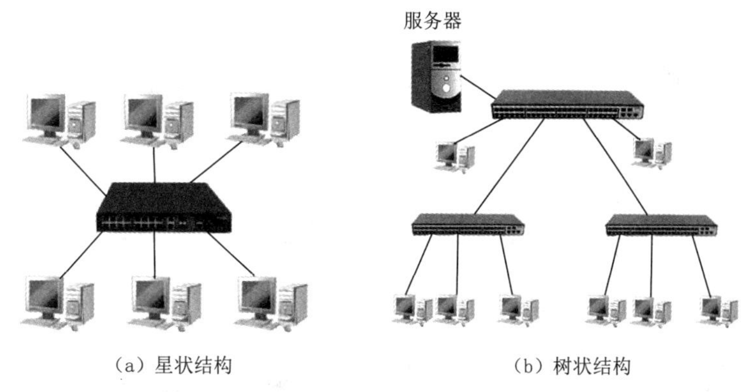

（a）星状结构　　（b）树状结构

图 5–4　交换机构建局域网

总线拓扑结构（见图 5–5）将所有入网计算机都接入到一条通信线路上，网络中所有的结点通过总线进行信息的传输。这种结构的特点是结构简单灵活，建网容易，使用方便，性能好。缺点是主干总线对网络起决定性作用，总线故障将影响整个网络。

星状拓扑结构（见图 5–6）由中心处理机与各个结点连接组成，结点间不能直接通信，各结点必须通过中心处理机转发。星状结构的特点是结构简单、建网容易，便于控制和管理。其缺点是中心处理机负担较重，属于集中控制，容易形成系统的“瓶颈”，线路的利用率也不高。

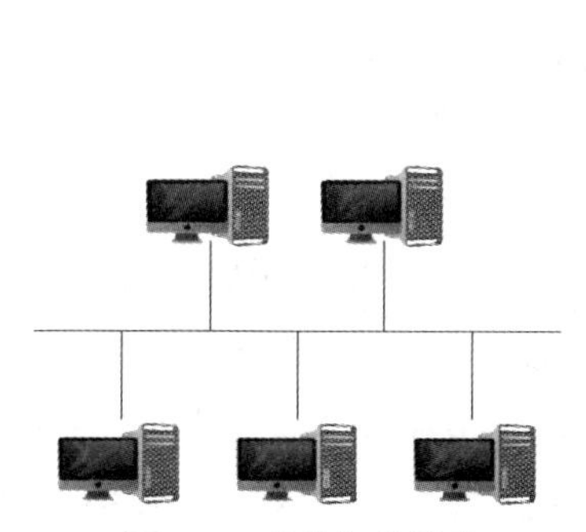

图 5–5　总线拓扑结构

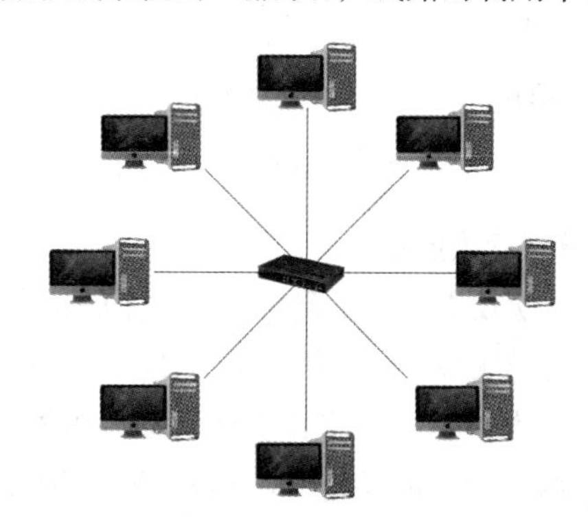

图 5–6　星状拓扑结构

环状拓扑结构（见图 5–7）中由各结点首尾相连形成一个闭合环状线路。环状网络中的信息传送是单向的，即沿一个方向从一个结点传到另一个结点；每个结点需要安装中继器，以接收、放大、发送信号。这种结构的特点是结构简单，建网容易，便于管理。其缺点是当结点过多时，将影响传输效率，不利于扩充。

树状结构（见图 5–8）是星状结构的一种变形，采用了分层结构，这种结构与星状结构相比降低了通信线路的成本，但增加了网络的复杂性，任一结点都相当于其下层结点的转发结点，网络中除了最低层结点及其连线外，任一结点或连线的故障都会影响其所在支路网络的正常工作。

网状拓扑结构（见图 5–9）主要是指各结点通过传输线互联连接起来，并且每一个结点至少与其他两个结点相连。网状结构由于结点之间有多条线路相连，所以网络的可靠性较高，但是由于结构比较复杂，建设成本较高，不易扩充。

在一些较大型的网络中，会将两种或几种网络拓扑结构混合起来，各自取长补短，形成混合拓扑结构，如图5–10所示。

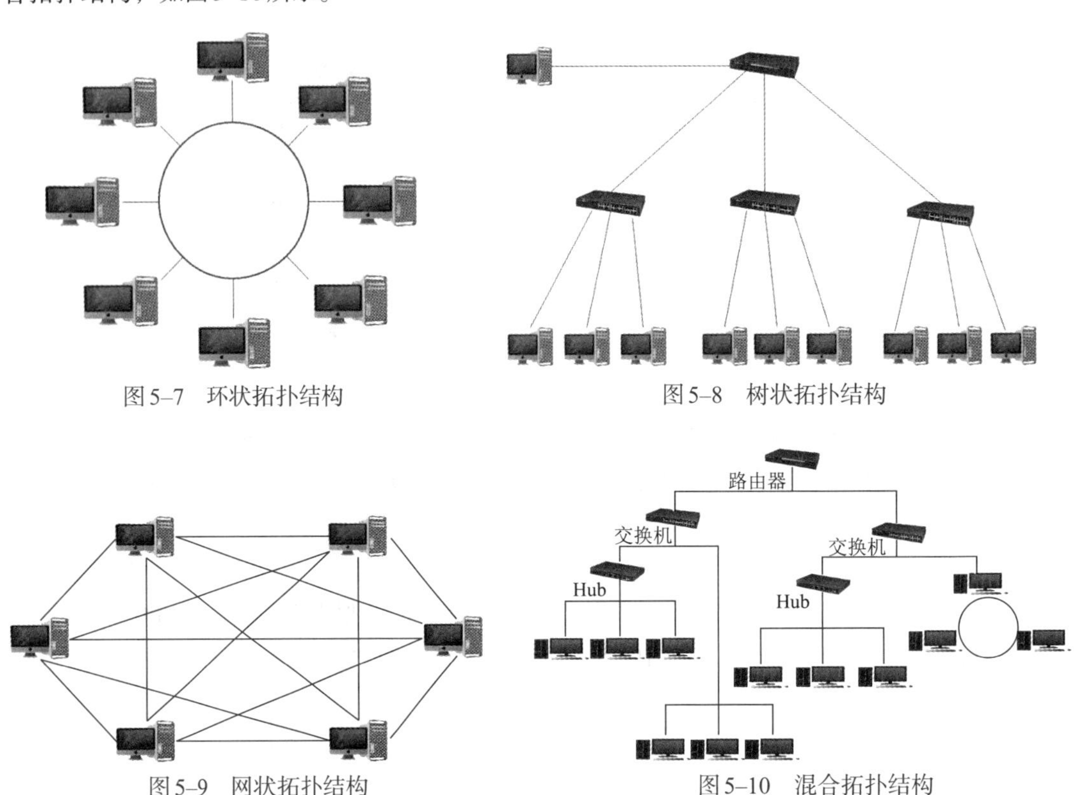

图5–7　环状拓扑结构

图5–8　树状拓扑结构

图5–9　网状拓扑结构

图5–10　混合拓扑结构

5. 分组交换技术

分组交换技术是为了解决不同大小的信息如何高效率地利用信道进行传输的技术。分组交换采用“化整为零”“还零为整”的思维，将要传输的数据按一定长度分成很多组，为了准确地传送到对方，每个组都打上标识，许多不同的数据分组在物理线路上以动态共享和复用方式进行传输。为了能够充分利用资源，当数据分组传送到交换机时，会暂存在交换机的存储器中，然后根据当前线路的忙闲程度，交换机会动态分配合适的物理线路，继续数据分组的传输，直到传送到目的地。到达目的地之后的数据分组再重新组合起来，形成一条完整的数据。

6. 局域网与城域网

城域网（Metropolitan Area Network，MAN）是在一个城市范围内所建立的计算机通信网。MAN是一种大型的局域网（LAN），通常使用与局域网相似的技术。城域网主要用作骨干网，通过它将位于同一城市内不同地点的主机、数据库，以及局域网等互相连接起来。

5.2.2　网–网互联

网–网互联

网络与网络互连，构成跨度更大、规模更大的网络。连接不同地区的局域网或城域网，形成跨接多个地区、城市、国家，或横跨几个洲的较大物理范围的网络，并能提供远距离通信，这样的网络称为广域网。用网络互联设备将各种类型的广域网、城域网和局域网互联起来，形成网络的网络，这就是互联网（internet）。

与互联网internet相比，以大写字母I开始的Internet（因特网）是一个专用名词，它指当前全球最大的、开放的、由众多网络互相连接而成的特定互联网，它采用TCP/IP协议族作为通信的规则，而其前身是美国的ARPANET。

1. 协议

为了使计算机与计算机之间通过网络实现通信，使数据可以在网络上从源传递到目的地，网络上那些由不同厂商生产的设备、由不同的CPU、不同操作系统组成的计算机之间需要“讲”相同的“语言”。协议（Protocol）就是描述网络通信中“语言”规范的一组规则。网络协议是通信双方必须共同遵从的一组约定，如怎样建立连接、怎样互相识别等。只有遵守这个约定，计算机之间才能相互通信交流。

通俗地讲，有两个人（一个中国人，一个法国人），这两个人要想交流，必须讲一门双方都懂的语言。如果大家都不会讲对方的语言，那么可以选择双方都懂的第三方语言来交流，比如“讲英语”。这时“英语”实际上就相当于是一种“网络协议”。

中国人------------------------------------	法国人
（讲中文）	（讲法语）
[会英语]	[会英语]
<英语协议>	<英语协议>

网络协议本身比自然语言要简单得多，但是却比自然语言更严谨。它包含3个要素：语法、语义、时序。

①语法：数据与控制信息的结构或格式。

②语义：需要发出何种控制信息，完成何种动作及做出何种应答。

③同步：事件实现顺序的详细说明。

协议本身并不是一种软件，它只是一种通信标准，最终要由软件来实现。网络协议的实现就是在不同的软件和硬件环境下，执行可运行于该种环境的“协议”翻译程序。

2. 协议分层

（1）分层的原因

网络通信的过程很复杂：数据以电子信号的形式穿越介质到达正确的计算机，然后转换成最初的形式，以便接收者能够阅读。这个过程需要的网络协议是非常复杂的，为了方便处理复杂的协议，需要对协议进行分层管理。例如，写信人寄送信件给收信人，这个过程涉及信件的书写、邮局的投寄、信件的运输、信件的投递等多个过程，这个复杂的过程中涉及信件的书写格式、信封的书写格式、邮票的面额、运输的方式等多个规则。为了方便管理，把这些规则划分成写信人、邮局、运输部门3个层次进行管理，如图5–11所示。

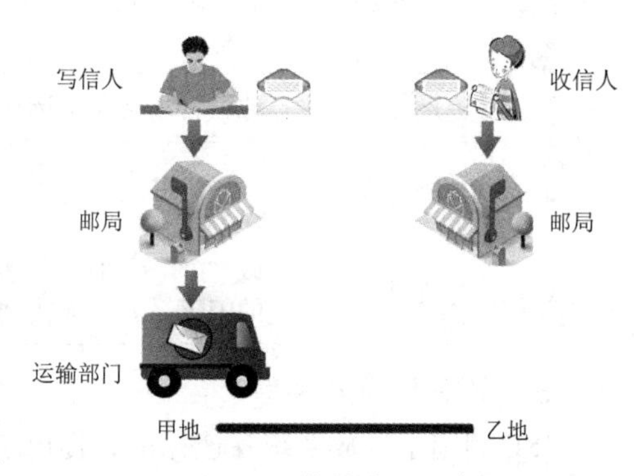

图5–11　协议分层示意图

①邮局对于写信人来说是下层。

②运输部门是邮局的下层（下层为上层提供服务）。

③写信人与收信人之间使用相同的语言（同层次之间使用相同的协议）。

④邮局之间：同层次之间使用相同的协议。

（2）OSI分层模型

国际标准化组织（IOS）提出了作为通信协议设计指标的OSI参考模型，将通信协议划分为7层，通过分层，将复杂的网络协议简单化。在这个分层模型中，每一个分层都接收由下一层提供的特定服务，并且负责为自己的上一层提供服务。上下层之间进行交互所遵守的约定称为“接口”，同一层的约定称为“协议”。分层的作用在于可以细分通信功能，更加易于单独实现每个分层的协议，并且界定各个分层的具体责任和义务。OSI参考模型如图5–12所示。

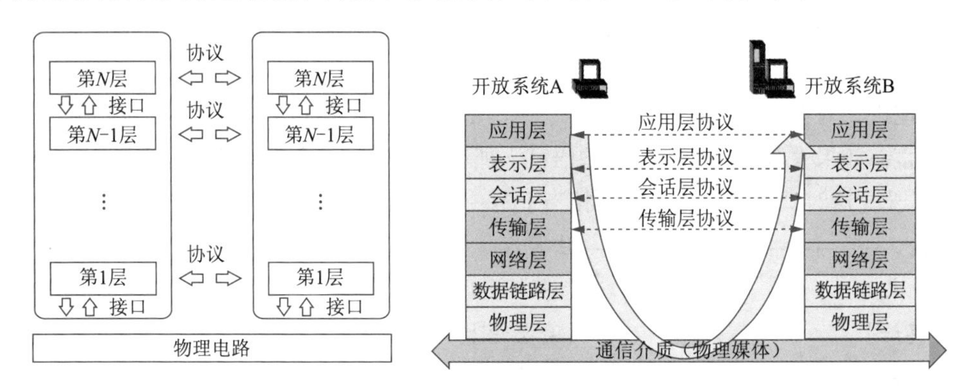

图5–12　OSI参考模型

OSI参考模型中各分层的作用如表5–1所示。

表5–1　OSI参考模型中各层的作用

层　次	分层名称	功　能	功能描述
7	应用层	针对特定应用的协议	针对每个应用的协议
6	表示层	设备固有数据格式和网络标准数据格式的转换	接收不同表现形式的信息，如文字流、图像、声音等
5	会话层	通信管理，负责建立和断开通信连接（数据流动的逻辑通路），管理传输层以下的分层	如何建立连接，何时断开连接以及保持多久的连接
4	传输层	管理两个结点之间的数据传输，负责可靠传输（确保数据被可靠的传送到制定目标）	是否有数据丢失
3	网络层	地址管理与路由选择	经过哪个路由传到目标地址
2	数据链路层	互联设备之间传送和识别数据帧	数据帧与比特流之间的转换以及分段转发
1	物理层	以“0”和“1”代表电压的高低、灯光的闪灭。界定连接器和网络的规格	比特流与电子信号之间的切换以及连接器与网线之间的规格

3. TCP/IP网络模型

ISO制定了开放系统互连标准，提出了OSI模型，世界上任何地方的系统只要遵循OSI标准即可进行相互通信。但OSI只是ISO提出的一个纯理论的框架性的概念，是协议开发前设计的，是一种理论上的指导，具有通用性。而TCP/IP是另一种网络模型，它是OSI协议的实体化，它最早作为ARPANET使用的网络体系结构和协议标准，是先有协议集然后建立模型。TCP/IP模型因其开放性和易用性在实践中得到了广泛应用，TCP/IP协议栈也成为互联网的主流协议。目前国际上规模最大的计算机网络Internet就是以TCP/IP为基础的。

TCP/IP模型是一系列网络协议的总称，这些协议的目的，就是使计算机之间可以进行信息交换。TCP和IP只是其中最重要的2个协议，所以用TCP/IP来命名，它还包括UDP、ICMP、IGMP、ARP/RARP等其他协议。TCP/IP模型自下到上划分为四层或五层，如图5–13所示。下层向上层提供能力，上层利用下层的能力提供更高的抽象。

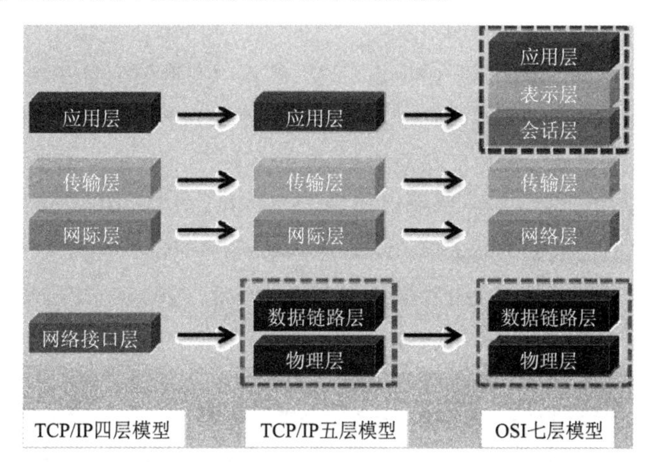

图5–13　TCP/IP模型

在TCP/IP四层模型中，去掉了OSI参考模型中的会话层和表示层（这两层的功能被合并到应用层实现）。同时将OSI参考模型中的数据链路层和物理层合并为网络接口层。

（1）网络接口层

网络接口层与OSI参考模型中的物理层和数据链路层相对应，负责监视数据在主机和网络之间的交换。

（2）网际层

网际层是整个TCP/IP协议栈的核心，其功能是把分组发往目标网络或主机。同时，为了尽快地发送分组，可能需要沿不同的路径同时进行分组传递。因此，分组到达的顺序和发送的顺序可能不同，这就需要上层必须对分组进行排序。

网际层定义了分组格式和协议，即IP协议（Internet Protocol）。

网际层除了需要完成路由的功能外，也可以完成将不同类型的网络（异构网）互连的任务。除此之外，网际层还需要具有拥塞控制的功能。

（3）传输层

在TCP/IP模型中，传输层的功能是使源端主机和目标端主机上的对等实体可以进行会话。在传输层定义了两种服务质量不同的协议：传输控制协议（Transmission Control Protocol，TCP）和用户数据报协议（User Datagram Protocol，UDP）。

TCP协议是一个面向连接的、可靠的协议。它将一台主机发出的字节流无差错地发往互联网上的其他主机。在发送端，它负责把上层传送下来的字节流分成报文段并传递给下层。在接收端，它负责把收到的报文进行重组后递交给上层。TCP 协议还要处理端到端的流量控制，以避免缓慢接收的接收方没有足够的缓冲区接收发送方发送的大量数据。

UDP 协议是一个不可靠的、无连接协议，主要适用于不需要对报文进行排序和流量控制的场合。

（4）应用层

TCP/IP 模型将 OSI 参考模型中的会话层和表示层的功能合并到应用层实现。应用层面向不同的网络应用，引入了不同的应用层协议。其中，有基于 TCP 协议的，如文件传输协议（File Transfer Protocol，FTP）、虚拟终端协议（Telnet）、超文本传送协议（Hyper Text Transfer Protocol，HTTP），也有基于 UDP 协议的。

假如给朋友发一个消息，数据开始传输，这时数据就要遵循 TCP/IP 协议。

①应用层先把要发送的消息（文字、图片、视频等）进行格式转换和加密等操作，然后交给传输层。这时的数据单元（单位）是信息。

②传输层将数据切割成一段一段的以便于传输，并加上一些标记，如当前应用的端口号等，交给网际层。这时的数据单元（单位）是数据流。

③网际层再将数据进行分组，分组头部包含目标地址的 IP 及一些相关信息，交给网络接口层。这时的数据单元（单位）是分组。

④网络接口层将数据转换为比特流，查找主机真实物理地址并进行校验等操作，校验通过后，数据传往目的地。这时的数据单元（单位）是比特。

⑤到达目的地后，对方设备会将上面的顺序反向的操作一遍，最后呈现出来。

4．IP 协议与 IP 地址

IP 协议，又称网际协议，它负责 Internet 上网络之间的通信，并规定了将数据从一个网络传输到另一个网络应遵循的规则，是 TCP/IP 协议的核心。

各个厂家生产的网络系统和设备，如以太网、分组交换网等，它们之间不能互通，主要原因是它们所传送数据的基本单元（技术上称之为“帧”）的格式不同。IP 协议实际上是一套由软件、程序组成的协议软件，它把各种不同“帧”统一转换成“网协数据包”格式，这种转换是因特网的一个最重要的特点，使所有各种计算机都能在因特网上实现互通，即具有“开放性”的特点。

数据包也是分组交换的一种形式，就是把所传送的数据分段打成“包”，再传送出去。每个数据包都有报头和报文两部分，报头中有目的地址等必要内容，使每个数据包经过不同的路径都能准确地到达目的地。在目的地重新组合还原成原来发送的数据。这就要 IP 具有分组打包和集合组装的功能。

（1）IP 地址

IP 协议中还有一个非常重要的内容，就是为每台计算机都分配一个唯一的网络地址，这就是通常讲的 IP 地址。IP 地址是 IP 协议提供的一种统一的地址格式，它为互联网上的每一个网络和每一台主机分配一个逻辑地址，以此来屏蔽物理地址的差异。保证了用户在联网的计算机上操作时，能够高效且方便地从千千万万台计算机中选出自己所需的对象。IP 地址就好像电话号码（地址码）：有了某人的电话号码，就能与他通话；有了某台主机的IP地址，就能与这台主机通信。

按照TCP/IP协议规定，IP地址用二进制来表示，每个IP地址长32位，即4字节。一个采用二进制形式的IP地址是一串很长的数字，为了方便使用，IP地址经常写成十进制的形式，中间使用符号"."分开不同的字节，如32.233.189.104，IP地址的这种表示法称为"点分十进制表示法"，这显然比1和0容易记忆得多。

IP地址有IPv4和IPv6两个版本。IPv4中，每个IP地址长32位，由网络标识和主机标识两部分组成，网络标识确定主机属于哪个网络，主机标识来区分同一网络内的不同计算机。互联网的IP地址可分为5类，常用的有A、B、C三类，每类网络中IP地址的结构，即网络标识长度和主机标识长度都不一样。三类IP地址如表5–2所示。

表 5–2　三类 IP 地址

IP地址类型	第一字节（十进制）	固定最高位（二进制）	网络位（二进制）	主机位（二进制）
A类	0 ~ 127	0	8	24
B类	128 ~ 191	10	16	16
C类	192 ~ 223	110	24	8

A类IP地址由1字节（每字节是8位）的网络地址和3字节主机地址组成，网络地址的最高位必须是"0"。

因此，A类网络地址能表示的网络地址为00000000~011111111，转换成十进制就是从0~127，但是由于全0的网络地址用作保留地址，而127开头的网络地址用于循环测试，因此，A类网络实际能表示的网络号范围是1~126，也就是说可用的A类网络有126个。

剩下3字节都用于表示主机，理论上能表示的主机数有2^{24}个，但是，因为全"0"和全"1"的主机地址也有特殊含义，不能作为有效的IP地址，所以A类网络能表示的主机数量实际为16 777 214个。由此可以看出，A类地址适用于主机数量较多的大型网络。127.0.0.1是一个特殊的IP地址，表示主机本身，用于本地机器上的测试和进程间的通信。

B类IP地址适用于中型网络，由2字节的网络地址和2字节的主机地址组成，网络地址的最高位必须是"10"。B类网络有16 382个，能表示的主机数是65 534个。

C类IP地址由3字节的网络地址和1字节的主机地址组成，网络地址的最高位必须是"110"。C类网络可达209万个，每个网络能容纳的主机数只有254个，所以C类地址适用于小型网络。

（2）子网掩码

为了提高IP地址的使用效率，每一个网络又可划分为多个子网。采用借位的方式，从主机最高位开始借位变为新的子网位，剩余部分仍为主机位。这使得IP地址的结构分为3部分，即网络位、子网位和主机位，如图5–14所示。

网络位	子网位	主机位

图5–14　IP地址结构

引入子网概念后，网络位加上子网位才能全局唯一地标识一个网络。把所有的网络位用1来标识，主机位用0来标识，就得到了子网掩码。A、B、C三类IP地址都有自己对应的子网掩码，如表5–3所示。

例如，欲将B类IP地址168.195.0.0划分成若干子网，每个子网内有450台机器。B类IP地址，其默认的子网掩码是255.255.0.0。450台主机选用9位二进制位（2^9=512）表示主机号即可，因此，可以将B类IP地址子网掩码11111111.11111111.00000000.00000000中表示主机号的二进制位数由16位改成9位，子网掩码变为11111111.11111111.11111110.00000000，换算成十进制数为255.255.254.0。

表5-3　A、B、C三类IP地址默认的子网掩码

IP地址类型	子网掩码	子网掩码的二进制表示
A类	255.0.0.0	11111111.00000000.00000000.00000000
B类	255.255.0.0	11111111.11111111.00000000.00000000
C类	255.255.255.0	11111111.11111111.11111111.00000000

子网掩码不能单独存在，它必须结合IP地址一起使用。子网掩码只有一个作用，就是将某个IP地址划分成网络地址和主机地址两部分。通过计算机的子网掩码可以判断两台计算机是否属于同一网段：将计算机十进制的IP地址和子网掩码转换为二进制的形式，然后进行二进制"与"（AND）计算（全1则得1，不全1则得0），如果得出的结果是相同的，那么这两台计算机就属于同一网段。

（3）公有IP与私有IP

根据使用的效用，IP地址可以分为Public IP和Private IP。前者在Internet全局有效，后者一般只能在局域网中使用。

①Public IP：已经在国际互联网络信息中心（InterNIC）注册的IP地址，称为Public IP。拥有Public IP的主机可以在Internet上直接收发数据，Public IP在Internet上必定是唯一的。

②Private IP：仅在局域网内部有效的IP称为Private IP。InterNIC特别指定了某些范围内的IP地址作为专用的Private IP。InterNIC保留的Private IP为：

A类：10.0.0.0~10.255.255.255。

B类：172.16.0.0~172.16.255.255。

C类：192.168.0.0~192.168.255.255。

在不与Internet连接的企业内部的局域网中，常使用私有地址，私有地址仅在局域网内部有效，虽然它们不能直接和Internet连接，但通过技术手段也可以和Internet进行通信。

IPv4的地址位数为32位，只有大约2^{32}（43亿）个地址。近年来由于互联网的蓬勃发展，IP地址的需求量越来越大，计算机网络进入人们的日常生活，可能身边的每一样东西都需要连入互联网。IP地址已于2011年2月3日分配完毕，地址不足，严重地制约了互联网的应用和发展。另一方面，除了地址资源有限以外，IPv4不支持服务质量，无法管理带宽和优先级，不能很好地支持现今越来越多的实时语音和视频应用，在这样的环境下，IPv6应运而生。

IPv6是IP的新版本，标准化工作始于1991年，主要部分在1996年完成，IPv6采用128位地址长度，是IPv4的4倍，可分配的地址数量为3.4×10^{38}个，几乎可以不受限制地提供地址。IPv6由8个地址节组成，每节包含16个地址位，以8个十六进制数书写，节与节之间用冒号分隔。

在IPv6的设计过程中除了解决地址短缺问题以外，其主要优势体现在扩大地址空间、提高网络的整体吞吐量、改善服务质量、安全性有更好的保证、支持即插即用和移动性、更好地实

现多播功能等。

在我国从整体上讲，IPv6的技术已经成熟，标准也基本完善，一些网络基础设施和核心设备都已陆续开始支持其使用。但是，在具体实施的问题上，目前还没有普遍推广，而是处于与IPv4相互并存和过渡的阶段。

（4）域名

尽管IP地址能够唯一地标记网络上的计算机，但IP地址是一长串数字，不直观，而且用户记忆十分不方便，于是人们又发明了另一套字符型的地址方案，即域名地址。

每个域名也由几部分组成，每部分称为域，域与域之间用圆点（.）隔开，最末的一组称为域根，前面的称为子域。一个域名通常包含3~4个子域。域名所表示的层次是从右到左逐渐降低的。如图5–15所示，sun20.zut.edu.cn，其中cn是代表中国的顶级域名；edu代表教育机构；zut代表中原工学院；sun20则表示主机，是一台具有IP地址的计算机的名字。

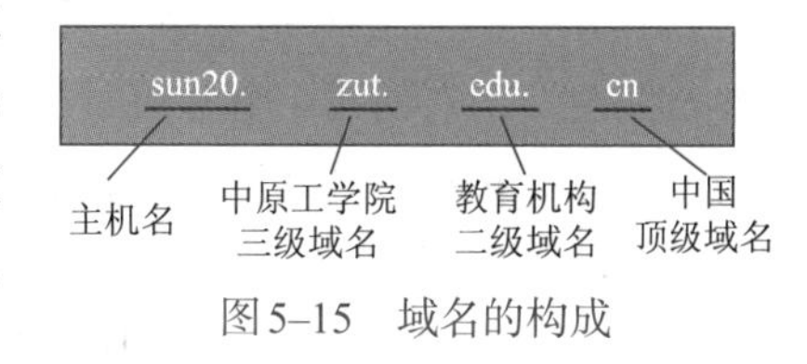

图5–15　域名的构成

IP地址和域名是一一对应的，这份域名地址的信息存放在一个称为域名服务器（Domain Name Server，DNS）主机内，用户只需了解易记的域名地址，其对应转换工作留给了域名服务器。域名服务器就是提供IP地址和域名之间的转换服务的服务器。

5. 网络互联设备

网络互联是指将不同的网络或相同的网络用互联设备连接在一起而形成一个范围更大的网络，也可以是为增加网络性能和易于管理而将一个原来很大的网络划分为几个子网或网段。对局域网而言，所涉及的网络互联问题有网络距离延长、网段数量增加、不同LAN之间的互联及广域互联等。网络互联时，必须解决如下问题：在物理上如何把两种网络连接起来。一种网络如何与另一种网络实现互访与通信，如何解决它们之间协议方面的差别，如何处理传输速率与带宽的差别。网络互联中常用的设备有路由器（Router）和调制解调器（Modem）等。

（1）路由器

路由就是指通过相互连接的网络把信息从源地点移动到目标地点的活动。路由器通过路由决定数据的转发，转发策略称为路由选择，这也是路由器名称的由来。路由器在互联网中扮演着十分重要的角色，它是互联网的枢纽、"交通警察"。路由器和交换机之间的主要区别是交换发生在OSI参考模型的第二层（数据链路层），而路由发生在第三层，即网络层。这一区别决定了路由器和交换机在移动信息过程中需要使用不同的控制信息，所以两者实现各自功能的方式是不同的。

路由器的一个作用是连通不同的网络，另一个作用是选择信息传送的线路。选择通畅快捷的近路，能大大提高通信速度，减轻网络系统通信负荷，节约网络系统资源，提高网络系统畅通率，从而让网络系统发挥出更大的效益。一般来说，异种网络互联与多个子网互联都应采用路由器来完成。路由器的主要工作就是为经过路由器的每个数据帧寻找一条最佳传输路径，并将该数据有效地传送到目的站点。由此可见，选择最佳路径的策略即路由算法是路由器的关键所在。为了完成这项工作，在路由器中通过路径表保存着各种传输路径的相关数据——路径表（Routing Table），供路由选择时使用。路径表中保存着子网的标志信息、网上路由器的个数和下一个路由器的名字等内容。路径表可以是由系统管理员固定设置好的，也可以由系统动态修改，可以由路由器自动调整，也可以由主机控制。

路由器是互联网的主要结点设备，作为不同网络之间互相连接的枢纽，路由器系统构成了基于TCP/IP的互联网的主体脉络，也可以说，路由器构成了互联网的骨架，如图5–16所示。

路由器本身被分配到互联网上一个全球唯一的公共IP地址。互联网上的服务器与路由器通信，路由器把网络信号引导到局域网（比如家里的网络，或者一个公司的网络）上的相应设备。现在的路由器大多是Wi-Fi路由器，它创建一个Wi-Fi网络，多个设备可以连接此Wi-Fi网络。通常路由器还有多个以太网端口，可用网线连接多个设备。

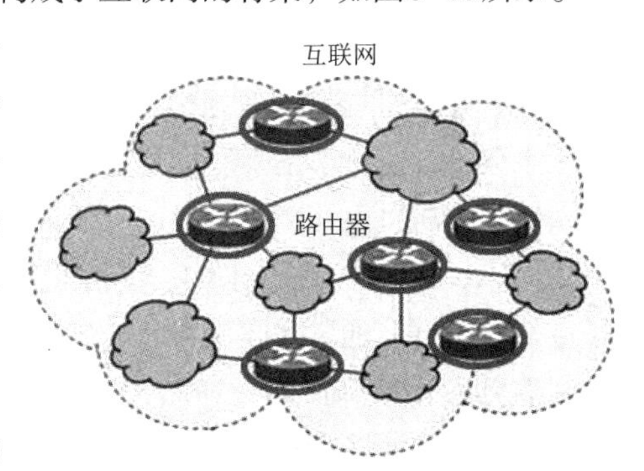

图5–16　路由器与互联网

在家庭或小型办公室网络中，通常是直接采用无线路由器来实现集中连接和共享上网两项任务，因为无线路由器同时兼备无线AP（无线网络接入点）的集结和连接功能。无线路由器可实现家庭无线网络中的Internet连接共享，实现ADSL、Cable Modem和小区宽带的无线共享接入。无线路由器可以与所有以太网接的ADSL Modem或Cable Modem直接相连，也可以在使用时通过交换机/集线器、宽带路由器等局域网方式再接入。

（2）调制解调器

路由器是通过调制解调器连接到互联网的，调制解调器的作用就是当计算机发送信息时，将计算机发出的数字信号转换成可以在电话线中传输的模拟信号，这一过程称为调制；接收信息时，把电话线上传输的模拟信号转换成数字信号传送给计算机，这一过程称为解调。

调制解调器与因特网服务提供商（Internet Service Provider，ISP）的网络进行通信。如果它是一个Cable Modem，则通过同轴电缆与ISP的基础设施互联。如果它是一个数字用户线路（Digital Subscriber Line，DSL）调制解调器，则连接电话线进行通信。

调制解调器一端通过多种方式连接因特网服务提供商的基础设施，如电缆、电话线，卫星或光纤连接，另一端则通过以太网缆线的方式连接路由器（或计算机）。如果连接路由器，一般是路由器共享Wi-Fi给各个设备上网，或者把设备用有线方式接入到路由器的以太网接口上，如图5–17所示。

现在不少因特网服务提供商提供综合了调制解调器和路由器的盒子，里面有电器和软件，使之同时具有调制解调器和路由器的功能。这些盒子一方面充当调制解调器，与因特网服务提供商（例如中国电信、中国移动）通信，另一方面充当路由器，创建一个家庭Wi-Fi网络。

5.2.3　物–物互联

21世纪以来，进入了物联网时代，物联网是互联网的延伸，目的是让万物互联。物联网（Internet of Things，IoT）字面翻译为“物体组成的因特网”，简要地讲就是互联网从人向物的延伸。物联网将各种信息传感设备（如射频识别装置、红外感应器、全球定位系统、激光扫描器等装置）与互联网结合起来，形成一个巨大网络。其目的是实现物与物、物与人、人与人，所有的物品与网

物–物互联

络的连接，方便识别、管理和控制。物联网如图5–18所示。

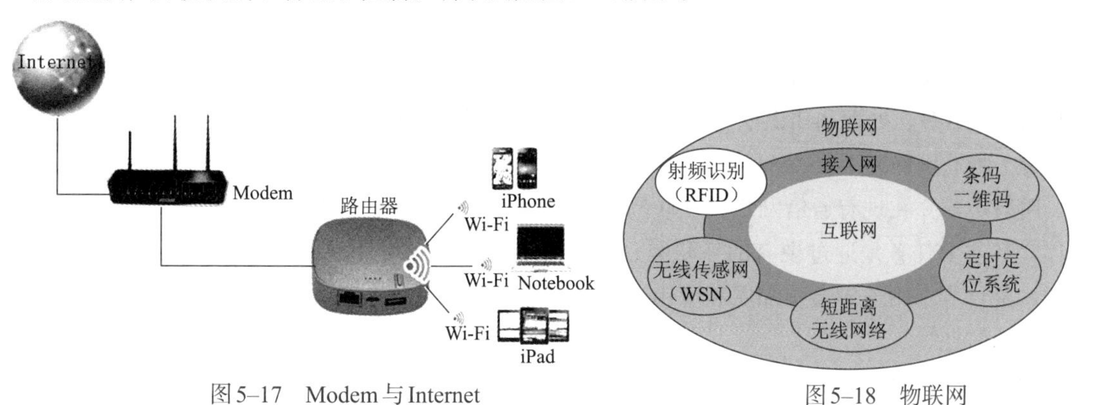

图5–17　Modem与Internet　　图5–18　物联网

1. 物联网的基本特征

物与物、人与物之间的信息交互是物联网的核心。物联网的基本特征可概括为整体感知、可靠传输和智能处理。

①整体感知：可以利用射频识别、二维码、智能传感器等感知设备感知获取物体的各类信息。

②可靠传输：通过对互联网、无线网络的融合，将物体的信息实时、准确地传送，以便信息交流、分享。

③智能处理：使用各种智能技术，对感知和传送到的数据、信息进行分析处理，实现监测与控制的智能化。

2. 物联网体系架构

物联网作为一个系统网络，与其他网络一样，有其内部特有的架构。物联网系统有3个层次：一是感知层，即利用RFID、传感器、二维码等随时随地获取物体的信息；二是网络层，通过各种电信网络与互联网的融合，将物体的信息实时准确地传递出去；三是应用层，把感知层的得到的信息进行处理，实现智能化识别、定位、跟踪、监控和管理等实际应用。物联网架构如图5–19所示。

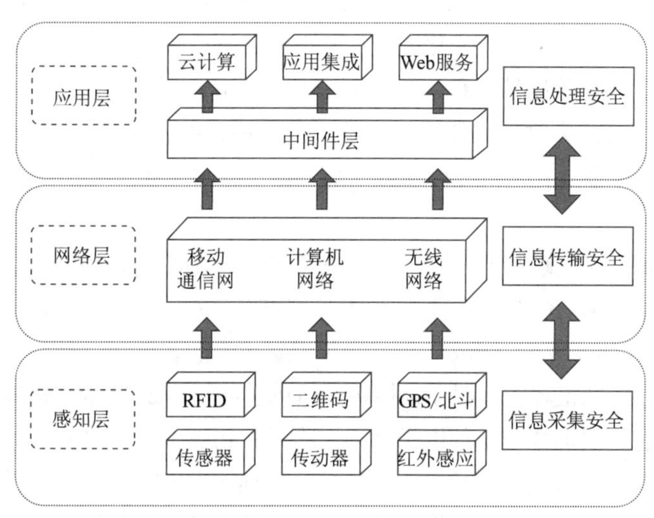

图5–19　物联网架构

（1）物联网应用层

应用层位于物联网三层结构中的最顶层，其功能为“处理”，即通过云计算平台进行信息处理。应用层与最低端的感知层一起，是物联网的显著特征和核心所在，应用层可以对感知层采集数据进行计算、处理和知识挖掘，从而实现对物理世界的实时控制、精确管理和科学决策。

（2）物联网网络层

网络层建立在现有通信网络和互联网基础之上，通过各种接入设备与移动通信网和互联网相连。其主要任务是通过现有的互联网、广电网络、通信网络等实现信息的传输、初步处理、分类、聚合等，用于沟通感知层和应用层。相当于人的神经中枢和大脑，负责传递和处理感知层获取的信息。

（3）物联网感知层

感知层位于物联网三层结构中的最底层，包括信息采集和组网与协同信息处理；通过传感器、RFID、二维码、多媒体信息采集和实时定位等技术采集物理世界中发生的物理事件和数据信息；利用组网和协同信息处理技术实现采集信息的短距离传输、自组织组网，以及多个传感器对数据的协同信息处理过程。感知层的作用相当于人的眼耳鼻喉和皮肤等神经末梢，它是物联网识别物体、采集信息的来源，其主要功能是识别物体、采集信息，并且将信息传递出去。

3. 物联网的关键技术

物联网具有数据海量化、连接设备种类多样化、应用终端智能化等特点，其发展依赖于感知与传感器技术、识别技术、信息传输技术、信息处理技术、信息安全技术等诸多技术。

（1）传感器技术

传感器是物联网系统中的关键组成部分。物联网系统中的海量数据信息来源于终端设备，而终端设备数据来源可归根于传感器。传感器赋予了万物“感官”功能，如人类依靠视觉、听觉、嗅觉、触觉感知周围环境，同样物体通过各种传感器也能感知周围环境，且比人类感知更准确、感知范围更广。例如，人类无法通过触觉准确感知某物体的具体温度值，也无法感知上千摄氏度高温，也不能辨别细微的温度变化。

传感器是将物理、化学、生物等信息变化按照某些规律转换成电参量（电压、电流、频率、相位、电阻、电容、电感等）变化的一种器件或装置。传感器种类繁多，按照被测量类型可分为温度传感器、湿度传感器、位移传感器、加速度传感器、压力传感器、流量传感器等。按照传感器工作原理可分为物理性传感器（基于力、热、声、光、电、磁等效应）、化学性传感器（基于化学反应原理）和生物性传感器（基于霉、抗体、激素等分子识别）。

（2）识别技术

对物理世界的识别是实现物联网全面感知的基础，常用的识别技术有二维码、RFID标识、条形码等，涵盖物品识别、位置识别和地理识别。物联网的识别技术以RFID为基础。

RFID（Radio Frequency Identification，射频识别技术）系统是一种简单的无线系统，由一个询问器（或阅读器）和很多应答器（或标签）组成，如图5-20所示。标签由耦合元件及芯片组成，每个标签具有扩展词条唯一的电子编码，附着在物体上标识目标对象，它通过天线将射频信息传递给阅读器。RFID技术让物品能够“开口说话”，这就赋予了物联网一个特性，即可跟踪性。也就是说，人们可以随时掌握物品的准确位置及其周边环境。该技术不仅无须识别系统与特定目标之间建立机械或光学接触，而且在许多种恶劣的环境下也能进行信息的传输，因此在物联网的运行中有着重要的意义。

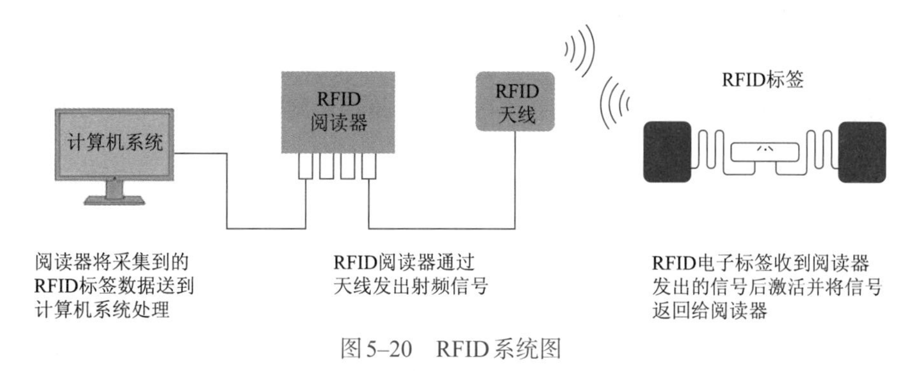

图 5–20 RFID 系统图

（3）信息传输技术

物联网技术是以互联网技术为基础及核心的，其信息交换和通信过程的完成也是基于互联网技术基础之上的。信息传输技术与物联网的关系紧密，物联网中海量终端连接、实时控制等技术离不开高速率的信息传输（通信）技术。

目前，信息传输技术包含有线传感网络技术、无线传感网络技术和移动通信技术，其中，无线传感网络技术应用较为广泛。无线传感网络技术又分为远距离无线传输技术和近距离无线传输技术。

①远距离无线传输技术：包括 2G、3G、4G、5G、NB-IoT、Sigfox、LoRa，信号覆盖范围一般在几千米到几十千米，主要应用在远程数据的传输，如智能电表、智能物流、远程设备数据采集等。

②近距离无线传输技术：包括 Wi-Fi、蓝牙、UWB、MTC、ZigBee、NFC，信号覆盖范围一般在几十厘米到几百米之间，主要应用在局域网，如家庭网络、工厂车间联网、企业办公联网。低成本、低功耗和对等通信，是短距离无线通信技术的 3 个重要特征和优势。常见的近距离无线通信技术特征如表 5–4 所示。

表 5–4 近距离无线通信技术特征

比较项目	NFC	UWB	RFID	红外	蓝牙
连接时间	<0.1 ms	<0.1 ms	<0.1 ms	约 0.5 s	约 6 s
覆盖范围	长达 10 m	长达 10 m	长达 3 m	长达 5 m	长达 30 m
使用场景	共享、进入、付费	数字家庭网络、超宽带视频传输	物品跟踪、门禁、手机钱包高速公路收费	数据控制与交换	网络数据交换、耳机、无线联网

③5G：尽管互联网在过去几十年中取得了很快发展，但其在应用领域的发展却受到限制。主要原因是现有的 4G 网络主要服务于人，连接网络的主要设备是智能手机，无法满足在智能驾驶、智能家居、智能医疗、智能产业、智能城市等其他各个领域的通信速度要求。

物联网是一个不断增长的物理设备网络，它需要具有收集和共享大量信息/数据的能力，有海量的连接需求，不同的连接场景下，对速率、时延的要求也会较为严苛，需要有高效网络的支持才能充分发挥其潜力。

5G是第五代移动电话移动通信标准，也称第五代通信技术，峰值理论传输速率可达每秒数十吉比特，比4G网络的传输速率快数百倍。5G网络就是为物联网时代服务的，相比可打电话的2G、能够上网的3G、满足移动互联网用户需求的4G，5G网络拥有大容量、高速率、低延迟三大特性。

5G网络主要面向三类应用场景：移动宽带、海量物联网和任务关键性物联网，如表5–5所示。

表5–5　5G网络应用场景

5G应用场景	应 用 举 例	需　　求
移动宽带	4K/8K超高清视频、全息技术、增强现实/虚拟现实	高容量、视频存储
海量物联网	海量传感器（部署于测量、建筑、农业、物流、智慧城市、家庭等）	大规模连接、大部分静止不动
任务关键性物联网	无人驾驶、自动工厂、智能电网等	低时延、高可靠性

为了更好地面向不同场景、不同需求的应用，5G网络采用网络切片技术：将一个物理网络分成多个虚拟的逻辑网络，每一个虚拟网络对应不同的应用场景，如图5–21所示。

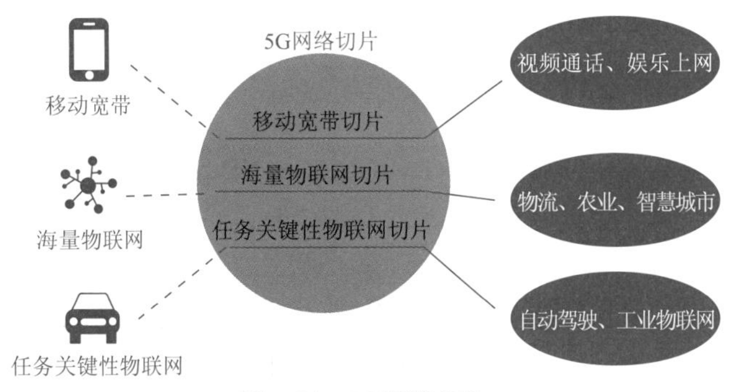

图5–21　5G网络切片

相对于4G网络，5G具备更加强大的通信能力和带宽，能够满足物联网应用高速稳定、覆盖面广等需求。

（4）信息处理技术

物联网采集的数据往往具有海量性、时效性、多态性等特点，给数据存储、数据查询、质量控制、智能处理等带来极大挑战。信息处理技术的目标是将传感器等识别设备采集的数据收集起来，通过信息挖掘等手段发现数据内在联系，发现新的信息，为用户下一步操作提供支持。当前的信息处理技术有云计算技术、智能信息处理技术等。

（5）信息安全技术

信息安全问题是互联网时代十分重要的议题，安全和隐私问题同样是物联网发展面临的巨大挑战。物联网除面临一般信息网络所具有的物理安全、运行安全、数据安全等问题外，还面临特有的威胁和攻击，如物理俘获、传输威胁、阻塞干扰、信息篡改等。保障物联网安全涉及防范非授权实体的识别，阻止未经授权的访问，保证物体位置及其他数据的保密性、可用性，保护个人隐私、商业机密和信息安全等诸多内容，这里涉及网络非集中管理方式下的用户身份验证技术、离散认证技术、云计算和云存储安全技术、高效数据加密和数据保护技术、隐私管理策略制定和实施技术等。

4．物联网的应用

物联网的应用领域涉及方方面面，遍及智能交通、环境保护、政府工作、公共安全、平安家居、智能消防、工业监测、老人护理、个人健康、花卉栽培、水系监测、食品溯源、敌情侦查和情报搜集等多个领域。

（1）智能家居

智能家居是目前最流行的物联网应用。最先推出的产品是智能插座，相较于传统插座，智能插座的远程遥控、定时等功能让人耳目一新。随后出现了各种智能家电，把空调、洗衣机、冰箱、电饭锅、微波炉、电视、照明灯、监控、智能门锁等能联网的家电都连上网，如图5–22所示。智能家居的连接方式主要是以Wi-Fi为主，部分采用蓝牙，少量的采用NB–IOT、有线连接。智能家居产品的生产厂家较多，产品功能大同小异，大部分是私有协议，每个厂家的产品都要配套使用，不能与其他家混用。

图5–22　智能家居

（2）智慧穿戴

智能穿戴设备已经有不少人拥有，最普遍的就是智能手环，手表，以及智能眼镜、智能衣服、智能鞋等。连接方式基本都是基于蓝牙连接手机，数据通过智能穿戴设备上的传感器送给手机，再由手机送到服务器。

（3）车联网

车联网已经发展了很多年，之前由于技术的限制，一直处于原始的发展阶段。车联网的应用主要有：智能交通、无人驾驶、智慧停车、各种车载传感器应用。

智能交通已经发展多年，是一个非常庞大的系统，集合了物联网、人工智能、传感器技术、自动控制技术等一体的高科技系统。为城市处理各种交通事故、疏散拥堵起到了重要作用。

无人驾驶是刚刚兴起的一门新技术，也是非常复杂的系统，主要的技术是物联网和人工智能，和智能交通有部分领域是融合的。

智慧停车和车载传感器应用，如智能车辆检测、智能报警、智能导航、智能锁车等。这方面技术含量相对较低，但也非常重要，这些应用能够为无人驾驶和智能交通提供服务。

（4）智能工业

智能工业包括智能物流、智能监控和智慧制造。

①智能物流指的是以物联网、大数据、人工智能等信息技术为支撑，在物流的运输、仓储、包装、装卸搬运、流通加工、配送、信息服务等各个环节实现系统感知、全面分析、及时处理以及自我调整的功能。智慧物流的实现能大大降低各相关行业运输的成本，提高运输效率，增强企业利润。

②智能监控是一种防范能力较强的综合系统，主要由前端采集设备、传输网络、监控运营平台三块组成。实现监控领域（图像、视频、安全、调度）等相关方面的应用，通过视频、声音监控，以其直观、准确、及时的信息内容，实现物与物之间的联动反应。例如，物联网监控

校车运营，时时掌控乘车动态。校车监控系统可应用RFID身份识别、智能视频客流统计等技术，对乘车学生的考勤进行管理，并通过短信的形式通知学生家长或监管部门，实时掌握学生乘车信息。

③智能制造是将物联网技术融入工业生产的各个环节，大幅提高制造效率，改善产品质量，降低产品成本和资源消耗，将传统工业生产提升到智能制造的阶段。

（5）智能医疗

医疗行业成为采用物联网最快的行业之一，物联网将各种医疗设备有效连接起来，形成一个巨大的网络，实现了对物体信息的采集、传输和处理。物联网在智慧医疗领域的应用有很多，主要包括：

①远程医疗：即不用到医院，在家里就可以进行诊疗。通过物联网技术就可以获取患者的健康信息，并且将信息传送给医院的医生，医生可以对患者进行虚拟会诊，为患者完成病历分析、病情诊断，进一步确定治疗方案。这对解决医院看病难、排队时间长的问题有着很大的帮助，让处在偏远地区的百姓也能享受到优质的医疗资源。

②医院物资管理：当医院的设施、设备装配物联网卡后，利用物联网就可实时了解医疗设备的使用情况以及药品信息，并将信息传输给物联网管理平台，通过平台实现对医疗设备和药品的管理和监控。物联网技术应用于医院管理可有效提高医院的工作效率，降低医院管理难度。

③移动医疗设备：移动医疗设备有很多，常见的智能健康手环就是其中的一种，并且已经得到了应用。

（6）智慧城市

物联网在智慧城市发展中的应用关系方面，从市政管理智能化、农业园林智能化、医疗智能化、楼宇智能化、交通智能化到旅游智能化及其他应用智能化等方面，均可应用物联网技术。

5. 物联网发展面临的问题

虽然物联网近年来的发展已经渐成规模，各国都投入了巨大的人力、物力、财力来进行研究和开发。但是在技术、管理、成本、政策、安全等方面仍然存在许多需要攻克的难题，主要包括：

（1）技术标准问题

传统互联网的标准并不适合物联网。物联网核心层面是基于TCP/IP，但是在接入层，协议类型包括GPS、短信、TD–SCDMA、有线等多个通道，物联网感知层的数据多源异构，不同的设备有不同的接口，不同的技术标准；网络层、应用层也由于使用的网络类型不同、行业的应用方向不同而存在不同的网络协议和体系结构。建立的统一的物联网体系架构、统一的技术标准是物联网现在面对的难题。

（2）安全问题

物联网中的物品间联系更紧密，物品和人也连接起来，使信息采集和交换设备大量使用，数据泄密成为越来越严重的问题，如何实现大量的数据及用户隐私的保护成为亟待解决的问题。

（3）终端与地址问题

物联网终端除具有本身功能外还拥有传感器和网络接入等功能，且不同行业需求各不相同，如何满足终端产品的多样化需求，对运营商来说是一项大的挑战。

另外，每个物品都需要在物联网中被寻址，因此物联网需要更多的IP地址。IPv4向IPv6的过渡是一个漫长的过程，且存在IPv4的兼容性问题。

（4）成本问题

就目前来看，各国对物联网都积极支持，在看似百花齐放的背后，能够真正投入并大规模使用的物联网项目少之又少。例如，实现RFID技术最基本的电子标签及读卡器，其成本价格一直无法达到企业的预期，性价比不高；传感网络是一种多跳自组织网络，极易遭到环境因素或人为因素的破坏，若要保证网络通畅，并能实时安全传送可靠信息，网络的维护成本高。在成本没有达到普遍可以接受的范围内，物联网的发展只能是空谈。

5.3　信息网络

随着互联网发展进程的加快，信息资源网络化成为一大潮流，与传统的信息资源相比，网络信息资源在数量、结构、分布和传播的范围、载体形态、内涵传递手段等方面都显示出新的特点，这些新的特点赋予了网络信息资源新的内涵。

信息网络

5.3.1　网络信息资源

网络信息资源也称虚拟信息资源，它是以数字化形式记录的，以多媒体形式表达的，存储在网络计算机磁介质、光介质，以及各类通信介质上的，并通过计算机网络通信方式进行传递信息内容的集合。简言之，网络信息资源就是通过计算机网络可以利用的各种信息资源的总和。目前网络信息资源以因特网信息资源为主，同时也包括其他没有连入因特网的信息资源。

1. 网络信息资源的特点

（1）数量巨大

因特网是一个开放的数据传播平台，任何机构、任何人都可以将自己拥有的信息与他人共享。所以，因特网的信息资源几乎无所不包，且类型丰富多样，如学术信息、商业信息、政府信息、个人信息、娱乐信息、新闻信息等。它一方面给用户选择提供了较大的信息选择空间；另一方面，大量毫无价值的冗余信息也给用户造成了很大的麻烦。

（2）形式多样化

传统信息资源主要是以文字或数字形式表现出来的信息。而网络信息资源则可以文本、图像、音频、视频、软件、数据库等多种形式存在，涉及领域从经济、科研、教育、艺术、到具体的行业和个体，包含的文献类型从电子报刊、电子工具书、商业信息、新闻报道、书目数据库、文献信息索引到统计数据、图表、电子地图等。

（3）时效性强

网络环境下，信息的传递和反馈快速灵敏，具有动态性和实时性。信息在网络中的流动性非常迅速，电子流取代纸张和邮政的物流，加上无线电和卫星通信技术的充分运用，上传到网上的任何信息资源，都只需要短短的数秒就能传递到世界各地的每一个角落。因此，与传统文献相比，网络信息变化更加快捷新颖，而且可根据需要不断扩充。

（4）无序性强

网络信息非线性排列，无序性增强。由于任何机构、个人都可自由地在网上发布信息，不受限制，很多信息不加任何整理，所以，就整个因特网而言，信息资源杂乱无章，存储混乱，给利用增加了一定难度。

（5）交互性强

任何机构、个人不仅可以从互联网获取信息，还可以向网上发布信息。因特网提供讨论交流的渠道，如各种网站上的BBS站点等。在网上可以找到提供各种信息的人，如科学家、工程技术专家、教育家、有各种特长或爱好的人；也可以找到一些专题讨论小组，通过交流、咨询或帮助，同时可以发表自己的见解。

（6）关联性高

网络信息资源利用超文本链接，构成了立体网状文献链，把不同国家、不同地区、各种服务器、各种网页、各种文献通过结点连接起来，增强了关联度，并通过各种专用搜索引擎及检索系统使信息检索变得方便快捷。

2. 网络信息的组织方式

网络信息组织是指根据网络信息的特点，运用各种工具和方法，对网络信息进行加工、整理、排列、组合，使其有序化、系统化、规律化，从而有利于网络信息的存储、传播、检索、利用，以满足人们对网络信息的需求。

目前，网络信息的组织方式主要由4种：

（1）文件方式

采用主题组织的思想，以文件名标识信息内容，用文件夹组织信息资源。以文件方式组织网络信息资源简单方便，可以存储程序、图形、图像、图表、音频、视频等非结构化信息，可以方便地利用文件系统来管理，容易实现。但是，由于网络的普及和信息量的增多，信息结构较为复杂，这种方式难以实现有效控制和管理。

（2）数据库方式

数据库方式是指将所有获得的信息资源按照固定的记录格式存储，用户通过关键字查询，就可以找到所需信息线索，然后就可以链接相关的数据库，查获相关的信息资源。数据库技术利用严谨的数据模型对信息进行规范化处理，利用关系代数理论进行信息查询的优化，提高了效率。并且，能够根据不同客户的不同需求来调整查询结果，控制结果集的大小，这样就可以将网络传输的负荷降低，从而大大降低了网络数据传输的负载。但是，这种方式对非结构信息的处理难度大，不能提供数据信息之间的知识关联，无法处理日益复杂的信息单元，缺乏直观性和人机交互性。

（3）超媒体方式

超媒体方式是指以超文本与多媒体技术相结合而组织利用网上信息资源的方式。超媒体一词是由超文本衍生而来的。

超文本是用超链接的方法，将各种不同空间的文字信息组织在一起的网状文本。超链接大量应用于Internet的万维网中，它是指在Web网页所显示的文件中，对有关词汇所做的索引链接能够指向另一个文件。万维网使用链接方法能方便地从Internet上的一个文件访问另一个文件（即文件的链接），这些文件可以在同一个站点，也可在不同的站点。可见万维网中的超链接能将若干文本组合起来形成超文本。同样道理，超链接也可将若干不同媒体、多媒体或流媒体文件链接起来，组合成为超媒体。

这种将文字、表格、声音、图像、视频等多媒体信息以超文本方式组织起来，使人们可以通过高度链接的网络结构在各种信息库中自由航行，检索到所需要的信息，促进了信息的非线性组织与多种传播方式的发展。它以符合人们跳跃性思维习惯的非线性的方式组织信息，有良好的包容性和可扩充性，超越了媒体类型对信息组织与检索的限制，实现了链接浏览的搜索方式。但是，采用浏览的方式进行信息搜索，当超媒体网络过于庞大时，很难迅速而准确地定位，且很难保存浏览过程中所有的历史记录，不可避免出现所谓的“迷航”现象。

（4）主题树方式

主题树方式是将信息资源按照某种事先确定的概念体系结构，分门别类地逐层加以组织，主题树提供一种界面机制，用户通过这个界面用浏览的方式逐层加以选择，层层遍历，直至找到所需要的信息线索（即相关站点链接），并通过信息线索直接找到相应的网络信息资源，如图 5–23 所示。

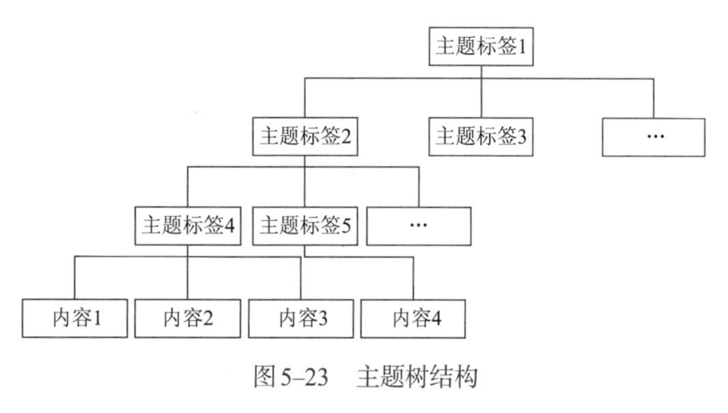

图 5–23　主题树结构

这种方式具有良好的可扩充性和严密的系统性。但是，主题范畴体系的结构不能过于复杂，每一类目下的信息索引条目也不宜过多，这就大大降低了其所能容纳的网络信息资源的数量，因此不宜于建立综合性的大型网络信息资源系统。但是，适于建立专业性的或示范性的网络信息资源体系，如专题导航等。

（5）搜索引擎方式

搜索引擎是一种以查询为目的的网络信息资源组织方式，它通过网络蜘蛛等爬虫程序，将网络上的信息资源或者与某一个课题相关的站点收录到自己的数据库中，抽取关键词并进行索引，并提供检索入口，将用户输入的词语与数据库中的信息资源相匹配，按照相关性高低将检索结果输出，呈现给用户的一种程序。其优点是使用方便，操作简单；缺点是缺乏统一的规范，有时检索的结果不能满足用户的需求。

5.3.2　标记语言

标记语言是互联网领域广泛使用的一种语言，是信息网络构建的基础，互联网信息的组织与传播是基于标记语言的。标记语言是将文本以及与文本相关的其他信息结合起来，展现出关于文档结构和数据处理细节的计算机文字编码。互联网常用的标记语言有超文本标记语言（HyperText MarkUp Language，HTML）和可扩展标记语言（Extensible Markup Language，XML）。

1. 超文本标记语言

互联网最流行的万维网（World Wide Web，WWW）服务是基于HTML文档管理各种信息资源的。HTML文档，是指用HTML书写的文档，每一份HTML文档称为网页或Web页。HTML是通过使用标记来描述文档结构和表现形式的一种语言，由浏览器进行解析后把结果显示在网页上，它是网页构成的基础。用于创建网页和Web应用程序，此语言用于注释文本，以便计算机可以理解它并相应地操作文本。

（1）HTML基本结构

HTML文档以<HTML>标记开始，以</HTML>标记结束。HTML标签告诉浏览器这两个标记之间的内容是HTML文档。例如：

```
<HTML>
<HEAD>
   <TITLE>网页标题</TITLE>
</HEAD>
<BODY>
   <p>第一个HTML文件</p>
</BODY>
</HTML>
```

（2）HTML文档头和文档体

HTML文档分为文档头<HEAD>和文档体<BODY>两部分。文档头放在<HEAD>、</HEAD>标签之间，在文档头中，对文档进行一些必要的定义，如标题、字符格式、语言、兼容性、关键字、描述等信息，而网页要展示的内容需要嵌套在<body>标签中，文档体包含在<BODY>、</BODY>标签之间。

（3）HTML标签

HTML标签是HTML中最基本的单位，是由尖括号包围的关键词，通常是成对出现的，如<div>和</div>；标签对中的第一个标签是开始标签，第二个标签是结束标签；也有单独呈现的标签，如<img src="百度百科.jpg"/>。

一般成对出现的标签，其内容在两个标签中间。单独呈现的标签，则在标签属性中赋值，如<h1>标题</h1>和<input type="text" value="按钮" />。

某些时候不按标准书写代码虽然可以正常显示，但是作为职业素养，还是应该养成正规编写习惯。表5–6和表5–7所示为HTML常用的文本标签、图形标签和表格标签。

（4）HTML 5简介

HTML 5是构建Web内容的一种语言描述方式，是互联网的下一代标准，是互联网的核心技术之一。HTML 5自从2010年正式推出后，以惊人的速度发展，现在主流浏览器基本上都支持了HTML 5。HTML 5是对超文本标记语言的第五次修改，如果说上一代HTML 4是为了适应PC时代而产生的，HTML 5则是为了适应移动互联网时代产生的，它们都是W3C（万维网联盟）推荐的标准语言。HTML5将Web带入一个成熟的应用平台，在这个平台上，视频、音频、图像、动画，以及与设备的交互都进行了规范。

HTML 5专门为承载丰富的Web内容而设计，且无须额外插件；拥有新的语义、图形及多媒体元素；HTML 5提供的新元素和新的API，简化了Web应用程序的搭建；HTML 5是跨平台的，可以在不同类型的硬件（PC、平板计算机、手机、电视机等）之上运行。

2. HTTP协议

HTTP协议提供了访问超文本信息的功能，是WWW浏览器和WWW服务器之间的应用层通信协议。WWW使用HTTP协议传输各种超文本页面和数据。

HTTP协议会话过程包括4个步骤，如图5–24所示。

表 5-6　HTML 常用文本标签

标签名	标识
<h1>...</h1>）	标题字大小（h1~h6）
<b>...</b>	粗体字
<strong>...</strong>	粗体字（强调）
<i>...</i>	斜体字
<em>...</em>	斜体字（强调）
<center>…</center>	居中文本
<ul>…</ul>	无序列表
<ol>…</ol>	有序列表
<li>…</li>	列表项目
<a href="…">…</a>	超链接
<font>	定义文本字体、颜色、字号
<sub>	下标
<sup>	上标
 	换行
<p>	段落

表 5-7　HTML 常用表格、图形标签

标签	标识
<img src=…>	定义图像
<hr>	水平线
<del>	加删除线
<table>…</table>	定义表格
<th>…</th>	定义表格中的表头单元格
<tr>…</tr>	定义表格中的行
<td>…</td>	定义表格中的单元格

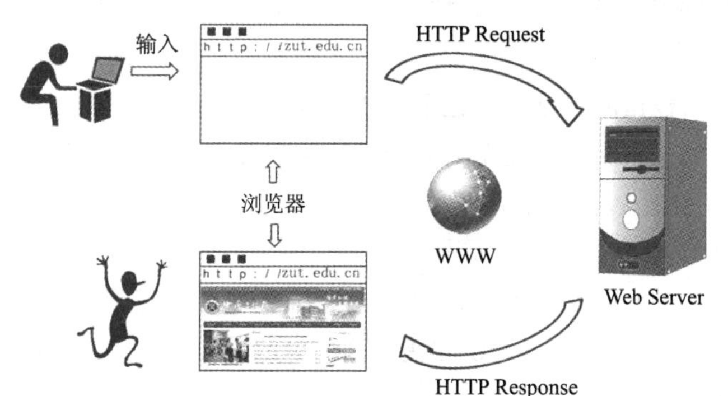

图 5-24　HTTP 协议会话过程

①建立连接：客户端的浏览器向服务端发出建立连接的请求，服务端给出响应就可以建立连接。

②发送请求：客户端按照协议的要求通过连接向服务端发送自己的请求。

③给出应答：服务端按照客户端的要求给出应答，把结果（HTML 文件）返回给客户端的浏览器。

④关闭连接：客户端接到应答后关闭连接。

HTTP 协议是基于 TCP/IP 之上的协议，它不仅保证正确传输超文本文档，还确定传输文档中的哪一部分，以及哪部分内容首先显示（如文本先于图形）等。HTTP 将用户的数据，包括用户名和密码都用明文传送，具有安全隐患，容易被窃听到，对于具有敏感数据的传送，可以使用具有保密功能的 HTTPS（Hypertext Transfer Protocol Secure）协议。

3. 可扩展标记语言

可扩展标记语言（XML），是Internet环境中跨平台的、依赖于内容的技术，是当前处理结构化文档信息的有力工具，满足了Web内容发布与交换的需要，适合作为各种存储与共享的通用平台。

使用XML可以做到数据或数据结构在任何编程语言环境下的共享。例如，如果在某个计算机平台上用某种编程语言编写了一些数据或数据结构，然后用XML标记语言进行处理，这样，其他人就可以在其他的计算机平台上访问这些数据或数据结构，甚至可以用其他的编程语言来操作这些数据或数据结构。这就是XML作为一种数据交换语言存在的价值。XML标记语言的优点如下：

（1）XML文档的内容和结构完全分离

在XML文档中，数据的显示样式已从文档中分离出来，而被放入相关的样式表文件中。如果需要改动数据的表现形式，不需要改动数据本身，只要改动控制数据显示的样式表文件即可。XML能够确保同一网络站点的数据信息能够在不同的设备上成功显示。

（2）轻松地跨平台应用

XML文档是基于文本的，所以很容易被人和机器阅读，也非常容易使用。纯文本文件可以方便地穿越防火墙，便于不同设备和不同系统间的信息交换。

（3）支持不同文字、不同语种间的信息交互

XML所依赖的Unicode标准，是一个支持世界上所有主要语言的混合文字符号编码系统，XML技术不但使得各种信息能在不同的计算机系统之间交互，还能跨语种、跨文化进行交流。

（4）便于信息的检索

由于XML通过给数据内容贴上标记来描述其含义，并且把数据的显示格式分离出去，所以对XML文档数据的搜索就可以简单高效地进行。在此情况下，搜索引擎没有必要再去遍历整个文档，只需查找制定标记的内容即可。

（5）可扩展性

XML快速地投入到互联网的使用中。比较典型的有化学标记语言（CML）、数据标记语言（MathML）、矢量图形标记语言（VML）、无线通信标记语言（WML）等。

（6）适合面向对象的程序开发

XML文档非常容易阅读，对机器也是如此。XML文档数据的逻辑结构是一种树状的层次结构，文档中的每一个元素都可以映射为一个对象，同时也可以有相应的属性和方法，因而非常适合使用面向对象的程序设计方式来开发处理这些XML文档的应用程序。

5.3.3 搜索引擎

搜索引擎是指根据一定的策略、运用特定的计算机程序从互联网上采集信息，在对信息进行组织和处理后，为用户提供检索服务，将检索的相关信息展示给用户的系统。搜索引擎是工作于互联网上的一门检索技术，旨在提高人们获取搜集信息的速度，为人们提供更好的网络使用环境。

搜索引擎按其工作方式主要可分为3种：全文搜索引擎（Full Text Search Engine）、目录索引类搜索引擎（Search Index/Directory）和元搜索引擎（Meta Search Engine）。全文搜索引擎是名副其实的搜索引擎，国外具有代表性的有Google，国内著名的有百度（Baidu）。它们都是通

过从互联网上提取的各个网站的信息（以网页文字为主）而建立的数据库中，检索与用户查询条件匹配的相关记录，然后按一定的排列顺序将结果返回给用户，因此它们是真正的搜索引擎。目录索引无须输入任何文字，只要根据网站提供的主题分类目录，层层点击进入，便可查到所需的网络信息资源，典型代表有Yahoo。元搜索引擎（Meta Search Engine）接受用户查询请求后，同时在多个搜索引擎上搜索，并将结果返回给用户，著名的元搜索引擎有InfoSpace、Dogpile、Vivisimo等。

1. 搜索引擎的工作原理

搜索引擎为了以最快的速度得到搜索结果，它搜索的内容通常是预先整理好的网页索引数据库。普通搜索，不能真正理解网页上的内容，它只能机械地匹配网页上的文字。真正意义上的搜索引擎，通常指的是收集了互联网上几千万到几十亿个网页并对网页中的每一个文字（即关键词）进行索引，建立索引数据库的全文搜索引擎。当用户查找某个关键词时，所有在页面内容中包含了该关键词的网页都将作为搜索结果被搜出来。在经过复杂的算法进行排序后，这些结果将按照与搜索关键词的相关度高低依次排列。典型的搜索引擎由三大模块组成：

（1）信息采集模块

信息采集器是一个可以浏览网页的程序，被形容为“网络爬虫”。它首先打开一个网页，然后把该网页的链接作为浏览的起始地址，把被链接的网页获取过来，抽取网页中出现的链接，并通过一定算法决定下一步要访问哪些链接。同时，信息采集器将已经访问过的URL存储到自己的网页列表并打上已搜索的标记。自动标引程序检查该网页并为它创建一条索引记录，然后将该记录加入到整个查询表中。信息收集器再以该网页的超链接为起点继续重复这一访问过程直至结束。

（2）查询表模块

查询表模块是一个全文索引数据库，它通过分析网页，排除HTML等语言的标记符号，将出现的所有字或词抽取出来，并记录每个字词出现的网址及相应位置（例如，是出现在网页标题中，还是出现在简介或正文中），最后将这些数据存入查询表，成为直接提供给用户搜索的数据库。

（3）检索模块

检索模块是实现检索功能的程序，其作用是将用户输入的检索表达式拆分成具有检索意义的字或词，再访问查询表，通过一定的匹配算法获得相应的检索结果。返回的结果一般根据词频和网页链接中反映的信息建立统计模型，按相关度由高到低的顺序输出。

2. 搜索引擎的工作过程

搜索引擎是通过一种特定程序跟踪网页的链接，从一个链接爬到另外一个链接，像蜘蛛在蜘蛛网上爬行一样，所以称为“蜘蛛”，也被称为“机器人”。搜索引擎的整个工作过程分为三部分：一是蜘蛛在互联网上爬行和抓取网页信息，并存入原始网页数据库；二是对原始网页数据库中的信息进行提取和组织，并建立索引库；三是根据用户输入的关键词，快速找到相关文档，并对找到的结果进行排序，并将查询结果返回给用户。搜索引擎的工作过程如图5–25所示。

（1）网页抓取

搜索引擎每遇到一个新文档，都要搜索其页面的链接网页。搜索引擎访问Web页面的过程类似普通用户使用浏览器访问页面的过程：搜索引擎先向页面提出访问请求，服务器接受其访问请求并返回HTML代码后，把获取的HTML代码存入原始页面数据库。

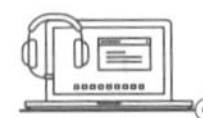

（2）预处理，建立索引

为了便于用户在数万亿级别以上的原始网页数据库中快速便捷地找到搜索结果，搜索引擎必须将“蜘蛛”抓取的原始Web页面进行预处理。

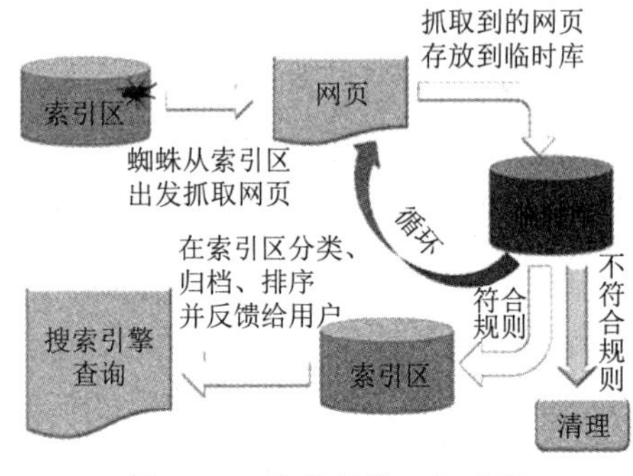

图5–25　搜索引擎工作过程

Web页面预处理有以下步骤：判断网页类型，衡量其重要程度、丰富程度，对超链接进行分析、分词，把重复网页去掉。经过搜索引擎分析处理后，Web页已经不再是原始的网页页面，而是浓缩成能反映页面主题内容的、以词为单位的文档。

当用户进行查询时，如果根据用户所提交的关键词对本地文件全面扫描，“查询”的工作量就太大了，而且也是很消耗服务器资源的，所以搜索引擎会把已经处理过的网页先进行索引，放到数据库中等待搜索。

正向索引指的是文件对应关键词的形式，正向索引数据结构简化示意图如图5–26所示。

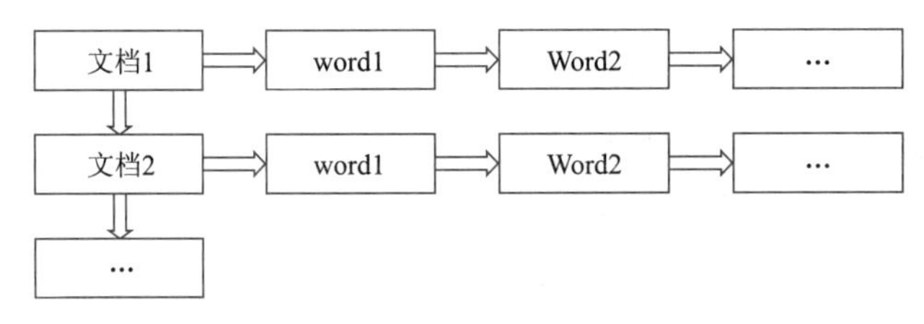

图5–26　正向索引结构简化示意图

如果使用这种正向索引方法搜索关键词，也需要对所有文件进行检索。为了使得索引文件可以直接用于排名，搜索引擎会把上面的对应关系进行转换，做成倒排索引，也就是采用关键词对应文件的形式。倒排索引的数据结构简化示意图如图5–27所示。

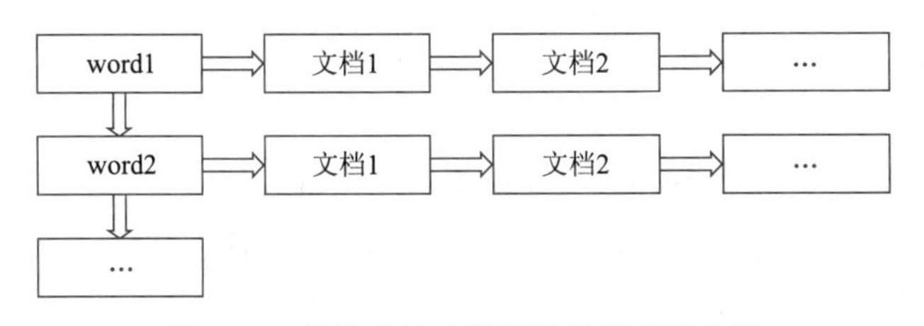

图5–27　倒排索引的数据结构简化示意图

这样的索引结构可以直接应用于搜索排名，例如，用户搜索关键词1，那么搜索引擎只会对包含关键词1的文件进行相关度和权重计算；用户搜索“关键词1+关键词2”组合词，那么搜索引擎就会把包含关键词1且包含关键词2的文件调出，进行相关度和权重计算。这样就大大加快了呈现排名的速度。

倒排索引中不仅记录了包含相应关键词文件的ID，还会记录关键词频率、每个关键词对应的文档频率，以及关键词出现在文件中的位置等信息。在排名过程中，这些信息会被分别进行加权处理，并应用到最终的排名结果中。

（3）查询服务

在搜索引擎界面输入关键词，单击“搜索”按钮之后，搜索引擎程序开始对搜索词进行以下处理：如中文特有的分词处理，去除停止词，判断是否需要启动整合搜索，判断是否有拼写错误或错别字等情况。接着搜索引擎程序便把包含搜索词的相关网页从索引数据库中找出，而且对网页进行排序，最后按照一定格式返回到“搜索”页面。查询服务最核心的部分是搜索结果排序，其决定了搜索引擎的好坏及用户满意度。实际搜索结果排序的因子很多，但最主要的因素之一是网页内容的相关度。影响相关性的主要因素包括如下五方面。

①关键词常用程度。

②词频及密度。

③关键词位置及形式。

④关键词距离。

⑤链接分析及页面权重。

5.4　互联网思维

互联网改变了人们的生活与工作方式，是20世纪最伟大的发明之一。目前，即将来到Web 3.0——大互联时代。大互联时代的典型特点是多对多交互，不仅包括人与人，还包括人机交互以及多个终端的交互。真正的Web 3.0时代是基于物联网、大数据和云计算的智能生活时代，实现了“每个个体、时刻联网、各取所需、实时互动”的状态。Web 3.0时代必然颠覆人们的思维模式，具有基于互联网的创新思维。

5.4.1　互联网思维体系

互联网思维，就是在（移动）“互联网”+、大数据、云计算等科技不断发展的背景下，对市场、用户、产品、企业价值链乃至对整个商业生态进行重新审视的思考方式。互联网思维从整体上可以划分为9个维度：

（1）用户思维

用户思维即在价值链各个环节中都要“以用户为中心”去考虑问题。从整个价值链的各个环节，建立起“以用户为中心”的企业文化，要遵循3个法则：一是得“草根”者得天下，成功的互联网产品都抓住了“草根一族”的需求；二是兜售参与感，按需定制和在用户的参与下去优化产品；三是体验至上，用户体验从细节开始，让用户有所感知，并超出用户预期，带来惊喜。用户思维可以简单从3个角度来理解：WHO（我们是谁）、WHAT（我们能为你提供什么）、HOW（我们将以什么样的方式为你们提供）。这也是营销最基础的底层理论。

（2）极简思维

极简思维所信奉的特点是：少即是多。互联网时代，信息爆炸，用户的耐心越来越不足，所以，必须在短时间内抓住他。要遵循两个法则：一是专注，专注才有力量，才能做到极致；二是简约，在产品设计方面，要做减法，外观要简洁，内在的操作流程要简化。

（3）极致思维

极致思维，就是把产品、服务和用户体验做到极致，超越用户预期，要打造让用户尖叫的产品。多一点死磕精神，多一点完美主义，让内容处于不断的优化状态，将产品与服务做到最好。

（4）迭代思维

迭代思维的本质，是要及时乃至实时地把握用户需求，并能够根据用户需求进行动态的产品调整。这是一种以人为核心、反复、循序渐进的开发方法，允许有所不足，不断试错，在持续迭代中完善产品。有两个要点：一个“微”，一个“快”。①小处着眼，微创新。“微”，要从细微的用户需求入手，贴近用户心理，在用户参与和反馈中逐步改进。“可能你觉得是一个不起眼的点，但是用户可能觉得很重要”。②精益创业，快速迭代。只有快速地对消费者需求做出反应，产品才更容易贴近消费者。

（5）流量思维

有人的地方就有流量，流量也意味着体量，体量意味着分量。流量即金钱，流量即入口，流量的价值不必多言。要遵循两个法则：一是免费是为了更好地收费；二是坚持到质变的“临界点”。任何一个互联网产品，只要用户活跃数量达到一定程度，就会开始产生质变，从而带来商机或价值。

（6）社会化思维

社会化商业的核心是网，公司面对的客户以网的形式存在，这将改变企业生产、销售、营销等整个形态。要遵循两个法则：一是利用好社会化媒体；二是众包协作。众包是以“蜂群思维”和层级架构为核心的互联网协作模式。企业与用户之间是网状的沟通，用户既是产品的使用者、也是产品的传播者和评价者。

（7）大数据思维

大数据思维是指对大数据的认识，对企业资产、关键竞争要素的理解。用户在网络上可被监测和分析的行为给了大数据更多的可能性。

（8）平台思维

互联网的平台思维就是开放、共享、共赢的思维。平台模式最有可能成就产业巨头。平台是互联网时代的驱动力，全球100强的企业里，有60%都是平台型企业，包括苹果、谷歌等。平台是共建一个多方共赢的生态圈，要遵循3个法则：一是打造多方共赢的生态圈；二是善用现有平台；三是让企业成为员工的平台。让员工成为真正的“创业者”，让每个人成为自己的CEO。

（9）跨界融合思维

随着互联网和新科技的发展，很多产业的边界变得模糊，互联网企业的触角已无孔不入，如零售、图书、金融、电信、娱乐、交通、媒体等。遵循两个法则：一是携“用户”以令诸侯；二是大胆颠覆式创新。一个真正厉害的企业，一定是手握用户和数据资源、敢于跨界创新的组织。

5.4.2 “互联网＋”的创新思维

创新是社会进步和历史发展的重要动力，是人类思维的本质特征之一，而一切创新活动，不仅需要知识和经验，更需要创新意识和创新思维。

创新思维是创新活动的灵魂，创新思维在如今非常流行的互联网中有着较为广泛的应用。“互联网＋”作为现代和未来人们的生产和生活方式，从互联网进入我国至今，历经20多年的发展，最初作为一项技术和工具实现了现实社会中大范围的普及。“互联网＋”就是“互联网＋各个行业”，但这并不是二者的简单相加，而是利用互联网创新思维、互联网技术和互联网平台，让互联网与传统行业深度融合，改造传统行业，提升各行业的竞争力。互联网是一个产业，“＋”让互联网这个产业衍生出了无限可能。

以前互联网是作为工具使用，但现在很多企业运用互联网思维运营。企业要做到“互联网＋”，需要做到：

①传播互联网化：即将公司的品牌或产品在互联网上进行宣传。常用的是微博、微信、搜索引擎、行业网站、分类网站、门户网站。

②销售互联网化：即利用互联网获得销售额。常用的是通过淘宝、阿里巴巴、京东、拼多多等进行批发或零售。通过线上宣传、线下成交；或者线下宣传、线上裂变成交等O2O方式进行批发或零售。

③业务互联网化：即C2B和F2C模式，在此阶段某一程度上来说，已经改变了传统企业的经营方式。例如，小米生产手机时，找了100多位发烧友，在设计手机的过程中，收集、采纳这些用户的建议。而手机生产出来后，这100多位铁杆粉丝也在线上、线下帮其宣传推广。用户参与了企业的研发和销售。

④企业互联网化：即用互联网思维重构整个企业的组织、流程以及经营理念等。

1. "互联网+"创新思维的经典案例

（1）雕爷牛腩

雕爷牛腩是一家"轻奢餐"餐厅，每天门庭若市，吃饭都要排很久的队。雕爷牛腩创办者叫孟醒，人称"雕爷"，他并非做餐饮的专业人士，开办这家餐厅，充满了互联网式玩法的餐厅运作。

在菜品方面，雕爷追求简洁，同时只供应12道菜，追求极致精神；在网络营销方面，微博引流兼客服，微信做CRM；在粉丝文化方面，雕爷形成了自己的粉丝文化，越有人骂，"死忠粉"就越坚强；而在产品改进方面，配有专门团队每天进行舆情监测，针对问题持续进行优化和改进。

雕爷牛腩就完美地诠释了什么叫互联网产品思维，互联网思维就是围着用户来，体验做到极致，然后用互联网方式推广。

（2）可口可乐

2013年的夏天，仿照在澳大利亚的营销动作，可口可乐在中国推出可口可乐昵称瓶，昵称瓶在每瓶可口可乐瓶子上都写着"分享这瓶可口可乐，与你的________。"这些昵称有"白富美""天然呆""高富帅""邻家女孩""大咔""纯爷们""有为青年""文艺青年""小萝莉"等。这种昵称瓶迎合了中国的网络文化，使广大网民喜闻乐见，于是几乎所有喜欢可口可乐的人都开始去寻找专属于自己的可乐。

可口可乐昵称瓶的成功显示了线上线下整合营销的成功，品牌在社交媒体上传播，网友在线下参与购买属于自己昵称的可乐，然后再到社交媒体上讨论，这一连贯过程使得品牌实现了立体式传播。可口可乐昵称瓶更重要的意义在于——它证明了在品牌传播中，社交媒体不只是活动的配合者，也可以成为活动的核心。

（3）小米

小米公司是2010年4月份成立的年轻公司，它的第一款手机是2011年8月发布的。创业不到4年时间，年销售额做到280亿元人民币，公司估值已超过100亿美元。更令人不解的是，小米几乎"零投入"的营销模式，通过论坛、微博、微信等社会化营销模式，凝聚起粉丝的力量，把小米快速打造为"知名品牌"。

小米在产业链的每一个环节上尝试着颠覆，也渐渐地形成一套自己独特的理论。例如，互联网七字诀：专注、极致、口碑、快，以及不计成本地做最好产品。

也正是通过种种颠覆，小米成立不到4年，就以独特的模式换来年销售额280亿元的奇迹。

小米模式是一个渐渐形成的过程，或许还有更多的颠覆发生。所幸小米在飞速发展中保持着冷静，黎万强坦言：“我们现在的挑战就是要保持清醒，控制欲望，控制节奏。”

（4）三只松鼠

“三只松鼠”是由安徽三只松鼠电子商务有限公司于2012年强力推出的第一个互联网森林食品品牌，代表着天然、新鲜以及非过度加工。仅仅上线65天，其销售在淘宝、天猫坚果行业跃居第一名，花茶行业跃居前十名，发展速度之快创造了中国电子商务历史上的一个奇迹。在2012年天猫双十一大促中，成立刚刚4个多月的“三只松鼠”当日成交近800万元，一举夺得坚果零食类目冠军宝座，并且成功在约定时间内发完10万笔订单，创造了中国互联网食品历史突破。2013年1月份单月业绩突破2 000万元，轻松跃居坚果行业全网第一。

因为互联网极大缩短了厂商和消费者的距离与环节，三只松鼠定位于做“互联网顾客体验的第一品牌”，产品体验是顾客体验的核心。互联网的速度可以让产品更新鲜、更快地到达，这就是“三只松鼠”坚持做“互联网顾客体验的第一品牌”和“只做互联网销售”的原因。

2. “互联网+”创新思维的极致应用

小陈开了一家馒头店，1元钱1个，10元钱可以买12个。小陈注入了互联网思维后：

①只要在店里买豆浆，馒头只需要5角钱一个。豆浆成本3角，卖1元钱一杯；这样他每天能卖3 000个馒头+3 000杯豆浆。（关联营销）

②后来只要买豆浆，馒头免费送。（免费战略）

③来的人越来越多，馒头做不过来了，小陈买了台馒头机，只要买豆浆就可以自己去做。（用户原创内容UGC）

④来的人更多了，只要是老顾客，免费提供小板凳遮阳伞，方便更舒服地排队。（增值服务）

⑤如果一次订一年的豆浆，可免排队优先买豆浆。（会员体系）

⑥人越来越多，小陈决定把隔壁的铺子也租下来打通。（平台战略）

⑦隔壁的铺子不卖馒头豆浆，只卖油条稀饭。（丰富产品线）

⑧小陈找人写了报道《人间自有真情在，白送馒头20年》到处传播。（软文推广）

⑨客人越来越多，小陈决定开连锁店。找银行贷款（融资）；找亲戚朋友借一圈（P2P）；找客人借一圈，说只要你借我钱，我送你一盘小咸菜（众筹）。

⑩连锁店开起来，一家只有桌子板凳，另一家全是真皮沙发，真皮沙发要贵5角钱。（差异化服务）

⑪小陈生意好，客人多，隔壁街的商场要来小陈门口发传单，小陈一天收2万元。（流量变现）

（资料来源https://www.sohu.com/a/241837904_100211400）

“互联网+”的经济现象，绝对不是一个单纯的叠加，而是一个市场的放大，是一个空间的拓展，“互联网+”的创新思维，即将打破人们头脑中的藩篱，可能也会打破商业经营、产业组织、人际交往，的种种藩篱，一切的一切，都要从设计的环节从头做起。我们的消费观、创业观、营利观，乃至人生观、世界观，将迎来一次颠覆！

习　题

一、选择题

1. 计算机网络中，所有的计算机都连接到一个中心结点上，一个网络结点需要传输数据，首先传输到中心结点上，然后由中心结点转发到目的结点，这种连接结构被称为（　　）。

A. 总线结构　　B. 星状结构　　C. 环状结构　　D. 网状结构

2.（　　）是互联网的主要互联设备。

A. 交换机　　B. 集线器　　C. 路由器　　D. 调制解调器

3. 物联网的核心和基础是（　　）。

A. 无线通信网　　B. 传感器网络　　C. 互联网和物联网　　D. 有线通信网

4. 射频识别技术（RFID）由电子标签和阅读器组成，电子标签附着在需要标识的物品上，阅读器通过获取（　　）信息来识别目标物品。

A. 物品　　B. 条形码　　C.IC 卡　　D. 标签

5. 关于搜索引擎的分类，下面说法正确的是（　　）。

A. 搜狐属于全文引擎，Google 属于目录索引类

B. 搜狐属于目录索引类引擎，Google 属于元搜索引擎

C. 搜狐属于目录索引类引擎，Google 属于全文搜索引擎

D. 搜狐属于目元搜索引擎，Google 属于全文搜索引擎

二、填空题

1. 物联网是在________基础上延伸和扩展的网络。物联网技术的重要基础和核心仍旧是________。

2. 网络通信的三大要素包括：________、________和________。________是信息的发送方，________是信息的接收方，________是连接信源和信宿的通道，是信息的传送媒介。

3. 常见的网络拓扑结构主要有：________、________、________、________和________等。

4. 目前国际上规模最大的计算机网络 Internet（因特网）就是以________为基础的。

5. 按照 TCP/IP 协议规定，IP 地址用二进制来表示，每个 IPv4 地址长________位。IPv6 采用________位地址长度。

6. 物联网的基本特征可概括为________、________和________。

7. 物联网作为一个系统网络，与其他网络一样，有其内部特有的架构。物联网系统有 3 个层次：________、________和________。

8. 互联网最流行的 3W 服务，是基于________管理各种信息资源的，3W 使用________协议传输各种超文本页面和数据。

三、简答题

1. 简述常见的网络拓扑结构及其优缺点。

2. 简述你对协议及协议分层的理解。

3. 简述路由器和 Modem 的功能。

4. 试着用 HTML 写一个简单的网页。

5. 简述超链接、超文本、超媒体之间的联系和区别。

6. 举例说明你对互联网创新思维的理解。

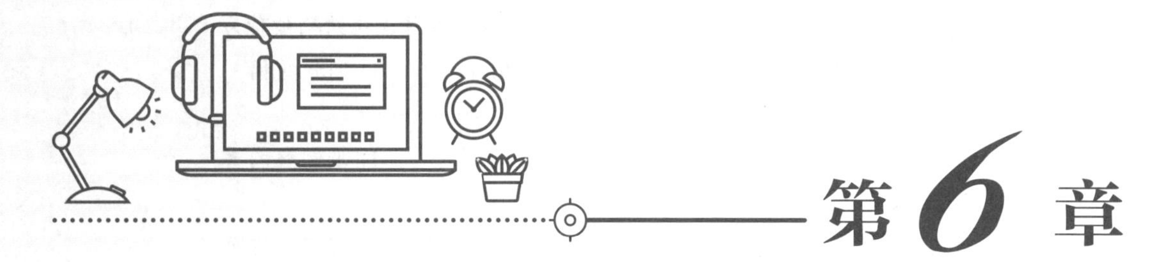

第6章 数据库与大数据技术

数据库技术是计算机科学的一个重要分支，也是计算机科学技术中发展最快的领域之一，经过40多年的发展形成了较为完整的理论体系。目前，数据库技术已被广泛地应用于政府机构、科学研究、企业管理和社会服务等各个领域。随着互联网的快速发展，特别是社交媒体、电子商务网站的广泛应用，每天出现海量的非结构化数据，这些数据难易用传统的数据库技术来处理，进而出现大数据技术。本章主要介绍数据管理技术的发展、数据库的基础知识、数据库设计的一般步骤和大数据的基本概念。通过本章学习，培养学生管理和处理数据的数据化思维。

学习目标：

- 掌握数据库的基础知识和关系数据库的基本概念。
- 掌握数据库管理系统的功能和结构化查询语言（SQL）的使用。
- 掌握数据库设计的一般步骤。
- 了解大数据的基本概念和数据处理的一般流程。
- 了解大数据开发主流框架。

6.1 数据库的基本概念

自从计算机被发明之后，人类社会就进入了高速发展阶段，大量的信息堆积在人们面前。此时，如何组织存放这些信息，如何在需要时快速检索出信息，以及如何让所有用户共享这些信息就成为一个大问题。数据库技术就是在这种背景下诞生的，这也是使用数据库的原因。当今，世界上每一个人的生活几乎都离不开数据库。如果没有数据库，很多事情几乎无法解决。例如，没有学校的图书管理系统，借书会是一件很麻烦的事情，更不用说网上查询图书信息；没有教务管理系统，学生要查询自己的成绩也不是很方便；没有计费系统，人们就不能随心所欲地拨打手机；没有数据库的支持，网络搜索引擎就无法继续工作……可见，数据库应用已经遍布人们生活的各个角落。

6.1.1 计算机数据管理的发展

1. 数据和信息

在数据处理中，最常用到的基本概念就是数据和信息。

数据是指描述事物的符号记录，是用物理符号记录的可以鉴别的信息，包括文字、图形、声音等，都是用来描述事物特性的。

信息是指以数据为载体的对客观世界实际存在的事物、事件和概念的抽象反映。具体来说是一种被加工为特定形式的数据，是通过人的感官或各种仪器仪表等感知出来并经过加工而形成的反映现实世界中事物的数据。

例如，某校学生档案中记录了学生的姓名、性别、年龄、出生日期、籍贯、所在系别、入学时间。例如，下面的描述：

（张三平，男，19，1994，河南，计算机系，2013）就是数据。

这条学生记录，所表述的是：

张三平是个大学生，1994年出生，男，河南人，2013年考入计算机系，就是信息。

2. 数据管理技术

数据管理技术具体就是指人们对数据进行收集、组织、存储、加工、传播和利用的一系列活动的总和，经历了人工管理、文件管理、数据库管理3个阶段。每一阶段的发展以数据存储冗余不断减小、数据独立性不断增强、数据操作更加方便和简单为标志，各有各的特点。

（1）人工管理阶段

这一阶段是指20世纪50年代中期以前，计算机主要用于科学计算。当时的计算机硬件状况是：外存只有磁带、卡片、纸带，没有磁盘等直接存取的存储设备；软件状况是：没有操作系统，没有管理数据的软件，数据处理方式是批处理。人工管理阶段的特点是：数据不保存、数据无专门软件进行管理、数据不共享、数据不具有独立性、数据无结构。这时期数据与程序关系的特点如图6–1所示。

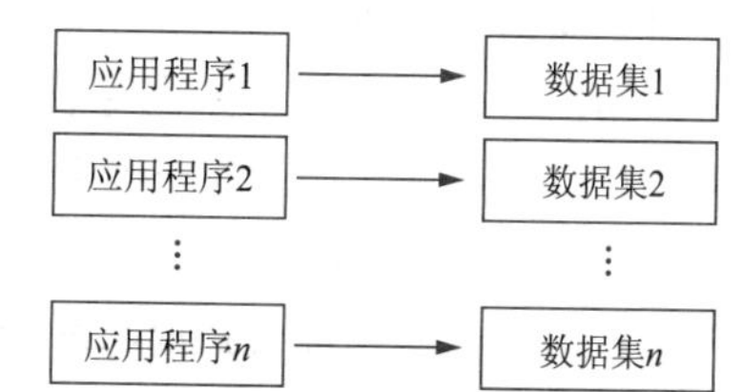

图6–1　人工管理阶段数据与程序的关系

（2）文件管理阶段

这一阶段从20世纪50年代后期到60年代中期，计算机硬件和软件都有了一定的发展。计算机不仅用于科学计算，还大量用于管理。这时硬件方面已经有了磁盘、磁鼓等直接存取的存储设备。在软件方面，操作系统中已经有了数据管理软件，一般称为文件系统。处理方式上不仅有了文件批处理方式，而且能够联机实时处理数据。这时期数据与程序的关系如图6–2所示。

（3）数据库管理阶段

20世纪60年代末数据管理进入新时代——数据库管理阶段。数据库管理阶段出现了统一管理数据的专门软件系统，即数据库管理系统。数据库管理系统是一种较完善的高级数据管理方式，也是当今数据管理的主要方式，获得了广泛的应用。这时期数据与程序之间的关系如图6–3所示。

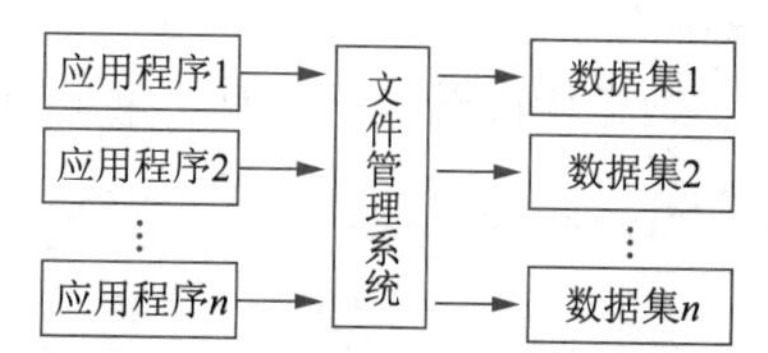

图6–2　文件管理阶段数据与程序的关系

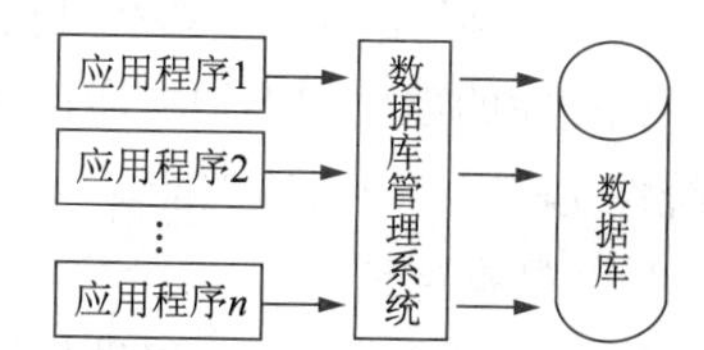

图6–3　数据库管理阶段数据与程序的关系

随着网络和信息技术的发展及应用领域的不同，又出现了分布式数据库系统、并行数据库系统和面向对象的数据库系统。

6.1.2 数据库系统

数据库系统（Database System，DBS）是指引进数据库技术后的计算机系统，主要包括相应的数据库、数据库管理系统、数据库应用系统、计算机硬件系统、软件系统（如操作系统）和用户。其组成结构如图6–4所示。

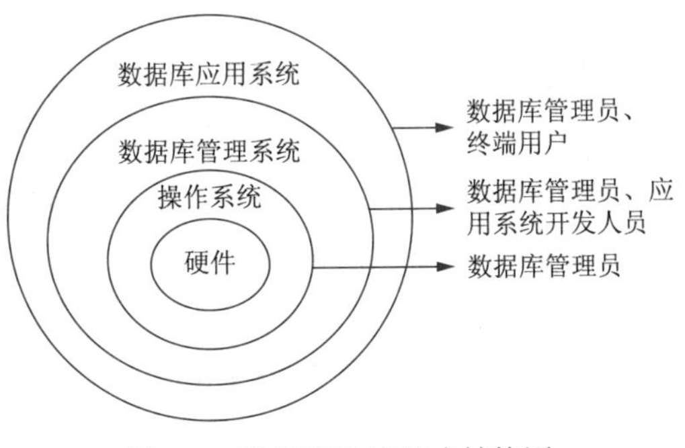

图6–4 数据库系统组成结构图

1. 数据库

数据库是具有统一结构形式、可共享的、长期存储在计算机内的数据的集合。数据库中的数据以一定的数据模式存储、描述，具有很小的冗余度、较高的数据独立性和易扩展性，可为不同的用户共享。

2. 数据库管理系统

数据库管理系统（DBMS）位于用户与操作系统之间，是可借助操作系统完成对硬件的访问，并负责数据库存取、维护和管理的系统软件。它是数据库系统的核心组成部分，用户在数据库中的一切操作，包括定义、查询、更新和各种控制都是通过DBMS进行的。

DBMS的基本功能如下：

（1）数据定义功能

数据定义功能在关系数据库管理系统（RDBMS）中就是创建数据库、创建表、创建视图和创建索引，定义数据的安全性和数据的完整性约束等。

（2）数据操纵功能

数据操纵功能实现对数据库的基本操作，包括数据的查询处理、数据的更新（增加、删除、修改）等。

数据库系统

（3）数据库的运行管理

数据库的运行管理主要完成对数据库的控制，包括数据的安全性控制、数据的完整性控制、多用户环境下的并发控制和数据库的恢复，以确保数据正确有效和数据库系统的正常运行。

（4）数据组织、存储和管理

数据组织、存储和管理是指对数据资源、用户数据、存取路径等数据进行分门别类地组织、存储和管理，确定以何种文件结构和存取方式物理地组织这些数据，如何实现数据之间的联系，以便提高存储空间利用率以及提高随机查找、顺序查找、增、删、改等操作的时间效率。

（5）数据库的建立和维护功能

数据库的建立和维护功能包括数据库的初始数据的装入，数据库的转储、恢复、重组织，系统性能监视、分析等功能。

（6）数据通信

数据通信是指DBMS提供与其他软件系统进行通信的功能。它实现用户程序与DBMS之间的通信，通常与操作系统协调完成。

目前，市场上有许多优秀的数据库管理软件，如Oracle、MySQL、SQL Server、Informix、

Access等。Microsoft Access是在Windows环境下非常流行的小型数据库，使用Microsoft Access无须编写任何代码，只需要通过简单的可视化操作就可以完成大部分数据库管理功能。

3. 数据库应用系统

数据库应用系统（DataBase Application System，DBAS）是指利用数据库系统资源开发的面向实际应用的软件系统。一个数据库应用系统通常由数据库和应用程序组成，它们都是在数据库管理系统支持下设计和开发出来的。

4. 用户

用户主要包括三类人员：第一类是数据库管理员（Database Administrator，DBA），是指对数据库进行设计、维护和管理的专门人员；第二类是应用系统开发人员，是设计和开发数据库应用系统的程序员；第三类是终端用户，主要是使用数据库应用系统的用户。

6.1.3　数据库系统的特点

1. 数据共享性高、冗余度低。

这是数据库系统的最大改进，数据不再面向某个应用程序而是面向整个系统，当前所有用户可同时访问数据库中的数据。这样就减少了不必要的数据冗余，节约了存储空间，同时也避免了数据之间的不相容性与不一致性。

2. 数据结构化

数据结构化即按照某种数据模型，将应用的各种数据组织到一个结构化的数据库中。在数据库中数据的结构化，不仅要考虑某个应用的数据结构，还要考虑整个系统的数据结构，并且还要能够表示出数据之间的有机关联。

3. 数据独立性高

数据的独立性是指逻辑独立性和物理独立性。数据的逻辑独立性是指当数据的总体逻辑结构改变时，数据的局部逻辑结构不变。由于应用程序是依据数据的局部逻辑结构编写的，所以应用程序不必修改，从而保证了数据与程序间的逻辑独立性。数据的物理独立性是指当数据的存储结构改变时，数据的逻辑结构不变，从而应用程序也不必改变。

4. 有统一的数据控制功能

数据库为多个用户和应用程序所共享，对数据的存取往往是并发的，即多个用户可以同时存取数据库中的数据，甚至可以同时存取数据库中的同一个数据。为确保数据库数据的正确有效和数据库系统的有效运行，数据库管理系统提供了四项数据控制功能：安全性、完整性、并发性、数据恢复。

6.2　数据模型

模型是对现实世界特征的模拟和抽象。例如，一组建筑设计沙盘、一架精致的航模飞机等都是具体的模型。数据模型是模型的一种，它是现实世界数据特征的抽象。现实世界中的具体事务必须用数据模型这个工具来抽象表示，计算机才能够处理。

6.2.1　数据模型的组成

数据模型所描述的内容通常由数据结构、数据操作和完整性约束3个要素组成。

1．数据结构

数据模型中的数据结构主要描述数据的类型、内容、性质，以及数据间的联系等。数据结构是数据模型的基础，数据操作和约束都建立在数据结构上。不同的数据结构具有不同的操作和约束。

数据模型

数据结构用于描述系统的静态特性。

2．数据操作

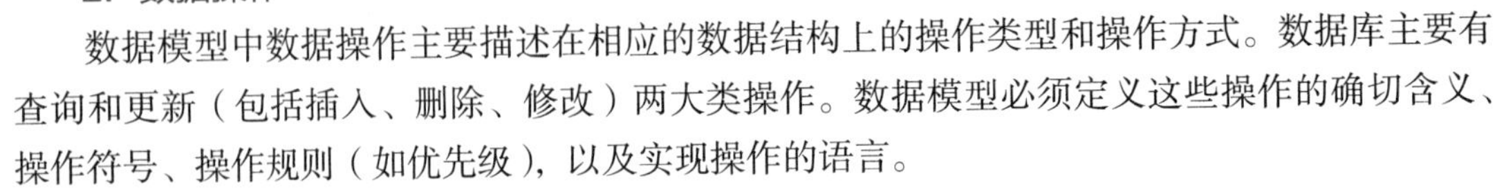

数据模型中数据操作主要描述在相应的数据结构上的操作类型和操作方式。数据库主要有查询和更新（包括插入、删除、修改）两大类操作。数据模型必须定义这些操作的确切含义、操作符号、操作规则（如优先级），以及实现操作的语言。

数据操作用于描述系统的动态特性。

3．完整性约束

数据模型中的数据约束主要描述数据结构内数据间的语法、词义联系、它们之间的制约和依存关系，以及数据动态变化的规则，以保证数据的正确、有效和相容。例如，在学籍管理系统中，学生的“性别”只能为“男”或“女”；学生选课信息中的“课程号”的值必须取自学校已经开设课程的课程号等。

数据模型是数据库技术的关键，它的3个要素完整地描述了一个数据模型。

6.2.2　数据模型的分类

数据模型按照不同的应用层次分为概念数据模型、逻辑数据模型和物理数据模型。

1．概念数据模型

概念数据模型简称概念模型，它是一种面向客观世界、面向用户的模型；它与具体的数据库系统无关，与具体的计算机平台无关。概念模型着重于客观世界复杂事物的结构描述及它们之间的内在联系的描述。概念模型是整个数据模型的基础，最常用的是实体–联系（Entity Relationship,E-R）。

2．逻辑数据模型

通常所说的数据模型一般指逻辑数据模型，它是一种面向数据库系统的模型，该模型着重于在数据库系统一级的实现。概念模型只有在转换成数据模型后才能在数据库中得以表示。较为成熟的逻辑数据模型有层次模型、网状模型和关系模型。Access、MySQL、SQL Server、Oracle就是基于关系模型的关系数据库。

3．物理数据模型

物理数据模型又称物理模型，它是一种面向计算机物理表示的模型，此模型给出了数据模型在计算机上物理结构的表示。

数据模型是数据库系统的核心和基础。各种机器上实现的DBMS软件都是基于某种数据模型的。为了把现实世界中的具体事物抽象、组织为某一DBMS支持的数据模型，人们经常先将现实世界抽象为信息世界，然后再将信息世界转换为机器世界。也就是说，把现实世界中的客观对象抽象为某一种信息结构，这种信息结构并不依赖于具体的计算机系统，不是某一个DBMS支持的数据模型，而是概念级的模型；然后再把概念模型转换为计算机上某一DBMS支持的数据模型，这一过程如图6–5所示。

6.2.3　E-R模型简介

E-R模型是“实体-联系方法”（Entity-Relationship Approach）的简称。它是描述现实世界概念结构模型的有效方法。

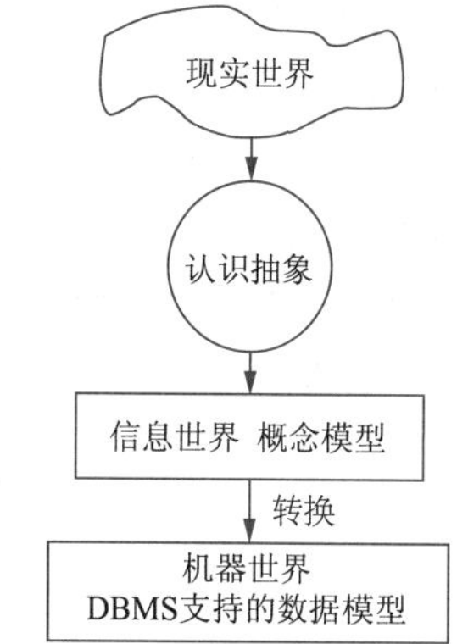

图6–5　现实世界中客观对象的抽象过程

1. 相关概念

建立E-R模型需要掌握以下几个概念：

（1）实体

客观存在、并可相互区别的事物称为实体（Entity）。实体可以是实实在在的客观存在（如学生、教师、商店、医院），也可以是一些抽象的概念或地理名词，如地震、北京市。

（2）属性

实体所具有的特征称为属性（Attribute）。一个实体往往有多个属性，如一个人可以具备姓名、年龄、性别、身高、肤色、发型、衣着等属性。属性的取值称为属性值，一个属性的取值范围称为该属性的值域或值集。

（3）联系

实体集之间的对应关系称为联系，它反映现实世界事物之间的相互关系。联系有一对一、一对多、多对多3种，分别记为1∶1、1∶n、m ∶n。例如，一个班级只有一个班主任，一个班主任只带一个班级，班级和班主任之间联系为1∶1；一个老师可以带多门课程，老师和课程之间联系为1∶n；一个学生可以选多门课程，一门课程可以供多个学生选修，学生选课联系为m ∶n。

2. E-R模型的图示法

E-R模型可以用图的形式来描述现实世界的概念模型，称为E-R图。E-R图用矩形表示实体型，矩形框内写明实体名；用椭圆表示实体的属性，并用无向边将其与相应的实体型连接起来；用菱形表示实体型之间的联系，在菱形框内写明联系名，并用无向边分别与有关实体型连接起来，同时在无向边旁标上联系的类型（1∶1、1∶n或m ∶n）。

图6–6所示为学生选修课程的一个E-R图示例。

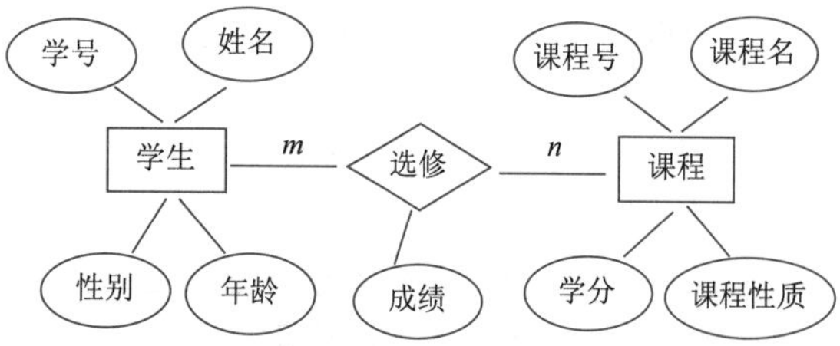

图6–6　E–R图示例

6.2.4　常用数据模型

数据库的类型是根据数据模型划分的，DBMS也是根据特定的数据模型有针对性地设计出来的，这就需要将数据库组织成DBMS所能支持的数据模型。目前常见的数据模型有层次模型、网状模型和关系模型3种。

1. 层次模型

在层次模型中，实体间的关系形同一棵根在上的倒挂树，上一层实体与下一层实体间的联系形式为一对多。现实世界中的组织机构设置、行政区划关系等都是层次结构应用的实例。基于层次模型的数据库系统存在天生的缺陷，它访问过程复杂，软件设计的工作量较大，现已较少使用。

层次模型具有以下特点：

①有且仅有一个结点无父结点，它位于最高层次，称为根结点。

②根结点以外的其他结点有且仅有一个父结点，如图6–7所示。

2. 网状模型

网状模型也称网络模型，它较容易实现普遍存在的“多对多”关系，数据存取方式要优于层次模型，但网状结构过于复杂，难以实现数据结构的独立，即数据结构的描述保存在程序中，改变结构就要改变程序，因此目前已不再是流行的数据模型。

网状模型具有以下特点：

①允许一个以上的结点无双亲结点。

② 一个结点可以有多于一个双亲结点，如图6–8所示。

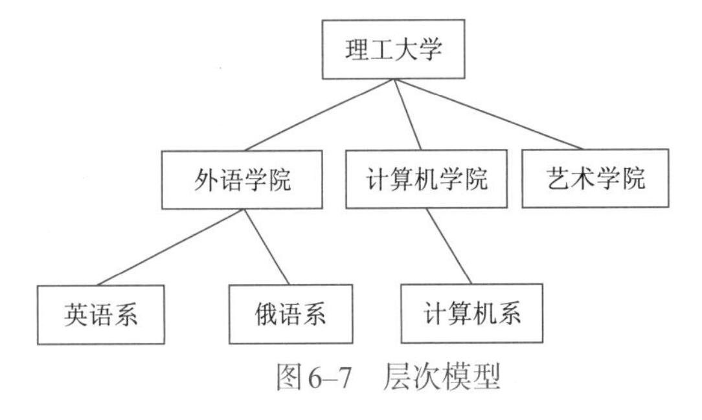

图6–7　层次模型

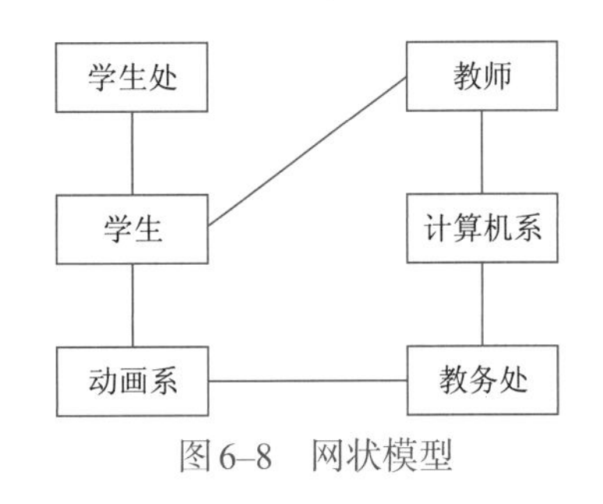

图6–8　网状模型

3. 关系模型

关系模型是以二维表的形式表示实体和实体之间联系的数据模型，即关系模型数据库中的数据均以表格的形式存在，其中表完全是一个逻辑结构，用户和程序员不必了解一个表的物理细节和存储方式；表的结构由数据库管理系统（DBMS）自动管理，表结构的改变一般不涉及应用程序，在数据库技术中称为数据独立性。

关系模型具有以下特点：

① 每一列中的值具有相同的数据类型。

② 列的顺序可以是任意的。

③ 行的顺序可以是任意的。

④ 表中的值是不可分割的最小数据项。

⑤ 表中的任意两行不能完全相同。

关系模型建立在数学概念模型基础之上，有较强的理论依据。在设计关系数据库时，要达到一定的范式要求。关系数据库应用非常成熟。目前大部分信息系统都是基于关系数据库设计的。

6.3　关系数据库

关系数据库是建立在关系数据库模型基础上的数据库，借助于集合代数等概念和方法来处理数据库中的数据。目前主流的关系数据库有Oracle、SQL Server 、Access、DB2、Sybase等。

关系数据模型及其运算

6.3.1　关系数据模型

关系数据库是当今主流的数据库管理系统，一个关系就是一个二维表。这种用二维表的形式表示实体和实体间联系的数据模型称为关系模型。

要了解关系数据库，首先需要对其基本关系术语进行认识。

1. 关系

一个关系就是一个二维表，每个关系有一个关系名称。对关系的描述称为关系模式，一个关系模式对应一个关系的结构。其表示格式如下：

关系名（属性名1，属性名2,…，属性名n）

例如：课程（课程号，课程名称，课程性质、学时、学分）

在Access中，如图6–9所示显示了一个“课程”表。

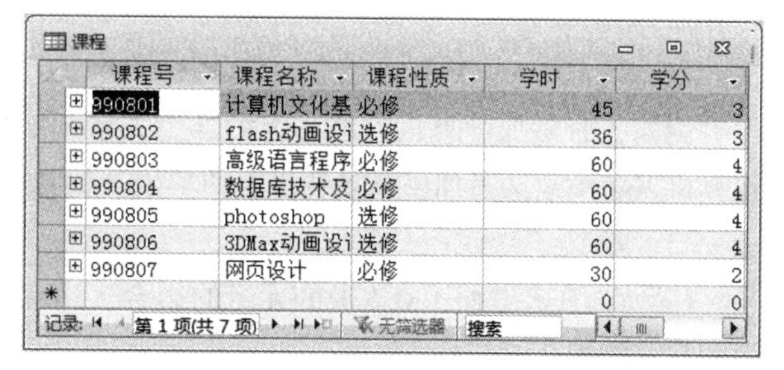

课程号	课程名称	课程性质	学时	学分
990801	计算机文化基	必修	45	3
990802	flash动画设i	选修	36	3
990803	高级语言程序	必修	60	4
990804	数据库技术及	必修	60	4
990805	photoshop	选修	60	4
990806	3DMax动画设i	选修	60	4
990807	网页设计	必修	30	2
*			0	0

图6–9　课程表

值得说明的是，在表示概念模型的E-R图转换为关系模型时，实体和实体之间的联系都要转换为一个关系，即一张二维表。

2. 元组

在一个关系（二维表）中，每行为一个元组。一个关系可以包含若干个元组，但不允许有完全相同的元组。在Access中，一个元组称为一个记录。例如，“课程”表就包含了7条记录。

3. 属性

关系中的列称为属性。每一列都有一个属性名，在同一个关系中不允许有重复的属性名。在Access中，属性称为字段，一个记录可以包含多个字段。例如,“课程”表就包含了5个字段。

4. 域

域指属性的取值范围，如课程性质必须为选修和必修。

5. 关键字

关键字又称码，由一个或多个属性组成，用于唯一标识一个记录。例如，学生表中的学号可以唯一地确定一个学生，所以学号可以作为学生表中的关键字。关键字的值不能够为空。一个表可以有多个关键字，在关系数据库中，只能选择其中一个作为主关键字，剩余的关键字称为候选关键字。

6. 外部关键字

如果关系中的某个属性或者属性的组合不是关系的主关键字，但它是另外一个关系的主关键字或候选关键字，则该属性称为外部关键字，也称为外键。外部关键字的目的是和其他关系建立联系。

6.3.2　关系运算

关系运算是对关系数据库的数据操纵，主要是从关系中查询需要的数据。关系的基本运算分为两类：一类是传统的集合运算，包括并、交、差等；另一类是专门的关系运算，包括选择、投影、连接等。关系运算的操作对象是关系，关系运算的结果仍然是关系。

1. 传统的集合运算

传统的集合运算要求两个关系的结构相同，执行集合运算后，得到一个结构相同的新关系。

对于任意关系R和关系S，它们具有相同的结构，即关系模式相同，而且相应的属性取自同一个域。那么，传统的集合运算定义如下：

（1）并

R并S，R或S两者中所有元组的集合。一个元组在并集中只出现一次，即使它在R和S中都存在。

例如，把学生关系R和S分别存放2个班的学生，把一个班的学生记录追加到另一个班的学生记录后面，就是进行的并运算。

（2）交

R交S，R和S中共有的元组的集合。

例如，有参加计算机兴趣小组的学生关系R和参加象棋兴趣小组的学生关系S，求既参加计算机兴趣小组又参加象棋兴趣小组的学生，就要进行交运算。

（3）差

R差S，在R中而不在S中的元组的集合。注意R差S不同于S差R，后者是在S中而不在R中的元素的集合。

例如，有参加计算机兴趣小组的学生关系R和参加象棋兴趣小组的学生关系S，求参加计算机兴趣小组但没有参加象棋兴趣小组的学生，就要进行差运算。

2. 专门的关系运算

（1）选择

从关系中找出满足条件元组的操作称为选择。选择是从行的角度进行运算的，在二维表中抽出满足条件的行。例如，在学生成绩的关系1中找出“一班”的学生成绩，并生成新的关系2，就应当进行选择运算，如图6–10所示。

关系1

姓名	班级	成绩
张三	一班	80
李四	一班	99
王五	二班	78

一班学生成绩 ⇒

关系2

姓名	班级	成绩
张三	一班	80
李四	一班	99

图6–10　选择运算

（2）投影

从关系中选取若干个属性构成新关系的操作称为投影。投影是从列的角度进行运算的，选择某些列的同时丢弃了某些列。例如，在学生成绩的关系1中去除成绩列，并生成新的关系2，就应当进行投影运算，如图6–11所示。

关系1

姓名	班级	成绩
张三	一班	80
李四	一班	99
王五	二班	78

投影 ⇒

关系2

姓名	班级
张三	一班
李四	一班
王五	二班

图6–11　投影运算

（3）连接

连接指将多个关系的属性组合构成一个新的关系。连接是关系的横向结合，生成的新关系中包含满足条件的元组。例如，关系1和关系2进行连接运算，得到关系3，如图6–12所示。在连接运算中，按字段值相等执行的连接称为等值连接，去掉重复字段的等值连接称为自然连接，如图6–13所示。自然连接是一种特殊的等值连接，是构造新关系的有效方法。

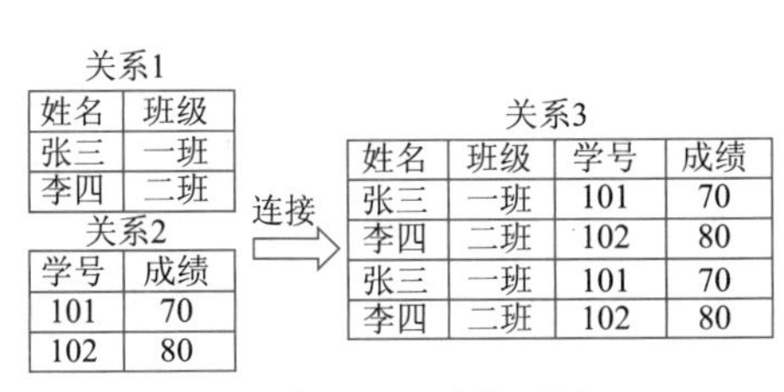

图 6–12　连接运算

关系1

姓名	学号
张三	101
李四	102
王五	103

关系2

学号	成绩
101	70
102	80
104	90

自然连接 ⇒

关系3

姓名	学号	成绩
张三	101	70
李四	102	80

图 6–13　自然连接运算

6.3.3　关系的完整性

关系的完整性是对数据的约束，关系数据库管理系统的一个重要功能就是保证关系的完整性。关系完整性包括实体完整性、值域完整性、参照完整性和用户自定义完整性。

1. 实体完整性

实体完整性指数据表中记录的唯一性，即同一个表中不允许出现重复的记录。设置数据表的关键字便于保证数据的实体完整性。例如，学生表中的“学号”字段作为关键字，就可以保证实体完整性，若编辑“学号”字段时出现相同的学号，数据库管理系统就会提示用户，并拒绝修改字段。

2. 值域完整性

值域完整性指数据表中记录的每个字段的值应在允许范围内。例如，可规定“学号”字段必须由数字组成。

3. 参照完整性

参照完整性是指相关数据表中的数据必须保持一致。例如，学生表中的“学号”字段和成绩表中的“学号”字段应保持一致。若修改了学生表中的“学号”字段，则应同时修改成绩记录表中的“学号”字段，否则会导致参照完整性错误。

4. 用户自定义完整性

用户自定义完整性指用户根据实际需要而定义的数据完整性。例如，可规定“性别”字段值为“男”或“女”，“成绩”字段的值必须是 0 ~ 100 范围内的整数。

6.4　结构化查询语言 SQL

结构化查询语言（Structured Query Language，SQL)，是目前广泛遵循的关系数据库语言标准，是一种高度非过程化语言，具有 DBMS 所有功能，包括数据定义语言（DDL）、数据操纵语言（DML）及数据控制语言（DCL）。

6.4.1　SQL 数据定义语言

SQL语句介绍

数据定义语言，用来建立和修改数据表。例如，CREATE、DROP、ALTER 等语句。

1. CREATE 语句

CREATE 用来创建数据库或表。创建表的语法格式如下：

```
CREATE TABLE table_name(column_definition)
```

例如，创建“学生”表（学号，姓名，性别，民族，出生日期，高考成绩，简历），学号作为主键，对应的SQL语句如下：

```
CREATE TABLE 学生(学号 text(12) primary key,姓名 text(8),性别 text(2),民族 text(10),出生日期 date,高考成绩 smallint,简历 memo)
```

说明：字段名后的关键字表示字段的属性，这里定义的“学号”字段，数据类型为文本型，字段长度为12，作为表的主键。

2. DROP语句

DROP语句用来删除表。语法格式如下：

```
DROP TABLE table_name
```

例如，删除前面创建的“学生”表，对应的SQL语句如下：

```
DROP TABLE 学生
```

3. ALTER语句

ALTER语句用来修改表的结构，包括增加（ADD）、删除（DROP）和修改（ALTER）字段属性。

（1）增加字段的语法格式

```
ALTER TABLE table_name ADD column_definition
```

例如，为新创建的“学生”表增加列班级（文本型，字段长度20），相应的SQL语句如下：

```
ALTER TABLE 学生ADD 班级 text(20)
```

（2）删除字段的语法格式

```
ALTER TABLE table_name DROP column_name
```

例如，删除班级列的SQL语句如下：

```
ALTER TABLE 学生DROP 班级
```

（3）修改字段的语法格式

```
ALTER TABLE table_name  ALTER COLUMN column_name  type_name
```

例如，修改民族字段为文本类型，长度为的SQL语句如下：

```
ALTER TABLE 学生ALTER  COLUMN  民族  text(20)
```

6.4.2 SQL数据操纵语句

数据操纵语句用于增加、修改、删除数据库中的数据，其操作对象是表的记录。例如，INSERT、UPDATE和DELETE。

1. INSERT语句

INSERT语句用来向表中插入记录。语法如下：

```
INSERT INTO table_name [rowset_function] VALUES  expression
```

例如，在“学生”表中插入学号为201200010001，姓名为“张一”的一条记录，对应的SQL语句如下：

```
INSERT INTO 学生(学号，姓名) VALUES ("201200010001", "张一")
```

说明：插入的字段值与字段名必须一一对应，并且符合数据表的结构定义。

2. UPDATE语句

UPDATE语句用来修改表中的记录。语法如下：

```
UPDATE table_name
SET <update clause> [, <update clause> ...n ]
[WHERE search_condition]
```

例如，将“学生”表中民族不是汉族的信息全部改为“少数民族”，对应的SQL语句如下：

```
UPDATE 学生
SET 民族="少数民族"
WHERE 民族<>"汉族"
```

3. DELETE语句

DELETE语句用来删除表中的记录。语法如下：

```
DELETE FROM table_name WHERE search_condition
```

例如：删除“学生”表中所有女生的记录。

```
DELETE FROM 学生WHERE 性别="女"
```

6.4.3 SQL查询语句

数据查询语句（即SELECT语句）是数据操作语言中常用的一个。基本语法格式如下：

```
SELECT select_list
FROM table_source
[ WHERE search_condition ]
[ GROUP BY group_by_expression]
[ HAVING search_condition]
[ ORDER BY order_expression [ ASC | DESC ] ]
```

说明：

①SELECT语句的核心是SELECT select_list FROM table_source。其中，select_list指字段名表，是查询需要显示字段的名称的集合，各字段名中间使用逗号间隔；table_source指查询的数据来源——表或查询。

②WHERE子句用来设置查询的条件，search_condition指条件表达式，可以进行筛选或表连接操作。

③GROUP BY子句用来设置查询的分组依据。

④HAVING子句是对GROUP BY分组查询的进一步限制，要和GROUP BY一起使用，不能够单独使用。

⑤ORDER BY子句用来指定查询的排序字段，多个排序字段之间用逗号隔开。

SELECT语句功能非常强大，可以实现数据库的任何查询操作，下面举例介绍使用方法。

1. 单表查询

利用SELECT语句可以实现对一个表的选择和投影操作。

例如，查询学生表中学生的学号、姓名和性别，按照学号升序排序，SQL语句如下：

```
SELECT 学号，姓名，性别 FROM 学生 ORDER BY 学号 ASC
```

例如，查询所有姓张的同学的信息：

```
SELECT * FROM 学生 WHERE 姓名 LIKE "张*"
```

这里SELECT *表示筛选所有字段。

2. 多表查询

利用SELECT语句可以实现多个数据表的连接查询。有两种方法可以实现：一种是利用将两个表关联的字段（即两个表主键和外键）作为条件写在WHERE字句中；另一种用INNER JOIN ON将两个表进行关联查询。

例如，从“学生”表中选择学号、姓名，从“成绩”表中选择对应学生的课程号和选课成绩显示。对应的SQL语句如下：

```
SELECT 学生.学号, 姓名, 课程号,选课成绩
FROM 学生,成绩
WHERE 学生.学号 =成绩.学号
```

也可以写为：

```
SELECT 学生.学号, 姓名, 课程号,选课成绩
FROM 学生 INNER JOIN 成绩 ON 学生.学号=成绩.学号
```

3. 汇总查询

SELECT语句还可以实现数据的分组汇总操作。分组汇总常常用到聚合函数，经常使用的聚合函数有以下几种：

①COUNT()：求所选数据的记录数。

②MAX()：对数值型字段求最大值。

③MIN()：对数值型字段求最小值。

④SUM：计算数值型字段的总和。

⑤AVG：计算数值型字段的平均值。

例如，求学生表中男女生的人数，显示字段为性别和人数，SQL语句如下：

```
SELECT 性别,COUNT(*) AS 人数 FROM 学生 GROUP BY 性别
```

例如：对学生表，求每个班高考成绩的最高分,显示字段为班级和高考最高分；SQL语句如下：

```
SELECT 班级,MAX(高考成绩) AS 高考最高分 FROM 学生 GROUP BY 班级
```

SQL语句的功能强大、语法复杂，这里仅介绍了最基本的语法规则，如果有需要，可以查询标准SQL语句的使用方法。最常用的SQL语句是SELECT语句，如果能熟练使用，将会提高创建查询的效率。SQL数据控制语句，由于不同的数据库管理系统所支持的方法不一样，本节不再介绍。

6.5 数据库设计案例

本节以Access数据库管理系统为例，介绍数据库设计的一般步骤和方法，训练学生如何利用数据库设计思想规划和设计数据库，管理和操作数据库中的数据。

6.5.1 数据库设计的一般步骤

数据库设计案例

设计数据库是指对于一个给定的应用环境，构造出最优的关系模式，建立数据库及其应用系统，使之能够有效地存储数据，满足各种用户的需求。数据库设计的好坏，对于一个数据库应用系统的效率、性能及功能等起着至关重要的作用。

数据库设计目前一般采用生命周期法，即将整个数据库应用系统的开发分解成目标独立的若干阶段，它们是需求分析阶段、概念结构设计阶段、逻辑结构设计阶段、数据库物理设计阶段、数据库实施阶段、数据库运行和维护阶段。

1. 需求分析阶段

全面、准确了解用户的实际要求。对用户的需求进行分析主要包括三方面的内容：

①信息需求：即用户要从数据库获得的信息内容。信息需求定义了数据库应用系统应该提供的所有信息，注意描述清楚系统中数据的数据类型。

②处理要求：即需要对数据完成什么处理功能及处理的方式。处理需求定义了系统的数据处理的操作，应注意操作执行的场合、频率、操作对数据的影响等。

③安全性和完整性要求：在定义信息需求和处理需求的同时必须相应确定安全性、完整性约束。

2. 概念结构设计阶段

概念结构设计是整个数据库设计的关键，它通过对用户需求进行综合、归纳与抽象，形成一个独立于具体DBMS的概念模型。

3. 逻辑结构设计阶段

逻辑结构设计是将抽象的概念结构转换为所选用的DBMS支持的数据模型，并对其进行优化。

4. 数据库物理设计阶段

数据库物理设计是对为逻辑数据模型选取一个最适合应用环境的物理结构（包括存储结构和存取方法）。

5. 数据库实施阶段

在数据库实施阶段，设计人员运用DBMS提供的数据语言及其宿主语言，根据逻辑设计和物理设计的结果建立数据库，编制与调试应用程序，组织数据入库，并进行试运行。

6. 数据库运行和维护阶段

数据库应用系统经过测试、试运行后即可正式投入运行。在数据库系统运行过程中必须不断地对其进行评价、调整与修改。

6.5.2　Access数据库系统介绍

Access是微软公司开发的一个小型的桌面数据库管理系统，简单方便、易学易用，主要适用于小型数据库系统的开发，是实际工作中最常使用的数据库软件之一。

1. Access数据库系统的组成

Access 数据库是由数据库六大数据对象表、查询、窗体、报表、宏和模块组成。这些对象的有机结合就构成了一个完整的数据库应用程序。在一个数据库中对象都存放在一个扩展名为.accdb的数据库文件中。

（1）表

数据表（Table）是数据库中一个非常重要的对象，是其他对象的核心基础。在Access数据库中，数据表就是关系，数据库只是一个框架，数据表才是其实质内容。

（2）查询

查询（Query）是数据库中对数据进行检索的对象，用于从一个或多个表中找出用户需要的记录或统计结果，即向数据库提出问题，数据库按给定的要求从指定的数据源中提取数据集合。

（3）窗体

窗体（Form）是用户与数据库应用系统进行人机交互的界面。通过窗体能给用户提供一个更加友好的操作对象，用户可以通过添加“标签”“文本框”“命令按钮”等控件，轻松直观地查看、输入或更改表中的数据。窗体的数据源可以是表或查询。

（4）报表

报表（Report）就是用表格、图表等格式来显示数据的有效对象。它根据用户需求重组数据表中的数据，并按特定格式显示或打印。

报表最终目的是为了数据的打印与输出。报表可以将数据以设定的格式进行显示和打印，同时还可以对有关的数据实现汇总、求平均、求和等计算。利用报表设计器可以设计出各种各样的报表。报表对象的数据源可以是表或查询。

（5）宏

宏（Macro）是Access数据库对象之一。它是一个或多个操作（命令）的集合，宏可以将若干个操作组合在一起，以简化一些经常性的操作。简言之，宏就是一些操作的集合。

（6）模块

Access中的模块是用Access支持的VBA（Visual Basic for Applications）语言编写的程序段的集合，用于数据库较为复杂的操作。创建模块对象的过程也就是使用VBA编写程序的过程。模块是数据库中的基础构件，其内部的代码对实现数据库的应用非常重要。

2. Access界面介绍

Access 界面有六大部分组成，分别是快速访问工具栏、标题栏、功能区、导航窗格、对象操作窗口状态栏，如图6–14所示。这里的Access 2010版本为例进行讲解。

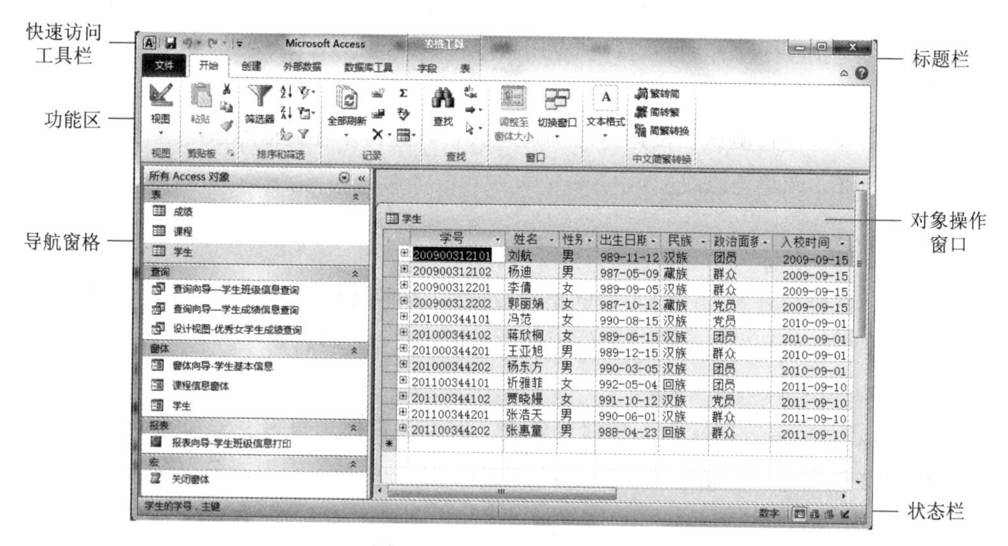

图6–14　Access 界面组成

6.5.3 “学籍管理”数据库的设计

根据前面介绍的数据库创建的一般步骤，首先要分析建立学籍管理系统数据库的目的，确定数据库所涉及的各种实体对象以及实体之间的联系，然后建立数据库和表的结构、设计表的约束和表之间的参照完整性。根据数据库系统需要还可以建立查询用来查询数据，建立窗体用来显示数据，建立报表用来打印数据，建立宏和VBA模块用来实现更加复杂的逻辑业务处理。下面将遵循前面给出的设计原则和步骤，以“学籍管理”数据库的设计为例，具体介绍在Access中设计数据库的过程。

“学籍管理”系统数据库设计1

1. 需求分析

对用户的需求进行分析，主要包括三方面的内容：信息需求、处理要求、安全性和完整性要求。针对该例，对学籍管理工作进行了解和分析，可以确定建立“学籍管理”数据库的目的是为了解决学籍信息的组织和管理问题，主要任务应包括教师信息管理、课程信息管理、学生信息管理、选课成绩管理、班级管理和院系管理等。由于篇幅的限制，这里学籍管理系统简化功能设计，主要完成学生信息管理、课程信息管理和选课成绩管理。

2. 确定数据库中的表

表是关系数据库的基本信息结构，确定表往往是数据库设计过程中最难处理的步骤。确定表要根据数据库系统功能所涉及的实体和关系来确定。这里根据简化版本的学籍管理系统功能，确定设计学生信息、课程信息和学生选课成绩信息。3个表之间关系比较简单，学生选修课程，联系为学生选课成绩。

3. 确定表中的字段

表中字段需要依据实体所需要的特征来确定。在确定每个表的字段时，应遵循以下原则：

①表中的字段必须是原始数据，即不包含推导或计算的数据。

②包含所需的所有信息。

③以最小的逻辑部分保存信息。

④确定主关键字字段。

根据这个原则确定3个表的关系模式如下：

学生（学号，姓名，性别，出生日期，民族，政治面貌，入校时间，高考成绩，班级名称，籍贯，简历，照片）PK：学号

课程（课程号，课程名，课程性质，学生，学分）PK：课程号

选课成绩（学号，课程号，开学学期，成绩）FK：学号，课程号

进一步根据Access关系数据库管理系统的特征，设计出3个关系的逻辑模型，如表6–1~表6–3所示。

表 6–1　“学生”表结构

字段名	类型	宽度	说明	字段名	类型	宽度	说明
xh	文本	12	学号	rxsj	日期	8	入学时间
xm	文本	4	姓名	gkcj	整型	默认	高考成绩
xb	文本	1	性别	bjmc	文本	20	班级名称
csrq	日期	默认	出生日期	jg	文本	50	籍贯
mz	文本	12	民族	jl	备注（长文本）	默认	简历
zzmm	文本	4	政治面貌	zp	OLE	默认	照片

表 6–2　“课程”表结构

字段名	类型	宽度	说明
kch	文本	6	课程号
kcm	文本	20	课程名称
kcxz	文本	10	课程性质，选修若是必修
xs	整型	默认（2）	学时
xf	整型	默认（2）	学分

表 6–3　“选课成绩”表结构

字段名	类型	宽度	说明
xh	文本	12	学号
kch	文本	6	课程号
kkxq	文本	20	开课学期
cj	整型	默认（2）	成绩

4. 创建数据库和表

根据数据库表的逻辑设计，下面用Access关系数据库进行物理实现。

①创建数据库。打开Access数据库，创建空白数据库，名称为“学籍管理”，如图6–15所示。

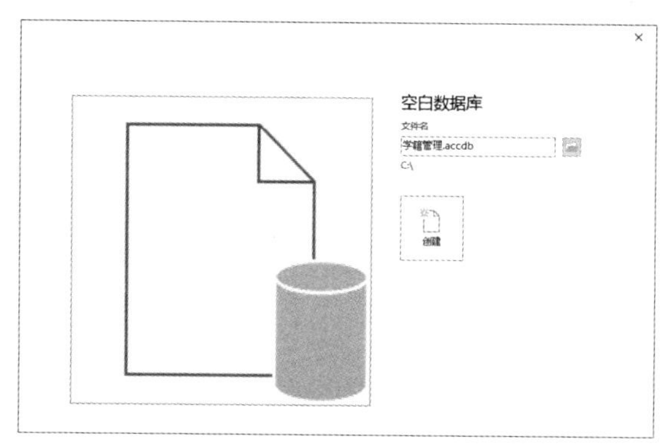

图6–15　创建数据库

单击“创建”按钮，创建一个名为“学籍管理”的数据库。

②创建数据表。在“学籍管理”数据库中，单击“创建”→“表格”→“表设计”按钮，打开表设计器，如图6–16所示。

学生

字段名称	数据类型	说明(可选)
xh	短文本	学生的学号，主键
xm	短文本	姓名
xb	短文本	性别，字段大小为1也可以，为了和其它数据库之间
csrq	日期/时间	出生日期
mz	短文本	民族
zzmm	短文本	政治面貌，党员、团员、群众
rxsj	日期/时间	入校时间
gkcj	数字	高考成绩
bjmc	短文本	班级名称
jg	短文本	籍贯
jl	长文本	简历
zp	OLE 对象	照片

字段属性

常规　查阅

字段大小	12
格式	
输入掩码	
标题	学号
默认值	
验证规则	
验证文本	
必需	是
允许空字符串	是
索引	有(无重复)
Unicode 压缩	是
输入法模式	开启
输入法语句模式	无转化
文本对齐	常规

字段名称最长可到 64 个字符(包括空格)。按 F1 键可查看有关字段名称的帮助。

图6–16　表设计器

Access表结构由字段名、字段类型、字段宽度以及字段的约束性规则组成，这里按照“学生”表的逻辑结构设计“学生”表的物理结构，右击xh字段，选择“主键”命令将xh字段设置为主键。

用同样方法设计“课程”表和“选课成绩”表的结构。

③建立关系，设置参照完整性。数据库中往往存放多张表，为了能够同时显示来自多个表中的数据，必须为表建立关系。表间建立了关系，还可以设置参照完整性、编辑关联规则等。

- 打开“学籍管理”数据库，单击“数据库工具”→“关系”→“关系”按键，打开关系设计器。
- 单击“添加”按钮，将“学生”表、“课程”表和“选课成绩”表添加进来，单击“学生”表主键xh字段，按住左键不放拖动到“选课成绩”表对应的外键xh字段上，这样就可为“学生”表和“选课成绩”表建立一对多的关系。同样操作可以为“课程”表和“选课成绩”表建立一对多的关系。关系设计窗口如图6–17所示。
- 双击“学生”表和“选课成绩”表之间的连线，打开“编辑关系”对话框，如图6–18所示。这里可以编辑关系，设置参照完整性规则。

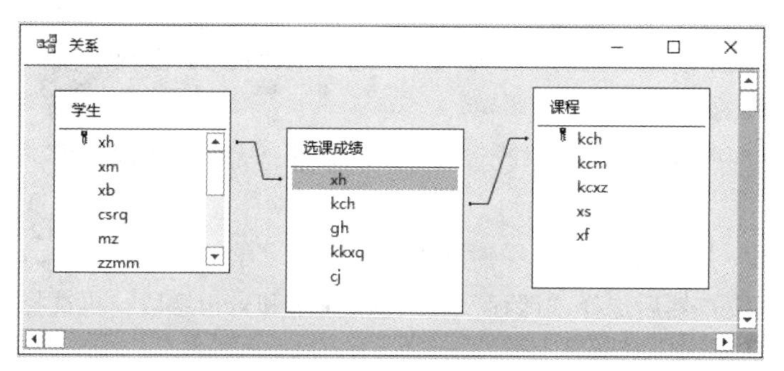

图6–17　关系设计窗口

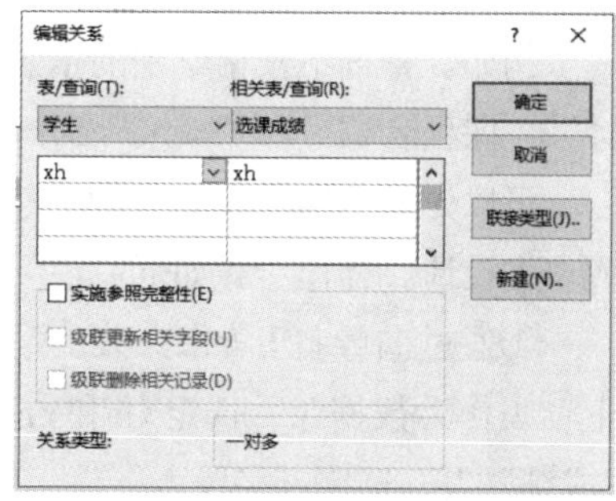

图6–18　“编辑关系”对话框

（1）实施参照完整性

如果实施参照完整性，那么在主表中不存在的记录，不能够添加到子表中；反之，如果子表中存在与主表相匹配的记录，则在主表中不能够删除该记录。例如，假若学生表中不存在学号为201300140001的学生记录，则在成绩表中不能添加该学生的成绩；如果学生表中有一个学生记录，学号为201300140002，成绩表中也有该学生的成绩信息，则在学生表中不能够删除该学生信息。

（2）级联更新相关字段

如果更改主表中的主键值，则可以在一次操作中更新主表中记录及所有子表中的相关记录。例如，学生表中有个学号为201200140002的学生，现将学号修改为301200140002，则在成绩表中所有学号为201200140002的值，自动修改为301200140002，保证了数据的一致性。

（3）级联删除相关字段

如果某个记录在相关表中有匹配记录，则可以在一次操作中删除主表中的记录及所有相关子表中的记录。例如，要删除学生表中学号为201200140002的记录，则自动删除成绩表中的相关记录。

5. 输入记录

表结构建立完毕，双击“学生”表，可以向“学生”表输入记录。如果设置了表之间的关系并且设置了参照完整性规则，则输入记录时要保证实体的完整性。图6–19所示为3个表输入的部分记录信息。

学生

学号	姓名	性别	出生日期	民族	政治面貌	入校时间	高考成绩	班级名称	籍贯
200900312101	刘航	男	1989/11/12	汉族	团员	2009/9/15	478	外语091	陕西省咸阳市
200900312102	杨迪	男	1987/5/9	藏族	群众	2009/9/15	485	外语091	河南省洛阳市

课程

课程号	课程名称	课程性质	学时
650801	室内装潢设计	必修	4
650802	建筑外观设计	必修	6
990801	计算机文化基础	必修	4
990802	flash动画设计	选修	3
990803	高级语言程序设计C	必修	6
990804	数据库技术及应用	必修	6
990805	photoshop	选修	6
990806	3DMax动画设计	选修	6
990807	网页设计	必修	3

记录：第 2 项(共 9 项)　无筛选器　搜索

选课成绩

学号	课程号	教师号	开课学期	成绩
200900312101	990801	3501	2009-2010-1	89
200900312101	990802	3502	2009-2010-2	50
200900312101	990803	3502	2010-2011-1	65
200900312102	990801	3501	2009-2010-1	70
200900312102	990802	3502	2009-2010-2	72.5
200900312102	990803	3501	2010-2011-1	77
200900312201	990801	3501	2009-2010-1	67
200900312201	990802	3502	2009-2010-2	84
200900312201	990803	3502	2010-2011-1	97.5

记录：第 1 项(共 32 项　无筛选器　搜索

图6–19　三个表记录信息

6. 建立查询

查询是数据库处理数据和分析数据的最有效的一种方法。Access提供了向导和查询设计器两种方法快速建立查询，其实质也是最终生成SQL语句，通过SQL语句进行查询操作，方便不熟悉SQL的用户进行数据库查询操作。

“学籍管理”系统数据库设计2

例如，查询不及格学生的信息，要求输出学生的“学号”、“姓名”、“课程号”、“课程名称”和“成绩”5个字段的信息。

可以先利用向导建立查询，然后利用查询设计器修改查询，添加条件，完成查询设计。操作步骤如下：

①通过向导打开如图6–20所示的“简单查询向导”对话框，先选择“学生”表作为数据源，选定xh和xm字段；然后选择“课程”表，选定kch和kcm字段；再选择“成绩”表，选定cj字段。

②一直单击“下一步”按钮，当出现如图6–21所示对话框时，选中“修改查询设计”单选按钮进入查询设计视图窗口，如图6–22所示。

③在查询设计视图窗口cj字段下，条件行输入条件“<60”，然后单击“运行”按钮，可以完成查询操作。

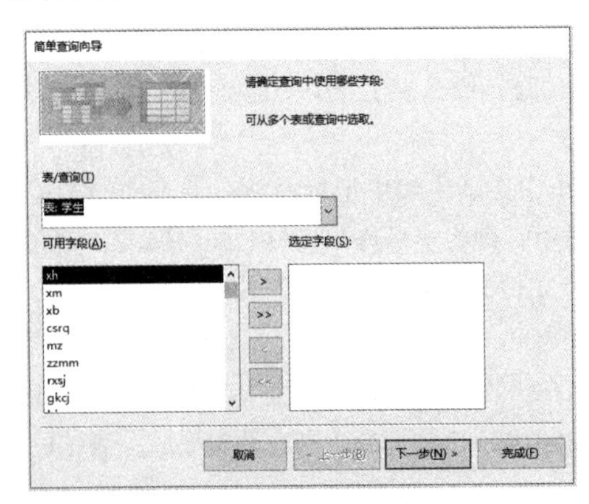

图6–20　简单查询向导窗口1

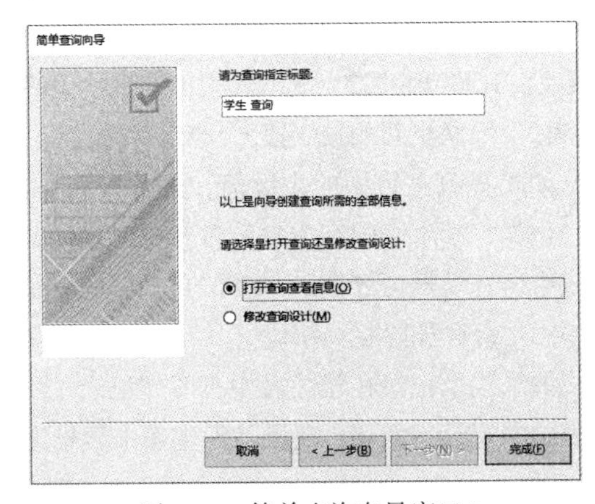

图6–21　简单查询向导窗口2

下面举例利用SQL语句直接建立查询，例如统计每个班级男女生的人数。方法如下：

打开“学籍管理”数据库，单击“创建”→选择“查询设计”按钮，然后选择“SQL 视图”，在工作区输入SQL语句“SELECT bjmc, xb, count(*) AS 人数 FROM 学生 GROUP BY bjmc, xb”，单击“运行”按钮可以得到查询结果，如图6–23所示。

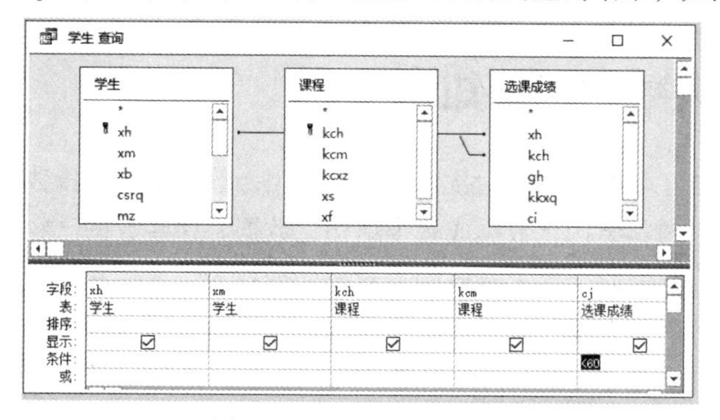

图6–22　查询设计视图窗口

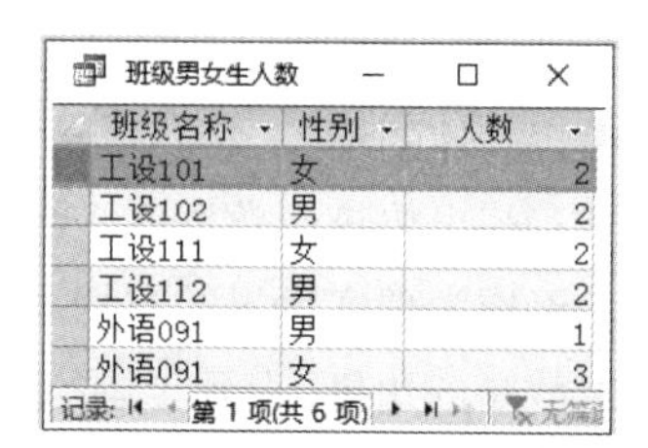
班级男女生人数

班级名称	性别	人数
工设101	女	2
工设102	男	2
工设111	女	2
工设112	男	2
外语091	男	1
外语091	女	3

记录: 第 1 项(共 6 项)

图6–23　查询结果

7. 建立窗体和报表

Access提供了简便的方法设计窗体用来显示和编辑数据，建立报表用来打印输出数据。图6–24所示为学生信息窗体，图6–25所示为打印学生成绩报表，限于篇幅这里不再详细讲解，可以参考一些资料自学。

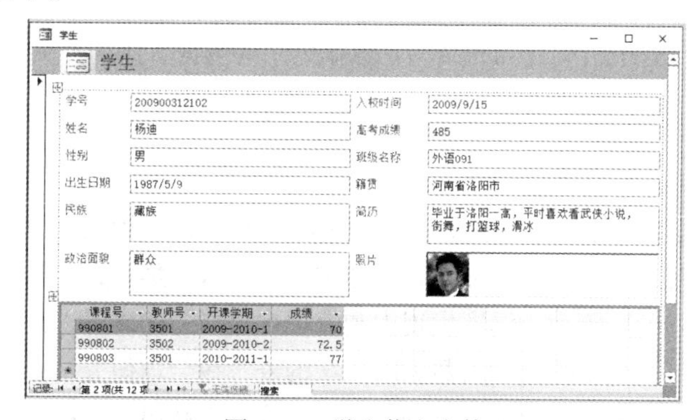

图6–24　学生信息窗体

选课成绩

选课成绩　020年4月29日，星期三　15:40:07

学号	课程号	教师号	开课学期	成绩
200900312101	990801	3501	2009-2010-1	58
200900312101	990802	3502	2009-2010-2	52
200900312101	990803	3502	2010-2011-1	65
200900312102	990801	3501	2009-2010-1	70
200900312102	990802	3502	2009-2010-2	72.5
200900312102	990803	3501	2010-2011-1	77
200900312201	990801	3501	2009-2010-1	67
200900312201	990802	3502	2009-2010-2	84

图6–25　学生成绩报表

以上通过一个案例，讲解利用Access建立数据库的方法和过程，后期还要对数据库进行修改和维护。通过案例实际操作，讲述了如何分析、规划、建立和管理数据库，培养学生数据处理思维。

6.6 大数据基础知识

随着信息技术的快速发展，特别是移动互联网和物联网技术的广泛使用，数据呈现出指数级爆炸性的增长，并且数据大部分是不规则的非结构化数据或者半结构化数据。这些数据已经远远超出传统的数据库系统存储和处理能力。因此，寻求有效的大数据处理技术、方法和手段已经成为现实世界的迫切需求。大数据技术就是在这种背景下应运而生，并已经被提升到了国家战略的角度,得到了国家相关法律法规、经济政策、人力政策等方面的支撑，大数据已经得到快速的发展和广泛的应用。

大数据主要处理非结构化数据。非结构化数据是指数据结构不规则或不完整，没有预定义的数据模型，不方便用数据库二维逻辑表来表现的数据，包括所有格式的办公文档、文本、图片、各类报表、图像和音频/视频信息等。

结构化数据是按照一定的规则和结构存放，就是前面学习过的由二维表结构来逻辑表达和实现的数据。

半结构化数据是指处于结构化和非结构化数据之间的数据，比如网页标记数据，XML数据和JSON格式的数据。

6.6.1 大数据定义

大数据定义

大数据的定义目前没有统一的说法，百度百科将大数据定义为是指无法在一定时间范围内用常规软件工具进行捕捉、管理和处理的数据集合，是需要新处理模式才能具有更强的决策力、洞察发现力和流程优化能力的海量、高增长率和多样化的信息资产；最早提出“大数据时代”的麦肯锡全球研究所给出的定义是：一种规模大到在获取、存储、管理、分析方面大大超出了传统数据库软件工具能力范围的数据集合，具有海量的数据规模、快速的数据流转、多样的数据类型和价值密度低四大特征。这个定义被业界广泛认可，5个特征简称为“5V”。

1. Volumn

Volumn指数据体量巨大。大数据中的数据不再以几GB或几TB为单位来衡量，而是以PB、EB或ZB为计量单位。

2. Variety

Variety指数据类型繁多。体现在一是数据获取渠道变多，可以从各种传感器、智能设备、社交网络、网上交易平台等获得数据。二是数据种类也变得更加复杂，其包括结构化数据、半结构化数据和非结构化数据，不像传统关系数据库仅仅获取结构化数据。据不完全统计，大数据中10%是结构化数据，存储在数据库中；90%是非结构化数据，与人类信息密切相关。

3. Velocity

Velocity指数据处理速度快。这是大数据区分于传统数据挖掘最显著的特征。大数据与海量数据的重要区别在两方面：一方面，大数据的数据规模更大；另一方面，大数据对处理数据的响应速度有更严格的要求。实时分析而非批量分析，数据输入、处理与丢弃立刻见效，几乎无延迟。数据的增长速度和处理速度是大数据高速性的重要体现。

4. Value

Value指价值密度低。尽管企业拥有大量数据，但是有用的价值所占比例非常低，并且随着数据量的增长，有价值数据所占比例更低。而大数据真正的价值体现在从大量不相关的各种类型的数据中，挖掘出对未来趋势与模式预测分析有价值的数据，并通过机器学习方法、人工智能方法或数据挖掘方法深度分析，并运用于科技、经济、工业和农业等各个领域，以便创造更大的价值。

5. Veracity

Veracity指数据的质量，即数据的准确性和可信赖度。

6.6.2　大数据处理基本流程

大数据应用不同，数据来源也不一样，但大数据处理的基本流程是相同的。简单地归纳为对数据源进行抽取和集成，对采集到的数据按照一定的标准统一存储起来，然后对数据进行分析，得出有价值的数据，并展现给用户，如图6–26所示。

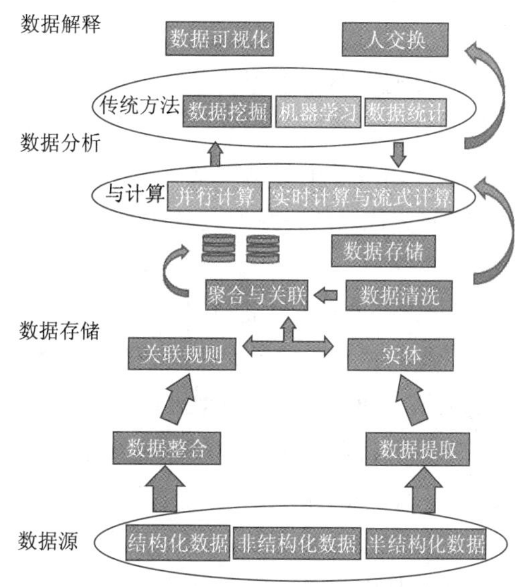

图6–26　数据处理基本流程

1. 数据抽取与集成

大数据处理的数据来源类型丰富，有APP、Web终端用户的操作行为数据、后台服务器的日志记录和数据库数据以及物联网终端自动采集的数据。大数据处理的第一步是对数据进行抽取和集成，从中提取出关系和实体，经过关联和聚合等操作，按照统一定义的格式对数据进行存储。常用的数据抽取和集成方法有基于物化或ETL方法的引擎、基于联邦数据库或中间件方法的引擎和基于数据流方法的引擎。

2. 数据分析

数据分析是大数据处理流程的核心，从异构的数据源中获得的数据构成于大数据处理的原始数据，用户可以根据自己的需求对这些数据进行分析处理，如数据挖掘、机器学习、数据统计等，数据分析可以用于决策支持、商业智能、推荐系统、预测系统。

3. 数据解释

大数据处理流程中用户最关心的是数据处理的结果，正确的数据处理结果只有通过合适的展示方式才能被终端用户正确理解，因此数据处理结果的展示非常重要，可视化和人机交互是数据解释的主要技术。这个步骤能够让用户直观地查看分析数据的结果。

6.6.3　大数据处理关键技术

大数据技术是利用一系列工具和算法对大数据进行处理，得到有价值的信息技术。随着大数据领域的广泛应用，出现许多新的大数据处理技术。按照大数据处理的流程可将大数据处理技术分为大数据采集、大数据预处理、大数据存储与管理、大数据分析和挖掘、大数据展示等。

1. 大数据采集

大数据采集技术是指通过RFID射频数据、传感器数据、社交网络交互数据及移动互联网数据等方式获得的各种类型的结构化、半结构化及非结构化的海量数据技术。数据类型复杂，数据量大，数据增长速度非常快，所以要保证数据采集的可靠性和高效性。根据数据采集的来源，常用的数据采集工具有日志采集工具Flume，网络爬虫工具Nutch、Crawler4j、Scrapy。

2. 大数据预处理

大数据预处理技术就是完成对已接收数据的辨析、抽取、清洗等操作。其中，抽取获取的数据可能具有多种结构和类型，数据抽取过程可以帮助人们将这些复杂的数据转化为单一的或者便于处理的结构，以达到快速分析处理的目的。而清洗则是由于对于大数并不全是有价值的，有些数据并不是人们所关心的内容，而另一些数据则是完全错误的干扰项，因此要对数据通过过滤去除噪声从而提取出有效数据。常用的算法有Bin方法、聚类分析方法和回归方法。目前常用的ETL工具有商业软件Informatica和开源软件Kettle。

3. 大数据存储与管理

大数据存储与管理技术是指将采集到的海量的复杂结构化、半结构化和非结构化大数据存储起来，并进行管理和处理的技术。主要解决大数据的可存储、可表示、可处理、可靠性及有效传输等几个关键问题。为了满足海量数据的存储，谷歌公司开发了GFS、MapReduce、BigTable为代表的一系列大数据处理技术被广泛应用。同时涌现出以Hadoop为代表的一系列大数据开源工具。这些工具有分布式文件系统HDFS、NoSQL数据库系统和数据仓库系统。

4. 大数据分析和挖掘

数据分析与挖掘是大数据处理流程中最为关键的步骤。大数据分析与挖掘技术就是基于大量的数据，通过特定的模型来进行分类、关联、预测、深度学习等处理，找出隐藏在大数据内部的、具有价值的规律。大数据分析目前需要解决两方面的问题：一是对结构化、半结构化数据进行高效率的深度分析，挖掘隐性知识，例如自然语言处理，识别其语义、情感和意图；二是非结构化数据如语音、图像和视频数据进行分析，转化为机器可识别的、具有明确语义的信息，进而从中提取有用的知识。大数据分析的理论核心就是数据挖掘算法。数据挖掘的算法包括遗传算法、神经网络方法、决策树方法和模糊集方法等。

5. 大数据展示

大数据展示技术解决的是如何将大数据分析的结果直观地展示处理。大数据分析的结果如果单一地用文字来表达，效果不明显，并且很难显示数据之间的关联关系。这要借助可视化技术。所谓的可视化技术是利用计算机图形学和图像处理技术，将数据转换成图形或图像在屏幕上显示出来，并进行交互处理的理论、方法和技术。目前常用的数据可视化工具有Echarts、Tableau和D3。

6.6.4 大数据主流框架介绍

大数据主流框架

前面介绍了大数据的基本概念、大数据处理的基本流程和大数据处理的关键技术，本节介绍大数据主流开发框架Hadoop、Spark和Storm。

1. Hadoop框架

Hadoop是一个由Apache基金会所开发的可运行于大规模集群上的分布式文件系统和运行处理基础框架。其擅长于在廉价机器搭建的集群上进行海量数据(结构化与非结构化)的存储与离线处理。Hadoop已经成为大数据开发公认的主流框架，百度、谷歌、思科、华为、微软、阿里巴巴都支持Hadoop。Hadoop框架结构图如图6–27所示。

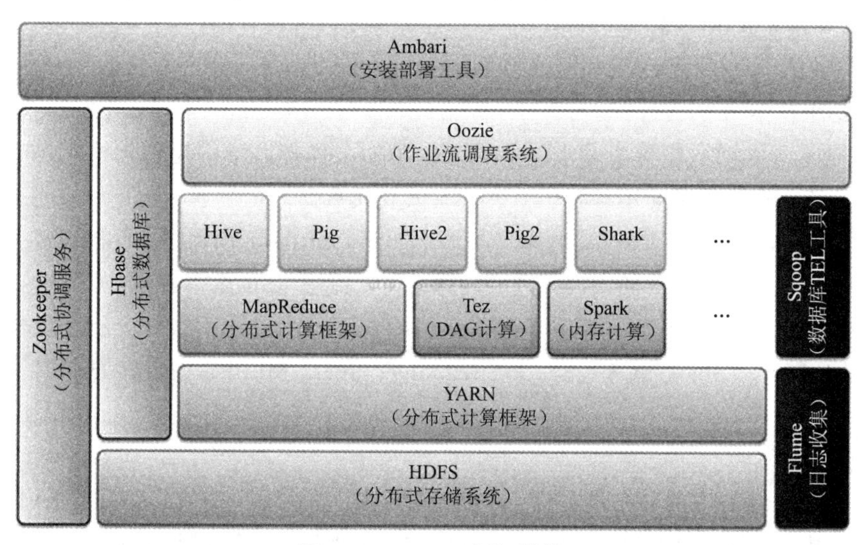

图6–27 Hadoop框架结构

Hadoop框架包含很多模块，有分布式存储模块HDFS、资源搜集模块Sqoop和Flume、大数据计算模块MapReduce、数据存储模块HBase、数据挖掘算法库Mahaout、资源调度模块Yarn，以及分布式协作服务模块ZooKeeper。核心模块有3个：

（1）HDFS

Hadoop分布式文件系统（Hadoop Distributed File System，HDFS），是一个高度容错性的系统，适合部署在廉价的机器上。HDFS能提供高吞吐量的数据访问，适合那些有着超大数据量的应用程序。

（2）MapReduce

MapReduce是一种基于磁盘的分布式并行批处理计算模型，用于处理大数据量的计算。其中，Map对应数据集上的独立元素进行指定的操作，生成键值对形式，Reduce则对相同的键的所有值进行规约，以得到最终结果。

（3）Yarn

Yarn是一个通用资源管理系统，可为上层应用提供统一的资源管理和调度。它将资源管理和处理组件分开，它的引入为集群在利用率、资源统一管理和数据共享等方面带来了巨大好处。可以在上面运行各种计算框架，包括MapReduce、Spark、Storm等。

作为一种对大量数据进行分布式处理的软件框架，Hadoop具有以下几方面特点：

①具有按位存储和处理数据能力的高可靠性。

②通过可用的计算机集群分配数据，完成存储和计算任务，这些集群可以方便地扩展到数以千计的结点中，具有高扩展性。

③能够在结点之间动态地移动数据，并保证各个结点的动态平衡，处理速度非常快，具有高效性。

④Hadoop能够自动保存数据的多个副本，并且能够自动将失败的任务重新分配，具有高容错性。

这种架构大幅提升了计算存储性能，降低了计算平台的硬件投入成本。Hadoop的缺点在于，由于计算过程放在硬盘上，数据的吞吐和处理速度远远没有内存快，特别是处理迭代计算时，非常消耗资源。为了解决处理速度和实时性问题，出现了Spark和Storm平台框架。

2. Spark框架

Spark是个开源的数据分析集群计算框架，最初由加州大学伯克利分校AMPLab建立于HDFS之上。Spark是一个通用计算引擎，能对大规模数据进行快速分析，可用它来完成各种各样的运算，包括SQL查询、文本处理、机器学习等。Spark不依赖于MapReduce，它使用了自己的数据处理框架。Spark使用内存进行计算，速度更快。Spark本身就是一个生态系统，除了核心API之外，Spark生态系统中还包括其他附加库，可以在大数据分析和机器学习领域提供更多的功能，如Spark SQL、Spark Streaming、Spark MLlib、Spark GraphX、BlinkDB、Tachyon等。

3. Storm框架

Storm是Twitter开源的分布式实时大数据处理框架，最早开源于github，从0.9.1版本之后，归于Apache社区，被业界称为实时版Hadoop。它的出现使流计算变得容易，弥补了Hadoop批处理所不能满足的实时要求。Storm常用于在实时分析、在线机器学习、持续计算、分布式远程调用和ETL等领域。它与Spark的最大区别是Storm处理的是每次传入的一个事件，而Spark处理的是某个时间段窗口内的事件流，因此它比Spark更实时。

3种框架各有优缺点，由于Hadoop具有非常好的兼容性，非常容易同Spark和Storm结合使用。实际项目中常常采用混合式的开发平台框架，从而满足不同组织和个人的差异化需求。

6.6.5 NoSQL数据库介绍

大数据用NoSQL数据库存储，Hadoop框架中的HBase就是NoSQL数据库。NoSQL指的是非关系型的数据库，是不同于传统关系型数据库的数据库管理系统的统称。NoSQL用于超大规模非结构化和半结构化数据的存储，这些类型的数据存储不需要固定的模式，无须多余操作就可以横向扩展。

1.NoSQL数据库分类

目前市面有上百种非关系型的数据库，概括起来分为4类：

（1）键值（Key-Value）存储数据库

这一类数据库主要会使用到一个哈希表，这个表中有一个特定的键和一个指针指向特定的数据。Key/Value模型对于IT系统来说的优势在于简单、易部署。但是，如果DBA只对部分值进行查询或更新，Key/Value就显得效率低下。例如，Tokyo Cabinet/Tyrant、Redis、Voldemort、Oracle BDB。

NoSQL数据库介绍

（2）列存储数据库

列存储数据库是按照列方式存储数据的。其最大特点是方便存储结构化和半结构化数据，更容易对数据进行压缩。如果只针对部分列做数据检索，会有非常大的I/O优势。这种类型的数据库通常是用来应对分布式存储的海量数据。键仍然存在，但是它们的特点是指向了多个列。这些列是由列家族来安排的，如Cassandra、HBase、Riak。

（3）文档型数据库

文档数据库是通过键来定位一个文档的，所以是键值数据库的一种升级版，允许之间嵌套键值。在文档数据库中，文档是数据库的最小单位，文档类型的数据模型是版本化的文档，半结构化的文档以特定的格式存储，如JSON。文档数据库既可以根据键来构建索引，也可以基于文档内容来构建索引。基于文档内容的索引和查询是文档数据库不同于键值数据库的主要方面，如CouchDB、MongoDb。

（4）图形（Graph）数据库

图形数据库是NoSQL数据库的一种类型，它应用图形理论存储实体之间的关系信息。图形数据库是一种非关系型数据库，它应用图形理论存储实体之间的关系信息。最常见的例子就是社会网络中人与人之间的关系。关系型数据库用于存储“关系型”数据的效果并不好，其查询复杂、缓慢、超出预期，而图形数据库的独特设计恰恰弥补了这个缺陷，如Neo4J、InfoGrid、Infinite Graph。

2. 典型NoSQL数据库介绍

（1）HBase数据库

HBase，是一个高可靠性、高性能、面向列、可伸缩的分布式存储系统，利用HBase技术可在廉价PC Server上搭建起大规模结构化存储集群。HBase是Google Bigtable的开源实现，利用Hadoop HDFS作为其文件存储系统；利用Hadoop MapReduce来处理HBase中的海量数据；利用Zookeeper作为协同服务。此外，Pig和Hive还为HBase提供了高层语言支持，使得在HBase上进行数据统计处理变得非常简单。Sqoop则为HBase提供了方便的RDBMS数据导入功能，使得传统数据库数据向HBase中迁移变得非常方便。

主要应用场景：适用于偏好BigTable并且需要对大数据进行随机、实时访问的场合，如Facebook消息数据库。

（2）MongoDB数据库

MongoDB是一个基于分布式文件存储的数据库，用C++语言编写，旨在为Web应用提供可扩展的高性能数据存储解决方案。

MongoDB是一个介于关系数据库和非关系数据库之间的产品，在非关系数据库中功能最丰富，最像关系数据库。它支持的数据结构非常松散，是类似JSON的BSON格式，因此可以存储比较复杂的数据类型。MongoDB最大的特点是它支持的查询语言非常强大，其语法有点类似于面向对象的查询语言，几乎可以实现类似关系数据库单表查询的绝大部分功能，而且还支持对数据建立索引。

一个MongoDB 实例可以包含一组数据库，一个数据库可以包含一组Collection（集合），一个集合可以包含一组Document（文档）。一个Document包含一组field（字段），每一个字段都是一个key/value 键值对。

主要应用场景：

①网站实时数据处理。它非常适合实时地插入、更新与查询，并具备网站实时数据存储所需的复制及高度伸缩性。

②缓存。由于性能很高，它适合作为信息基础设施的缓存层。在系统重启之后，由它搭建的持久化缓存层可以避免下层的数据源过载。

③高伸缩性的场景。非常适合由数十或数百台服务器组成的数据库，它的路线图中已经包含对MapReduce引擎的内置支持。

不适用的场景：

①要求高度事务性的系统。

②传统的商业智能应用。

③复杂的跨文档（表）级联查询。

（3）Redis数据库

Redis（Remote Dictionary Server，远程字典服务），是一个开源的使用ANSI C语言编写、支持网络、可基于内存亦可持久化的日志型、Key-Value数据库，并提供多种语言的API。

Redis是一个Key-Value存储系统。它支持存储的Value类型非常丰富，包括string(字符串、list(链表)、set(集合)、zset(有序集合)和hash（哈希类型）。这些数据类型都支持push/pop、add/remove，以及求交集、并集和差集等更丰富的操作，而且这些操作都是原子性的。在此基础上，redis支持各种不同方式的排序。为了保证效率，数据都是缓存在内存中，会周期性地把更新的数据写入磁盘或者把修改操作写入追加的记录文件，并且在此基础上实现了master-slave(主从)同步。

主要应用场景：可以用作数据库、缓存和消息中间件，例如股票价格、数据分析、实时通信、Session中间件和购物车等。

（4）Neo4j数据库

Neo4j是一个高性能的NoSQL图形数据库，它将结构化数据存储在图上而不是表中。它是一个嵌入式的、基于磁盘的、具备完全的事务特性的Java持久化引擎，但是它将结构化数据存储在图上而不是表中。Neo4j也可以被看作是一个高性能的图引擎，该引擎具有成熟数据库的所有特性，具备完全的事务特性、企业级的数据库的所有优点。Neo4j因其嵌入式、高性能、轻量级等优势，越来越受到关注。

主要应用场景：适用于图形一类数据。这是Neo4j与其他NoSQL数据库最显著的区别。例如，应用于社交媒体和社交网络图、推荐引擎和产品推荐系统、欺诈检测和分析解决方案、知识图谱等。

6.6.6 大数据应用

大数据应用

大数据产业正快速发展成为新一代信息技术和服务业态，即对数量巨大、来源分散、格式多样的数据进行采集、存储和关联分析，并从中发现新知识、创造新价值、提升新能力。

大数据价值创造的关键在于大数据的应用，随着大数据技术飞速发展，大数据应用已经融入各行各业。在电子商务行业，借助于大数据技术分析客户行为，进行商品个性化推荐和有针对性的广告投放；在制造业，大数据为企业带来极具时效性的预测和分析能力，从而大大提高制造业的生产效率；在金融行业，利用大数据可以预测投资市场，降低信贷风险；汽车行业，利用大数据、物联网和人工智能技术可以实现无人驾驶汽车；物流行业，利用大数据优化物流网络，提高物流效率，降低物流成本；城市管理，利用大数据实现智慧城市；政府部门，将大数据应用到公共决策当中，提高科学决策的能力。

百度文库介绍了十大有趣的大数据经典案例，挑选部分案例介绍大数据的应用：

（1）啤酒与尿布

全球零售业巨头沃尔玛在对消费者购物行为分析时发现，男性顾客在购买婴儿尿片时，常常会顺便搭配几瓶啤酒来犒劳自己，于是尝试推出了将啤酒和尿布摆在一起的促销手段。没想到这个举措居然使尿布和啤酒的销量都大幅增加了。如今，“啤酒＋尿布”的数据分析成果早已成了大数据技术应用的经典案例，被人津津乐道。

（2）Google成功预测冬季流感

2009年，Google通过分析5000万条美国人最频繁检索的词汇，将之和美国疾病中心在2003—2008年间季节性流感传播时期的数据进行比较，并建立一个特定的数学模型。最终Google成功预测了2009冬季流感的传播甚至可以具体到特定的地区和州。

（3）微软大数据成功预测奥斯卡21项大奖

2013年，微软纽约研究院的经济学家大卫•罗斯柴尔德（David Rothschild）利用大数据成功预测24个奥斯卡奖项中的19个，成为人们津津乐道的话题。罗斯柴尔德再接再厉，成功预测第86届奥斯卡金像奖颁奖典礼24个奖项中的21个，继续向人们展示现代科技的神奇魔力。

大数据的价值，远远不至于此，大数据对各行各业的渗透，大大推动了社会生产和生活，未来必将产生重大而深远的影响。

习　　题

一、选择题

1. 数据管理经过若干发展阶段，下列（　　）不属于发展阶段。

A. 人工管理阶段　　B. 机械管理阶段

C. 文件系统阶段　　D. 数据库系统阶段

2. 按数据的组织形式，数据库的数据模型可分为3种，分别是（　　）。

A. 小型、中型、大型　　B. 网状、环状、链状

C. 层次、网状、关系　　D. 独享、共享、实时

3. 一个教师可讲授多门课程，一门课程可由多个教师讲授，则实体教师和课程间的联系是（　　）。

A. 1:1联系　　B. 1:m联系　　C. m:1联系　　D. m:n联系

4. 在学生基本信息表中查找姓王的男学生，属于（　　）操作。

A. 选择　　B. 投影　　C. 连接　　D. 比较

5. Access是一个（　　）。

A. 数据库系统　　B. 数据库管理系统

C. 数据库应用系统　　D. 数据库操作程序系统

6. 下列关于OLE对象，叙述正确的是（　　）。

A. 用于输入文本数据　　B. 用于处理超链接数据

C. 用于生成自动编号数据　　D. 用于链接或内嵌Windows支持的对象

7. 查询“书名”字段中包含“等级考试”字样的记录，应该使用的条件是（　　）。

A. Like “等级考试”　　B. Like "*等级考试"

C. Like “等级考试*”　　D. Like "*等级考试*"

8. 在Access数据库中，表是由（　　）。

A. 字段和记录组成　　B. 查询和字段组成

C. 记录和窗体组成　　D. 报表和字段组成

9. 大数据的特征不包括（　　）。

A. 价值密度低　　B. 数据类型繁多

C. 访问时间短　　D. 处理速度快

10. 当前大数据技术的基础是由（　　）公司提出的。

A. 百度　　B. 谷歌　　C. 微软　　D. 亚马逊

二、填空题

1. ________是长期存储在计算机内的、有组织、可共享的数据集合。

2. 关系模型是把实体之间的联系用________表示。

3. 如果表中一个字段不是本表的主关键字，而是另外一个表的主关键字或候选关键字，这个字段称为________。

4. 人员的基本信息一般包括：身份证号、姓名、性别、年龄等。其中可以作为主关键字的是________。

5. 实体完整性约束要求关系数据库中元组的________属性值不能为空。

6. 数据库系统的核心是________。

7. 在关系数据库中，从关系中找出若干列，该操作称为________。

8. 表中的人员编号、课程编号等编号字段，一般将其数据类型定义为________。

9. Hadoop的运算模块是________。

10. 大数据处理基本流程是________、________和________。

三、操作题

1. 建立一个“商品销售”数据库，并添加如下“员工”表、“商品”表和“销售”表，其结构如表6-4~表6-6所示。

表 6–4 “员工”表结构

字 段 名	工　号	姓　名	性　别	出生日期	联系方式	照　片
类型	文本	文本	文本	日期型	文本	OLE
宽度	4	4	1	默认	13	默认

表 6–5 “商品”表

字 段 名	商品编号	商品名称	厂　商	进　价	销售价格	进货日期
类型	文本	文本	文本	浮点型	浮点型	日期型
宽度	6	20	20	2位小数	2位小数	默认

表 6–6 “销售”表

字 段 名	工　号	商品编号	销售数量	销售日期
类型	文本	文本	整型	日期时间型
宽度	4	6	默认	默认

2. 分别为3个表建立索引。思考哪些字段需要建立主索引，哪些字段需要建立普通索引。

3. 为3个表建立关系，并实施参照完整性。

4. 建立查询，查询所有男员工的信息。

5. 建立查询，查询员工商品销售详细清单，包括工号、姓名、商品编号、商品名称、销售数量和销售时间。

6. 建立查询，统计每名员工的销售总额。

7. 建立窗体，浏览员工的基本信息。

8. 建立报表，打印员工商品销售详细清单，包括工号、姓名、商品编号、商品名称、销售数量和销售时间。

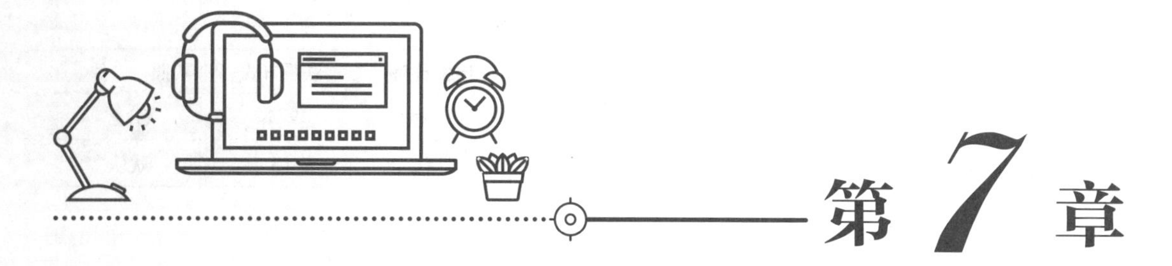

第7章 算法与程序设计基础

为了使计算机能够理解人的意图，人类就必须将要解决问题的思路、方法和手段通过计算机能够理解的形式（即程序）告诉计算机，使得计算机能够根据程序的指令一步一步去工作，从而完成某种特定的任务。这种人和计算机之间交流的过程就是编程。本章从算法的角度介绍程序设计，同时介绍目前常用的两种程序设计方法——结构化程序设计与面向对象程序设计，以及使用 Raptor 编程设计程序。

学习目标：

- 了解程序和程序设计语言的概念。
- 掌握程序设计的基本步骤和算法的描述方法。
- 理解两种常用的程序设计方法，具备编写算法解决问题的能力。
- 掌握 Raptor 编程设计程序。

7.1 程序和程序设计语言

7.1.1 程序的一般概念

计算机能够为人服务的前提是人要通过编写程序来告知计算机所要做的工作。编程就是人们为了让计算机解决某个问题而使用某种程序设计语言来编写程序代码，计算机通过运行程序代码得到结果的过程。

程序是计算机可以执行的指令或语句序列。它是为了使用计算机解决现实生活中的实际问题而编制的。设计、编制、调试程序的过程称为程序设计。编写程序所用的语言即为程序设计语言，它为程序设计提供了一定的语法和语义。人们在编写程序时必须严格遵守这些语法规则，所编写的程序才能被计算机所接受、运行，并产生预期的结果。

7.1.2 程序设计语言概述

程序设计语言是生成和开发程序的工具。它是能完整、准确和规则地表达人们的意图，并用以指挥或控制计算机工作的“符号系统”。当使用计算机解决问题时，首先将解决问题的方法和步骤按照一定的顺序和规则用程序设计语言描述出来，形成指令序列，然后由计算机执行指令，完成所需的功能。

计算机程序设计语言的发展，经历了从机器语言（Machine Language）、汇编语言（Assembly Language）到高级语言（High-Level Language）的历程。

1．机器语言阶段

众所周知，在计算机内部采用二进制表示信息。机器语言是用二进制代码表示的、计算机能直接识别和执行的一种机器指令的集合。它是面向机器的语言，是计算机唯一可直接识别的语言。用机器语言编写的程序称为机器语言程序（又称目标程序）。每一条机器指令的格式和含义都是由设计者规定的，并按照这个规定设计制造硬件。一个计算机系统全部机器指令的总和，称为指令系统。不同类型的计算机的指令系统不同。

例如，某种计算机的指令为：

```
10110110 00000000        ;表示进行一次加法操作
10110101 00000000        ;表示进行一次减法操作
```

机器语言的优点是不需要翻译而能够直接被计算机接收和识别，由于计算机能够直接执行机器语言程序，所以其运行速度最快；缺点是机器语言通用性极差，用机器指令编制出来的程序可读性差，程序难以修改、交流和维护。

机器语言是第一代计算机程序设计语言。

2．汇编语言阶段

为了克服机器语言的缺点，使语言便于记忆和理解，人们采用能反映指令功能的助记符来表达计算机语言，称为汇编语言。汇编语言采用助记符，比机器语言直观、容易记忆和理解。汇编语言也是面向机器的程序设计语言，每条汇编语言的指令对应了一条机器语言的指令，不同类型的计算机系统一般有不同的汇编语言。

例如，用汇编语言编写的程序如下：

```
MOV   AL  10D          ;将十进制数10送往累加器
SUB    AL  12D         ;从累加器中减去十进制数12
...
```

用汇编语言编写程序比用机器语言要容易得多，但计算机不能直接执行汇编语言程序，必须将其翻译成相应的机器语言程序才能运行。将汇编语言程序翻译成机器语言程序的过程称为汇编，汇编过程是由计算机运行汇编程序自动完成的，如图 7–1 所示。

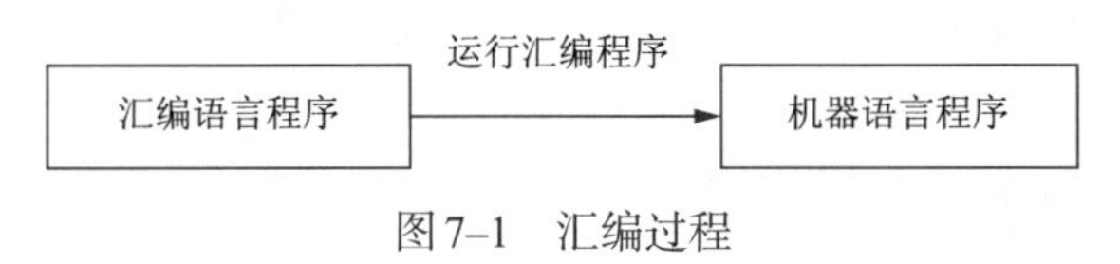

图 7–1　汇编过程

在计算机语言系统中，汇编语言仍然列入“低级语言”的范畴，它仍然依赖于计算机的硬件，移植性差。但汇编语言比起机器语言在很多方面都有优越性，如编写容易、修改方便、阅读简单、程序清楚等，针对计算机硬件而编制的汇编语言程序，能准确地发挥计算机硬件的功能和特长，程序精练且质量高，所以至今仍是一种常用的程序设计语言。

汇编语言是第二代计算机语言。

3．高级语言阶段

机器语言和汇编语言都是面向机器（计算机硬件）的语言（低级语言），受机器硬件的限制，通用性差，也不容易学习，一般只适用于专业人员。人们意识到，应该设计一种语言：它接近于数学语言或自然语言，同时又不依赖于计算机的硬件，编出的程序能在所有的计算机上通用。高级语言就是这样的语言（如C语言）。例如，用C语言编写的程序片断如下：

```
int i , j , k;                    /*定义变量 i,j,k*/
scanf("%d%d" ,&i,&j)              /*输入i、j的值*/
k=i*j;                            /*将变量i、j的值相乘，结果赋给变量k*/
printf("%d",k);                   /*输出求积结果*/
```

如上例，使用高级语言编写程序时，不需要了解计算机的内部结构，只要告诉计算机“做什么”即可。至于计算机用什么机器指令去完成（即“怎么做”），编程者不需要关心。高级语言是面向用户的。

用高级语言编写的程序，即源程序，必须翻译成计算机能识别和执行的二进制机器指令，才能被计算机执行。由源程序翻译成的机器语言程序称为目标程序。

例如，C语言源程序转换成可执行程序的过程分为两步：编译和连接，编译和连接过程如图7–2所示。

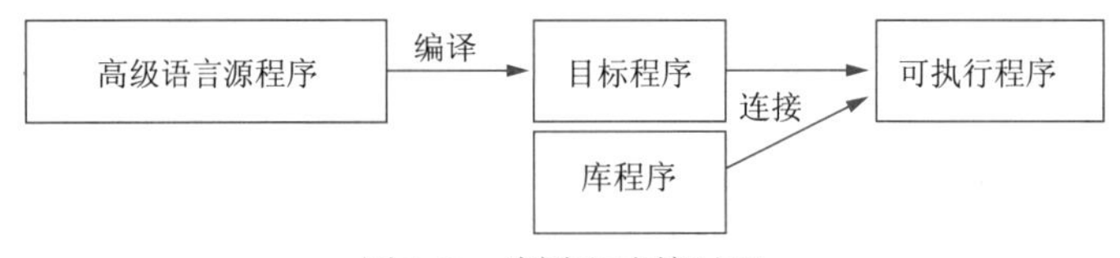

图7–2　编译和连接过程

在图7–2中，高级语言C语言源程序经过编译后，得到目标程序（.obj），再与库程序连接生成可执行程序（.exe）。

高级语言源程序转换成目标程序有两种方式：解释方式和编译方式。解释方式是把源程序逐句翻译，翻译一句执行一句，边解释边执行。解释程序不产生将被执行的目标程序，而是借助于解释程序直接执行源程序本身。编译方式是首先把源程序翻译成等价的目标程序，然后再执行此目标程序。

高级语言接近自然语言，易学、易掌握，一般工程技术人员只要几周时间的培训就可以胜任程序员的工作。高级语言带来的主要好处是远离机器语言，与具体的计算机硬件关系不大，因而所写出来的程序可移植性好，代码重用率高；高级语言设计出来的程序可读性好，可维护性强，可靠性高。

高级语言是第三代计算机语言。目前广泛应用的高级语言有多种，如Visual Basic.NET、Fortran、C、C++、Python、Java及C#等。

7.1.3　常用程序设计语言

迄今为止，各种不同应用的程序设计语言有上百种之多。下面介绍几种有影响的程序设计语言。

1. BASIC和VB语言

BASIC是“初学者通用符号指令代码”的英文缩写，其特点是简单易学。VB（Visual Basic）语言是微软公司在BASIC基础上开发的一种程序设计语言，它可方便地使用Windows图形用户界面编程，且可调用Windows的许多功能，因此使用相当广泛。

1991年，微软公司推出了Visual Basic1.0，当时引起了很大的轰动。许多专家把VB的出现当作是软件开发史上一个具有划时代意义的事件。在当时，它是第一个“可视”的编程软件。从VB 4.0开始，VB也引入了面向对象的程序设计思想。VB功能强大，学习简单，而且还引入了“控件”的概念，使得大量已经编好的VB程序可以被直接使用。它已成为一种专业化的开发语言和环境，用户可用Visual Basic快速创建Windows程序，并可编写企业水平的客户端/服务器程序及强大的数据库应用程序。

2002年开始，微软将.NET Framework与Visual Basic结合而成为Visual Basic.NET（VB.NET），重新打造VB，新增许多特性及语法，又将VB推向一个新的高度。

2. Java语言

Java语言是由Sun公司（已于2009年被Oracle收购）于1995年发布的一种面向对象的、用于网络环境的程序设计语言。Java语言的基本特征是：适用于网络环境编程，具有平台独立性、安全性和稳定性。Java语言受到许多应用领域的重视，取得了快速发展。大家在浏览Web网页时经常会遇到用Java语言编写的应用程序Java Applet。

此外，它在许多便携式数字设备中也得到了广泛的使用，如很多手机中的软件就是用Java编写的。随着Java芯片、Java OS、Java解释和编译，以及Java虚拟机等技术的不断发展，Java语言已在软件设计语言排行榜中排名首位。

3. C语言和C++、C#语言

C语言是1972年—1973年间由AT&T公司Bell实验室的D. M. Ritchie在B语言基础上设计而成的，著名的UNIX操作系统就是用C语言编写的。C语言兼有高级程序设计语言的优点和汇编语言的效率，有效地处理了简洁性和实用性、可移植性和高效性之间的矛盾，语句表达能力强，还具有丰富的数据类型和灵活多样的运算符。因此，目前C语言已成功地应用于各个应用领域（特别是编写操作系统和编译程序软件），是当前使用最广泛的通用程序设计语言之一。

C++语言是以C语言为基础发展起来的面向对象程序设计语言，它最先由Bell实验室在20世纪80年代设计并实现。C++语言是对C语言的扩充，由于它既有数据抽象和面向对象功能，运行效率高，又能与C语言相兼容，使得数量巨大的C语言程序能方便地在C++语言环境中得以重用。因而C++语言十分流行，一直是面向对象程序设计的主流语言。

C#是微软公司设计的一种编程语言。它基于C/C++，并且有很多方面和Java类似。Microsoft是这样描述C#的：“C#是从C和C++派生来的一种简单、现代、面向对象和类型安全的编程语言”。C#主要从C/C++编程语言家族移植过来，C和C++的程序员会马上熟悉这种语言。C#结合了Visual Basic的快速开发能力和C++强大灵活的能力。

4. Python语言

Python是一门跨平台、开源、免费的解释型高级动态编程语言，Python作为动态语言更适合初学编程者。Python可以让初学者把精力集中在编程对象和思维方法上，而不用担心语法、类型等外在因素。Python易于学习，拥有大量的第三方库（可以说需要什么应用就能找到什么Python库），从而可以高效地开发各种应用程序。

Python由吉多范罗·苏姆（Guido van Rossum）于1989年底发明，被广泛应用于处理系统管理任务和科学计算，是最受欢迎的程序设计语言之一。2011年1月，它被Tiobe编程语言排行榜评为2010年度语言。自从2004年以后，Python的使用率是呈线性增长，Tiobe 公布2019年编程语言指数排行榜，排名处于第三位（前2位是Java、C）。根据 IEEE Spectrum 发布的研究报告显示，Python已成为2020年世界上最受欢迎的语言。

Python支持命令式编程、函数式编程，完全支持面向对象程序设计，语法简洁清晰，并且拥有大量的几乎支持所有领域应用开发的成熟扩展库。

Python提供了非常完善的基础代码库，覆盖了网络、文件、GUI、数据库、文本等大量内容。使用Python语言，许多功能不必从零编写，直接使用现成的即可。除了内置的库外，Python还有大量的第三方库。Python就像胶水一样，可以把多种不同语言编写的程序融合到一起实现无缝拼接，更好地发挥不同语言和工具的优势，满足不同应用领域的需求。所以，Python程序简单易懂，初学者学Python，不但入门容易，而且深入学习后，可以编写非常复杂的程序。

Python同时也支持伪编译，将Python源程序转换为字节码来优化程序和提高运行速度，可以在没有安装Python解释器和相关依赖包的平台上运行。

Python是人工智能首选的语言，人工智能的机器学习和深度学习等大多使用Python开发，而且提供很强的数据分析能力，从而使得Python在人工智能方面热度大增。

除了以上介绍的几种常用程序语言外，具有影响的程序语言还有LISP语言（适用于符号操作和表处理，主要用于人工智能领域）、PROLOG语言（一种逻辑式编程语言，主要用于人工智能领域）、Ada语言（一种模块化语言，易于控制并行任务和处理异常情况，在飞行器控制之类的软件中使用）、MATLAB（一种面向向量和矩阵运算的提供数据可视化等功能的数值计算语言，在工业界和学术界很流行）等，在此不再一一介绍。

7.1.4 程序设计的基本步骤

在拿到一个需要求解的实际问题之后，怎样才能编写出程序呢？一般应按图7–3所示的步骤进行。

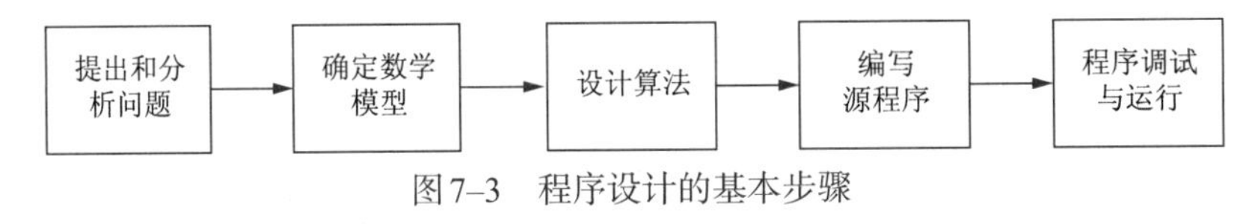

图7–3　程序设计的基本步骤

1. 提出和分析问题

对于接受的任务要进行认真的分析，研究所给定的条件，分析最后应达到的目标，找出解决问题的规律，选择解题的方法，完成实际问题。

例如兔子繁殖问题。如果一对兔子每月繁殖一对幼兔，而幼兔在出生满2个月就有生殖能力，试问一对幼兔一年能繁殖多少对兔子？

问题分析：第一个月后即第二个月时，一对幼兔长成大兔子；第三个月时一对兔子变成了两对兔子，其中一对是它本身，另一对是它生下的幼兔；第四个月时两对兔子变成了三对，其中一对是最初的一对，另一对是它刚生下来的幼兔，第三对是幼兔长成的大兔子；第五个月时，三对兔子变成了五对；第六个月时，五对兔子变成了八对……用表7–1分析兔子数的变化规律。

这组数从第三个数开始，每个数是前两个数的和，按此方法推算，第六个月是8对兔子，第七个月是13对兔子……这样得到一个数列即“裴波那契数列”，即1，1，2，3，5，8，13……一对幼兔一年能繁殖数也就是这个数列的第12项。

表 7–1　每月兔子数

月份	1月	2月	3月	4月	5月	6月	7月	8月	9月	10月	11月	12月
小兔	1		1	1	2	3	5	8	13	21	34	55
大兔		1	1	2	3	5	8	13	21	34	55	89
合记	1	1	2	3	5	8	13	21	34	55	89	144

从兔子实例中总结归纳出的规律是每个月的兔子数等于上个月的兔子数加上上个月的兔子数。

2. 确定数学模型

数学模型就是用数学语言描述实际现象的过程。数学模型一般是实际事物的一种数学简化。它常常是以某种意义上接近实际事物的抽象形式存在的，但它和真实的事物有着本质的区别。要描述一个实际现象可以有很多种方式，如录音、录像、比喻、传言等。为了使描述更具科学性、逻辑性、客观性和可重复性，人们采用一种普遍认为比较严格的语言来描述各种现象，这种语言就是数学。使用数学语言描述的事物就称为数学模型。将现实世界的问题抽象成数学模型，就可能发现问题的本质及其能否求解，甚至找到求解该问题的方法和算法。

针对兔子繁殖问题的数学表达：

如果用F_n表示斐波那契数列的第n项，则该数列的各项间的关系为

$$\begin{cases} F_1=1 \\ F_2=1 \\ F_n=F_{n-1}+F_{n-2}\ ,\ n\geqslant 3 \end{cases}$$

其中，$F_n=F_{n-1}+F_{n-2}$一般称为递推公式。

3. 设计算法

所谓算法（Algorithm）是指为了解决一个问题而采取的方法和步骤。当利用计算机来解决一个具体问题时，也要首先确定算法。对于同一个问题，往往会有不同的解题方法。例如，要计算$S = 1 + 2 + 3 + \cdots + 100$，可以先进行1加2，再加3，再加4，一直加到100，得到结果5050；也可以采用另外的方法，$S = (100 + 1) + (99 + 2) + (98 + 3) +\cdots+ (51 + 50) = 101 \times 50 = 5050$。当然，还可以有其他方法。比较两种方法，显然第二种方法比第一种方法简单。所以，为了有效地解决问题，不仅要保证算法正确，还要考虑算法质量，要求算法简单、运算步骤少、效率高，能够迅速得出正确的结果。

设计算法即设计出解题的方法和具体步骤。

例如，兔子繁殖问题递推算法。设数列中相邻的3项分别为变量f1、f2和f3，由于中间各项只是为了计算后面的项，因此可以轮换赋值。则有如下递推算法：

①f1和f2的初值为1（即第1项和第2项分别为1）。

②第3项起，用递推公式计算各项的值，用f1和f2产生后项，即f3 = f1 + f2。

③通过递推产生新的f1和f2，即f1 = f2，f2 = f3。

④如果未达到规定的第n项，返回步骤②；否则停止计算，输出f3。

4. 算法的程序化（编写源程序）

将算法用计算机程序设计语言编写成源程序，对源程序进行编译看是否有语法错误和连接错误。例如，兔子繁殖问题C语言实现代码如下：

```
#include <stdio.h>
int main()
{
    long f1, f2, f3;
    f1=1; f2=1;             // 初始条件
    for(int i=3;i<=12;i++)
    {
        f3=f1+f2;           //递推公式
        f1=f2;
        f2=f3;
    }
    printf("%ld",f3);
}
```

C语言编译器能够发现源程序中的编译错误（即语法错误）和连接错误。编译错误通常是编程者违反了C语言的语法规则，如保留字输入错误、大括号不匹配、语句少分号等。连接错误通常由于未定义或未指明要连接的函数，或者函数调用不匹配等。

5. 程序调试与运行

运行可执行程序，得到运行结果。能得到运行结果并不意味着程序正确，要对结果进行分析，看它是否合理。不合理要对程序进行调试，即通过上机发现和排除程序中的故障的过程。

下面再以复杂的旅行商问题（Traveling Salesman Problem，TSP）说明编写计算机程序解决问题过程。经典的TSP可以描述为：一个商品推销员要去若干个城市推销商品，该推销员从一个城市出发，需要经过所有城市后，回到出发地城市。应如何选择行进路线，以使总的行程最短？

TSP问题是最有代表性的组合优化问题之一，它具有重要的实际意义和工程背景。许多现实问题都可以归结为TSP问题。例如，“快递问题”（有n个地点需要送货，怎样一个次序才能使送货距离最短）、“电路板机器钻孔问题”（在一块电路板上n个位置需要打孔，怎样一个次序才能使钻头移动距离最短。钻头在这些孔之间移动，相当于对所有的孔进行一次巡游。把这个问题转化为TSP，孔相当于城市）。

TSP旅行商问题示意图如图7–4所示。我们需要将TSP问题抽象为一个数学问题，并给出求解该数学问题的数学模型。在数学建模时尽量用自然数编号表达现实的具体对象，A、B、C、D这些城市可以使用自然数1、2、3、4编号。这样两城市之间距离D_{ij}表示（i、j的含义是城市编号），例如D_{12}就是2，D_{14}就是5。在计算机中可以使用二维数组$D[][]$来存储城市之间距离。

TSP旅行商问题转换成数学模型：

这n个城市可以使用自然数1,2,3,⋯，n编号，输入n个城市之间距离D_{ij}，输出所有城市的一个访问序列$T=(T_1, T_2, \cdots, T_n)$，其中$T_i$就是城市的编号，使得$\sum D_{T_iT_{i+1}}$最小。

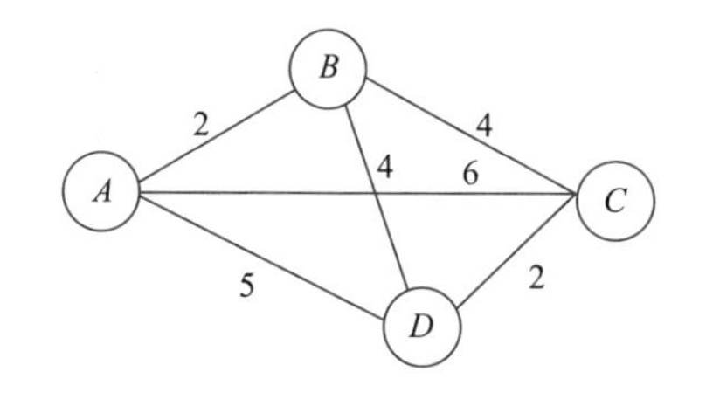

D_{ij}（行是i，列是j）	1	2	3	4
1	0	2	6	5
2	2	0	4	4
3	6	4	0	2
4	5	4	2	0

图 7–4　TSP旅行商问题示意图

当数学建模完成后，就要设计算法或者问题求解的策略。TSP旅行商问题中从初始结点（城市）出发的周游路线一共有$(n-1)!$条，即等于除初始结点外的n-1个结点的排列数，因此旅行商问题是一个排列问题。通过枚举$(n-1)!$条周游路线，从中找出一条具有行程最短的周游路线的算法。

（1）遍历算法

遍历是一种重要的计算思维，就是产生问题的每一个可能解（例如所有线路路径），然后代入问题进行计算（例如行程总距离），通过对所有可能解的计算结果进行比较，选取满足目标和约束条件（例如路径最短）的解作为结果。遍历是一种最基本的问题求解策略。

图7–5中，*A*、*B*、*C*、*D*代表周游这些城市，箭头代表行进的方向，线条旁边的数字代表城市之间的距离，图中列出每一条可供选择的路线，计算出每条路线的总里程，最后从中选出一条最短的路线。如图7–5所示，从中可以找到最优路线总距离是13。

采用遍历算法解决TSP旅行商问题会出现组合爆炸，因为路径组合数目为$(n-1)!$，加入20个城市，遍历总数1.216×10^{17}，计算机以每秒检索1 000万条路线的计算速度，需要386年。随着城市数量的上升，TSP问题的“遍历”方法计算量剧增，计算资源将难以承受。因此，人们设计出相对最优的贪心算法。

（2）贪心算法

贪心算法是一种算法策略，或者说问题求解的策略。基本思想是一定要做当前情况下的最好选择，否则将来可能会后悔，故名“贪心”。

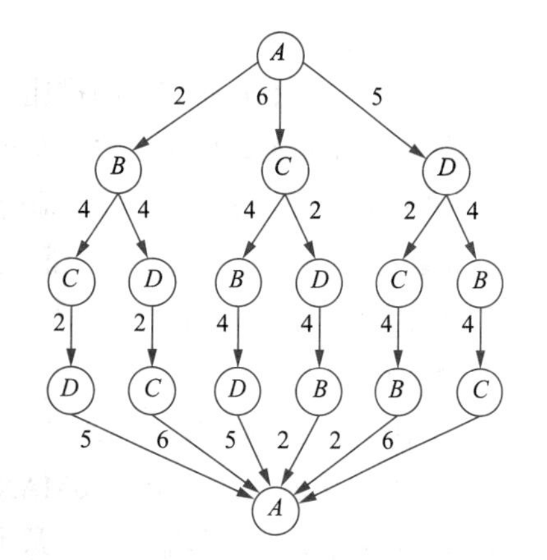

路径:*ABCDA*　总距离：13　路径:*ABDCA*　总距离：14

路径:*ACBDA*　总距离：19　路径:*ACDBA*　总距离：14

路径:*ADCBA*　总距离：13　路径:*ADBCA*　总距离：19

图 7–5　TSP旅行商遍历路线

TSP问题的贪心算法求解思想：从某一个城市开始，每次选择一个城市，直到所有城市都被走完。每次在选择下一个城市时，只考虑当前情况，保证迄今为止经过的路径总距离最短。

例如，从*A*城市出发，*B*城市距离*A*最短，所以选择下一个城市时选*B*。*B*城市到达后，选择下一个城市时，*C*和*D*距离*B*最短（从*C*和*D*中选），所以选择下一个城市时选*D*。*D*城市到达后，选择下一个城市时，*D*距离*C*最短，所以选择下一个城市时选*C*，最后回到城市*A*。则获得解*ABDCA*，其总距离为14。

贪心算法不一定能找到最优解，每次选择得到的都是局部最优解，并不一定能得到全局最优。因此，基于贪心算法求解问题总体上只是一种求最近似最优解的思想。但解*ABDCA*却是一个可行解，比较可行解与最优解的差距可以评价一个算法的优劣。

将以上算法用计算机程序设计语言编写成源程序，调试输出TSP问题的计算结果。算法是计算机求解问题的步骤表达，是否会编写程序的本质还是看能否找出问题求解的算法。

7.2 算法的概念与描述

人们在日常生活中经常要处理一些事情，都有一定的方法和步骤，先做哪一步，后做哪一步。就拿邮寄一封信来说，大致可以将寄信的过程分为这样几个步骤：写信、写信封、贴邮票、投入信箱4个步骤。将信投入到信箱后，则称寄信过程结束。同样，在程序设计中，程序设计者必须指定计算机执行的具体步骤，怎样设计这些步骤，怎样保证它的正确性和具有较高的效率，是算法需要解决的问题。

算法的概念与描述

计算机科学家尼克劳斯·沃思曾著过一本著名的书《数据结构+算法=程序》，可见算法在计算机科学界与计算机应用界的地位。

7.2.1 算法的概念、特征及评价

1. 算法的概念

算法是指解题方案准确而完整的描述，是一系列解决问题的清晰指令。算法代表着用系统的方法描述解决问题的策略机制，也就是说，能够对一定规范的输入，在有限时间内获得所要求的输出。如果一个算法有缺陷，或不适合于某个问题，执行这个算法将不能解决这个问题。

例如，输入3个数，然后输出其中最大的数。将3个数依次输入到变量A、B、C中，设变量MAX存放最大数。其算法如下：

①输入A、B、C。

②A与B中较大的一个放入MAX中。

③把C与MAX中较大的一个放入MAX中。

再如，输入10个数，打印输出其中最大的数。“经典”比较算法设计如下：

①输入1个数，存入变量A中，将记录数据个数的变量N赋值为1，即N=1。

②将A存入表示最大值的变量MAX中，即MAX=A。

③再输入一个值给A，如果A>MAX，则 MAX=A，否则MAX不变。

④让记录数据个数的变量增加1，即N=N+1。

⑤判断N是否小于10，若成立则转到第③步执行，否则转到第⑥步。

⑥打印输出MAX。

利用计算机解决问题，实际上也包括设计算法和实现算法两部分工作。首先设计出解决问题的算法，然后根据算法的步骤，利用程序设计语言编写出程序，在计算机上调试运行，得出结果，最终实现算法。可以这样说，算法是程序设计的灵魂，而程序设计语言是表达算法的形式。

2. 算法的特征

（1）有穷性（Finiteness）

算法的有穷性指算法必须能在执行有限个步骤之后终止。有穷性要求算法必须能够结束。

（2）确定性（Definiteness）

算法的每一个步骤必须有确切的定义，即算法中所有的执行动作必须严格而不含糊地进行规定，不能有歧义性。

（3）输入项（Input）

一个算法有0个或多个输入，以刻画运算对象的初始情况。所谓0个输入是指算法本身定出了初始条件。

（4）输出项（Output）

一个算法有一个或多个输出，以反映对输入数据加工后的结果。没有输出的算法是毫无意义的。

（5）可行性（Effectiveness）

算法中执行的任何计算步骤都是可以被分解为基本的可执行的操作步，即每个计算步骤都可以在有限时间内完成（也称为有效性）。

3. 算法的评价

同一问题可用不同的算法解决，而一个算法的质量优劣将影响到算法乃至程序的效率。不同的算法可能用不同的时间、空间或效率来完成同样的任务。算法分析的目的在于选择合适算法和改进算法。一个算法的评价主要从时间复杂度和空间复杂度来考虑。

（1）时间复杂度

算法的时间复杂度是指执行算法所需要的时间。一般来说，计算机算法是问题规模 n 的函数 $f(n)$，算法的时间复杂度也因此记作 $T(n)$。

$$T(n)=O(f(n))$$

因此，问题的规模 n 越大，算法执行时间的增长率与 $f(n)$ 的增长率正相关，称作渐进时间复杂度。

例如，顺序查找平均查找次数 $(n+1)/2$，它的时间复杂度为 $O(n)$，二分查找算法的时间复杂度为 $O(\log n)$，插入排序、冒泡排序、选择排序的算法时间复杂度为 $O(n^2)$。

（2）空间复杂度

算法的空间复杂度是指算法需要消耗的内存空间。其计算和表示方法与时间复杂度类似，一般都用复杂度的渐近性来表示。同时间复杂度相比，空间复杂度的分析要简单得多。

7.2.2 算法的描述

算法的描述（表示方法）指对设计出的算法用一种方式进行详细的描述，以便与人交流。描述可使用自然语言、伪代码，也可使用程序流程图，但描述的结果须满足算法的几个特征。

1. 自然语言

用中文或英文等自然语言描述算法，但容易产生歧义性。在程序设计中一般不用自然语言表示算法。

2. 流程图

流程图由一些特定意义的图形、流程线及简要的文字说明构成，它能清晰明确地表示程序的运行过程，传统流程图由图7–6中的图形组成。

图7–6　传统流程图的常用图形

①起止框：说明程序起点和结束点。

②输入/输出框：输入/输出操作步骤写在这种框中。

③处理框：算法大部分操作写在此框图中，例如下面的处理框就是加1操作。

i←i+1

④菱形框：代表条件判断以决定如何执行后面的操作。

⑤流程线：代表计算机执行的方向。

例如，网上购物的流程图如图7–7所示。

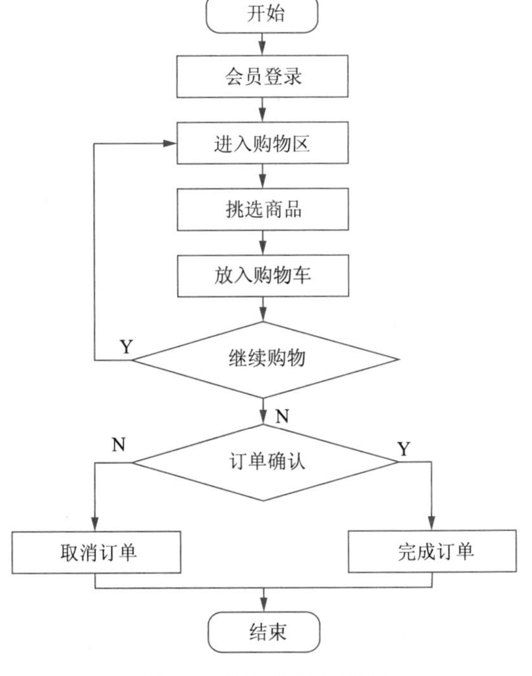

图7–7　网上购物的流程

3. N–S图

在使用过程中，人们发现流程线不一定是必需的，为此人们设计了一种新的流程图——N-S图。这是较为理想的一种方式，是1973年由美国学者I.Nassi和B.Shneiderman提出的。在这种流程图中，全部算法写在一个大矩形框内，该框中还可以包含一些从属于它的小矩形框。例如，网上购物的N-S图如图7–8所示。N-S图可以实现传统流程图功能。N-S图最基本的形式如图7–9所示。

注意：在N-S图中，在流程图中的上下顺序就是执行时的顺序，程序在执行时，也按照从上到下的顺序进行。

对初学者来说，先画出流程图很有必要，根据流程图编程序，会避免不必要的逻辑错误。

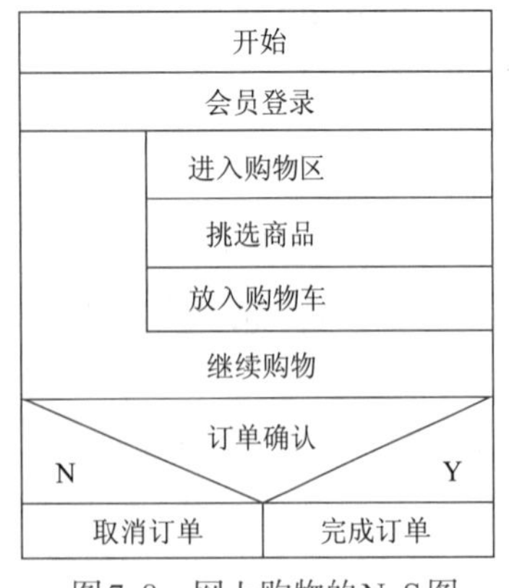

图7–8　网上购物的N–S图

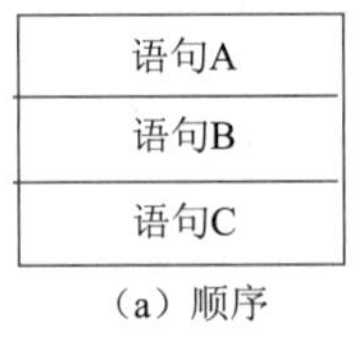

（a）顺序

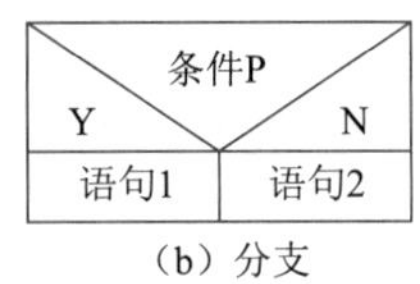

（b）分支

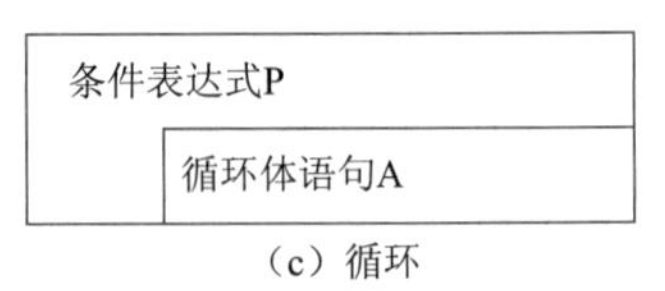

（c）循环

图7–9　N–S图最基本的形式

4. 伪代码

伪代码是用介于自然语言和计算机语言之间的文字和符号来描述算法，即计算机程序设计语言中具有的关键字用英文表示，其他的可用汉字，也可用英文，只要便于书写和阅读即可。例如：

```
IF 九点以前 THEN
    do 私人事务;
ELSE 9点到18点 THEN
    工作;
ELSE
    下班;
END IF
```

用伪代码写算法并无固定的、严格的语法规则，只需把意思表达清楚，并且书写的格式要写成清晰易读的形式。它不用图形符号，因此书写方便、格式紧凑、容易修改，便于向计算机语言算法（即程序）过渡。

7.2.3　常用算法举例

现在计算机能解决的实际问题种类繁多，解决问题的算法更是不胜枚举，但还是有一些基本方法是可以遵循的。例如，递推与迭代算法常用于计算性问题；枚举算法常应用于最优化问题和搜索正确的解。

1. 枚举算法

枚举算法又称穷举法，此算法将所有可能出现的情况一一进行测试，从中找出符合条件的所有结果。例如，计算“百钱买百鸡”问题；又如，列出满足x*y=100的所有组合等。枚举法常用于解决“是否存在”或“有多少种可能”等类型问题。这种算法充分利用计算机高速运算的特点。

例如，计算一个古典数学问题——“百钱买百鸡”问题。一百个铜钱买了一百只鸡，公鸡每只5元，母鸡每只3元，小鸡3只1元，问公鸡、母鸡和小鸡各买几只？

假设公鸡x只，母鸡y只，小鸡z只。根据题意可列出以下方程组：

$$\begin{cases}5x+3y+z/3=100(\text{百钱})\\x+y+z=100(\text{百鸡})\end{cases}$$

由于2个方程式中有3个未知数，属于无法直接求解的不定方程，故可采用“枚举法”进行试根。这里x、y、z为正整数，且z是3的倍数；由于鸡和钱的总数都是100，可以确定x、y、z的取值范围：

①x的取值范围为1～20。

②y的取值范围为1～33。

z的取值范围为3～99，步长为3。

逐一测试各种可能的x（1~20）、y（1~33）、z

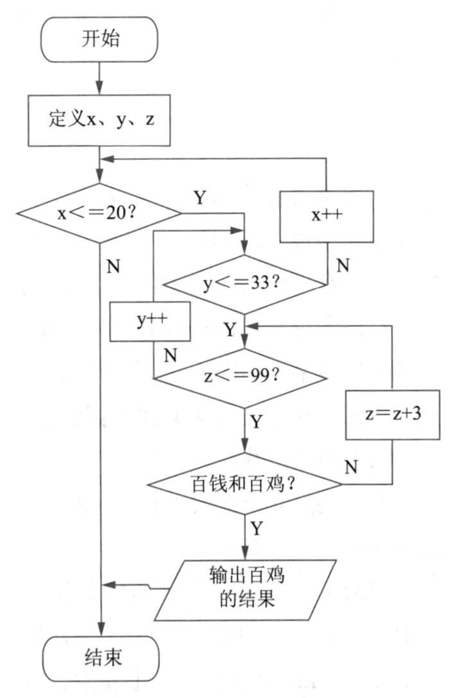

图7–10　程序执行流程

（3~99）组合，并输出符合条件 $5x+3y+z/3=100$ 和 $x+y+z=100$ 的结果。对应的流程图如图 7–10 所示。

C语言程序代码如下：

```
#include <stdio.h>
int main()
{
int x,y,z;
for(x=1;x<=20;x++)
    for(y=1;y<=33;y++)
        for(z=3;z<=99;z+=3)
        {
        /*是否满足百钱和百鸡的条件*/
        if((5*x+3*y+z/3==100)&&(x+y+z==100))
        printf("cock=%d,hen=%d,chicken=%d\n",x,y,z);
        }
return 0;
}
```

程序运行结果：

```
cock=4,hen=8,chicken=78
cock=8,hen=11,chicken=81
cock=12,hen=4,chicken=84
```

实际上，在假设公鸡x只，母鸡y只之后，小鸡数量可以确定为100-x-y，那么此时可以只对x、y进行枚举即可。约束条件就只有5x+3y+z/3=100。采用这种枚举只需要尝试 20×33 次，大大减少了尝试次数。由此看出，对于同一个问题，可以有不同的枚举范围和不同的枚举对象，但解决问题的效率差别会很大，选择合适的方法会让解决问题的效率大大提高。

2. 查找算法

查找也可称检索，是在数据集（大量的元素）中找到某个特定元素的过程。查找算法是在程序设计中最常用到的算法之一。例如，经常需要在大量商品信息中查找指定的商品、在学生名单中查找某个学生，等等。

查找算法

有许多种不同的查找算法。根据数据集特征的不同，查找算法的效率和适用性也往往各不相同。顺序查找、二分查找、散列查找等都是典型的查找算法。下面就介绍这些典型搜索算法的思想和特点。

（1）顺序查找法

假定要从n个整数中查找x的值是否存在，最原始的办法是从头到尾逐个查找，这种查找的方法称为顺序查找。

设给定一个有10个元素的数组，其数据如图7–11所示。list是数组名，其元素数据放在方格中。方格下面的方括号中的数字表示元素的下标，下标从0开始。list[0]表示数组list中的第一个元素，list[1]表示第二个元素，等等。

现在，希望找到数据75在list数组中的位置。顺序搜索算法的查找过程如下：

①比较75和list[0]，list[0]是51，相当于比较75和51；由于list[0]不等于75，因此75顺序比较下一个元素list[1]。

②list[1]是32，由于75不等于32，因此75顺序比较下一个元素list[2]。

list	51	32	18	96	2	75	29	82	11	125
	[0]	[1]	[2]	[3]	[4]	[5]	[6]	[7]	[8]	[9]

图7–11　有10个元素的数组

③一直持续下去，当75与list[5]比较时，两者相等，这时搜索终止，75在list中的位置为下标5。

但是，如果要查找的数据是91，结果在list中没有发现与91匹配的元素，则这次搜索失败。一般来说，如果没有找到匹配的元素，则返回-1，表示没有找到指定的元素。

下面使用自然语言给出顺序搜索算法的思想。自然语言描述在list数组中进行顺序查找算法如下：

①初始化元素的索引下标i，将其赋值为0，list数组元素个数N赋值为10。

②输入查找的数据key的值。

③判断i是否大于N-1（最后一个元素的下标）。如果i>N-1，则说明没有找到，输出-1并结束搜索。

④比较key与list[i]的值，如果相同则输出对应的索引下标i。否则，元素的索引下标i增加1，即i=i+1，转到第③步。

也可以使用流程图的形式描述顺序搜索算法的思想。假设存放元素的数据集是list数组，长度是N，其对应的流程图和N–S图如图7–12所示。

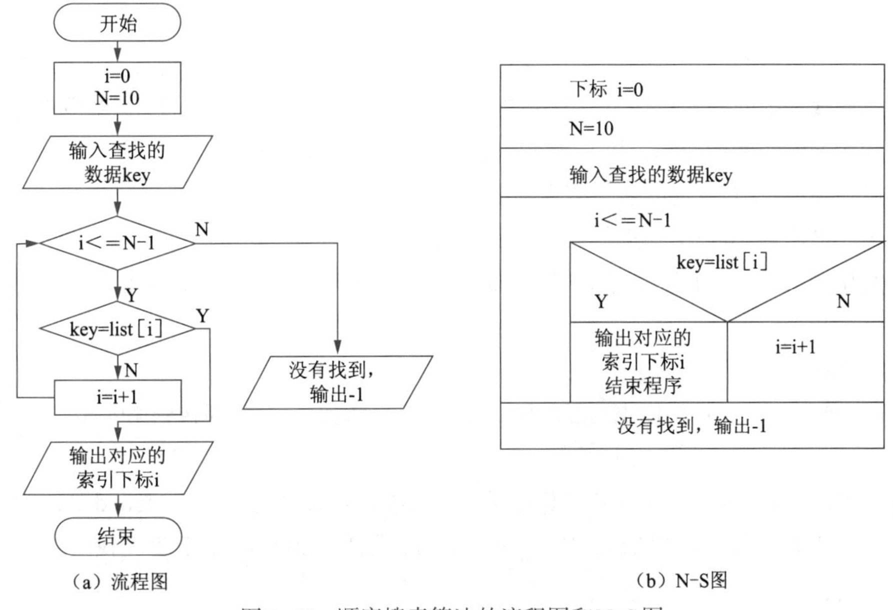

图7–12　顺序搜索算法的流程图和N–S图

（2）二分查找法（折半查找）

顺序查找算法是针对无序数据集的典型查找算法，如果数据集中的元素是有序的，那么顺序查找算法就不适用了。为了提高查找算法的效率，针对有序数据集，可以使用二分查找算法。

二分查找算法是指在一个有序数据集中，假设元素递增排列，查找项与数据集的中间位置的元素进行比较。如果查找项小于中间位置的元素，则只搜索数据集的前半部分；否则，查找数据集的后半部分。如果查找项等于中间位置的元素，则返回该中间位置的元素的地址，查找成功结束。

下面通过一个示例来讲述二分查找算法的过程。在如图7–13所示的有序数据组中，有10个元素递增排列。

现在，希望找到数据75在list数组中的位置。二分查找过程如下：

list	2	11	18	29	32	51	75	82	96	125
	[0]	[1]	[2]	[3]	[4]	[5]	[6]	[7]	[8]	[9]

图7–13　有10个元素的有序数组

①第一次搜索空间是整个数组，最左端的位置是0，最右端的位置是9，则其中间位置是4。因为75>list[4]，所以75应该落在整个数组的后半部分。

②这时开始第二次查找，搜索空间最左端的位置是5，最右端的位置依然是9，计算得中间位置是7。比较75与list[7]，因为75<list[7]，继续折半搜索。

③第三次搜索空间的最左右端的位置分别是5和6，中间位置5，75>list[5],继续折半搜索。

④第四次搜索空间的最左右端的位置都是6，中间位置是6，且75=list[6]，停止查找，75的位置是6。

相应地，如果要查找数据91在list数组中的位置，查找过程如下：

①第一次的搜索空间，左端位置是0，右端位置是9，中间位置是4，比较91和 list[4]，91>list[4]，继续折半搜索。

②第二次搜索空间的左右端位置分别是5和9，中间位置是7，91>list[7]，继续折半搜索。

③第三次搜索空间的左右端位置分别是8和9，中间位置是8，91<list[8]，继续折半搜索。

④第四次搜索空间的左端位置是8，右端位置是7，左端位置8>右端位置7，查找以失败结束。返回后在list中没有发现元素与搜索项匹配的标志-1。

自然语言描述在list数组中进行二分查找算法如下：

①初始化左端位置left为0，右端位置right为list数组下标最大值，同时设置找到标志found为false。

②输入查找的数据key的值。

③判断left<=right和找到标志found为false是否同时成立，成立则转到第④步，否则转到第⑤步。

④计算中间位置mid，如果list[mid]是要查找的数据key，则找到标志found赋值为true。如果list[mid]大于要查找的数据key，则right=mid-1；如果list[mid]小于要查找的数据key，则left=mid+1；转到③。

⑤判断found是否为true，是true说明找到了，则输出mid的值。否则，说明没有找到，输出-1并结束搜索。

二分查找算法对应的流程图和N–S图如图7–14所示。

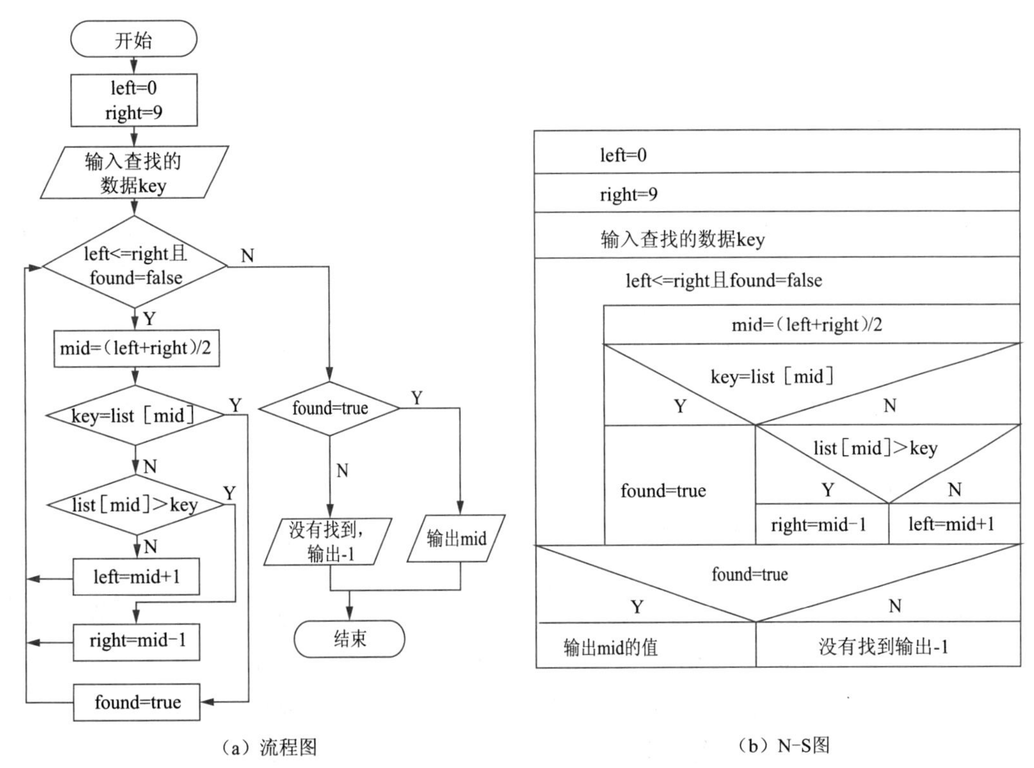

（a）流程图　　（b）N–S图

图7–14　二分搜索算法的流程图

二分查找算法有多种实现方式。如果采用循环方式，二分搜索算法的C语言代码如下：

```
#include <stdio.h>
int main()
{
    int list[10]= {2,11,18,29,32,51,75,82,96,125};
    int left=0,right=9,mid,key;
    bool found = false;
    scanf("%d" ,&key);          /*输入查找key的值*/
    while(left<=right && found==false)
    {
        mid=(left+right)/2;
        if(list[mid]==key)
            found=true;
        else
            if(list[mid]> key )
                right=mid-1;
            else
                left=mid+1;
    }
    if(found==true)                     /*是true说明找到了*/
```

```
        printf("%d",mid);
    else
        printf("-1");
    return 0;
}
```

3. 排序算法

在处理数据过程中，经常需要对数据进行排序。甚至有人认为，在许多商业计算机系统中，可能有一半的时间都花费在了排序上面，这也说明了排序的重要性。许多专家对排序问题进行了大量研究，提出了许多有效的排序思想和算法。排序算法是指将一组无序元素序列整理成有序序列的方法。根据排序算法的特点，可以分为互换类排序、插入类排序、选择类排序、合并类排序，以及其他排序类算法等。下面主要介绍冒泡排序、插入排序、选择排序等常用的排序算法。

（1）冒泡排序

冒泡排序（Bubble Sort）是一种简单的互换类排序算法，其基本思想是比较序列中的相邻数据项，如果存在逆序则进行互换，重复进行直到有序。

冒泡排序

冒泡法排序是每轮将相邻的两个数两两进行比较，若满足排序次序，则进行下一次比较，若不满足排序次序，则交换这两个数，直到最后。总的比较次数为n-1次，此时最后的元素为最大数或最小数，此为一轮排序。接着进行第二轮排序，方法同前，只是这次最后一个元素不再参与比较，比较次数为n–2次，依此类推。

冒泡排序示意图如图7–15所示，粗体数字表示正在比较的两个数，最左列为最初的情况，最右列为完成后的情况。

A[1]		**8**	5	5	5	5	**5**	2	2	2	**2**	2	2	**2**	
A[2]		**5**	**8**	2	2	2	**2**	**5**	4	4	**4**	**4**	3	**3**	
A[3]		2	**2**	**8**	4	4	4	**4**	**5**	3	3	**3**	4	4	
A[4]		4	4	**4**	**8**	3	3	3	**3**	5	5	5	5	5	
A[5]		3	3	3	**3**	8	8	8	8	8	8	8	8	8	
		第一轮					第二轮				第三轮			第四轮	

图7–15　冒泡排序示意图

可以推知，如果有n个数，则要进行n-1轮比较（和交换）。在第1轮中要进行n-1次两两比较，在第j轮中要进行n-j次两两比较。

假设a数组存储从键盘输入的10个整数。对数组a的10个整数（为了描述方便，不使用a[0]元素，10个整数存入a[1]到a[10]中）的冒泡排序算法为：

第1轮遍历首先是a[1]与a[2]比较，如a[1]比a[2]大，则a[1]与a[2]互相交换位置；若a[1]不比a[2]大，则不交换。

第2次是a[2]与a[3]比较，如a[2]比a[3]大，则a[2]与a[3]互相交换位置。

第3次是a[3]与a[4]比较，如a[3]比a[4]大，则a[3]与a[4]互相交换位置。

……

第9次是a[9]与a[10]比较，如a[9]比a[10]大，则a[9]与a[10]互相交换位置；第1轮遍历结束后，使得数组中的最大数被调整到a[10]。

第2轮遍历和第一轮遍历类似，只不过因为第1轮遍历已经将最大值调整到了a[10]中，第2轮遍历只需要比较8次，第2轮遍历结束后，使得数组中的次大数被调整到a[9]……直到所有的数按从小到大的顺序排列。

冒泡法排序（10个数按升序排列）的算法N–S图如图7–16所示。

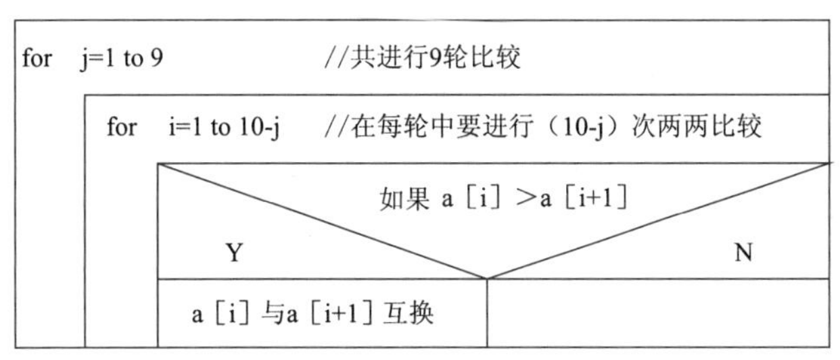

图7–16　冒泡法排序N–S图

冒泡排序算法的伪代码如下所示：

```
Func bubbleSort(array a) {
  for(j =1; j <= 9 ; j++)                //共进行9轮比较
    for( i=1; i<=10-j; i++)              //在每轮中要进行(10-j)次两两比较
     if (a[i]>a[i+1])                    //如果前面的数大于后面的数
     { a[i]与a[i+1]互换}               //交换两个数的位置，使小数上浮
  }
```

（2）插入排序

插入排序（Insertion Sort）是一种将无序列表中的元素依次插入到已经排序好的列表中的算法。插入排序算法具有实现简单、对于少量数据排序效率高、适合在线排序等特点。

下面通过一个示例来讲述插入排序的基本过程。对于一个有6个数据的无序数组：(12, 6, 1, 15, 3, 19)，现在希望将该数组中的数据采用插入排序方法从小到大排列。排序过程如图7–17所示。在每一个阶段，未被插入到排序列表中的数据使用阴影方框表示，列表中已排序的数据用白色方框表示，圆圈表示数据的临时存储位置。在初始顺序中，第一个数据12表示已经排序，其他数据都是未排序数据。在排序过程的每个阶段中，第一个未排序数据被插入到已排序列表中的恰当位置。为了为这个插入值腾出空间，首先要把该插入值存储在临时圆圈中，然后从已排序列表的末尾开始，逐个向前比较，移动数据项，直到找到该数据的合适位置为止。移动的数据使用箭头表示。

插入排序算法具体描述如下：

①从第一个元素开始，该元素可以认为已经被排序。

②取出下一个元素，在已经排序的元素序列中从后向前扫描。

③如果该元素（已排序）大于新元素，将该元素移到下一位置。

④重复步骤③，直到找到已排序的元素小于或者等于新元素的位置。

⑤将新元素插入到下一位置。

⑥重复步骤②~⑤。

假设a数组存储从键盘输入的10个整数。对数组a的10个整数（为了描述方便，不使用a[0]元素，10个整数存入a[1]到a[10]中）的插入排序算法为：

第1轮插入是从第2个元素开始，将a[2]插入最初仅a[1]有序的序列中。首先将a[2]值存储在变量temp中，将a[1]与temp比较。如果a[1]比temp大，则a[1]移到a[2]，最后temp放到空出的位置a[1]中。

第2轮插入将a[3]插入到a[1]和a[2]有序序列中。首先将a[3]值存储变量temp中，将有序序列最后的元素a[2]与temp比较，如a[2]比temp大，则a[2] 移到a[3]，继续向前扫描直到已排序的元素小于或者等于temp，最后temp放到该元素的下一个位置。

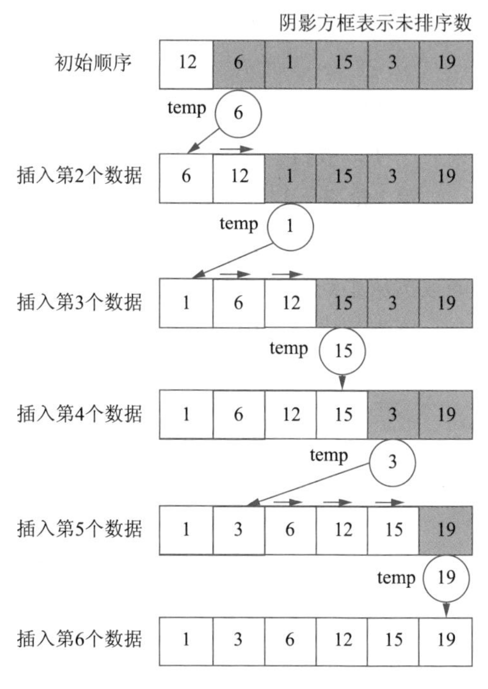

图7–17　插入排序算法示例

……

第9轮插入将a[10]插入到a[1]，a[2],…，a[9]的有序序列中。首先将a[10]值存储变量temp中，将有序序列最后元素a[9]与temp比较，如a[9]比temp大，则a[9] 移到a[10]，继续向前扫描直到已排序的元素小于或者等于temp，最后temp放到该元素的下一个位置。

插入排序算法（10个数按升序排列）的N–S图如图7–18所示。

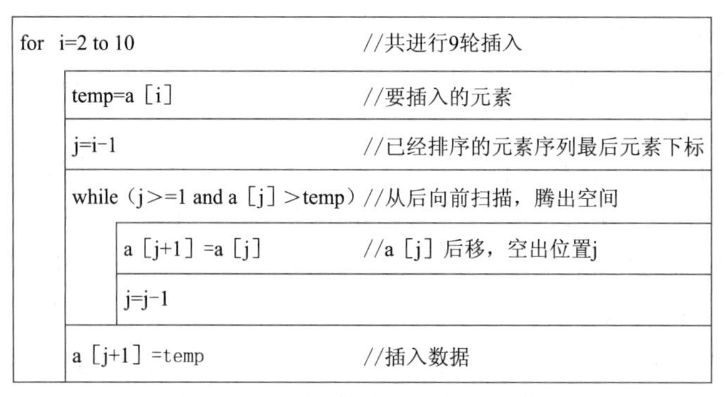

图7–18　插入排序算法的N–S图

插入排序算法的伪代码如下：

```
Func insertionSort(array a)
{
    for(i=2; i<=10; i++)
    {
```

```
        temp=a[i]                        //要插入的元素
        j=i-1                            //已经排序的元素序列最后元素的下标
        while( j>=1 and a[j]>temp)       //从后向前扫描，腾出空间
        {
            a[j+1]=a[j]                  // a[j]后移
            j=j-1
        }
        a[j + 1] = temp                  //将新元素插入
    }
}
```

（3）选择排序

插入排序的一个主要问题是，即使大多数数据已经被正确排序在序列的前面，后面在插入数据时依然需要移动前面这些已排序的数据。选择排序算法可以避免大量已排序数据的移动现象。选择排序算法（Selection Sort）的主要思想是，每一轮从未排序的数据中选出最小的数据，顺序放到已排好序列的后面，重复前面的步骤直到数据全部排序为止。

对于前面示例中包含了6个数据的无序数组（12, 6, 1, 15, 3, 19），现在希望将该数组中的数据采用选择排序方法从小到大排列，排序过程如图7–19所示。图中的阴影方框表示未排序数据。

在第1轮，未排序序列就是整个序列，从整个序列找到最小元素1，然后将元素1与第1个位置的元素12互换。

在第2轮，在未排序序列中找到最小元素3，然后将元素3与第2个位置的元素6互换。

继续进行，在第6轮时，由于只有一个数据19，因此排序结束。

设有10个数，存放在数组A中，选择法排序的算法如下：

首先引入一个指针变量k，用于记录每次找到的最小元素位置。

第1轮：k初始为1，即将指针指向第1个数（先假定第1个数最小）。将A[k]与A[2]比较，若A[k]>A[2]，则将k记录2，即将指针指向较小者。再将A[k]与A[3]~A[10]逐个比较，并在比较的过程中将k指向其中的较小数。完成比较后，k指向10个数中的最小者。如果k ≠ 1，交换A[k]和A[1]；如果k=1，表示A[1]就是这10个数中的最小数，不需要进行交换。

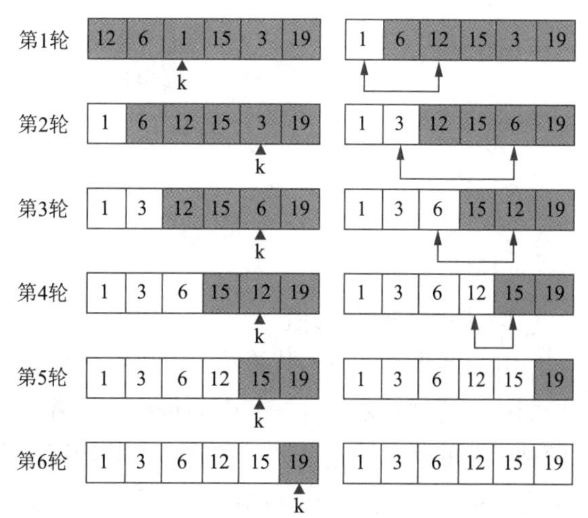

图7–19　选择排序算法排序过程

第2轮：将指针k初始为2（先假定第2个数最小），将A[k]与A[3]~A[10]逐个比较，并在比较的过程中将k指向其中的较小数。完成比较后，k指向余下9个数中的最小者。如果k ≠ 2，交换A[k]和A[2]；如果k=2，表示A[2]就是这余下9个数中的最小数，不需要进行交换。

继续进行第3轮、第4轮……直到第9轮。

选择法排序每轮最多进行一次交换，以n个数按升序排列为例，其N–S如图7–20所示。其中，k ≠ i表示在第i轮比较的过程中，指针k曾经移动过，需要互换A[i]与A[k]，否则不进行任何操作。

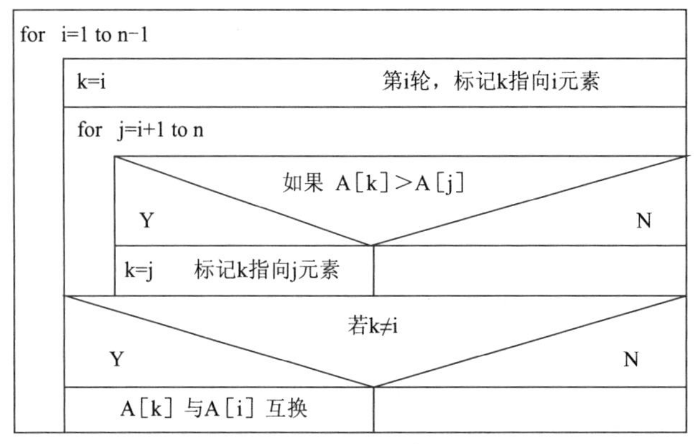

图7–20　选择法排序N–S图

选择排序算法的伪代码如下：

```
Func selectionSort(array A)
{
   for(int i=1; i<=n-1; i++)
   {
     int k=i
     for(int j=i+1; j<=n; j++){
       if(A[k]>A[j])
        k=j
     }
     if(k≠i){
        A[k]与A[i]互换
     }
   }
}
```

4. 递推与迭代算法

利用递推算法或迭代算法，可以将一个复杂的问题转换为一个简单过程的重复执行。它是按照一定的规律来计算序列中的每项，通常是通过前面的一些项来得出序列中指定项的值。这两种算法的共同特点是，通过前一项的计算结果推出后一项。不同的是，递推算法不存在变量的自我更迭，而迭代算法则在每次循环中用变量的新值取代其原值。

前面提到的兔子繁殖问题的“裴波那契数列”，就是使用递推算法来解决。

设数列中相邻的3项分别为变量f1、f2和f3，由于中间各项只是为了计算后面的项，因此可以轮换赋值，则有如图7–21所示的N–S图。

迭代算法也称辗转法，是一种不断用变量的旧值递推新值的过程。迭代算法是用计算机解决问题的一种基本方法。它利用计算机运算速度快、适合做重复性操作的特点，让计算机对一组指令（或一定步骤）进行重复执行，在每次执行这组指令（或这些步骤）时，都从变量的原值推出它的一个新值。

f1=1；f2=1	
for　i=3 to 12	
f3=f1+f2	//用f1和f2产生后项
f1=f2	//产生新的f1
f2=f3	//产生新的f2
输出f3	

图7–21　使用递推算法解决裴波那契数列问题的N–S图

例如猴子吃桃问题。猴子第一天摘下若干个桃子，当即吃了一半，还不过瘾，又多吃了一个，第二天早上又将剩下的桃子吃掉一半，又多吃了一个。以后每天早上都吃了前一天剩下的一半再多一个，到第10天早上想再吃时，见只剩下一个桃子。求第一天共摘了多少。

这是一个迭代递推问题，采取逆向思维的方法，从后往前推。因为猴子每次吃掉前一天的一半再多一个，若设X_n为第n天的桃子数，则

$$X_n=X_{n-1}/2-1$$

那么第n-1天的桃子数的递推公式为

$$X_{n-1}=(X_n+1)*2$$

已知第10天的桃子数为1，由递推公式得出第9天，第8天，…，最后第一天为1534，则有如图7–22的流程图。

X=1	//第10天的桃子数
for　i=1 to 9	//循环9次
X=(X+1)*2	//递推公式
输出X	

图7–22　使用迭代算法解决猴子吃桃问题的N–S图

算法被誉为计算机系统的灵魂，问题求解的关键是设计算法，设计可在有限时间与空间内执行的、尽可能快速的算法。所有的计算问题最终都体现为算法。“是否会编写程序”本质上讲首先是“能否想出求解问题的算法”，其次才是将算法用计算机可以识别的计算机语言写出程序。算法的学习没有捷径，只有不断地训练才能达到一定高度。

7.3　面向过程的结构化程序设计方法

面向过程的结构化程序设计由迪克斯特拉（E.W.dijkstra）在1969年提出，是以模块化设计为中心，将待开发的软件系统划分为若干个相互独立的模块，这样使完成每一个模块的工作变得单纯而明确，为设计一些较大的软件打下了良好的基础。它是软件发展的一个重要的里程碑。

7.3.1　结构化程序设计的原则

结构化程序设计的基本思想是采用“自顶向下，逐步求精”的程序设计方法和“单入口单出口”的控制结构。结构化程序设计的基本原则如下：

1. 自顶向下

设计程序时，应先考虑总体，后考虑细节；先考虑全局目标，后考虑局部目标。不要一开始就过多追求众多的细节，先从最上层总目标开始设计，逐步使问题具体化。

2. 逐步细化

对复杂问题，应设计一些子目标作为过渡，逐步细化。

3. 模块化设计

一个复杂问题，肯定是由若干稍简单的问题构成。模块化是把程序要解决的总目标分解为子目标，再进一步分解为具体的小目标，把每一个小目标称为一个模块。

4. 单入口单出口

“单入口单出口”的思想认为一个复杂的程序，如果它仅是由顺序、选择和循环3种基本程序结构通过组合、嵌套构成，那么这个新构造的程序一定是一个单入口单出口的程序。据此就很容易编写出结构良好、易于调试的程序。

7.3.2 结构化程序的基本结构和特点

解决任何一个复杂的问题，都可以由3种基本结构来完成：顺序结构、选择结构、循环结构。由这3种基本结构构成的算法称为结构化算法，它不存在无规律的转移，只有在本结构内才允许存在分支或者向前向后的跳转。由结构化算法编写的程序称为结构化程序。结构化程序便于阅读和修改，提高了程序的可读性和可维护性。

1. 顺序结构

顺序结构是程序设计中最简单、最常用的基本结构。程序是由一条条语句组成的，在顺序结构中，各语句按照出现的先后顺序依次执行。顺序结构是任何程序的主体基本结构，即使在选择结构或循环结构中，也常以顺序结构作为其子结构。

顺序结构其流程图如图7–23（a）所示，N–S图如图7–23（b）所示。

2. 选择结构

在信息处理、数值计算及日常生活中，经常会碰到需要根据特定情况选择某种解决方案的问题。选择结构是在计算机语言中用来实现上述分支现象的重要手段，它能根据给定条件，从事先编写好的各个不同分支中执行某一分支的相应操作。

选择结构又称分支结构，其流程图如图7–24（a）所示，N–S图如图7–24（b）所示。该结构能根据表达式（条件P）成立与否（真或假），选择执行语句1操作或语句2操作。

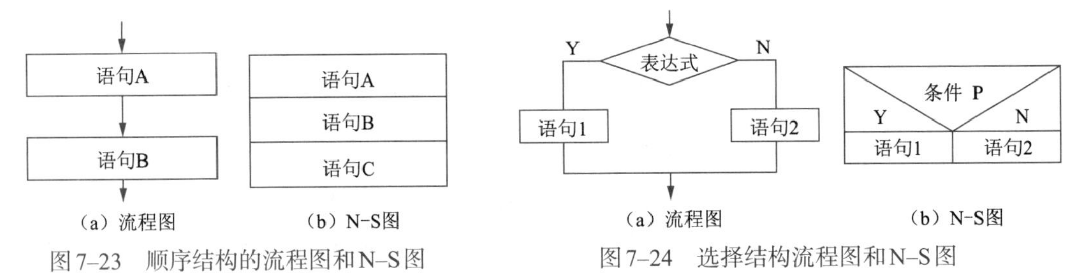

（a）流程图　（b）N–S图

图7–23　顺序结构的流程图和N–S图

（a）流程图　（b）N–S图

图7–24　选择结构流程图和N–S图

【例7.1】输入3个不同的数，将它们从大到小排序输出。

分析：

①将a与b比较，把较大者放入a中，小者放b中。

②将a与c比较，把较大者放入a中，小者放c中，此时a为三者中的最大者。

③将b与c比较，把较大者放入b中，小者放c中，此时a、b、c已由大到小顺序排列。其N–S图如图7–25所示。

3. 循环结构

当需要在指定条件下反复执行某一操作时，可以用循环结构来实现。使用循环可以简化程序，提高工作效率。

（1）当型循环

条件表达式P成立时反复执行循环体语句A操作，直到P为假结束循环。可以用图7–26表示其流程。

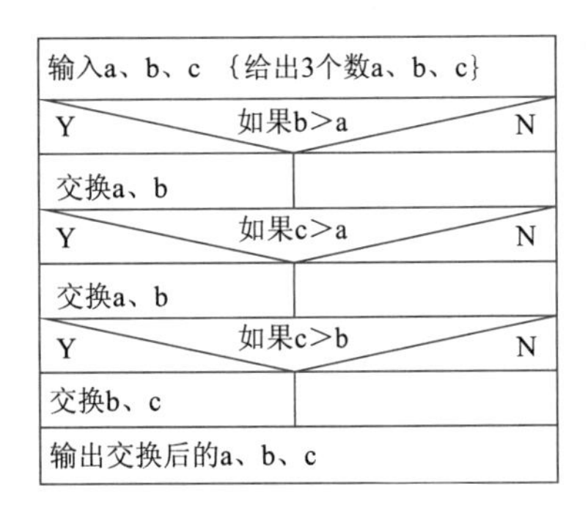

图7–25　对3个数从大到小排序的N–S图

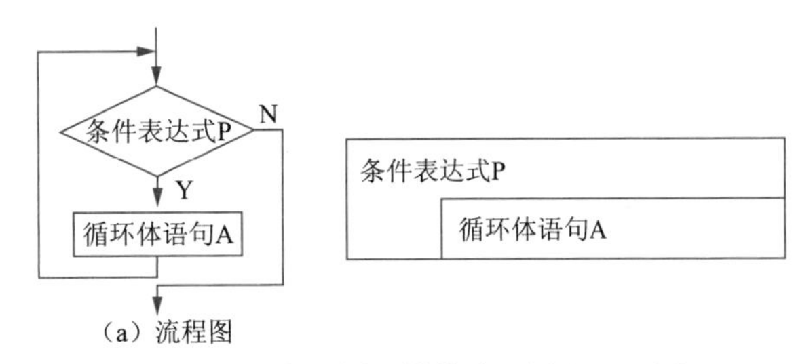

图7–26　当型循环结构流程图和N–S图

【例7.2】求1+2+3+…+100。

分析：计算累加和需要两个变量，用变量sum存放累加和，变量i存放加数。重复将加数i加到sum中。根据分析可画出N–S图，如图7–27所示。

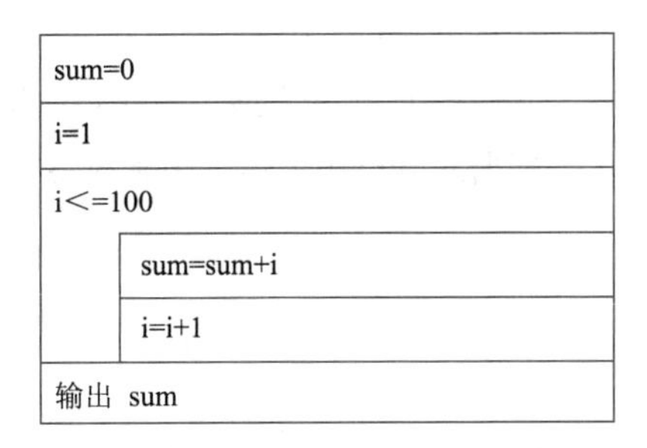

图7–27　累加和的N–S图

根据流程图写出程序：

```
#include <stdio.h>
int main( ){
   int i=1,sum=0;
   while (i<=100)
    { sum=sum+i;
      i=i+1;
    }
    print("sum=%d",sum);
    return 0;
}
```

（2）直到型循环

反复执行循环体语句A操作，直到条件P为假结束循环。可以用图7–28表示其流程。

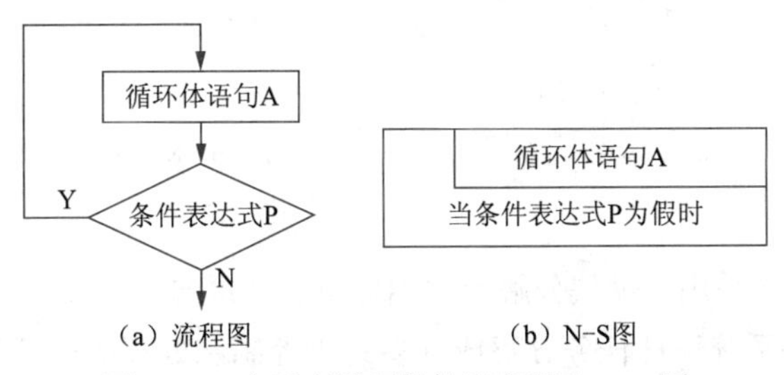

（a）流程图　　（b）N–S图

图7–28　直到型循环结构流程图和N–S图

【例7.3】输入两个正整数，用“辗转相除法”求它们的最大公约数。

辗转相除法是一种求两个自然数的最大公约数的方法：假设对于任意两个自然数a、b，当

a>b时，a=q*b+r。其中，q是a除以b后得到的商，r是a除以b后得到的余数。那么，当r等于0时，b就是a、b的最大公约数；否则，a、b的最大公约数就等于b、r的最大公约数，这是因为a与b的最大公约数一定是b与r的最大公约数。从而可以将b作为新的除式中的a，r作为新的除式中的b，这样反复求约数，直至r等于0，这时的b就是原先的a和b的最大公约数。

例如，a=432，b=138，求最大公约数过程如表7–2所示。

表7–2　求最大公约数过程

a	b	q	r
432	138	3	18
138	18	7	12
18	12	1	6
12	6	2	0

所以432和138的最大公约数是6。

分析：求最大公约数用“辗转相除法”，算法如下：

①输入两个正整数a、b；比较两个数，并使a大于b。

②将a作被除数，b作除数，相除后余数为r。

③将a←b，b←r。

④若r=0，则a为最大公约数，结束循环。若r≠0，执行步骤②和③。

根据此分析画出流程图和N–S图，如图7–29所示。

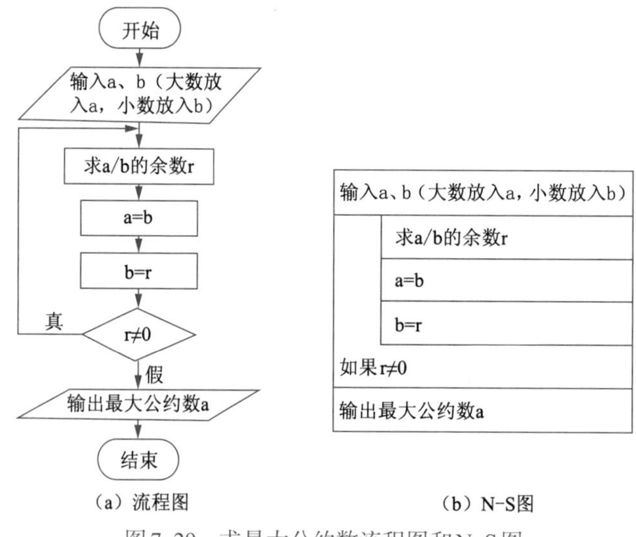

（a）流程图　　（b）N–S图

图7–29　求最大公约数流程图和N–S图

结构化程序设计由于采用了模块分解与功能抽象、自顶向下、逐步求精的方法，从而有效地将一个较复杂的程序系统设计任务分解成许多易于控制和处理的子任务，便于开发和维护。虽然结构化程序设计方法具有很多的优点，但它仍是一种面向过程的程序设计方法，它把数据和处理数据的过程分离为相互独立的实体。当数据结构改变时，所有相关的处理过程都要进行相应的修改，程序的可重用性差。

由于Windows图形用户界面的应用，程序运行由顺序运行演变为事件驱动，使得软件使用起来越来越方便，但开发起来却越来越困难，对这种图形用户界面软件的功能很难用过程来描述和实现，使用面向过程的方法来开发和维护都将非常困难。

7.4　面向对象的程序设计方法

面向对象程序设计（Object Oriented Programming，OOP）是软件系统设计与实现的方法，这种新方法既吸取了结构化程序设计的绝大部分优点，又考虑了现实世界与面向对象空间的映射关系而提出的一种新思想，所追求的目标是将现实世界的问题求解尽可能地简单化。在自然世界和社会生活中，一个复杂的事物总是由很多部分组成。例如，一个人是由姓名、性别、年龄、身高、体重等特征进行描述；一个自行车由轮子、车身、车把等部件组成；一台计算机由主机、显示器、键盘、鼠标等部件组成。当人们生产一台计算机的时候，并不是先要生产主机，再生产显示器，再生产键盘鼠标，即不是顺序执行的。而是分别生产设计主机、显示器、键盘、鼠标等，最后把它们组装起来。这些部件通过事先设计好的接口连接，以便协调地工作。例如，通过键盘输入可以在显示器上显示字或图形。这就是面向对象程序设计的基本思路。

面向对象程序设计使程序设计更加贴近现实世界，用于开发较大规模的程序，以提高程序开发的效率。面向对象程序设计方法提出了一些全新的概念，如对象和类，下面分别讨论这几个概念。

7.4.1　基本概念

1. 对象

对象又称实例，是客观世界中一个实际存在的事物。它既具有静态的属性（或称状态），又具有动态的行为（或称操作）。所以，现实世界中的对象一般可以表示为：属性+行为。例如，一个盒子就是一个对象，它具有的属性为该盒子的长、宽和高等；具有的操作为求盒子的容量等。再如，张三是现实世界中一个具体的人，他具有身高、体重（静态特征），能够思考和做运动（动态特征）。

2. 类

在面向对象程序设计中，类是具有相同属性数据和操作的对象的集合，它是对一类对象的抽象描述。例如，把载人数量5~7人的、各种品牌的、使用汽油或者柴油的、4个轮子的汽车统称为小轿车，也就是说，从众多的具体车辆中抽象出小轿车类。再如，把一所高校所有在校的、男性或女性的、各个班级的、各个专业的本科生、研究生统称为学生，可以从众多的具体学生中抽象出学生类。

对事物进行分类时，依据的原则是抽象，将注意力集中在与目标有关的本质特征上，而忽略事物的非本质特征，进而找出这些事物的所有共同点，把具有共同性质的事物划分为一类，得到一个抽象的概念。日常生活中的汽车、房子、人、衣服等概念都是人们在长期的生产和生活实践中抽象出来的概念。

面向对象方法中的“类”，是具有相同属性和行为的一组对象的集合，它为属于该类的全部对象提供了抽象的描述，其内部包括属性和行为两个主要部分。

类是创建对象的模板，它包含着所创建对象的属性描述和方法定义。一般是先定义类，再由类创建其对象，按照类模板创建一个个具体的对象（实例）。

3. 消息

面向对象技术的封装使得对象相互独立，各个对象要相互协作实现系统的功能则需要对象之间的消息传递机制。消息是一个对象向另一个对象发出的服务请求，进行对象之间的通信。也可以说是一个对象调用另一个对象的方法（Method）或称为函数（Function）。

通常，把发送消息的对象称为发送者，接收消息的对象称为接收者。在对象传递消息中只包含发送者的要求，他指示接收者要完成哪些处理，但并不告诉接收者应该如何完成这些处理，接收者接收到消息后要独立决定采用什么方式完成所需的处理。同一对象可接收不同形式的多个消息，产生不同的响应；相同形式的消息可送给不同的对象，不同的对象对于形式相同的消息可以有不同的解释，做出不同的响应。

在面向对象设计中，对象是结点，消息是纽带。应注意不要过度侧重如何构建对象及对象间的各种关系，而忽略对消息（对象间的通信机制）的设计。

4. 面向对象程序设计

面向对象程序设计是将数据（属性）及对数据的操作算法（行为）封装在一起，作为一个相互依存、不可分割的整体来处理。面向对象程序设计的结构如下：

对象＝数据（属性）＋算法（行为）

程序＝对象＋对象＋…＋对象

面向对象程序设计的优点表现在：可以解决软件工程的两个主要问题——软件复杂性控制和软件生产效率的提高，另外它还符合人类的思维方式，能自然地表现出现实世界的实体和问题。

7.4.2 面向对象程序设计的特点

面向对象程序设计具有封装、继承、多态三大特性。

1. 封装性

封装是一种数据隐藏技术，在面向对象程序设计中可以把数据和与数据有关的操作集中在一起形成类，将类的一部分属性和操作隐藏起来，不让用户访问，另一部分作为类的外部接口，用户可以访问。类通过接口与外部发生联系、沟通信息，用户只能通过类的外部接口使用类提供的服务，发送和接收消息，而内部的具体实现细节则被隐藏起来，对外是不可见的，增强了系统的可维护性。

2. 继承性

在面向对象程序设计中，继承是指新建的类从已有的类那里获得已有的属性和操作。已有的类称为基类或父类，继承基类而产生的新建类称为基类的子类或派生类。由父类产生子类的过程称为类的派生。继承有效地实现了软件代码的重用，增强了系统的可扩充性。同时也提高了软件开发效率。下面以交通工具的层次结构来说明，如图 7–30 所示。

交通工具类是一个基类（也称父类），交通工具类包括速度、额定载人数量和驾驶等交通工具所共同具备的基本特征。给交通工具细分类时，有汽车类、火车类和飞机类等，汽车类、火车类和飞机类同样具备速度和额定载人数量这样的特性，而这些特性是所有交通工具所共有的，那么当建立汽车类、火车类和飞机类时无须再定义基类已经有的数据成员，而只需要描述汽车类、火车类和飞机类所特有的特性即可。例如，汽车还有自己的特性，如制动、离合、节气门、发动机等。飞机类、火车类和汽车类是在交通工具类原有基础上增加自己的特性而来的，就是交通工具类的派生类（也称作子类）。依此类推，层层递增，这种子类获得父类特性的概念就是继承。继承是实现软件重用的一种方法。

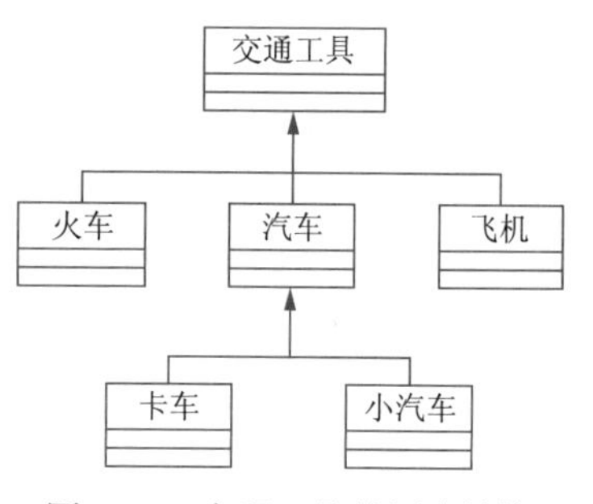

图 7–30　交通工具的层次结构

3. 多态性

在面向对象程序设计中，多态性是面向对象的另一重要特征。

面向对象的通信机制是消息，面向对象技术是通过向未知对象发送消息来进行程序设计的，当一个对象发出消息时，对于相同的消息，不同的对象具有不同的反应能力。这样，一个消息可以产生不同的响应效果，这种现象称为多态性。

在操作计算机时，“双击鼠标左键”这个操作可以很形象地说明多态性的概念。如果发送消息“双击鼠标左键”，不同的对象会有不同的反应。例如，“文件夹”对象收到双击消息后，其产生的操作是打开这个文件夹；而“可执行文件”对象收到双击消息后，其产生的操作是执行这个文件；如果是音乐文件，会播放这个音乐；如果是图形文件，会使用相关工具软件打开这个图形。很显然，打开文件夹、播放音乐、打开图形文件需要不同的函数体。但是在这里，它们可以被同一条消息“双击鼠标左键”来引发，这就是多态性。

多态性是面向对象程序设计的一个重要特征。多态性的优点：减轻了程序员的记忆负担，使程序的设计和修改更加灵活；用户不必知道某个对象所属的类就可以执行多态行为，从而为程序设计带来更大方便；利用多态性可以设计和实现一个易于扩展的系统。

7.4.3　面向对象和面向过程的区别

面向过程就是分析出解决问题所需要的步骤，然后用函数逐步实现这些步骤，使用时逐个调用即可。

面向对象是把构成问题事务分解成各个对象，建立对象的目的不是为了完成一个步骤，而是为了描述某个事物在整个解决问题的步骤中的行为。

例如五子棋，面向过程的设计思路就是首先分析问题的步骤：

①开始游戏；②黑子先走；③绘制画面；④判断输赢；⑤轮到白子；⑥绘制画面；⑦判断输赢；⑧返回步骤②；⑨输出最后结果。

把上面每个步骤分别用函数来实现，问题就解决了。

而面向对象的设计则是从另外的思路来解决问题。整个五子棋可以分为：

①黑白双方：这两方的行为是一模一样的。

②棋盘系统：负责绘制画面；

③规则系统：负责判定诸如犯规、输赢等。

第一类对象（玩家对象）负责接收用户输入，并告知第二类对象（棋盘对象）棋子布局的变化，棋盘对象接收到了棋子的变化就要负责在屏幕上面显示出这种变化，同时利用第三类对象（规则系统）来对棋局进行判定。

可以明显地看出，面向对象是以功能来划分问题，而不是步骤。同样是绘制棋局，这样的行为在面向过程的设计中分散在了多个步骤中，很可能出现不同的绘制版本，因为通常设计人员会考虑到实际情况进行各种各样的简化。而面向对象的设计中，绘图只可能在棋盘对象中出现，从而保证了绘图的统一。

功能上的统一保证了面向对象设计的可扩展性。例如，要加入悔棋的功能，如果要改动面向过程的设计，那么从输入到判断到显示这一连串的步骤都要改动，甚至步骤之间的顺序都要进行大规模调整。如果是面向对象，只改动棋盘对象即可，棋盘系统保存了黑白双方的棋谱，简单回溯即可，而显示和规则判断则不用顾及，同时整个对对象功能的调用顺序都没有变化，改动的只是局部。

再如，要把这个五子棋游戏改为围棋游戏，如果是面向过程设计，那么五子棋的规则就分布在程序的每一个角落，要改动还不如重写。但是，如果当初就是面向对象的设计，那么只改动规则对象即可。

面向对象的概念和应用不仅存在于程序设计和软件开发，而且在数据库系统、交互式界面、应用结构、应用平台、分布式系统、网络管理结构、CAD技术、人工智能等诸多领域都有所渗透。

7.4.4 可视化程序设计

利用可视化程序设计语言本身所提供的各种工具构造应用程序的各种界面，使得整个界面设计是在“所见即所得”的可视化状态下完成。相对于编写代码方式的程序设计而言，可视化程序设计具有直观形象、方便高效等优点。

可视化程序设计也是基于面向对象的思想，但不需要通过编写程序代码的方式来定义类或对象，而是直接利用工具箱中提供的大量界面元素（例如，在Visual Basic中称为控件）来完成。在设计应用程序界面时，只需要利用鼠标把这些控件对象拖动到窗体的适当位置，再设置它们的属性，就可以设计出所需的应用程序界面。界面设计不需要编写大量代码，底层的一些程序代码由可视化程序设计语言自动生成。可视化程序设计语言或平台主要有Visual Basic、Visual C++、C#、Raptor等，下面将介绍基于流程图的可视化编程开发平台Raptor。

7.5 Raptor编程设计

Raptor是一种基于流程图的可视化编程开发环境。流程图中每个符号代表要执行的特定类型的指令。符号之间的连接决定了指令的执行顺序。一旦开始使用Raptor解决问题，这样的理念将会变得更加清晰。Raptor开发环境，在最大限度地减少语法要求的情形下，帮助用户编写正确的程序指令。使用Raptor的目的是进行算法设计和运行验证。

Raptor编程设计

7.5.1 Raptor基本程序环境

1. Raptor 基本符号

Raptor有6种基本符号，每个符号代表一个独特的指令类型，包括赋值（assignment）、调用（Call）、输入（Input）、输出（Output）、选择（Selection）和循环（Loop）。这些符号的作用如表 7–3 所示。

表 7–3　六种基本符号的作用

目　的	符　号	名　称	说　明
赋值		赋值语句	使用各类运算来更改变量的值
输入		输入语句	输入数据给一个变量
输出		输出语句	显示变量的值
调用		过程调用	执行一组在命名过程中定义的指令
选择		选择控制	根据数据的一些条件来决定是否应执行某些语句
循环		循环控制	允许重复执行一条或多条语句，直到某些条件变为True。这种类型的控制语句是计算机真正的价值所在

2. Raptor 程序结构

Raptor 启动后，程序开发环境如图 7–31 所示。6 种基本符号在左侧供用户拖动到右侧编程区。Raptor 程序是一组连接的符号，表示要执行的一系列动作。符号间的连接箭头确定所有操作的执行顺序。Raptor 程序执行时，从开始（Start）符号起步，并按照箭头所指方向执行程序。Raptor 程序执行到结束（End）符号时停止。所以，右侧编程区的流程图设计窗口最初都有一个 main 子图，其初始有开始（Start）符号和结束（End）符号。

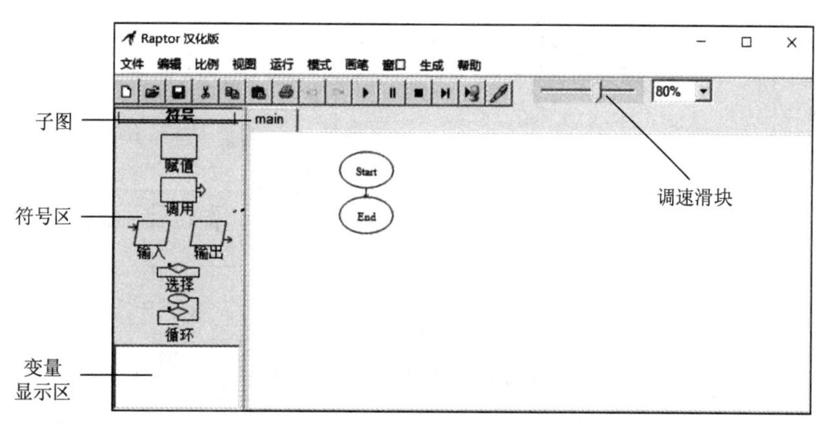

图 7–31　Raptor 程序开发环境

右侧编程区完成程序设计后，在工具栏中的 4 个按钮控制程序的运行方式。按钮控制程序正常运行；控制程序暂停运行并可以观察“符号区”下面变量显示区中变量值情况；终止程序运行；单步运行可以清楚地了解每条指令运行后变量值的情况。调速滑块可以调节程序的执行速度，方便观测程序的执行。80% 设置编程区中流程图设计窗口显示的比例。

3. 变量

变量表示的是计算机内存中的位置，用于保存数据值。在任何时候，一个变量只能容纳一个值。然而，在程序执行过程中，变量的值可以改变。当程序开始时，没有任何变量存在，赋值语句建立变量并赋予初始值。任何变量在被引用前必须存在并被赋值，否则会出现Variable X not found!错误。变量的类型（数值、字符串、字符）由最初的赋值语句所给的数据决定。

变量

变量的类型如表7–4所示。

表7–4 变量的类型

名　称	说　明	举　例
数值（Number）	数字型数据	如12、567、-4、3.1415、0.000371
字符串（String）	多个字符组成的数据	如"Hello world"、"The value of x is："
字符（Character）	单个字符数据	如‘A’、‘8’、‘!’

使用赋值语句符号给某个变量（如x）赋值，仅将赋值语句符号拖入右侧编程区连接线上相应位置后双击，在打开的对话框的Set行输入变量名（如x），to行输入被赋值5。单击“完成”按钮后会在编程区出现赋值符号且里面出现“x←5”，表示分配5给变量x。

输入语句符号允许用户在程序执行过程中输入程序变量的数据值。变量值设置也可以通过输入语句符号实现。将输入语句符号拖入右侧编程区连接线上相应位置后双击，在打开的“输入”对话框中“输入提示”行输入提示信息（如"请输入人数"），注意加上英文引号，且Raptor不支持汉字，尽可能用英文。“输入变量”行内输入变量名如x。单击“完成”按钮后会在编程区出现输入符号，效果如图7–32所示，表示程序运行到此处等待用户输入变量x数据。

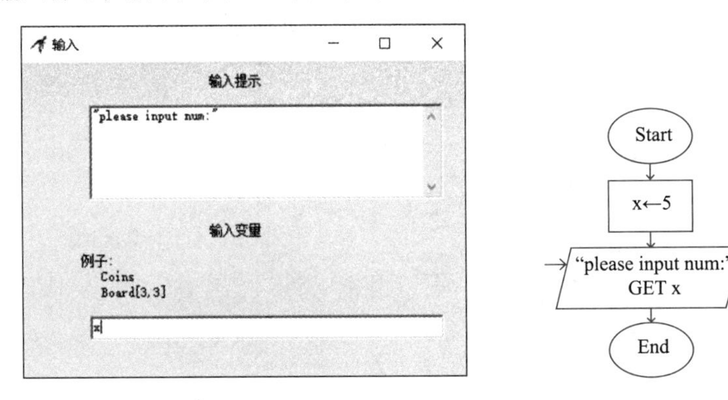

图7–32 “输入”对话框及添加输入符号后在程序区的效果

4.表达式

表达式是由值（无论是常量或变量）、内置的函数以及运算符组成的式子。一个赋值语句中的数值可以是表达式。当一个表达式进行计算时，是按照预先定义“优先顺序”进行的。一般性的“优先顺序”如下：

①计算所有函数。

②计算括号中的表达式。

③计算乘幂（^,**）。

④从左到右，计算乘法和除法。

⑤从左到右，计算加法和减法。

例如下面的两个例子：

①x←(3+9)/3　②x←3+(9/3)

在第①种情况下，变量x被赋的值为4；而在第②种情况下，变量x被赋的值为6。

运算符或函数指示计算机对一些数据执行计算。运算符必须放在操作数据之间（如x/3），而函数使用括号来表示正在操作的数据［如SQRT（4.7）］。在执行时，运算符和函数执行各自的计算，并返回其结果。表7–5概括了Raptor运算符和内置的函数。

表 7–5　内置的运算符和函数

名　称	说　明	举　例
基本数学运算	+、－、*、/、^或**（加、减、乘、除、乘方） rem或mod（求余）	10 mod 3=1; 3^2=3**2=9
关系运算	==或=（等于） !=或/=(不等于) <（小于） <=（小于或等于） >（大于） >=（大于或等于）	3 = 4 结果为 No(false) 3 != 4 结果为 Yes(true) 3 < 4 结果为 Yes(true) 3 <= 4 结果为 Yes(true) 3 > 4 结果为 No(false) 3 >= 4 结果为 No(false)
逻辑运算	and（与运算，两侧运算结果为真，才为真） or（或运算，两侧运算结果至少一个为真，才为真） xor(异或运算，两侧运算结果相异，才为真） not(非运算，取反）	(3 < 4) and (10 < 20) 结果为 true (3 < 4) or (10 > 20) 结果为 true Yes xor No 结果为 Yes(true) not (3 < 4) 结果为 No(false)

数学函数	sqrt（开平方）、log（对数）、abs（取绝对值）、ceiling（向上取整）、floor（向下取整）	sqrt(9)=3; abs(-5)=5;
		ceiling(3.14)= 4;
		floor(3.14)=3

三角函数	sin(正弦)、cos(余弦)、tan(正切)
	cot(余切)、arcsin(反正弦)、arccos(反余弦)
	arctan(反正切)、arccot(反余切)
		sin(pi/6)=0.5;
		tan(pi/4)=1;
		arcsin(0.5)= pi/6

Random随机函数	生成[0,1)之间的小数	Random*100生成0~100（不包括100）的实数
Length_of长度函数	返回数组元素的个数或字符串变量中字符个数	Length_of("hello")=5

关系运算符（== 、/= 、<、<=、>、>=）必须针对两个相同的数据类型值（无论是数值、字符串或布尔值）进行比较。例如，3 = 4或"Wayne" = "Sam"是有效的比较，但3 ="Mike"则是无效的。

逻辑运算符（AND、OR、XOR），必须结合两个布尔值（真假值）进行运算，并得到布尔值的结果。逻辑运算符中的not（非运算），必须与单个布尔值结合，并形成与原值相反的布尔值。

例如，表示数学上1 <= x <= 100含义，必须使用逻辑运算符AND：

1 <= x　and　x<= 100

如果写成1 <= x <= 100，则是无效的，因为从左向右计算，首先计算1 <= x 的运算结果为布尔值，然后布尔值（true/false）<= 100 的关系运算是无效的。

在赋值语句中表达式的结果（result of evaluating）必须是一个数值或一个字符串。大部分表达式用于计算数值，但也可以用加号（+）进行简单的文字处理，把两个或两个以上的文本字符串合并成单个字符串。用户还可以将字符串和数值变量组合成一个单一的字符串。下面的例子显示赋值语句的字符串操作。

```
Full_name ← "Joe " +"Smith"
Answer ← "The average is " + (Total / N)
```

Raptor定义了几个符号表示常用的常量。当用户需要计算其相应的值时，应该使用这些常数的符号。

①pi：定义为3.1416。

②e：定义为2.7183。

5. 输出语句

Raptor 环境中，执行输出语句将导致程序执行时，在主控（Master Console）窗口显示输出结果。当定义一条输出语句时，在“输出”对话框指定输出信息和是否换行两项。在“输出”对话框添加输出语句后在程序区的效果如图7–33所示。

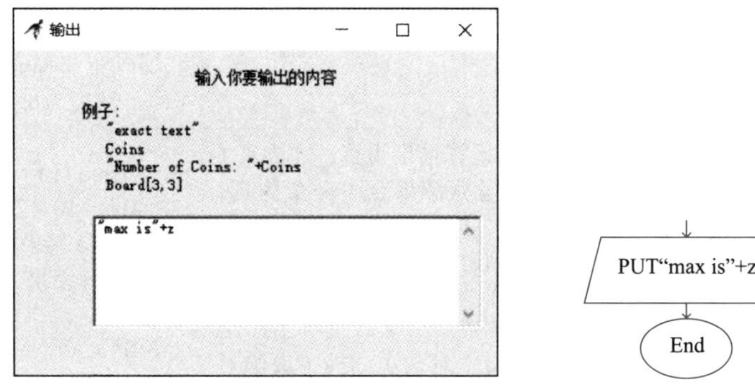

图7–33 “输出”对话框及添加输出语句后在程序区的效果

必须将任何文本例如“最大值是”包含在双引号（"）中以区分文本和计算值，在这种情况下，引号不会显示在输出窗口。例如：

```
"Active  Point = (" + x + "," + y + ")"
```

如果x是200，y是5，将显示以下结果：

```
Active Point = (200,5)
```

6. Raptor数组

此前介绍和使用的都属于基本类型（数值、字符和字符串）数据，Raptor还提供了构造类型数据，其中有一维数组和二维数组。构造类型数据是由基本类型数据按一定规则组成的。

为什么要引入数组？假设要输入10个数，求它们的平均值和最大值并输出结果。如果不用数组来解决，则语句会很复杂且重复语句很多。

数组是有序数据的集合。一般数组中的每一个元素都属于同一数据类型（数值、字符或字符串）。数组最大的优点在于用统一的数组名和下标（index）来唯一地确定某个数组元素。而且下标值可以参与计算，这为动态进行数组元素的遍历访问创造了条件。

就像Raptor的简单变量，一个数组是第一次使用时自动创建的，它用来存储Raptor中的数据值。在Raptor中，数组是在输入和赋值语句中通过给一个数组元素赋值而产生的，所创建的数组，大小由赋值语句中给定的最大元素下标来决定。未赋值的数组元素将默认为0值（数值类型）。例如：

score[5]←98

则创建score数组，有下标从1~5的5个元素score[1]~ score[5]，其中前4个元素因为没赋值，默认为0，最后一个元素score[5]=98。示意图如图7–34所示。

score［1］	score［2］	score［3］	score［4］	score［5］
0	0	0	0	98

图7–34　创建的score数组

如果程序试图访问的数组元素下标大于以前赋值语句产生过的任何数组元素的下标，则系统会发生一个运行时错误。但可以通过给新的更大下标元素赋值，重新产生更大的数组。

如果创建二维数组（可以看作二维表格），数组的两个维度的大小由最大的下标确定。同样，使用赋值语句 score[3, 4]←20形成的数组如图7–35所示。

	1	2	3	4
1	score［1，1］=0	score［1，2］=0	score［1，3］=0	score［1，4］=0
2	score［2，1］=0	score［2，2］=0	score［2，3］=0	score［2，4］=0
3	score［3，1］=0	score［3，2］=0	score［3，3］=0	score［3，4］=20

图7–35　创建的二维数组score

注意：Raptor目前最多只支持二维数组。在Raptor中，一旦被用作数组名，就不允许存在一个同名的非数组变量。数组可以在运行过程中动态增加数组元素；但不可以将一个一维数组在运行中扩展成二维数组。

对于排序、统计等问题往往需要数组来解决问题。

7.5.2　Raptor控制结构

Raptor控制结构

编程最重要的工作之一是控制语句的执行流程。控制结构/控制语句使程序员可以确定程序语句的执行顺序。这些控制结构可以做两件事：

①跳过某些语句而执行其他语句。

②条件为真时重复执行一条或多条语句。

Raptor程序使用的语句有6种符号，本节介绍选择（Selection）和循环（Loop）控制符号。

1. 顺序控制

顺序控制是最简单的程序构造。本质上就是把每条语句按顺序排列，程序执行时，从开始（Start）语句顺序执行到结束（End）语句。箭头连接的语句描绘了执行流程。如果程序包括20个基本命令，它会顺序执行这20条语句，然后退出。

顺序控制是一种“默认”的控制，流程图中的每条语句自动指向下一个。顺序控制除了把语句按顺序排列，不需要做任何额外的工作。

【例7.4】使用Raptor实现鸡兔同笼问题。鸡有2只脚，兔有4只脚，如果已知鸡和兔的总头数为h，总脚数为f，问笼中鸡和兔各有多少只？

分析：设笼中有鸡x只，兔y只，由条件可得方程组：

$$\begin{cases} x + y = h \\ 2x + 4y = f \end{cases}$$

解方程组得：
$$\begin{cases} x = \dfrac{4h - f}{2} \\ y = \dfrac{f - 2h}{2} \end{cases}$$

根据以上分析，用户使用输入语句输入总头数为h，总脚数为f，用程序算出鸡x、兔y的数量。使用输出语句输出鸡x、兔y的数量。

单击 ▶ 按钮启动如图7–36所示程序运行，在运行到输入语句时，会出现如图7–37所示“输入”对话框，等待输入总头数数据，本例中输入20，同理总脚数输入50。

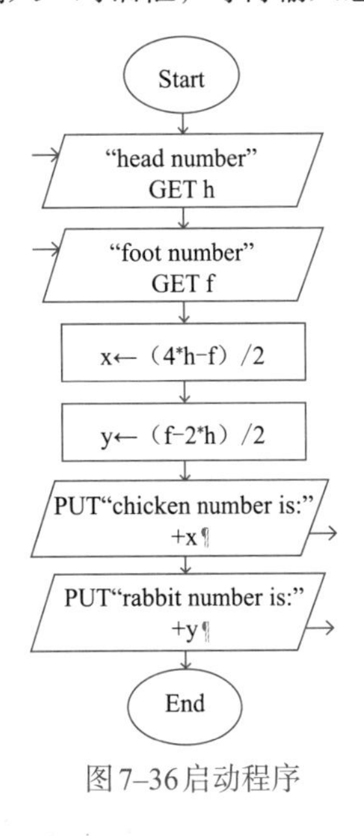

图7–36启动程序

图7–37 “输入”对话框

程序运行结束后，在主控制台窗口中显示如下结果：

```
chicken number is:15
rabbit number is:5
----完成. 运算次数为 8 .----
```

计算出鸡数量15，兔数量5。Raptor总共运算次数是8次，通过次数可以知道程序的运行效率如何。

2. 选择控制

选择控制语句可以使程序根据条件的当前状态，选择两种路径中的一条来执行，如图7–38所示。Raptor的选择控制语句，呈现出一个菱形的符号，用Yes/No表示对问题的决策结果以及决策后程序语句执行指向。当程序执行时，如果决策的结果是Yes（True），则执行左侧分支。如果结果是No（False），则执行右侧分支。

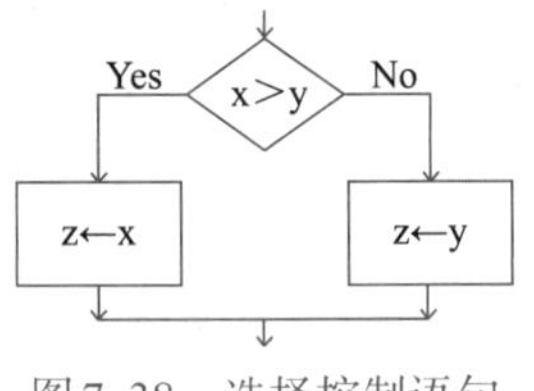

图7–38 选择控制语句

【例7.5】使用Raptor实现求两个数x、y中的最大值。

程序实现如图7–39所示。程序设计时双击“选择”符号后，会提示输入选择的条件，如x>y。

3. 循环控制

循环控制语句允许重复执行一条或多条语句，直到某些条件变为True。在Raptor中一个椭圆和一个菱形符号被用来表示一个循环结构。循环执行的次数，由菱形符号中的表达式来控制。在执行过程中，菱形符号中的表达式结果为No，则执行No的分支，这将导致重复执行循环语句。要重复执行的语句可以放在菱形符号上方或下方。

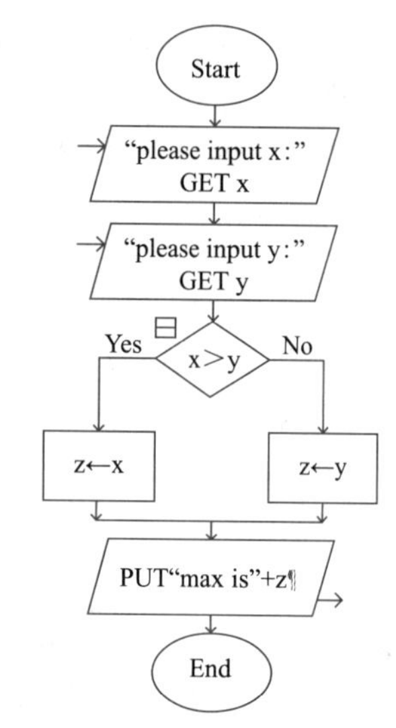

图7–39　求两个数中的最大值

【例7.6】求1+2+3+…+100的和。

具体分析见例7.2。由于Raptor中循环控制语句条件变为True终止循环，所以循环的条件改为判断是否循环变量i大于100。程序实现如图7–40所示。

大家思考一下如何实现100以内奇数和或偶数和的问题。

【例7.7】求10个数中最大数问题。程序实现如图7–41所示。

求数据中的最大数和最小数的算法是类似的，可采用“打擂”算法。以求最大数为例，可先用其中第一个数作为最大数m，再用m与其他数逐个比较，并把找到的较大的数替换为最大数m。

由于数据的输入比较麻烦，所以在验证一些大量数据的算法时，常常采用Random随机数，这样可减少不必要的人机交互。

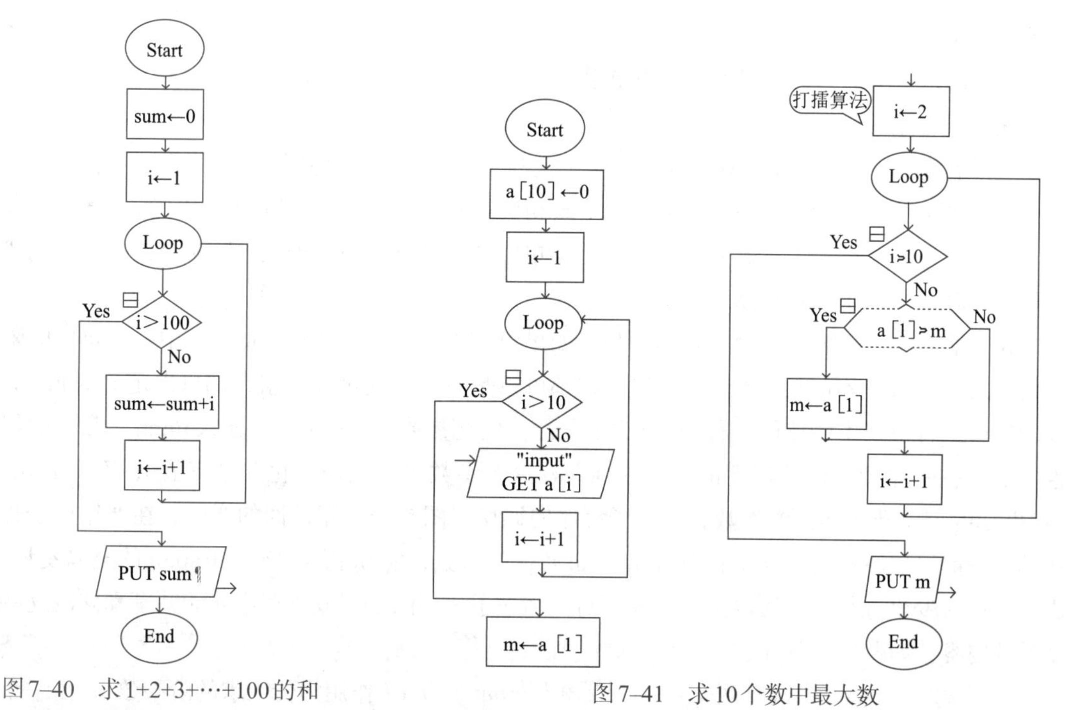

图7–40　求1+2+3+…+100的和

图7–41　求10个数中最大数

由于Random产生随机数只有[0,1)区间的小数，所以需要加工才能获得需要的数据，结合向下取整函数floor( )来获取相应区间的随机整数。

例如，a[i]←floor（Random*101）获取[0,100] 区间的整数，这样就可以避免大量数据的输入问题。

读者根据前面的查找和排序算法的流程图，用Raptor实现并上机验证。

7.5.3 Raptor高级应用

1. 子程序和子图

复杂任务程序设计方法是：将任务按功能进行分解，自顶向下、逐步求精。当一个任务十分复杂以至无法描述时，可按功能划分为若干个基本模块，各模块之间的关系尽可能简单，在功能上相对独立。如果每个模块的功能实现了，复杂任务也就得以解决。

子程序

在Raptor中，实现程序模块化的主要手段是子程序和子图。一个子程序（过程）是一个编程语句集合，用以完成某项任务。调用子程序（过程）时，首先暂停当前程序的执行，执行子程序（过程）中的程序指令，然后在先前暂停的程序的下一条语句恢复执行原来的程序。子程序可以被反复调用，以节省相同功能语句段的重复出现。

要正确使用子程序（过程），用户需要知道两件事情：

①子程序（过程）的名称。

②完成任务所需要的数据值，也就是所谓的参数。

Raptor中子图的定义与调用基本上与子程序类似，但无须定义和传递任何参数。Raptor中默认直接有一个main子图。所有子图与main子图共享所有变量，在main子图可以反复调用其他某个子图，以节省相同功能语句段的重复出现。由于子图具有名称且能实现模块功能，可以将大的程序编写得令人容易理解。

以下通过一个例子来说明子程序的使用。

【例7.8】求5！+8！–9！。

这里需要重复使用阶乘功能，所以最好将此写成子程序以便反复调用。

首先选择“模式”菜单下的“中级”，Raptor切换到中级模式，在此模式下可以建立“子程序”。

在main子图标签上右击，在弹出的快捷菜单中选择“添加一个子程序”命令，打开“创建子程序”对话框，如图7–42所示。

在对话框中需要输入子程序名和参数。如果没有参数可以不填写，Raptor中一个重要的限制是形式参数数量不能超过6个，任何参数都可以是单个的变量或数组，都可以定义为in、in out和out三种形式中的任何一种输入/输出属性。任何参数只要是有in（输入Input参数）的属性，那么在程序调用该子程序前，必须准备好这个参数（已经初始化并且有值）；而只有out（输出Output参数）属性的参数，是由子程序向调用子图或子程序返回的变量，在调用该子程序前，一般可以不作任何准备；兼有in、out属性的参数，实际上可以充当Raptor的全局变量，因为只有对变量进行这样的定义，子程序与调用该子程序的子图或子程序才能共享和修改这些变量的内容，如图7–42所示。

子程序名为fact。参数有两个：一个为输入Input参数n（作用为传入求的阶乘数）；另一个为输出Output参数f（作用为传出阶乘结果值）。

main子图和子程序fact实现如图7–43所示。

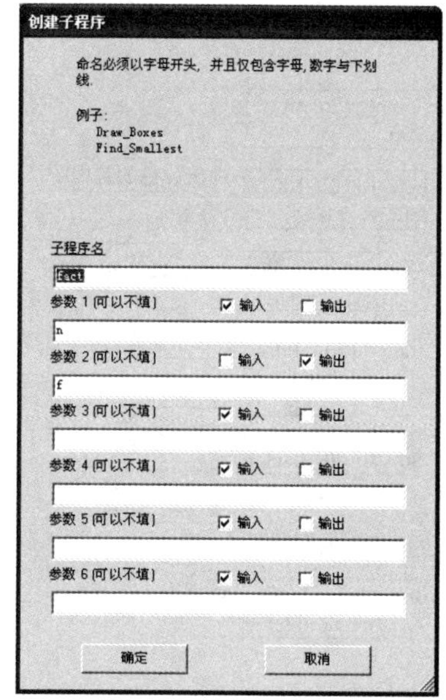

图 7–42　“创建子程序”对话框

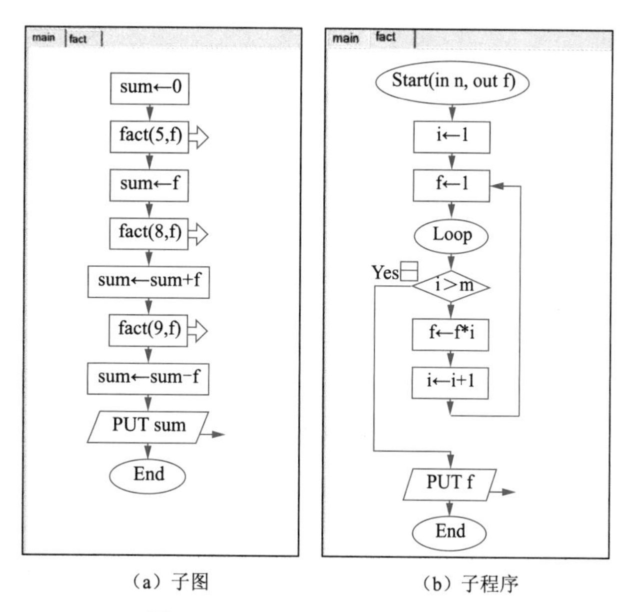

（a）子图　　（b）子程序

图 7–43　Raptor 子图和子程序调用实例

main 子图调用 fact 子程序，使用“过程调用”符号，如图 7–44 所示。

当一个过程调用显示在 Raptor 程序中时，可以看到被调用的过程名称和参数值，如 fact（5,f）。设计者可以双击“过程调用”符号书写或修改过程名称和参数值。

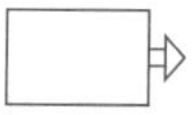

图 7–44　“过程调用”符号

2. 图形编程

Raptor 绘图函数是一组预先定义好的过程，用于在计算机屏幕上绘制图形对象。要使用 Raptor 绘图函数，必须打开一个图形窗口［见图 7–45（a）］。可以在图形窗口中绘制各种颜色的线条，矩形，圆，弧和椭圆，也可以在图形窗口中显示文本。

Raptor 图形有 9 个绘图函数，用于在图形窗口中绘制形状。这些在表 7–6 中有概括性的说明。最新的图形命令执行后所绘制的图形会覆盖在先前绘制的图形之上。因此，绘制图形的顺序是很重要的。所有的图形程序需要设置参数指定要绘制的形状、大小和颜色，而且，如果它覆盖了一个区域，则需说明是一个轮廓或实心体。

图形编程

【例 7.9】Raptor 绘制卡通图案。

Raptor 图形窗口总是以白色为背景。图形窗口 (X,Y) 坐标系的原点在窗口的左下角，X 轴由 1 开始从左到右，Y 轴由 1 开始自底向上。

使用任何 Raptor 图形函数之前，必须调用 Open_Graph_Window(X_Size,Y_Size) 创建图形窗口，参数 (X_Size,Y_Size) 为窗口的宽和高。当程序完成所有图形命令的执行后，应该调用图形窗口关闭过程 Close_Graph_Window 关闭图形窗口。图形窗口的打开和关闭通常是图形编程的第一个和最后一个调用的命令。

具体绘制程序如图 7–45（b）所示。

表 7–7 给出的两个函数可以修改图形窗口中的图形。

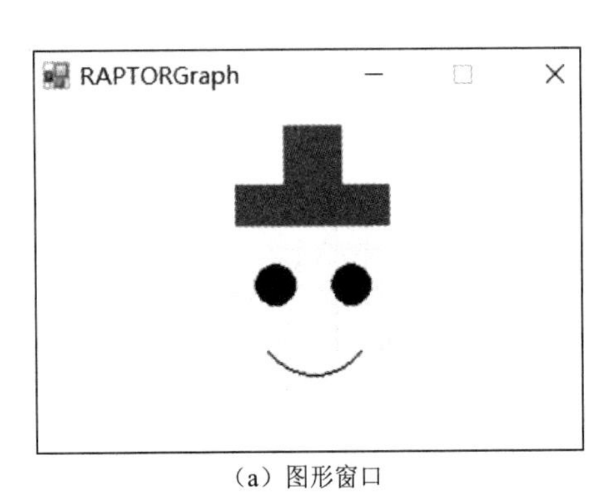

（a）图形窗口

Start

Open_Graph_Window（300，200）

Draw_Circle（150，100，50，Yellow，Filled） 画出黄色的脸庞

Draw_Circle（130，110，10，Black Filled） 画出左眼

Draw Circle（170，110，10，Black Filled） 画出右眼

Draw_Arc（120,65,180,125,130,80,170,80,Black） 画出笑容

Draw Box（110，140，190，160，Green, Filled） 画出帽子的底部

Draw Box（135，160，165，190，Green, Filled） 画出帽子的顶部

End

（b）程序

图 7–45　Raptor 图形窗口和程序

表 7–6　Raptor 绘图函数（命令）

形　状	过 程 调 用	描　述
单个像素	Put_Pixel(X,Y,Color)	设置单个像素为特定的颜色
线段	Draw_Line(X1,Y1,X2,Y2,Color)	在(X1,Y1)和(X2,Y2)之间画出特定颜色的线段
矩形	Draw_Box(X1,Y1,X2,Y2,Color,Filled/Unfilled)	以(X1,Y1)和(X2,Y2)为对角，画出一个矩形
圆	Draw_Circle(X,Y,Radius,Color,Filled/Unfilled)	以(X,Y)为圆心，以Radius为半径，画圆
椭圆	Draw_Ellipse(X1,Y1,X2,Y2,Color,Filled/Unfilled)	在以(X1,Y1)和(X2,Y2)为对角的矩形范围内画椭圆
弧	Draw_Arc(X1,Y1,X2,Y2,Startx,Starty,Endx,Endy,Color)	在以(X1,Y1)和(X2,Y2)为对角的矩形范围内画出椭圆的一部分
封闭区域填色	Flood_Fill(X,Y,Color)	在一个包含(X,Y)坐标的封闭区域内填色（如果该区域没有封闭则整个窗口全部被填色）
绘制文本	Display_Text(X,Y,Text,Color)	在(X,Y)位置上，落下首先绘制的文字串，绘制方式从左到右，水平伸展
绘制数字	Display_Number(X,Y,Number,Color)	在(X,Y)位置上，落下首先绘制的数值，绘制方式从左到右，水平伸展

表 7–7　两个修改图形窗口的图形窗口的函数

效　果	过 程 调 用	描　述
清除窗口	Clear_Window(Color)	使用指定的颜色清除（擦除）整个窗口
绘制图像	Draw_Bitmap(Bitmap, X, Y, Width, Height)	绘制（通过Load_Bitmap调用载入）图像，(X,Y)定义左上角的坐标，Width和Height定义图像绘制的区域

Draw_Bitmap() 函数是一个非常重要的绘图函数，其功能是将预先准备好的图片或照片等装载到图形界面下，这项功能在游戏和软件封面以及许多场合可以发挥重要的作用。例如，使用该函数载入写有中文说明的图片，就能够解决Raptor不支持中文的问题，也可以实现一些有趣的（如扑克牌等）游戏。

例如，在图形窗口的坐标（115,185）处绘制扑克牌图片(card.jpg)，(70,100)为绘制后的宽和高。

```
Draw_Bitmap(Load_Bitmap("card.jpg"),115,185,70,100)
```

【例7.10】在300×300大小的窗口中央绘制扑克牌图片，程序实现如图7–46所示。

3. 鼠标应用编程

图形化程序中往往需要使用鼠标操作，可以通过确定图形窗口中鼠标的位置，并确定鼠标按钮左右键是否点击，与一个图形程序交互。在图形窗口中通过多次清屏，并每次重新绘制在稍有不同的位置上，就可以在图形窗口中创建动画效果。

在Raptor中Get_Mouse_Button(Which_Button, X, Y)等待按下鼠标键并返回鼠标指针的坐标。

Get_Mouse_Button ()函数等待、直到指定的鼠标键(Left_Button或Right_Button)按下，并返回鼠标的坐标位置。例如，Get_Mouse_Button(Right_Button,My_X,My_Y)等待用户右击，然后将单击坐标位置赋给变量My_X和My_ Y。

Get_Mouse_Button ()函数通常用于定点鼠标输入的场合，用于获取用户鼠标点击的具体坐标，这个函数通常用来设计Raptor图形程序的菜单、按钮或者操控某个点。

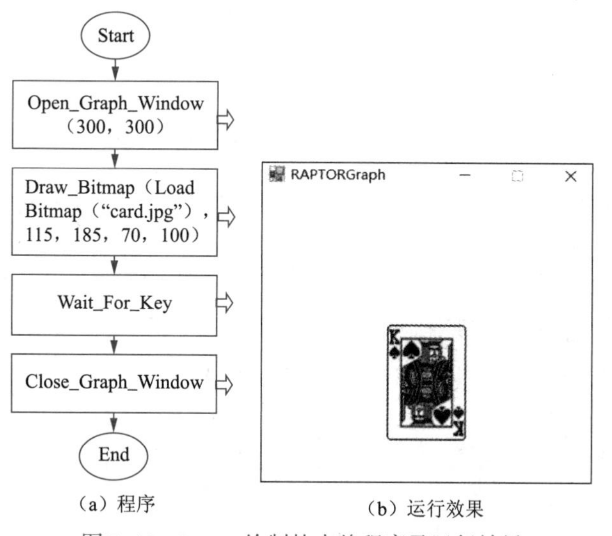

（a）程序　（b）运行效果

图7–46　Raptor绘制扑克牌程序及运行效果

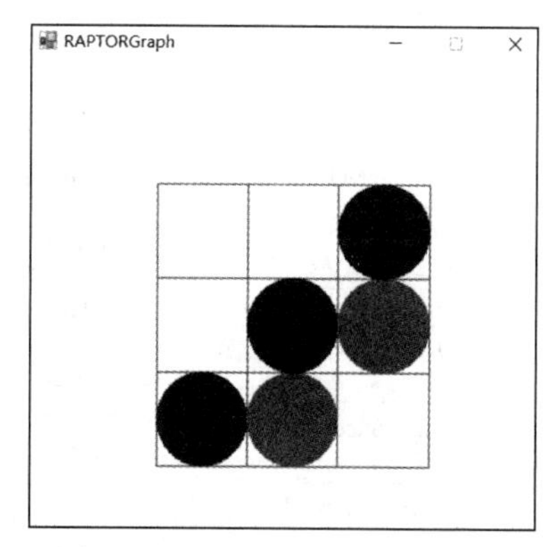

图7–47　Raptor绘制井字棋效果

【例7.11】使用Raptor设计开发井字棋（三子连成一线就算赢）游戏。图7–47所示为Raptor绘制井字棋效果。

分析：由于井字棋游戏在3×3的棋盘网格中进行，因此可以使用一个3×3的二维数组来保存棋盘网格相应位置的棋子，本例中一方为黑子，一方为绿子。在数组中存储相应的代号

（1代表黑子，-1代表绿子）。在游戏程序过程中，需要两方棋子不断轮下，这里采用turn变量标示轮到哪方下棋，如果turn=1是下黑子，turn=-1是下绿子，它们的切换仅仅turn= -turn即可，十分方便。

由于程序比较复杂，采用4个子图实现。子图比子程序更方便，不需要参数的传递。

①Draw_Plate子图：实现绘制3×3棋盘网格的作用。

②Draw_Chess子图：实现绘制黑子或绿子。在此子图中根据Get_Mouse_Button(Left_Button, X, Y)获取鼠标位置（x，y），换算成绘制圆形的中心点绘制圆形。同时计算出在3×3数组的下标（x1，y1），并存储棋子代号turn（1代表黑子，-1代表绿子）。

③Juge_Success子图：判断游戏输赢。从列的方向、行的方向、主对角线和次对角线判断是否有3子连成一线。

④Main子图：比较简单，仅调用其他子图，首先绘制棋盘，通过循环不断使用Get_Mouse_Button(Left_Button, X, Y)获取玩家鼠标单击位置，绘制相应棋子后判断输赢，并turn= -turn切换玩家角色，直到游戏成功。

以上子图程序如图7–48所示。

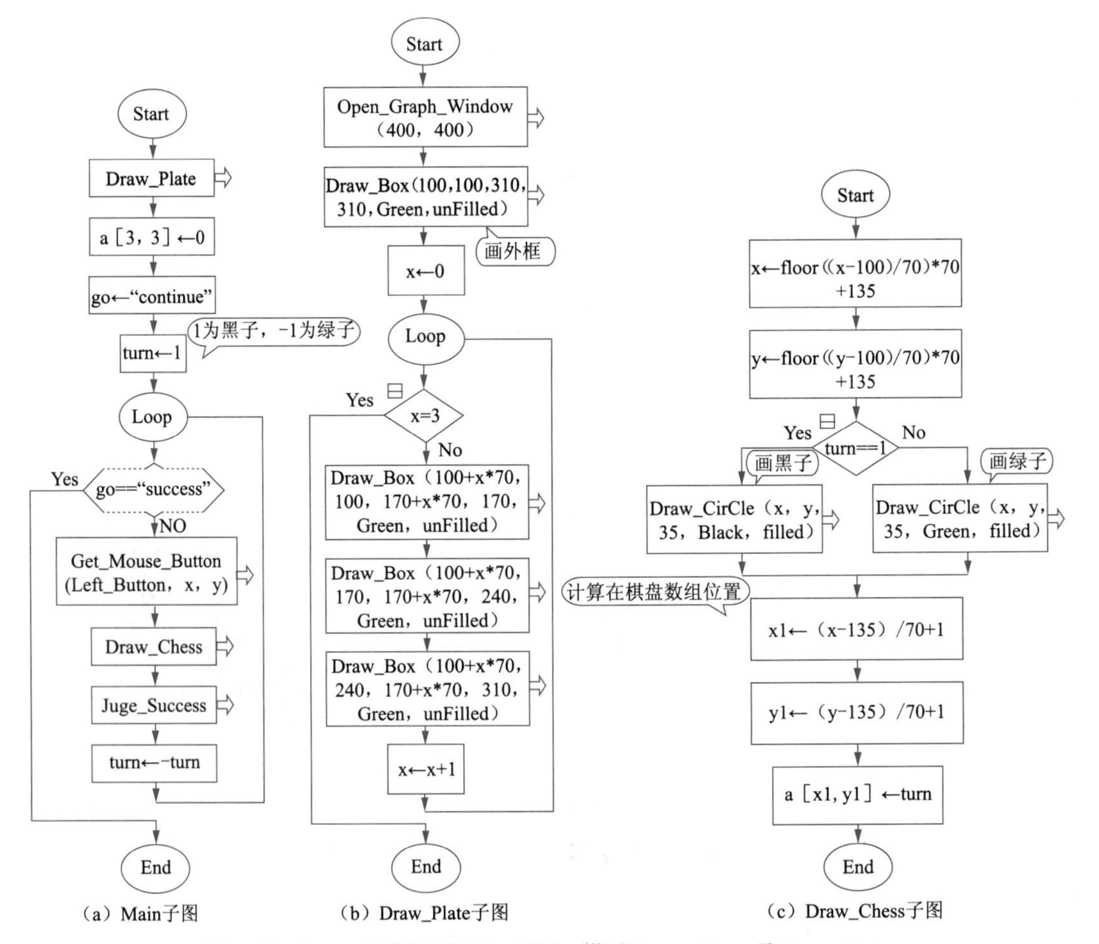

（a）Main子图　（b）Draw_Plate子图　（c）Draw_Chess子图

图7–48　Raptor绘制棋盘Main子图、棋子Draw_Chess及Draw_Plate

关于井字棋程序判断输赢的Juge_Success子图限于篇幅不再给出，留给读者设计。

习　题

一、选择题

1. 编写程序时，不需要了解计算机内部结构的语言是（　　）。

A. 机器语言　B. 汇编语言　C. 高级语言　D. 指令系统

2. 能够把由高级语言编写的源程序翻译成目标程序的系统软件称为（　　）。

A. 解释程序　B. 汇编程序　C. 操作系统　D. 编译程序

3. 结构化程序设计主要强调的是（　　）。

A. 程序的规模　B. 程序的可读性　C. 程序的执行效率　D. 程序的可移植性

4. 下面描述中，符合结构化程序设计风格的是（　　）。

A. 使用顺序、选择和循环3种基本控制结构表示程序的控制逻辑

B. 模块只有一个入口，可以有多个出口

C. 注重提高程序的执行效率

5. 在下列选项中，（　　）不是一个算法一般应该具有的基本特征。

A. 确定性　B. 可行性　C. 无穷性　D. 输出项

6. 结构化程序设计方法的主要原则有下列4项，不正确的是（　　）。

A. 自下向上　B. 逐步求精　C. 模块化　D. 单入口单出口

7. 在面向对象方法中，一个对象请求另一个对象为其服务的方式是通过发送（　　）。

A. 调用语句　B. 命令　C. 口令　D. 消息

8. 下列程序段的时间复杂度是（　　）。

```
t=i;
i=j;
j=t;
```

A. $O(1)$　B. $O(3)$　C. $O(n)$　D. $O(3_n)$

9. 下列程序段的时间复杂度是（　　）。

```
int bubbleSort(array a) {
for (j=1; j<=n-1; j++)
    for(i=1; i<=n-j; i++)
       if (a[i]>a[i+1])
        a[i]=a[i+1]
}
```

A. $O(n^2)$　B. $O(2n)$　C. $O(n)$　D. $O(n(n-1)/2)$

10. 一位同学用C语言编写了一个程序，编译和连接都通过了，但就是得不到正确的结果，下列说法正确的是（　　）。

A. 程序正确，机器有问题　B. 程序有语法错误

C. 程序有逻辑错误　D. 编译程序有错误

二、填空题

1. 程序设计的基本步骤是分析问题、确定数学模型、________、________、________。
2. 用高级语言编写的程序称为________，把翻译后的机器语言程序称为________。
3. 结构化程序设计的3种基本逻辑结构为顺序、选择和________。
4. 面向对象程序设计以________作为程序的主体。
5. 在面向对象方法中，信息隐蔽是通过对象的________性来实现的。
6. 在最坏情况下，冒泡排序的比较次数为________。
7. Raptor是一种基于________的可视化编程开发环境。

三、简答题

1. 什么是程序？什么是程序设计？
2. 什么是算法？它有何特征？如何描述算法？
3. 简述冒泡排序、插入排序、折半查询的基本思想。
4. 什么是可视化程序设计？它与面向对象程序设计有何区别和联系？

四、编程题

1. 在一档电视节目中，有一个猜商品价格的游戏，竞猜者如在规定的时间内大体猜出某种商品的价格，就可获得该件商品。现有一件商品，其价格在0~8 000元之间，采取怎样的策略才能在较短的时间内说出正确（大体上）的答案？请设计算法并画出相应的N–S流程图。

提示：采用折半（二分）查找的思路，请自行画出N–S流程图。

2. 用Raptor求出100~1000之内能同时被2、3、5整除的整数，并输出。
3. 用Raptor实现输入10个数求和、平均值、方差、最大值、最小值，并上机验证。
4. 用Raptor实现随机产生10个100以内的数，并实现排序输出。
5. 使用Raptor实现输入3个不同的数，将它们从大到小排序输出。
6. 用Raptor实现最大公约数，并上机验证。
7. 用Raptor编写程序，计算并输出下面级数前n项(n=50)的和。

$$1\times2+2\times3+3\times4+4\times5+\cdots+n\times(n+1)+\cdots$$

8. 用Raptor编写程序，计算并输出下面级数前n项中(n=50)偶数项的和。

$$1\times2\times3+2\times3\times4+3\times4\times5+\cdots+n\times(n+1)\times(n+2)+\cdots$$

9. 使用Raptor的绘图功能，设计和绘制国际象棋盘、五子棋和中国象棋盘图形。
10. 使用Raptor设计开发五子棋游戏。
11. 使用Raptor找出100以内的素数（即质数）并输出到文件中。
12. 用Raptor实现给4人的发牌（大小王除外）程序。

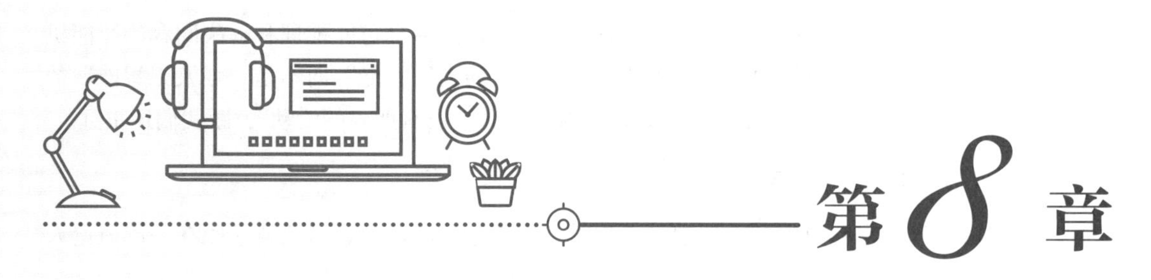

第8章 人工智能技术

当今时代已经从数字化、网络化进阶到智能化阶段，人工智能技术迅猛发展并应用到社会的各个方面。本章介绍人工智能的基本概念、发展史及具体应用领域，同时对人工智能的研究分支机器学习、知识图谱和知识推理、自然语言处理进行介绍，以增强读者对人工智能技术的切身体验。

学习目标：

- 了解人工智能的基本概念、发展史及应用领域。
- 熟悉机器学习的概念、分类及整体流程。
- 了解机器学习的常见算法和深度学习的概念。
- 熟悉知识图谱和知识推理的概念。
- 了解自然语言处理的相关知识。

8.1 人工智能概述

8.1.1 人工智能的概念

人类的许多活动，如下棋、竞技、解题、游戏、规划和编程，甚至驾车和骑车都需要“智能”。如果机器能够执行这种任务，就可以认为机器已具有某种性质的“人工智能”。

人工智能（Artificial Intelligence，AI）是研究、开发用于模拟、延伸和扩展人的智能的理论、方法、技术及应用系统的一门新的技术科学。1956年，由约翰·麦卡锡首次提出人工智能的概念，当时的定义为“制造智能机器的科学与工程”。人工智能的目的就是让机器能够像人一样思考，让机器拥有智能。时至今日，人工智能的内涵已经大幅扩展，成一门交叉学科，如图8–1所示。

图8–1　人工智能的内涵

人工智能领域有两种：一种是希望借鉴人类的智能行为，研制出更好的工具以减轻人类智力劳动，一般称为“弱人工智能”，类似于“高级仿生学”。弱人工智能是指机器不能实现自我思考、推理和解决问题，只是看起来像拥有智能。另一种是希望研制出达到甚至超越人类智慧水平的人造物，具有心智和意识，能根据自己的意图开展行动，一般称为“强人工智能”，实则可谓“人造智能”。拥有“强人工智能”的机器不仅是一种工具，而且本身拥有思维。这样的机器将被认为是有知觉，有自我意识，能够真正能推理和解决问题的智能机器。人工智能技术现在所取得的进展和成功，是缘于“弱人工智能”而不是“强人工智能”的研究。现阶段“强人工智能”“几乎没有进展”，甚至“几乎没有严肃的活动”，距我们还很远。

8.1.2 人工智能技术的发展史

1940—1950年：来自数学、心理学、工程学、经济学和政治学领域的科学家在一起讨论人工智能的可能性，当时已经研究出了人脑的工作原理是神经元电脉冲工作。

1950—1956年：爱伦·图灵（Alan Turing）发表了一篇具有里程碑意义的论文，预见了创造思考机器的可能性。

1956年：达特茅斯会议中人工智能诞生。约翰·麦卡锡创造了人工智能一词并且演示了卡内基梅隆大学首个人工智能程序。

1956—1974年：推理研究，主要使用推理算法，应用在棋类等游戏中。自然语言研究，目的是让计算机能够理解人的语言。日本，早稻田大学于1967年启动了WABOT项目，并于1972年完成了世界上第一个全尺寸智能人形机器人WABOT-1。

1974—1980年：由于当时的计算机技术限制，很多研究迟迟不能得到预期的成就，这时候AI处于第一次研究低潮。

1980—1987年：在20世纪80年代，世界各地的企业采用了一种称为“专家系统”的人工智能程序，知识表达系统成为主流人工智能研究的焦点。在同一年，日本政府通过其第五代计算机项目积极资助人工智能。1982年，物理学家John Hopfield发明了一种神经网络可以以全新的方式学习和处理信息。

1987—1997年：由于难以捕捉专家的隐性知识，以及建立和维护大型系统的高成本和高复杂性等的问题，人工智能技术的发展又失去了动力，出现第二次AI研究低潮。

1997—2011年：这个时期自然语言理解和翻译，数据挖掘和Web爬虫出现了较大的发展。里程碑的事件是1997年深蓝击败了当时的世界象棋冠军卡斯帕罗夫。2005年，斯坦福大学的机器人在一条没有走过的沙漠小路上自动驾驶131英里。2006年，杰弗里辛顿提出学习生成模型的观点，“深度学习”神经网络使得人工智能性能获得突破性进展。2010年，大数据时代到来。

2012年至今：深度学习、大数据和强人工智能得到迅速发展。里程碑的事件是2016年3月，Alpha Go以4:1的比分击败世界围棋冠军李世石，围棋一直是人工智能无法攻克的壁垒，究其原因是因为围棋计算量太大。对于计算机来说，每一个位置都有黑、白、空3种可能，那么棋盘对于计算机来说就有3^{361}种可能，所以穷举法在这里不可行。而Alpha Go 的算法也不是穷举法，而是在人类的棋谱中学习人类的招法，不断进步，而它在后台进行的则是胜率的分析，这跟人类的思维方式有很大的区别，它不像人类一样计算目数而是计算胜率。现代计算机的发展已能够存储极其大量的信息，快速进行信息处理，软件功能和硬件实现均取得长足进步，使人工智能获得进一步的应用。

8.1.3 人工智能的应用领域

人工智能在以下各个领域占据主导地位。

1. 游戏

人工智能在国际象棋、扑克、围棋等游戏中起着至关重要的作用，机器可以根据启发式知识来思考大量可能的位置并计算出最优的下棋落子。谷歌下属公司Deepmind的阿尔法围棋（AlphaGo）是第一个战胜人类职业围棋世界冠军的人工智能机器。

2.自然语言处理

可以与理解人类自然语言的计算机进行交互，如常见的机器翻译系统、人机对话系统。

3.专家系统

有一些应用程序集成了机器、软件和特殊信息，以传授推理和建议。它们为用户提供解释和建议，如分析股票行情，进行量化交易。

4.视觉系统

视觉系统用于系统理解，解释计算机上的视觉输入。例如，间谍飞机拍摄照片，用于计算空间信息或区域地图；医生使用临床专家系统来诊断患者；警方使用的计算机软件可以识别数据库里面存储的肖像，从而识别犯罪者的脸部；还有人们最常用的车牌识别等。

5.语音识别智能系统

语音识别智能系统能够与人类对话，通过句子及其含义来听取和理解人的语言。它可以处理不同的重音、俚语、背景噪声、不同人的声调变化等。

6.手写识别

手写识别软件通过笔在屏幕上写的文本可以识别字母的形状并将其转换为可编辑的文本。

7.智能机器人

机器人能够执行人类给出的任务。它们具有传感器，检测到来自现实世界的光、热、温度、运动、声音、碰撞和压力等数据。它拥有高效的处理器，多个传感器和巨大的内存，以展示它的智能，并且能够从错误中吸取教训来适应新的环境。

8.智能医疗

利用人工智能技术，可以让AI“学习”专业的医疗知识，“记忆”大量的历史病例，用计算机视觉技术识别医学图像，为医生提供可靠高效的智能助手。

9.智能安防

安防是AI最易落地的领域，目前发展也较为成熟。安防领域拥有海量的图像和视频数据，为AI算法和模型的训练提供了很好的基础。目前，AI在安防领域主要包括民用和警用两个方向。

警用可以识别可疑人员、车辆分析、追踪嫌疑人、检索对比犯罪嫌疑人、重点场所门禁等。民用可以人脸打卡、潜在危险预警、家庭布防等。

10.智能家居

智能家居基于物联网技术，由硬件、软件和云平台构成家居生态圈，为用户提供个性化生活服务，使家庭生活更便捷、舒适和安全。具体应用如下：

用语音处理实现智能家居产品的控制，如调节空调温度、控制窗帘开关、照明系统声控等。用计算机视觉技术实现家居安防，如面部或指纹识别解锁、实时智能摄像头监控、住宅非法入侵检测等。借助机器学习和深度学习技术，根据智能音箱、智能电视的历史记录建立用户画像，并进行内容推荐等。

为了适应人工智能发展，2017年7月我国国务院颁发了《新一代人工智能发展规划》，重点任务包括构建开放协同的人工智能科技创新体系；培育高端高效的智能经济；建设安全便捷的智能社会；加强人工智能领域军民融合；构建泛在安全高效的智能化基础设施体系；前瞻布局

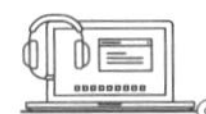

新一代人工智能重大科技项目。

8.2 机器学习

目前人们做出的努力只是集中在弱人工智能部分，只能赋予机器感知环境的能力，而这部分的成功主要归功于一种实现人工智能的方法——机器学习。

8.2.1 机器学习的概念

人类学习是根据历史经验总结归纳出事物的发生规律，当遇到新的问题时，根据事物的发生规律来预测问题的结果，如图8–2（a）所示。例如，朝霞不出门、晚霞行千里、瑞雪兆丰年等，这些都体现人类的智慧。那么为什么朝霞出现会下雨，晚霞出现天气就会晴朗呢？原因就是人类具有很强的归纳能力，根据每天的观察和经验，慢慢训练出分辨是否下雨的“分类器”或者说规律，从而预测未来。

而机器学习系统是从历史数据中不断调整参数训练出模型，输入新的数据从模型中计算出结果，如图8–2（b）所示。

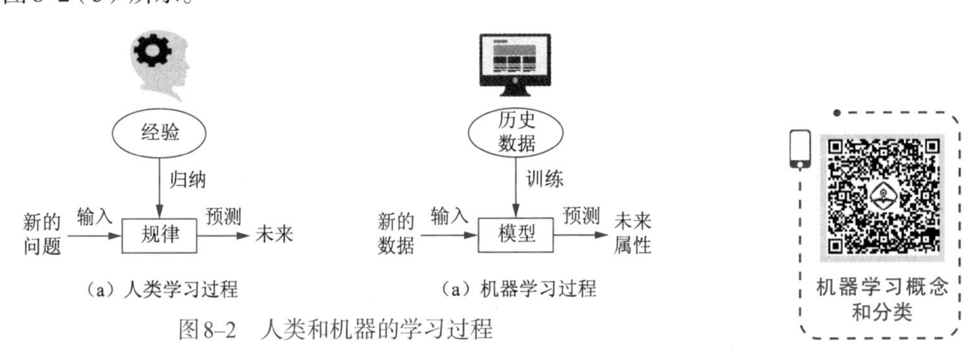

图8–2 人类和机器的学习过程

机器学习（包括深度学习分支）是研究“学习算法”的一门学问。所谓“学习”是指：对于某类任务T和性能度量P，一个计算机程序在T上以P衡量的性能随着经验E而自我完善，那么就称这个计算机程序在从经验E学习。

任务T：机器学习系统应该如何处理样本。样本是指从机器学习系统处理的对象或事件中收集到的已经量化的特征的集合。例如，分类、回归、机器翻译等。

性能度量P：评估机器学习算法的能力，如准确率、错误率。

经验E：大部分学习算法可以被理解为在整个数据集上获取经验。有些机器学习的算法并不是训练于一个固定的数据集上，例如强化学习算法会和环境交互，所以学习系统和它的训练过程会有反馈回路。根据学习过程中的不同经验，机器学习算法可以大致分为无监督算法和监督算法。

举个例子来说明上面机器学习的概念。假如进行人脸识别这个任务T，那么识别结果的正确率、误检率可以作为性能度量P，机器学习的经验E是什么？就是人工标定的大量图片数据集（即这张图片是谁）。计算机程序在从经验E中学习从而达到人脸识别。

机器学习算法的目标是得到模型即目标函数f。目标函数f未知，学习算法无法得到一个完美的目标函数f。机器学习是假设得到的函数g逼近函数f，但是可能和函数f不同，如图8–3所示。

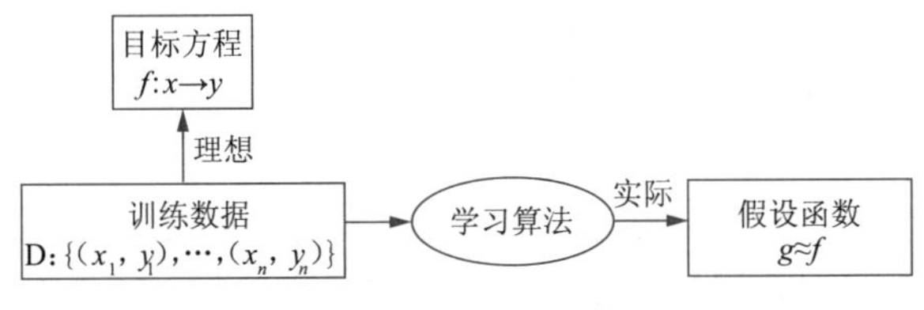

图 8–3　机器学习算法的目标

机器学习算法就是学习一个目标函数（方程）f，该函数将输入变量 X 最好地映射到输出变量 Y：$Y=f(X)$。这是一个普遍的学习任务，我们通过大量的训练数据 D，训练出 g 函数逼近函数 f（如果知道函数 f，将会直接使用它，不需要用机器学习算法从数据中学习）。

最常见的机器学习算法的作用是学习映射 $Y=f(X)$ 来预测新 X 的 Y，称为预测建模或预测分析。我们的目标是尽可能做出最准确的预测。

目前机器学习技术解决的问题实际上是一个最优化的数学问题，它把待解决的问题抽象成一个目标函数（方程），然后求解它的极值（极大值或极小值）。无论是AlphaGo还是推荐系统，也无论是语言识别、图像识别还是广告点击率预估，它们内在的原理都是求极值的数学问题。

在计算机求极值的算法中，有个关键的问题是设定收益函数或叫成本函数（Cost Function），其作用是评估实际值与预测值之间的差距，根据这个差距可以修正参数，通过采用大量的训练数据来迭代这个过程，最终找到极值（求出这些参数）。可以看出收益函数起到了最根本的指导和决定作用，假如收益函数存在问题，那么结果肯定是不对的。

其实，收益函数的指导作用对于一个人来说，也是适用的。例如，对于学生来说，毕业是他的目标，而每一门课程的考试成绩是收益函数，学生会自觉地提高每门课程的成绩，即缩小收益函数的值与目标值之间的差距，自发采用各种方式来提高学习成绩，最终达成顺利毕业的目标。

8.2.2　机器学习的分类

1. 监督学习

利用已知类别的样本，训练学习得到一个最优模型，使其达到所要求的性能，再利用这个训练所得模型，将所有的输入映射为相应的输出，对输出进行简单的判断，从而实现分类的目的，即可以对未知数据进行分类。

通俗地讲，给计算机一堆选择题（训练样本），并同时提供标准答案，计算机努力调整自己的模型参数，希望推测的答案与标准答案越一致越好，使计算机学会怎么做这类题。然后，再让计算机帮我们做没有提供答案的选择题（测试样本）。

监督算法有常见的有线性回归算法、BP 神经网络算法、决策树、支持向量机、KNN 等。

2. 无监督学习

对于没有标记的样本，学习算法直接对输入数据集进行建模，例如聚类，即“物以类聚，人以群分”。我们只需要把相似度高的东西放在一起，对于新的样本，计算相似度后，按照相似程度进行归类即可。

通俗地讲，给计算机一堆物品（训练样本），但是不提供标准分类答案，计算机尝试分析这些物品之间的关系，对物品进行分类。计算机也不知道这几堆物品的类别分别是什么，但计算机认为每一个类别内的物品应该是相似的。

监督算法有常见的有层次聚类、K–Means算法（K均值算法）、DBSCAN算法等。

3. 半监督学习

让学习系统自动地对大量未标记数据进行利用，以辅助少量有标记数据进行学习。

传统监督学习通过对大量有标记的训练样本进行学习，以建立模型用于预测新的样本的标记。例如，在分类任务中标记就是样本的类别，而在回归任务中标记就是样本所对应的实值输出。随着人类收集、存储数据能力的高度发展，在很多实际任务中可以容易地获取大批未标记数据，而对这些数据赋予标记则往往需要耗费大量的人力物力。例如，在进行Web网页推荐时，需要请用户标记出感兴趣的网页，但很少有用户愿意花很多时间来提供标记，因此有标记的网页数据比较少，但Web上存在着无数的网页，它们都可作为未标记数据来使用。半监督学习就是提供了一条利用“廉价”的未标记样本的途径，将大量的无标记的样例加入到有限的有标记样本中一起训练来进行学习，期望能对学习性能起到改进的作用。

通常在处理未标记的数据时，常常采用“主动学习”的方式，也就是首先利用已经标记的样本（也就是带有类别标签）的数据训练出一个模型，再利用该模型去套用未标记的样本数据，通过询问领域专家得到分类结果与模型分类结果做对比，从而对模型做进一步改善和提高。这种方式可以大幅度降低标记成本，但是“主动学习”需要引入额外的专家知识，通过与外界的交互从而将部分未标记样本转化有标记的样本。但是，如果不与领域专家进行互动，没有额外的信息，还能利用未标记的样本提高模型性能吗？

答案是肯定的，因为未标记样本虽然未直接包含标记信息，但它们与有标记样本有一些共同点。人们可以利用无监督学习的聚类方法将数据特征相似的聚在一个簇中，从而给未标记的数据带上标记。这也是在半监督学习中常用的“聚类假设”，就是当两个样本位于同一聚类簇时，它们在很大的概率下有相同标记这个基本假设。

半监督学习算法常见的有标签传播算法（LPA）、生成模型算法、自训练算法、半监督SVM、半监督聚类等。

4. 强化学习

强化学习又称再励学习、评价学习或增强学习，是以“试错”的方式进行学习，通过与环境进行交互以使奖励信号（强化信号）函数值最大。强化学习中的监督学习，主要表现在强化信号上，强化学习中由环境提供的强化信号是对产生动作的好坏作一种评价（通常为标量信号），而不是告诉强化学习系统如何去产生正确的动作。由于外部环境提供的信息很少，强化学习系统必须靠自身的经历进行学习。

通俗地讲，给计算机一堆选择题（训练样本），但是不提供标准答案，计算机尝试去做这些题，我们作为老师批改计算机做得对不对，对得越多，奖励越多，则计算机努力调整自己的模型参数，希望自己推测的答案能够得到更多的奖励。不严谨地讲，可以理解为先无监督后有监督学习。

机器学习的整体流程

8.2.3 机器学习的整体流程

机器学习的整体流程（见图8–4）是一个反馈迭代的过程，经历数据的采集获取数据集，对数据集中噪声数据、缺失数据进行清理后，进行问题的特征提取与选择。使用机器学习算法对特征进行计算训练出模型（算法），最后对模型进行评估，根据评估结果重新对特征进行提取与选择，训练模型的反复迭代的过程。

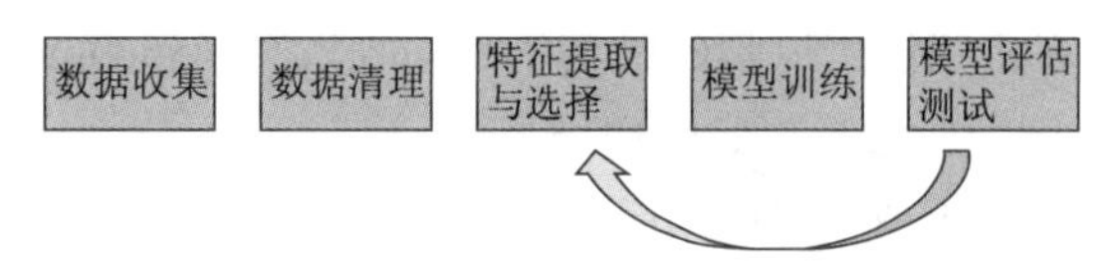

图8–4　机器学习的整体流程

1．数据收集

计算机界有一句非常著名的话："数据决定了机器学习的上界，而模型和算法只是逼近这个上界。"由此可见，数据对于整个机器学习项目的重要性。

通常拿到一个具体的领域问题后，可以使用网上一些具有代表性的、大众经常会用到的公开数据集。相较于自己整理的数据集，显然大众的数据集更具有代表性，数据处理的结果也更容易得到大家的认可。此外，大众的数据集在数据过拟合、数据偏差、数值缺失等问题上也会处理得更好。但如果在网上找不到现成的数据，那只好收集原始数据，再去一步进行加工、整理。

这里需要知道3个概念——数据集、训练集和测试集。

①数据集：在机器学习任务中使用的一组数据，其中的每一个数据称为一个样本。反映样本在某方面的表现或性质的事项或属性称为特征。

②训练集：训练过程中使用的数据集，其中每个训练数据称为训练样本。从数据中学得模型的过程称为学习（训练）。

③测试集：学得模型后，使用其进行预测的过程称为测试，使用的数据集称为测试集，每个样本称为测试样本。

训练集用来训练模型，调整模型参数从而得到最优模型，而测试集则检验最优的模型的性能如何。

2．常见的数据清理

数据集或多或少都会存在数据缺失、分布不均衡、存在异常数据、混有无关紧要的数据等诸多数据不规范的问题。这就需要人们对收集到的数据进行进一步处理，包括处理缺失值、处理偏离值、数据规范化、数据的转换等，这样的步骤称为"数据预处理"，即数据清理。

（1）处理数据缺失

假设分析某公司AllElectronics的销售和顾客数据。发现许多记录的一些属性（如顾客的income）没有记录值。怎样处理该属性缺失的值？可用的处理方法如下：

①删除记录：删除属性缺少的记录简单直接，代价和资源较少，并且易于实现，然而直接删除记录浪费该记录中被正确记录的属性。当属性缺失值的记录百分比很大时，它的性能特别差。

②人工填写缺失值：一般来说，该方法很费时，并且当数据集很大、缺少很多值时，该方法可能行不通。

③使用一个全局常量填充缺失值：将缺失的属性值用同一个常量（如Unknown或"–"）替换。如果缺失的值都用Unknown替换，则挖掘程序可能误以为它们形成了一个有趣的概念，因为它们都具有相同的值——Unknown。因此，尽管该方法简单，但是并不十分可靠。

④使用属性的中心度量（如均值或中位数）填充缺失值：对于正常的（对称的）数据分布而言，可以使用均值，而倾斜数据分布应该使用中位数。例如，假定AllElectronics的顾客的平

均收入为18 000元，则使用该值替换income中的缺失值。

⑤使用与属性缺失的记录属同一类所有样本的属性均值或中位数。例如，如果将顾客按credit_risk分类，则用具有相同信用风险的顾客的平均收入替换income中的缺失值。如果给定类的数据分布是倾斜的，则中位数是更好的选择。

⑥使用最可能的值填充缺失值：可以用回归、使用贝叶斯形式化方法的推理工具或决策树归纳确定。例如，利用数据集里其他顾客的属性，可以构造一棵判定树，来预测income的缺失值。

方法③~⑥使数据有偏差，填入的值可能不正确。然而方法⑥是最流行的策略，与其他方法相比，它使用已有记录（数据）的其他部分信息来推测缺失值。在估计income的缺失值时，通过考虑其他属性的值，有更大的机会保持income和其他属性之间的联系。

在某些情况下，缺失值并不意味着有错误。理想情况下，每个属性都应当有一个或多个关于空值条件的规则。这些规则可以说明是否允许空值，并且说明这样的空值应当如何处理或转换。

（2）处理可能的离群点和噪声

噪声是被测量变量的随机误差（一般指错误的数据）。离群点是数据集中包含的一些数据对象，它们与数据的一般行为或模型不一致（正常值，但偏离大多数数据）。例如，系统用户年龄的分析中出现负年龄（噪声数据），以及85~90岁的用户（离群点）。

给定一个数值属性，可以采用下面的数据光滑技术“光滑”数据，去掉噪声。

分箱方法通过考察数据的“近邻”（即周围的值）来光滑有序数据值。这些有序的值被分布到一些“桶”或箱中。由于分箱方法考察近邻的值，因此它进行局部光滑。

如图8–5所示，数据首先排序并被划分到大小为3的等深的箱中。对于用箱均值光滑，箱中每一个值都被替换为箱中的均值。类似的，可以使用用箱中位数光滑或者用箱边界光滑等。

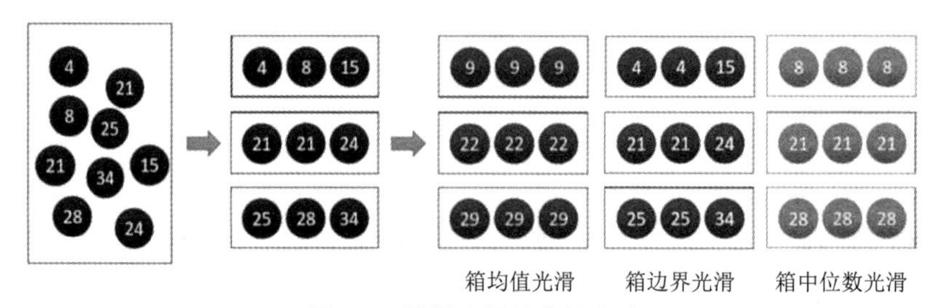

图8–5　数据光滑的分箱方法

上面分箱的方法采用等深分箱（每个“桶”的样本个数相同），也可以是等宽分箱（其中每个箱值的区间范围相同）。一般而言，宽度越大，光滑效果越明显。分箱也可以作为一种离散化技术使用。

离群点分析可以通过如聚类来检测离群点。聚类将类似的值组织成群或“簇”，落在簇集合之外的值被视为离群点。

（3）冗余去除

数据集产生的冗余包括两方面：数据记录的冗余，例如Google街景车在拍摄街景照片时，不同的街景车可能有路线上的重复，这些重复路线上的照片数据在进行集成时便会造成数据冗余（同一段街区被不同车辆拍摄）；因数据属性间的推导关系而造成数据属性冗余。例如，调查问卷的统计数据中，来自地区A的问卷统计结果注明了总人数和男性受调查者人数，而来自地区B的问卷统计结果注明了总人数和女性受调查者人数，当对两个地区的问卷统计数据进行集成时，需要保留“总人数”这一数据属性，而“男性受调查者人数”和“女性受调查者人数”这两个属性保留一个即可，因为两者中任一属性可由“总人数”与另一属性推出，从而避免了在集成过程中由于保留所有不同数据属性（即使仅出现在部分数据源中）而造成的属性冗余。

3. 常见的特征选择方式

特征是数据中所呈现出来的某一种重要的特性。例如，以预测下雨为例，我们肯定需要获取一些特征或者属性，比如是否出现朝霞、是否出现晚霞、温度、空气湿度、云量等。这样的特征有无穷多种，但是并不是每一种都对最终的判断有帮助，以及这些特征取哪些值时会预测下雨。我们还需要获取特征对应的标签。标签可以是连续值，如下雨量、下雨持续时间等；标签也可以是离散的，如是否会下雨。当标签是连续值时，这样的机器学习任务称为回归问题；标签也可以是有限的离散值时，这样的机器学习任务称为分类问题。

一个典型的机器学习任务，是通过样本的特征来预测样本所对应的标签。现实中的情况往往是特征太多了，需要减少一些特征。首先是“无关特征”（Irrelevant Feature），例如，通过空气的湿度、环境的温度、风力和当地人的男女比例来预测明天是否会下雨，其中男女比例就是典型的无关特征。其次是“多余特征”（Redundant Feature），例如，通过房屋的面积，卧室的面积、车库的面积、所在城市的消费水平、所在城市的税收水平等特征来预测房价，那么消费水平（或税收水平）就是多余特征。证据表明，税收水平和消费水平存在相关性，只需要其中一个特征就足够了，因为另一个能从其中一个推演出来。

特征选择是指从全部特征中选取一个特征子集，使得其在一定的评价标准下，在当前训练和测试数据上表现最好。特征选择是机器学习训练模型时常见的过程，这个过程将会根据某种算法自动挑选出对预测结果有较大贡献的特征，而不需要手工挑选特征。在模型训练时，如果包含太多的无用特征，则会降低模型准确性。因此，在模型训练前进行特征选择的3个好处是：

①减少过拟合：减少冗余数据，意味着根据噪声做出决策的机会更少。

②提高准确度：减少误导性数据，意味着将会提高模型准确度。

③缩短模型训练时间：减少数据，意味着算法训练更快。

常见特征选择方式如下：

（1）过滤法

过滤法按照发散性或者相关性对各个特征进行评分，设定阈值来选择特征。例如，某特征的特征值只有0和1，并且在所有输入样本中，95%的实例的该特征取值都是1，就可以认为这个特征作用不大。如果100%都是1，那这个特征就没意义了。

（2）包装法

包装法根据目标函数（通常是预测效果评分），每次选择若干特征或者排除若干特征。

（3）嵌入法

嵌入法先使用某些机器学习的算法和模型进行训练，得到各个特征的权值系数，根据系数从大到小选择特征。类似于过滤法，但通过训练来确定特征的优劣。

4. 模型的选择与训练

当处理好数据之后，就可以选择合适的机器学习模型（算法）进行数据的训练。可供选择的机器学习模型有很多，每个模型都有自己的适用场景，那么如何选择合适的模型呢？

首先要对处理好的数据进行分析，判断训练数据有无类别标记。若有类别标记，则应该考虑监督学习的模型，否则可以划分为非监督学习问题。其次分析问题的类型是属于分类问题（预测明天是阴、晴还是雨，就是一个分类任务）还是回归问题（预测明天的气温是多少度，这是一个回归任务），当确定好问题的类型之后再去选择具体的模型。

在实际选择模型时，通常会考虑尝试不同的模型对数据进行训练，然后比较输出的结果，选择最佳的那个模型。此外，还会考虑到数据集的大小。若是数据集样本较少，训练的时间较短，通常考虑朴素贝叶斯等一些轻量级的算法，否则就要考虑SVM等一些重量级算法。

选好模型后是调优问题，可以采用交差验证，观察损失曲线、测试结果曲线等分析原因调节参数。此外，还可以尝试多模型融合来提高效果。

5. 模型的性能评估

模型选择是在某个模型类中选择最好的模型，而模型评价对这个最好的模型进行评价。模型评价阶段不做参数调整，而是客观地评价模型的预测能力。

根据具体业务，实际的评价指标有很多种，最好的方式是选择模型时即设计其损失函数为评价指标，但是通常而言这些指标包含了某些非线性变化，优化起来难度颇大，因此选择实际模型时仍选用经典的那些损失函数，而模型评价则会与其略有不同。

在模型评估的过程中，可以判断模型的“过拟合”（模型对训练集预测效果很好，但对新数据的测试集预测结果差，过度地拟合了训练数据而没有考虑到泛化能力）和“欠拟合”（模型过于简单，导致拟合的函数无法满足训练集，误差较大）。若存在数据过度拟合的现象，说明可能在训练过程中把噪声也当作了数据的一般特征，可以通过增大训练集的比例或者正则化的方法来解决过拟合的问题；若存在数据拟合不到位的情况，说明数据训练得不到位，未能提取出数据的一般特征，要通过增加多项式维度、减少正则化参数等方法来解决欠拟合问题。

此外，模型评估还应考虑时间、空间复杂度，稳定性、迁移性等。

这里以二分类问题为例说明模型的性能评估。分类问题评估指标主要是指准确率（Accuracy）、精确率（Precision）、召回率（Recall）。准确率的定义是对于给定的测试集，分类模型正确分类的样本数与总样本数之比。对于简单的二分类（真假）问题可以得到表8–1所示的混淆矩阵。其中：

表8–1中P是样本实例为真数量，N是样本实例为假数量。P'是样本预测值为真数量，N'是样本预测值为假。

①若一个样本实例是正类（真），并且被预测为正类（真），即为TP（True Positive）。

②若一个样本实例是正类（真），但是被预测为负类（假），即为FN（False Negative）。

③若一个样本实例是负类（假），但是被预测为正类（真），即为FP（False Positive）。

④若一个样本实例是负类（假），并且被预测为负类（假），即为TN（True Negative）。

表8–1 混淆矩阵

实际	预测		合计
	预测值为真	预测值为假	
真实值为真	TP	FN	P
真实值为假	FP	TN	N
合计	P'	N'	$P+N$

假设训练了一个机器学习的模型用来识别图片中是否为一只猫，现在用200张图片来验证一下模型的性能指标。这200张图片中，170张是猫，30张不是猫。通过机器学习模型的识别结果为160张是猫，40张不是猫。机器学习的模型识别结果如表8–2所示。

表 8–2 机器学习的模型识别结果

实　际	预　测		合计
	分类1是猫	分类2不是猫	
是猫	140	30	170
不是猫	20	10	30
合计	160	40	200

可以计算出如下评估结果。

准确率：$ACC=\frac{TP+TN}{P+N}=\frac{140+10}{170+30}\times 100\%=85\%$

但是，准确率指标并不总是能够评估一个模型的好坏，例如对于下面的情况，假如这200张图片中，196张是猫，4张不是猫。分类器（模型2）是一个很差劲的分类器，它把数据集的所有样本都划分为猫，也就是不管输入什么样的样本，该模型都认为该样本是猫。那么这个混淆矩阵如表8–3所示。

表 8–3　机器学习的模型 2 识别结果

实　际	预　测		合计
	是猫	不是猫	
是猫	196	0	196
不是猫	4	0	30
合计	200	0	200

该模型的准确率为98%，因为它正确地识别出来了测试集中的196张猫，只是错误地把其他4张也当作猫，所以按照准确率的计算公式，该模型有高达98%的准确率。

可是，这样的模型有意义吗？一个把所有样本都预测为猫的模型，反而得到了非常高的准确率，那么问题出在哪儿了？只能说准确率不可信。特别是对于这种样品数量偏差比较大的问题，准确率的“准确度”会极大地下降。所以，这时就需要引入其他评估指标评价模型的好坏。

精确率的定义是对于给定测试集的某一个类别、分类模型预测正确的比例，或者说，分类模型预测的正样本中有多少是真正的正样本。其计算公式为：

精确率：$P=\frac{TP}{TP+FP}=\frac{140}{140+20}\times 100\%=87.5\%$

召回率（查全率）的定义为：对于给定测试集的某一个类别，样本中的正类有多少被分类模型预测正确。其计算公式为：

召回率：$R=\frac{TP}{P}=\frac{140}{170}\times 100\%=93.3\%$

如果解决的问题中不要漏判成为很关键的因素，就需要重点看召回率这个指标。

8.2.4 机器学习的常见算法

1. 线性回归

线性回归（Linear Regression）是利用数理统计中回归分析，来确定两种或两种以上变量间相互依赖的定量关系的一种统计分析方法，例如，房子的售价由面积、户型、区域等多种条件来决定，通过这些条件来预测房子的售价可抽象为一个线性回归问题。

机器学习的常见算法

线性回归假设目标值与特征之间线性相关，即满足一个多元一次方程。线性回归的目的是得到一个通过属性的线性组合来进行预测的函数，即

$$f(x)=w_1x_1+w_2x_2+...+w_dx_d+b$$

其中，x_1，x_2，…，x_d代表特征属性（自变量），例如房子的售价由面积、户型、区域等属性。w_1，w_2，…，w_d代表属性的回归系数。

线性回归分析中只包括一个自变量和一个因变量，且二者的关系可用一条直线近似表示，这种回归分析称为一元线性回归分析。如果回归分析中包括两个或两个以上的自变量，且因变量和自变量之间是线性关系，则称为多元线性回归分析。

一元线性回归示意图如图8–6所示。图8–6中横坐标代表广告费（万元），纵坐标代表企业销售额（万元）。由图8–6可知，随着广告费的增加，企业销售额也相应增加，而且样本点的分布仅仅围绕在一条直线上下，表明销售额Y与广告费X之间存在非常密切的线性正相关关系，所以销售额Y与广告费X是个一元线性回归。

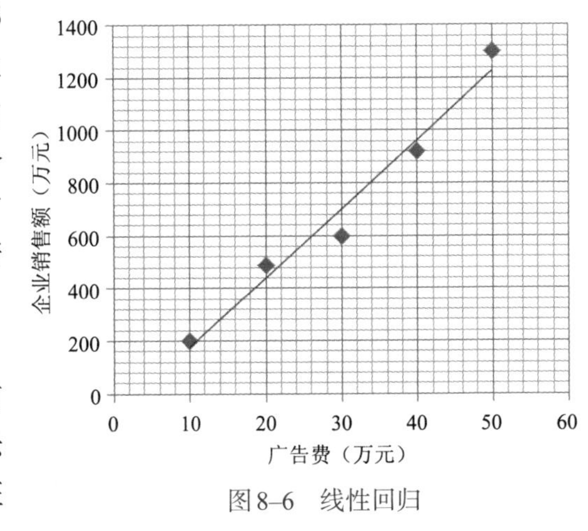

图8–6 线性回归

2. 决策树

决策树（Decision Tree）是一个树结构（可以是二叉树或非二叉树）。其每个非叶结点表示一个特征属性上的测试，每个分支代表这个特征属性在某个值域上的输出，而每个叶结点存放一个类别。使用决策树进行决策的过程就是从根结点开始，测试待分类项中相应的特征属性，并按照其值选择输出分支，直到到达叶子结点，将叶子结点存放的类别作为决策结果。决策树算法示意图如图8–7所示。

决策树最重要的是决策树的构造。所谓决策树的构造就是进行属性选择度量确定各个特征属性之间的拓扑结构。构造决策树的关键步骤是分裂属性，即在某个结点处按照某一特征属性的不同划分构造不同的分支。

决策树的学习算法用来生成决策树，常用的学习算法为ID3、C4.5、CART。

3. KNN分类算法

K最近邻（k–Nearest Neighbor，KNN）分类算法，是一个理论上比较成熟的方法，也是最简单的机器学习算法之一。该方法的思路是：如果一个样本在特征空间中的k个最相似（即特征空间中最邻近）的样本中的大多数属于某一个类别，则该样本也属于这个类别。

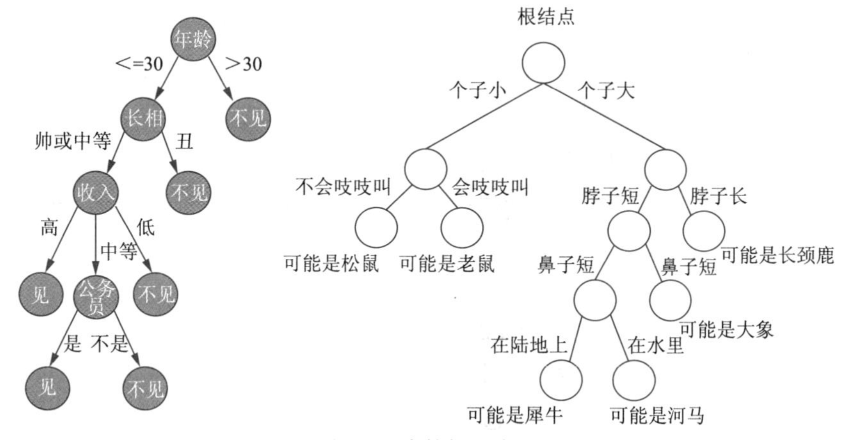

图8–7 决策树示意图

4. KMEANS

KMEANS算法是输入聚类个数k，以及包含n个数据对象的数据集，输出满足方差最小的标准的k个聚类的一种算法。KMEANS算法示意图如图8–8所示。

KMEANS算法需要输入聚类的最终个数k；然后将n个数据对象划分为k个聚类，而最终所获得的聚类满足：①同一聚类中的对象相似度较高；②不同聚类中的对象相似度较小。

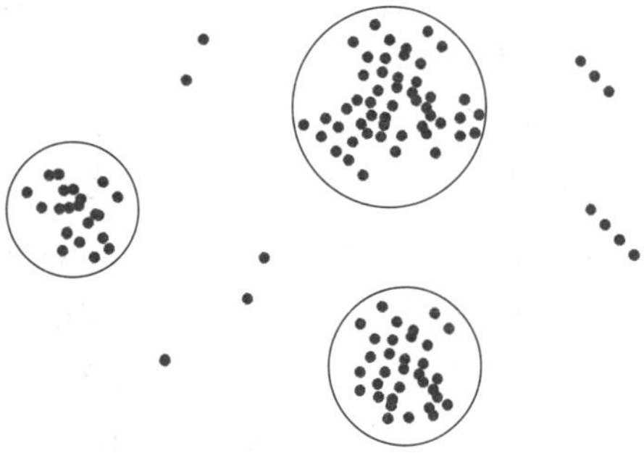

图8–8 KMEANS算法示意图

8.2.5 深度学习

深度学习是机器学习研究中的一个新领域，是具有多隐含层的神经网络结构。深度学习在语音识别、自然语言处理、计算机视觉等领域有极大的优势。

1. 生物神经元

大脑大约由140亿个神经元组成，神经元互相连接成神经网络，每个神经元平均连接几千条其他神经元。神经元是大脑处理信息的基本单元，一个神经元的结构如图8–9所示。

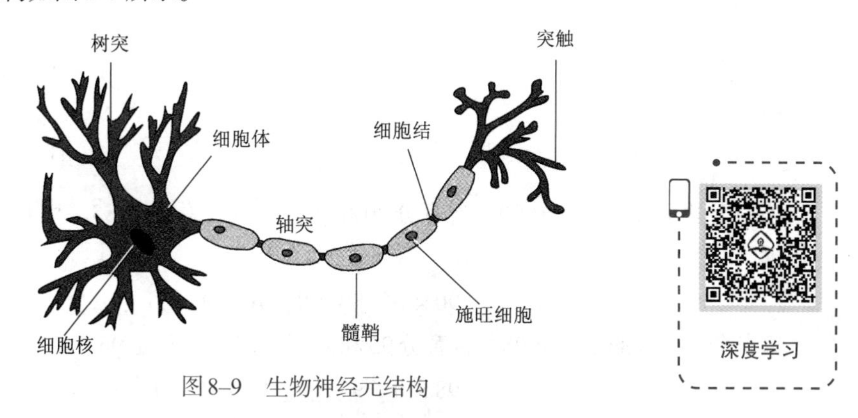

图8–9 生物神经元结构

可以看到，一个可视化的生物神经元中是由细胞体、树突和轴突三部分组成。以细胞体为主体，由许多向周围延伸的不规则树枝状纤维构成，其形状像一棵枯树的枝干。其中轴突负责细胞体到其他神经元的输出连接，树突负责接收其他神经元到细胞体的输入。来自神经元（突触）的电化学信号聚集在细胞核中。如果聚合超过了突触阈值，那么电化学尖峰（突触）就会沿着轴突向下传播到其他神经元的树突上。

由于神经元结构的可塑性，突触的传递作用可增强与减弱，因此，神经元具有学习与遗忘的功能。

2. 人工神经网络

人工神经网络是反映人脑结构及功能的一种抽象数据模型。它使用大量的人工神经元进行计算，该网络将大量的“神经元”相互连接，每个“神经元”是一种特定的输出函数，又称激活函数。每两个“神经元”间的连接都通过加权值，称为权重，这相当于人工神经网络的记忆。网络的输出则根据网络的连接规则来确定，输出因权重值和激励函数的不同而不同。

一个简单的人工神经网络如图8–10所示，其中$x_1(t)$等数据为这个神经元的输入，代表其他神经元或外界对该神经元的输入；ω_{i1}等数据为这个神经元的权重，$u_i=\sum_j \omega_{ij}\bullet x_i(t)$是对输入的求和，$y_i=f(u_i(t))$称为激活函数（或称激励函数），是对求和部分的再加工，也是最终的输出。

因此神经网络就是将许多个单一的神经元连接在一起的一个典型网络，如图8–11所示。用更多的神经元去进行学习，神经网络最左边的一层称为输入层，有3个输入单元，最右的一层称为输出层，输出层只有一个结点。中间两层称为隐藏层，不能在训练过程中观测到它们的值。其实神经网络可以包含更多的隐藏层。

下面通过一个三好学生成绩问题形象说明神经网络模型。三好学生的“三好”指的是品德好、学习好、体育好；而要评选三好学生，学校会根据德育分、智育分和体育分3项分数来加权计算一个总分，然后根据总分来确定谁能够被评选为三好学生。例如：

总分=德育分 × 0.6+智育分 × 0.3+德育分 × 0.1

现在问题是总分的计算公式学校没有公布，2位学生家长知道是3项分数乘以权重相加后计算出总分，现在家长使用人工智能中神经网络的方法（见图8–12）来大致推算3项的权重分别是多少。

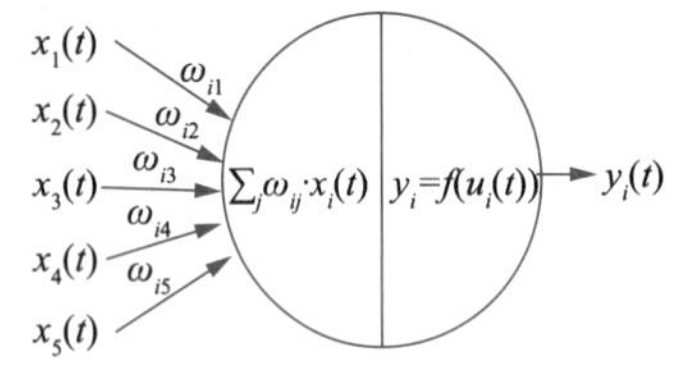

图8–10　简单的人工神经网络

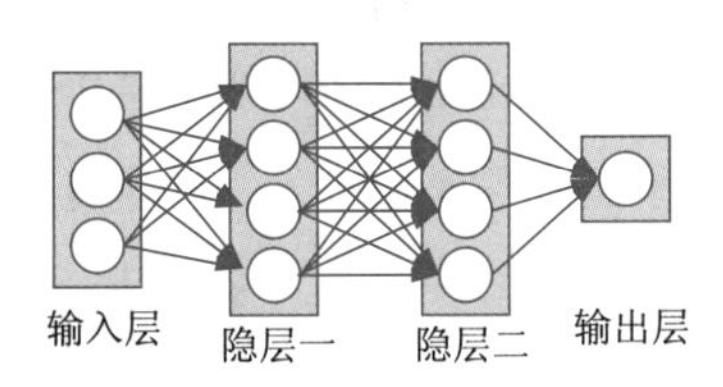

图8–11　神经网络典型结构

第一个学生A的德育分90、智育分80和体育分70，总分是85。用W_1、W_2、W_3来代表3项的权重。

$$90 \times W_1+80 \times W_2+70 \times W_3=85$$

第二个学生A的德育分98、智育分95和体育分87，总分是96。

$$98 \times W_1+95 \times W_2+87 \times W_3=96$$

图8–12中的X_1、X_2、X_3结点就是输入的数据，分别代表德育分、智育分和体育分。$*W_1$、$*W_2$、$*W_3$，$\sum$都代表节点上的运算。在隐藏层用圆圈代表一个神经元结点。输出层只有一个结

点y，把n_{11}、n_{12}、n_{13}这3个结点输出进行相加求和。建立这样一个神经网络后，需要训练该模型，不断调整神经网络里的可变参数（W_1、W_2、W_3），直到误差低于我们的理想水平，神经网络训练就完成了。

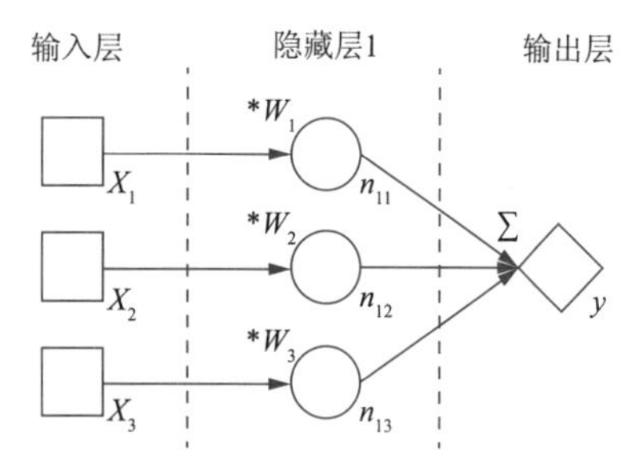

图8–12 三好学生成绩问题的神经网络模型

三好学生总成绩计算问题是一个线性问题，如何解决非线性问题？例如是否是三好学生。学校根据总分把学生分成两类：三好学生和非三好学生，这是一个常见的二分类问题。假设学校本次评选规则是总分>85即可当选，但是学校没有公布评选规则。这里收集到所有学生的3项成绩，如[90,80,70]，评选结果只有两种可能“是三好学生”和“不是三好学生”。在计算机中需要把所有数据数字化，对这种只有“是”或“不是”的问题，一般可以用数字“1”代表是，数字“0”代表不是。这里建立如图8–13所示神经网络来解决二分类问题。这个神经网络的输入层接收3项分数，经过内部计算后，最后输出数字“1”或者数字“0”的结果。理论上，如果用足够多数据训练这个神经网络，让它对已知学生分数都能计算出正确的结果，就可以认为这个神经网络具备一定预测的能力。如果新来一个学生，把他的分数送入神经网络，也很可能得到正确的三好学生评选结果。神经网络最初就被用来解决分类问题，故分类问题非常适合神经网络来处理。本例的二分类问题是分类问题中相对最简单的。

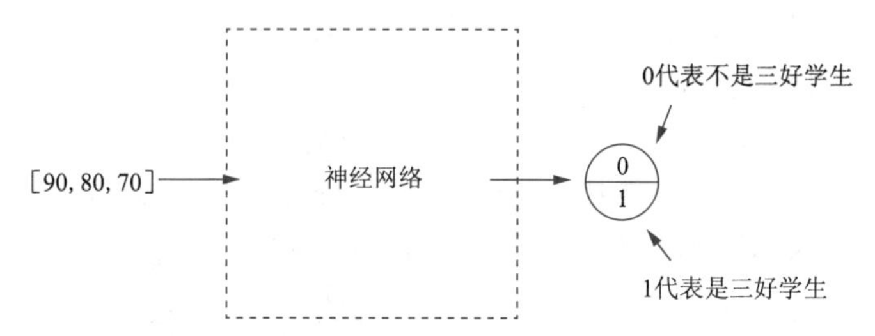

图8–13 三好学生评选结果问题的神经网络

下面分析此二分类问题，从3项分数到计算出总分，与前面解决的三好学生总分问题是一样的，关键在于后面从总分得出评选结果这一步如何实现。如果把评选结果的“是”与“否”分别定义为1和0，那么从总分得出评选结果的过程就可以看成从一个0~100的数字得出0或1的计算过程。要实现这个过程，人工智能领域早已有了对应的方法，这个方法就是sigmoid（ ）函数。

$$\text{sigmoid}(x)=\frac{1}{1+e^{-x}}$$

sigmoid()函数可以把任何数字变成0到1之间的数字。图8–14中可以看到在趋于正无穷或负无穷时，函数趋近平滑状态，sigmoid()函数因为输出范围[0，1]，所以二分类问题常常使用这个函数。

在神经网络中线性关系转化成非线性关系的函数称为激活函数。sigmoid()函数就是一种激活函数。图8–15所示的三好学生评选结果问题的神经网络模型使用2个隐藏层，隐藏层1的3个结点n_{11}、n_{12}、n_{13}接收输入层结点X_1、X_2、X_3的输入数据，进行权重相乘后，都送入隐藏层2的结点n_2，n_2汇总后再送到输出层，输出层结点y将n_2的数据使用激活函数sigmoid()处理后，作为神经网络最终计算结果。

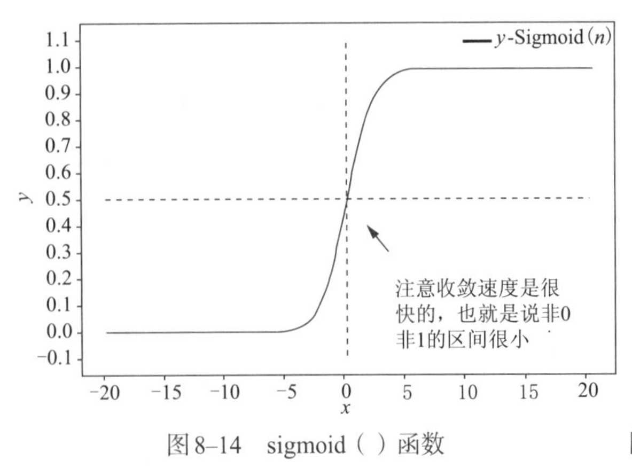

图 8–14　sigmoid（ ）函数

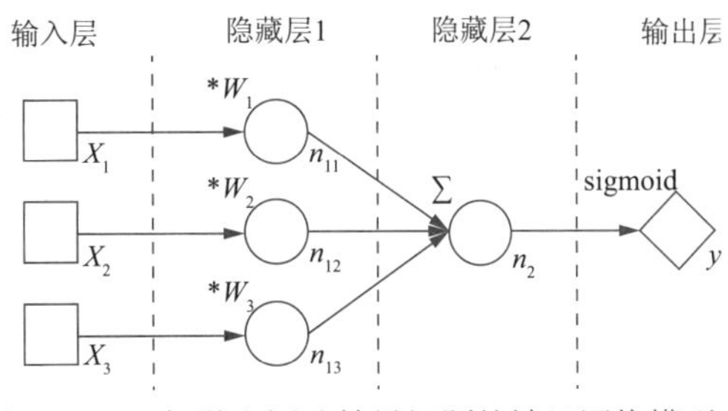

图 8–15　三好学生评选结果问题的神经网络模型

3. 深度学习之卷积神经网络（CNN）

深度学习的概念源于人工神经网络的研究。含有多隐藏层的神经网络就是一种深度学习结构。深度学习的实质是通过构建具有很多隐藏层的机器学习模型和海量的训练数据，组合低层特征形成更加抽象的高层特征，来学习和发现数据更有用的特征，从而最终提升分类或预测的准确性。

深度学习之卷积神经网络（CNN）

图 8–10 所示的全连接多隐藏层的神经网络（DNN），每层的每个神经元节点与前层的所有神经元节点有连接，也会与后一层的所有节点相连接，这样导致的问题是每个节点都有很多个权重参数。当神经网络的层数、节点数变大时，会导致参数过多等问题。

深度学习中的卷积神经网络（CNN）近年来在图像处理和识别有了非常出色的表现，它与普通的神经网络的区别在于，卷积神经网络包含了一个由卷积层和池化层构成的特征抽取器。在卷积神经网络的卷积层（隐藏层）中，并不是所有上下层神经元都能直接相连接，卷积层中一个神经元只与部分邻层神经元相连接，具体连接方法是通过“卷积核”的矩阵作为中介。在卷积层中，通常包含若干个特征图，每个特征图平面由一些矩形排列的神经元组成。同一卷积层的神经元共享权值，这里共享的权值就是卷积核。卷积核一般以随机小数矩阵的形式初始化，在网络的训练过程中卷积核将学习得到合理的权值。共享权值（卷积核）带来的直接好处是减少网络各层之间的连接，同时又降低了过拟合的风险。卷积大大简化了模型复杂度，减少了模型的参数。池化也叫子采样（Pooling），可以看作一种特殊的卷积过程。卷积和池化大大简化了模型复杂度，减少了模型的参数。

下面具体介绍几个相关概念。

（1）卷积

这里用一个简单的例子来讲述如何计算卷积，假设有一个 5 × 5 的图像，使用一个 3 × 3 的卷积核（filter）进行卷积，想得到一个 3 × 3 的特征图（Feature Map），首先对图像的每个像素进行编号，用 $x_{i,j}$ 表示图像的第 i 行第 j 列元素，对卷积核每个权重进行编号，用 $\omega_{m,n}$ 表示第 m 行第 n 列的权重，对特征图的每个元素进行编号，用 $a_{i,j}$ 表示第 i 行第 j 列元素。

那么特征图中 $a_{0,0}$ 的卷积计算方法为，如图 8–16 所示。

$$a_{0,0}=\omega_{0,0}x_{0,0}+\omega_{0,1}x_{0,1}+\omega_{0,2}x_{0,2}+\omega_{1,0}x_{1,0}+\omega_{1,1}x_{1,1}+\omega_{1,2}x_{1,2}+\omega_{2,0}x_{2,0}+\omega_{2,1}x_{2,1}+\omega_{2,2}x_{2,2}$$
$$=1\times1+0\times1+1\times1+0\times0+1\times1+0\times1+1\times0+0\times0+1\times1$$

=4

特征图中$a_{0,1}$的卷积计算方法如图8–17所示。

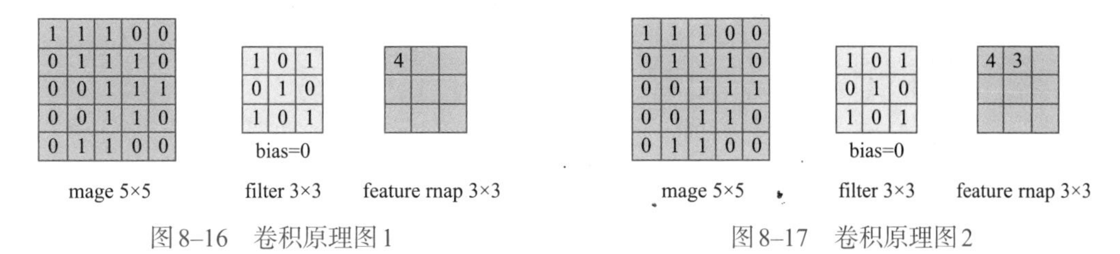

图8–16　卷积原理图1　　　　图8–17　卷积原理图2

$a_{0,1}=\omega_{0,1}x_{0,1}+\omega_{0,2}x_{0,2}+\omega_{0,3}x_{0,3}+\omega_{1,1}x_{1,1}+\omega_{1,2}x_{1,2}+\omega_{1,3}x_{1,3}+\omega_{2,1}x_{2,1}+\omega_{2,2}x_{2,2}+\omega_{2,3}x_{2,3}$

$=1\times1+0\times1+1\times0+0\times1+1\times1+0\times1+1\times0+0\times1+1\times1$

$=3$

同理，可以依次计算出特征图中所有元素的值。

上面的计算过程中，步幅(Stride)为1。步幅可以设为大于1的数。例如，当步幅为2时，卷积核将每次滑动2个元素，因此特征图就变成2×2。这说明图像大小、步幅和卷积后的特征图大小是有关系的，这里将不再举例。

上例仅演示了一个卷积核的情况，其实每个卷积层可以有多个卷积核。每个卷积核和原始图像进行卷积后，都可以得到一个特征图。因此，卷积后特征图的深度（个数）和卷积层的卷积核个数是相同的。图8–18所示为3个24×24大小的卷积核（即3×24×24）得到的三维的特征图。

以上就是卷积层的计算方法。这里面体现了局部连接和权值共享：每层神经元只和上一层部分神经元相连(卷积计算规则)，且卷积核的权值对于上一层所有神经元都是一样的。

（2）池化（Pooling）

池化层主要的作用是下采样，通过去掉特征图中不重要的样本，进一步减少参数数量，且可以有效防止过拟合。池化的方法很多，最常用的是最大池化（Max Pooling）。最大池化实际上就是在$n\times n$的样本中取最大值，作为采样后的样本值。

如图8–19是2×2步幅为2的最大池化，即在获取的feature map中每2×2的矩阵内取最大值作为采样后的结果，这样能把数据缩小4倍，同时又不会损失太多信息。

对于深度为D的特征图，各层独立做池化，因此池化后的深度仍然为D。

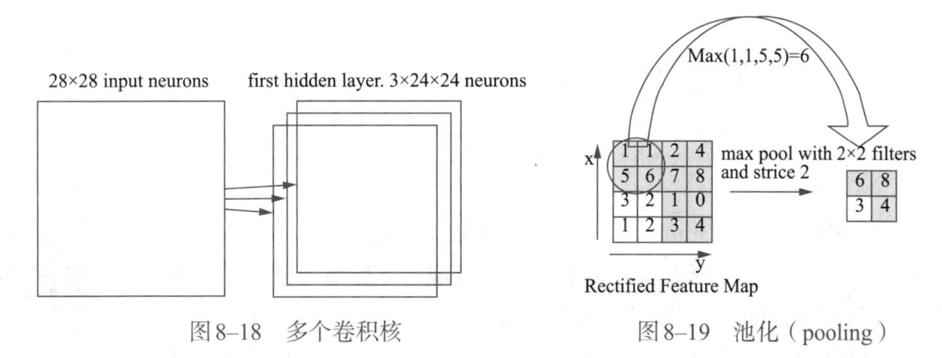

图8–18　多个卷积核　　　　图8–19　池化（pooling）

（3）卷积神经网络的网络结构

一个卷积神经网络通常由若干卷积层、Pooling层、全连接层组成。用户可以构建各种不同的卷积神经网络。图8–20为一个常见的卷积神经网络模型。

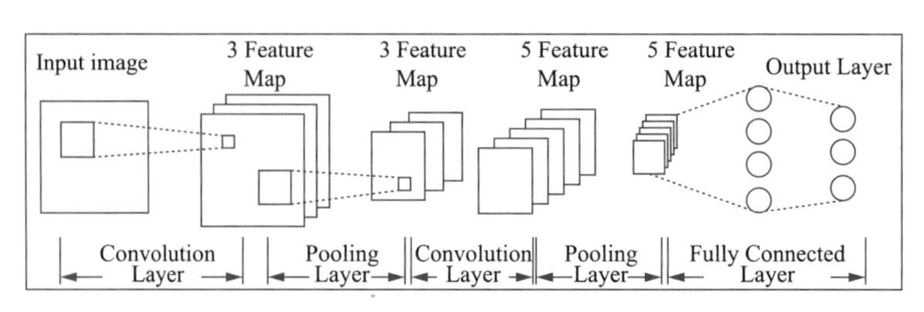

图8–20　一个典型的卷积神经网络结构

其中，Input Image为输入图像，被计算机理解为矩阵，输入图像通过3个可训练的卷积核进行卷积，卷积后产生3个特征图（Feature Map），在卷积层后面是池化层(Pooling)，将特征切成几个区域，取其最大值或平均值，得到新的、维度较小的特征。卷积层＋池化层的组合可以在隐藏层出现很多次，如图8–20中出现两次，而实际上这个次数是根据模型的需要而来的。还可以灵活使用卷积层＋卷积层，或者卷积层＋卷积层＋池化层的组合，这些在构建模型的时候没有限制。但是最常见的CNN都是若干卷积层＋池化层的组合，如图8–20中的CNN结构。

在若干卷积层＋池化层后面是全连接层（Fully Connected Layer, FC），全连接层其实就是传统的神经网络结构，即前一层的每一个神经元都与后一层的所有神经元相连，在整个卷积神经网络中起到“分类器”的作用。全连接层把所有局部特征结合变成全局特征，用来计算最后每一类的得分。图8–21就是卷积神经网络（CNN）识别动物图片的示意图。

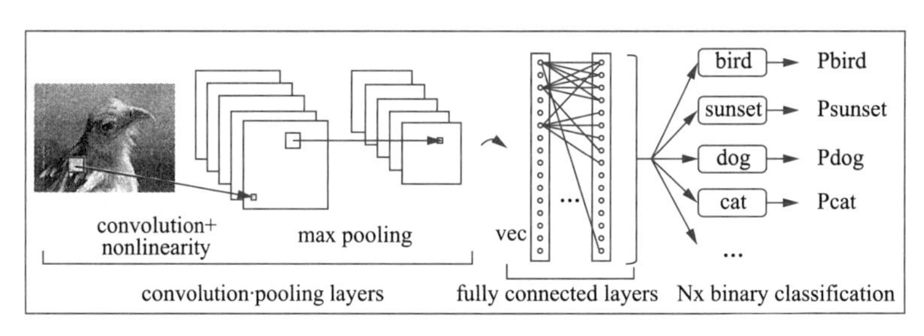

图8–21　卷积神经网络（CNN）识别动物图片

卷积神经网络（CNN）是实现深度学习的典型方法之一，主要用于图像处理与分析，车牌识别、人脸识别、物体检测与分类、自动驾驶等计算机视觉领域。

8.3　知识图谱和知识推理

8.3.1　知识图谱

知识图谱（Knowledge Graph）是一种基于图的数据结构，由结点（Point）和边（Edge）组成。在知识图谱里，每个结点表示现实世界中存在的“实体”，每条边为实体与实体之间的“关系”，实体和关系又有其自身的“属性”。实体（Entity）、关系（Relation）和属性构成知识图谱的核心三要素。知识图谱是结构化的语义知识库，用于以符号形式描述物理世界中的概念及其相互关系，其基本组成单位是“实体–关系–实体”三元组（Triple），以及实体及其属性–值对，实体间通过关系相互连接，构成网状的知识结构。

例如：“小明出生于中国上海”可以用三元组表示为（XIao Ming, Place of Birth, Shanghai）。这里可以简单地把三元组理解为（Entity，Relation，Entity）。如果把实体看作是结点，把实体关系（包括属性、类别等）看作是一条边，那么包含了大量三元组的知识库就成为了一个庞大的知识图。实体关系也可分为两种：一种是属性（Property），一种是关系。属性和关系的最大区别在于，属性所在的三元组对应的两个实体，常常是一个实体和一个字符串，如身高 Hight 属性对应的三元组（Xiao Ming, Hight, 186 cm），而关系所在的三元组所对应的两个实体，常常是两个实体，如出生地关系 Place of Brith，对应的三元组（Xiao Ming, Place of Birth, Shanghai）。Yao Ming 和 Shanghai 都是实体。

知识图谱本质上是语义网络（Semantic Network）。目前知识图谱这个概念最早由 Google 在 2012 年提出，主要用来优化现有的搜索引擎。有知识图谱的辅助，搜索引擎能够根据用户查询背后的语义信息，返回更准确、更结构化的信息。Google 知识图谱的宣传语“things not strings”道出了知识图谱的精髓：不要无意义的字符串，需要文本背后的对象或事物。以罗纳尔多为例，当用户以“罗纳尔多”作为关键词进行搜索，没有知识图谱的情况下，只能得到包含这个关键词的网页，然后不得不点击进入相关网页查找需要的信息。有了知识图谱（通过对“罗纳尔多”实体进行扩展，得到如图 8–22（a）所示的知识图谱），搜索引擎在返回相关网页的同时，还会返回一个包含查询对象基本信息的“知识卡片”[在搜索结果页面图 8–22（b）的右侧]。如果需要的信息就在卡片中，就无须进一步操作。也就是说，知识图谱能够提升查询效率，让人们获得更精准、更结构化的信息。

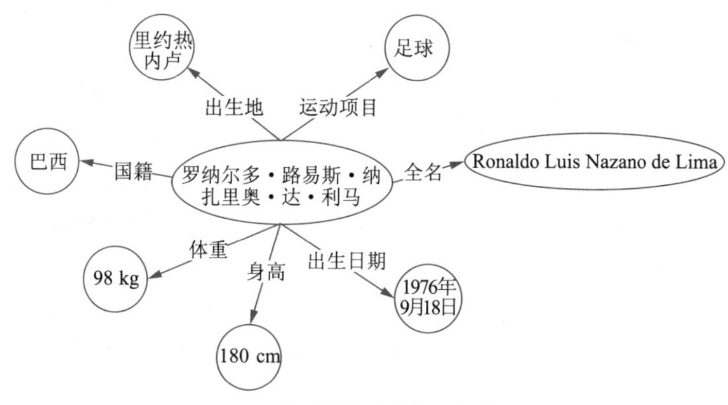

（a）罗纳尔多的知识图谱

（b）搜索引擎返回相关网页知识卡片

图 8–22　知识图谱、相关网页及知识卡片

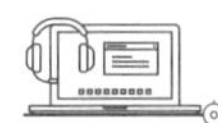

知识图谱慢慢地被泛指各种大规模的知识库。知识图谱的构建属于知识工程的范畴，其发展历程如图 8–23 所示。从数据的处置量来看，早期的专家系统只有上万级知识体量，后来阿里巴巴和百度推出了千亿级甚至是万亿级的知识图谱系统。

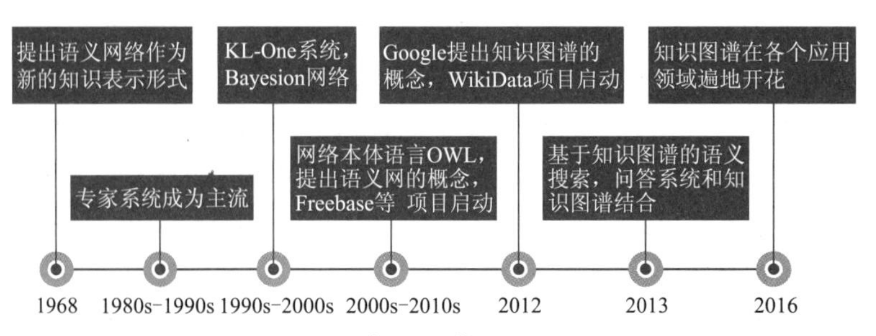

图 8–23　知识图谱的发展历程

知识图谱从其知识的覆盖面来看，可以分为开放域知识图谱和垂直领域知识图谱，前者主要是百科类和语义搜索引擎类的知识基础，后者在金融、教育、医疗、汽车等垂直领域积累行业内的数据而构成。

知识图谱相关的关键技术包括构建和使用。知识图谱的构建有自顶向下和自底向上两种方法，现在大部分情况会混合使用这两种方法。知识图谱的构建应用了知识工程和自然语言处理的很多技术，包括知识抽取、知识融合、实体链接和知识推理。知识的获取是多源异构的，从非结构化数据中抽取知识是构建时的难点，包括实体、关系、属性及属性值的抽取。对不同来源的数据需要做去重、属性归一及关系补齐的融合操作。同时，根据图谱提供的信息可以推理得到更多隐含的知识，常用的知识推理方法有基于逻辑的推理和基于图的推理。知识图谱的使用需要自然语言处理和图搜索算法的支持。

知识图谱在语义搜索、百科知识及自动问答等方面有着很典型的应用。在语义搜索领域，基于知识图谱的语义搜索可以用自然语言的方式查询，通过对查询语句的语义理解，明确用户的真实意图，从知识图谱中获取精准的答案，并通过知识卡片等形式把结果结构化地展示给用户，目前具体应用有 Google、百度知心、搜狗知立方等。在百科知识领域，知识图谱构建的知识库与传统的基于自然文本的百科相比，有高度结构化的优势。在自动问答和聊天机器人领域，知识图谱的应用包括开放域、特定领域的自动问答以及基于问答对（FAQ）的自动问答。例如，IBM 的 Watson、Apple 的 Siri、Google Allo、Amazon Echo、百度度秘，以及各种情感聊天机器人、客服机器人、教育机器人等。

图 8–24 所示为非常经典的知识图谱整体架构图。我们从下往上来理解这张图。

①通过百度搜索、Word 文件、PDF 文档或者其他类型的文献，抽取出非结构化的数据，从 XML、HTML 抽取出半结构化的数据和从数据库抽取出结构化的数据。

②通过自然语言处理技术，使用命名实体识别的方式，来识别出文章中的实体，包括地名、人名机构名称等。通过语义相似度的计算，确定两个实体或两段话之间的相似程度。通过同义词构建、语义解析、依存分析等方式，找到实体之间的特征关系。通过诸如 TF-IDF 和向量来提取文本特征，通过触发事件、分词词性等予以表示。通过 RDA（冗余分析）来进行主题的含义分析。

③使用数据库进行知识存储，包括 MySQL、SQL Server、MongoDB、Neo4j 等。

针对所提取出来的文本、语义、内容等特征，通过知识本体的构建，实现实体之间的匹配，进而将它们存放到 Key–Value 类型的数据库中，以完成数据的映射和本体的融合。当数据的体量过大时，使用Hadoop和Spark之类的分布式数据存储框架。

④当需要进行数据推理或知识图谱的建立时，再从数据中进行知识计算，抽取出各类关系，通过各种集成规则来形成不同的应用。

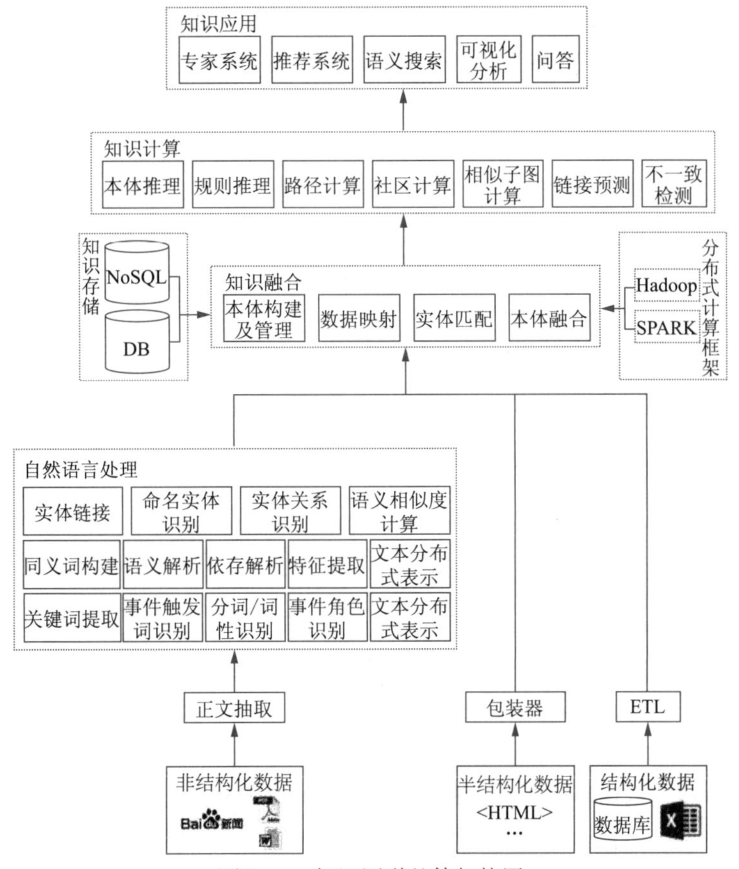

图8–24　知识图谱整体架构图

总结起来，在使用知识图谱进行各种应用识别时，需要注意的关键点包括：如何抽取实体的关系，如何做好关键词与特征的提取，以及如何保证语义内容的分析。这便是构建一整套知识图谱的常用方法与理论。

8.3.2　知识推理

知识推理能力是人类智能的重要特征，能够从已有知识中发现隐含知识。推理往往需要相关规则的支持，例如从“配偶”+“男性”推理出“丈夫”，从“妻子的父亲”推理出“岳父”，从出生日期和当前时间推理出年龄，等等。

这些规则可以通过人们手动总结构建，但往往费时费力，人们也很难穷举复杂关系图谱中的所有推理规则。因此，很多人研究如何自动挖掘相关推理规则或模式。目前主要依赖关系之间的同现情况，利用关联挖掘技术来自动发现推理规则。

实体关系之间存在丰富的同现信息。如图8–25所示，在康熙、雍正和乾隆三个人物之间，有（康熙，父亲，雍正）、（雍正，父亲，乾隆）及（康熙，祖父，乾隆）3个实例。根据大量类似的实体X、Y、Z间出现的（X，父亲，Y）、（Y，父亲，Z）及（X，祖父，Z）实例，可以统计出“父亲+父亲=>祖父”的推理规则。类似地，还可以根据大量（X，首都，Y）和（X，位

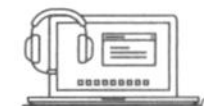

于,Y）实例统计出“首都=>位于”的推理规则，根据大量（X，总统，美国）和（X，是，美国人）统计出“美国总统=>是美国人”的推理规则。

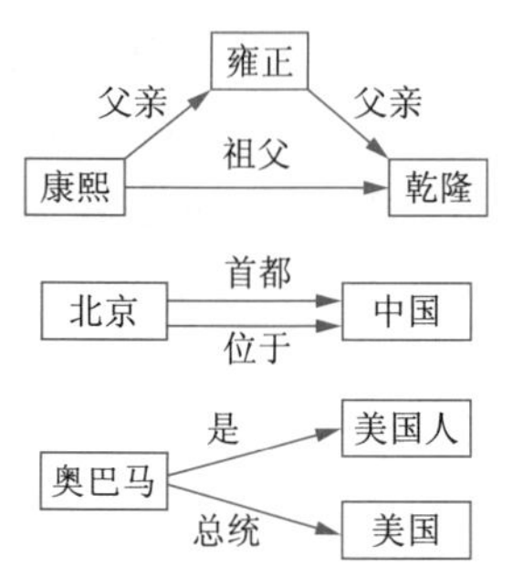

图8–25　知识推理举例

知识推理可以用于发现实体间新的关系。例如，根据“父亲+父亲=>祖父”的推理规则，如果两实体间存在“父亲+父亲”的关系路径，就可以推理它们之间存在“祖父”的关系。利用推理规则实现关系抽取的经典方法是路径排序算法（Path Ranking Algorithm），该方法将每种不同的关系路径作为一维特征，通过在知识图谱中统计大量的关系路径构建关系分类的特征向量，建立关系分类器进行关系抽取，取得不错的抽取效果，成为近年来关系抽取的代表方法之一。但这种基于关系的同现统计的方法，面临严重的数据稀疏问题。

在知识推理方面还有很多的探索工作，例如采用谓词逻辑（Predicate Logic）等形式化方法和马尔科夫逻辑网络（Markov Logic Network）等建模工具进行知识推理研究。目前，这方面研究仍处于百家争鸣阶段，人们在推理表示等诸多方面仍未达成共识，未来路径有待进一步探索。

8.4　自然语言处理

自然语言处理（Natural Language Processing，NLP）是人工智能领域中早期活跃的研究领域之一。因为自然语言处理的关键是要让计算机“理解”自然语言，所以自然语言处理又叫作自然语言理解（Natural Language Understanding，NLU），也称计算语言学。一方面它是语言信息处理的一个分支，另一方面它是人工智能AI的核心课题之一。

自然语言处理研究的内容主要包括机器翻译、文本挖掘和情感分析等。自然语言处理的技术难度高，技术成熟度较低。因为语义的复杂度高，仅靠目前基于大数据、并行计算的深度学习很难达到人类的理解层次。

自然语言处理的意义：一方面，如果计算机能够理解、处理自然语言，将是计算机技术的一项重大突破；另一方面，自然语言处理有助于揭开人类高度智能的奥秘，深化对语言能力和思维本质的认识。

8.4.1　自然语言处理的难点

自然语言处理，即实现人-机间自然语言通信，要实现自然语言理解和自然语言生成是十分困难的。造成困难的根本原因是自然语言文本和对话的各个层次上广泛存在的各种各样的歧义性或多义性（Ambiguity）。

一个中文文本从形式上看是由汉字（包括标点符号等）组成的一个字符串。由字可组成词，由词可组成词组，由词组可组成句子，进而由一些句子组成段、节、章、篇。无论在上述的各种层次：字（符）、词、词组、句子、段……还是在下一层次向上一层次转变中都存在着歧义和多义现象，即形式上一样的一段字符串，在不同的场景或不同的语境下，都可以理解成不同的词串、词组串等，并有不同的意义。一般情况下，它们中的大多数都是可以根据相应的语境和场景的规定而得到解决的。也就是说，从总体上说，并不存在歧义。这也就是我们平时并不感到自然语言有歧义，且能用自然语言进行正确交流的原因。

为了消解歧义，需要极其大量的知识和进行推理。如何将这些知识较完整地加以收集和整理出来，又如何找到合适的形式，将它们存入计算机系统中去，以及如何有效地利用它们来消除歧义，是工作量极大且十分困难的工作。这不是少数人短时期内可以完成的，还有待长期的、系统的工作。

以上说的是，一个中文文本或一个汉字（含标点符号等）串可能有多个含义。它是自然语言理解中的主要困难和障碍。反过来，一个相同或相近的意义同样可以用多个中文文本或多个汉字串来表示。

因此，自然语言的形式（字符串）与其意义之间是一种多对多的关系。其实这也正是自然语言的魅力所在。但从计算机处理的角度看，我们必须消除歧义，而且有人认为它正是自然语言理解中的中心问题，即要把带有潜在歧义的自然语言输入转换成某种无歧义的计算机内部表示。

歧义现象的广泛存在使得消除它们需要大量的知识和推理，这就给基于语言学的方法、基于知识的方法带来了巨大的困难，因而以这些方法为主流的自然语言处理研究几十年来一方面在理论和方法方面取得了很多成就，但在能处理大规模真实文本的系统研制方面，成绩并不显著。研制的一些系统大多数是小规模的、研究性的演示系统。

人类理解一个句子不是单凭语法，还运用了大量的有关知识，包括生活知识和专门知识，这些知识无法全部存储在计算机里。目前一个自然语言理解系统只能建立在有限的词汇、句型和特定的主题范围内；计算机的存储量和运算速度大大提高之后，才有可能适当扩大应用范围。

8.4.2　自然语言处理的发展

1. 以关键词匹配为主流的时期（20世纪60年代）

这个时期研制开发出的自然语言理解系统，大都没有真正意义上的语法分析，而主要依靠关键词匹配技术来识别输入句子的意义。其特点是允许输入的句子不一定要遵循规范的语法，但这种近似匹配技术的不精确性也是其主要弱点。

2. 以句法、语义分析为主流的时期（20世纪70年代）

这一时期的系统在语法分析的深度和难度方面都比早期系统有了很大的进步。语法分析的主要任务是：给定一个输入句子，以语言的语法特征为主要知识源，生成一棵短语结构树，通过树的形式指明输入句子各部分之间的关系。其研究的主要内容包括：句子中包含哪些词语，每个词语的句法范畴是什么，如名词、动词、形容词等。句子中包含哪些短语或词组，如名词短语、动词短语、介词短语等。句子中各成分或短语怎样组合或附着而构成整个句子的句法结构。

3. 基于知识的语言处理系统时期（20世纪80年代）

这一时期的主要特点是引入了知识的表示和处理方法，引入了领域知识和推理机制，借鉴了许多人工智能和专家系统中的思想，使自然语言处理系统不再局限于单纯的语言句法和词法的研究，极大地提高了系统处理的正确性，使得系统越来越趋向实用化和工程化。

基于知识的语言处理系统在计算机里存储一定的词汇、句法规则、语义规则、推理规则和主题知识。语句输入后，计算机自左至右逐词扫描，根据词典辨认每个单词的词义和用法；根据句法规则确定短语和句子的组合；根据语义规则和推理规则获取输入句的含义；查询知识库，根据主题知识和语句生成规则组织应答输出。

4. 基于大规模语料库自然语言处理系统（20世纪90年代至今）

近十年来，为了处理大规模的真实文本，语料库语言学成为人们研究关注的焦点和热门话题。实践证明，由于处理自然语言所需的知识“数量”巨大，且这些知识具有高度的不确定性和模糊性，因此提出了以计算机语料库为基础的语言学及自然语言处理新思想。该思想认为语言学的知识大规模地来自生活的真实语料，计算语言学工作者的任务是使计算机能够自动或半自动地从大规模语料库中获取处理自然语言所需的各种知识。

8.4.3 自然语言处理应用

自然语言处理技术应用包括机器翻译、信息检索、自动摘要、情感分析和社会媒体处理等。

1. 机器翻译

机器翻译（Machine Translation）是指运用机器，通过特定的计算机程序将一种书写形式或声音形式的自然语言，翻译成另一种书写形式或声音形式的自然语言。

机器翻译从方法的角度进行分类，可以分为基于理性的研究方法和基于经验的研究方法两种。所谓“理性主义”的翻译方法，是指由人类专家通过编撰规则的方式，将不同自然语言之间的转换规律生成算法，计算机通过这种规则进行翻译。所谓“经验主义”的翻译方法，指的是以数据驱动为基础，主张计算机自动从大规模数据中学习自然语言之间的转换规律。如今，以数据驱动为基础的统计翻译方法逐渐成为机器翻译的主流技术，但是同时统计机器翻译也面临诸如数据稀疏、难以设计特征等问题。而深度学习能够较好地缓解统计机器翻译所面临的挑战，基于深度学习的机器翻译正在获得迅速发展，成为当前机器翻译领域的热点。

机器翻译从媒介的角度进行分类，可以分为文本翻译、语音翻译、图像翻译等。

2. 信息检索

信息检索（Information Retrieval）是用户进行信息查询和获取的主要方式，是查找信息的方法和手段。传统的全文检索技术基于关键词匹配进行检索，往往存在查不全、查不准、检索质量不高的现象，特别是在网络信息时代，利用关键词匹配很难满足人们检索的要求。

采用自然语言处理技术的智能检索利用分词词典、同义词典，同音词典改善检索效果，例如用户查询“计算机”，与“电脑”相关的信息也能检索出来；进一步还可在知识层面或者概念层面上辅助查询，通过主题词典、上下位词典、相关同级词典，形成一个知识体系或概念网络，给予用户智能知识提示，最终帮助用户获得最佳的检索效果。另外，智能检索还包括歧义信息和检索处理，如“苹果”究竟是指水果还是计算机品牌，将通过歧义知识描述库、全文索引、用户检索上下文分析以及用户相关性反馈等技术进行处理，高效、准确地反馈给用户最需要的信息。

3. 自动摘要

自动摘要就是利用计算机自动地从原始文献中提取文摘。自动摘要有助于用户快速评价检索结果的相关程度，在信息服务中，自动摘要有助于多种形式的内容分发，如发往PDA、手机等。相似性检索技术基于文档内容特征检索与其相似或相关的文档，是实现用户个性化相关反馈的基础，也可用于去重分析。自动分类可基于统计或规则，经过机器学习形成预定义分类树，再根据文档的内容特征将其归类；自动聚类则是根据文档内容的相关程度进行分组归并。自动分类（聚类）在信息组织、导航方面非常有用。

4. 情感分析和社会媒体处理

情感分析又称意见挖掘、倾向性分析，是指通过计算技术对文本的主客观性、观点、情绪、极性的挖掘和分析，对文本的情感倾向做出分类判断。

情感分析在一些评论机制的APP中应用较为广泛，例如，某酒店网站，会有居住过的客人的评价，通过情感分析可以分析用户评论是积极还是消极的，根据一定的排序规则和显示比例，在评论区显示。这个场景同时也适用于亚马逊、阿里巴巴等电商网站的商品评价。

除此之外，在互联网舆情分析中情感分析起着举足轻重的作用，民众话语权的下降和网民的大量涌入，使得互联网的声音纷繁复杂，利用情感分析技术获取民众对于某一事件的观点和意见，准确把握舆论发展趋势，并加以合理引导显得极为重要。图8–26所示为互联网舆情分析过程示意图。同时，在一些选举预测、股票预测等领域，情感分析也逐渐体现着越来越重要的作用。

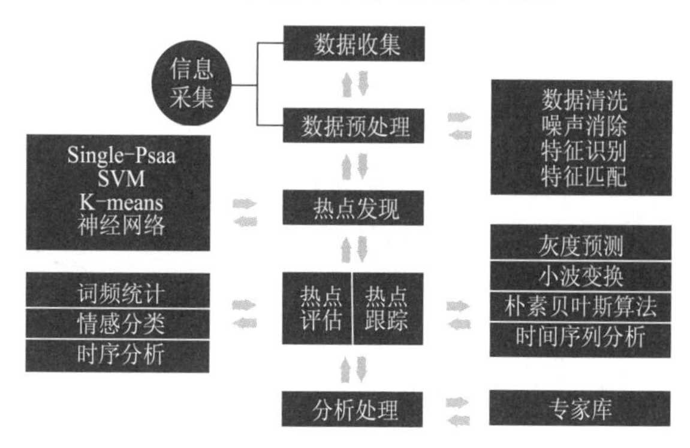

图8–26　互联网舆情分析过程示意图

习　　题

一、选择题

1.（　　）利用已知类别的样本，训练学习得到一个最优模型，使其达到所要求的性能，再利用这个训练所得模型对未知数据进行分类。

A.监督学习　　B.无监督学习　　C.半监督学习　　D.强化学习

2.（　　）让学习系统自动对大量未标记数据进行利用，以辅助少量有标记数据进行学习。

A.监督学习　　B.无监督学习　　C.半监督学习　　D.强化学习

二、填空题

1. ________年达特茅斯会议中人工智能诞生。

2. 在知识图谱里，每个结点表示现实世界中存在的________，每条边为实体与实体之间的________，实体和关系又有其自身的________。

3. 目前知识图谱主要依赖关系之间的________，利用关联挖掘技术来自动发现推理规则。

4. ________分类算法思想是如果一个样本在特征空间中的k个最相似（即特征空间中最邻近）的样本中的大多数属于某一个类别，则该样本也属于这个类别。

5. 在神经网络中线性关系转化成非线性关系的函数称为________。

第9章 信息素养

在信息化社会中，信息素养是一个人需要具备的基本能力。当人们面对大量的信息时，如何获取信息、处理信息并有效地评价与利用信息，会对将来的学习工作和生活产生重要的影响。

信息素养和很多学科都有着紧密的联系，强调对信息技术的认识和理解，以及信息的应用能力。本章将在Office 2010环境下介绍信息排版、电子表格处理以及演示文稿等方面的知识，这是和人们学习生活更为贴近的一种能力，是必备的一类信息素养。

学习目标：

- 熟练Word环境下的文档处理、文字编辑排版、制作表格、图文综合排版等操作。
- 熟悉Excel电子表格制作，掌握公式与函数的操作、图表的插入，以及相关数据管理功能。
- 学习PowerPoint演示文稿制作，掌握幻灯片的设计和编辑，为其添加动画特效，设置幻灯片之间的切换方式并完成放映。

9.1 文字处理软件Word

在日常生活中，经常需要对文字进行输入、编辑和排版，Word是一款功能强大且实用的文字处理软件，具有丰富的文字处理、表格处理和图文混排功能，能制作出图文并茂的各种办公和商业文档。

字符和段落的格式设置

9.1.1 字符格式设置

字符格式设置包括改变字符的字体、字号、颜色，以及设置粗体、斜体、下画线等修饰效果。在Word中，中文字体格式默认为宋体、五号字；西文字体为Times New Roman等。以下列出了一些常见的字符格式和特殊效果。

①中文字体：宋体、**黑体**、楷体、仿宋、华文行楷、华文隶书等。
②西文字体：Arial、**Arial**、**Black**、Times New Roman 等。
③特殊效果：

一号字 二号字 三号字 四号字 五号字 六号字

10磅 14磅 18磅 22磅 24磅 28磅

粗体 *斜体* ***粗斜体*** 下画线1 下画线2 X^2 ㊋福 字符(zì fú)

字符缩放150% 字 符 间 距 5 磅

在Word中设置字符格式通常有3种方法：

方法1：使用“字体”组。通过“开始”选项卡“字体”组中的各个工具按钮设置字符格式，如图9–1所示。

方法2：使用浮动工具栏。选择需要设置格式的文本，会出现一个半透明的工具栏，其中列出了一些常用的工具按钮。

方法3：使用“字体”对话框。单击“字体”组右下角的对话框启动按钮，打开“字体”对话框，如图9–2所示。

9.1.2　段落格式设置

段落包括缩进、对齐、行间距、段间距、列表等多种格式属性。设置段落格式主要采用以下两种方法：

方法1：单击“开始”选项卡“段落”组中的相关按钮设置段落格式，如图9–3所示。

方法2：单击“段落”组右下角的对话框启动按钮，打开“段落”对话框，如图9–4所示。

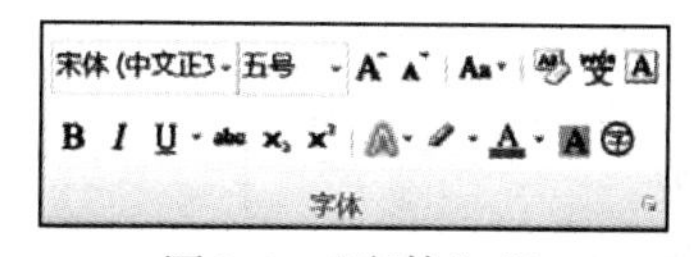

图9–1　“字体”组

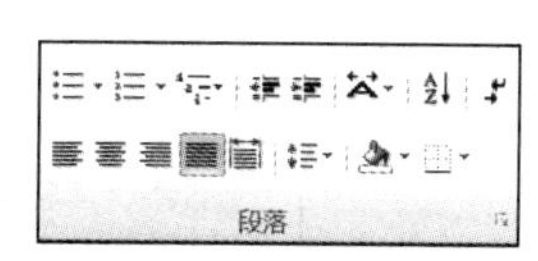

图9–3　“段落”组

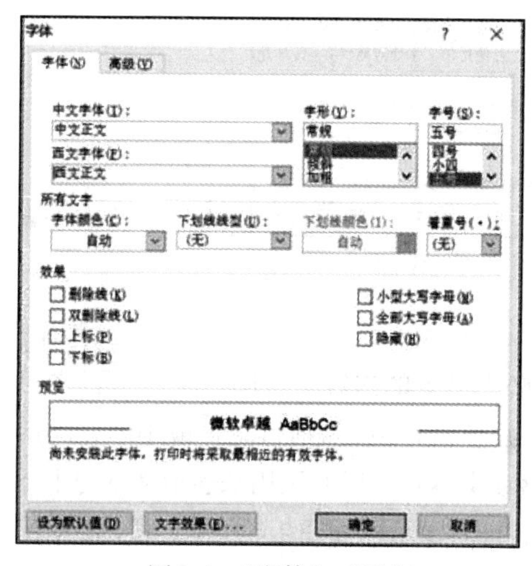

图9–2　“字体”对话框

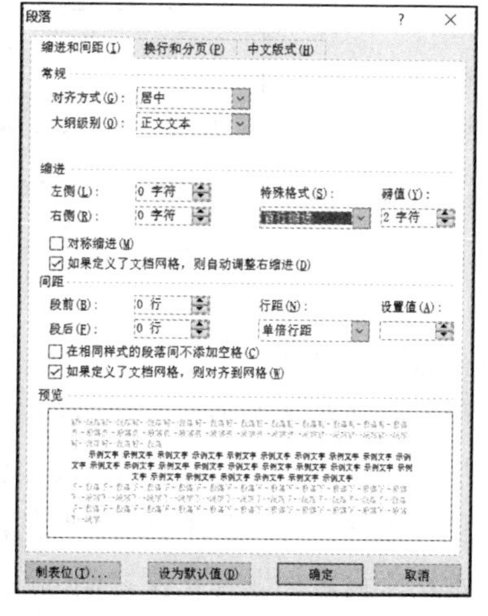

图9–4　“段落”对话框

1. 段落缩进

段落缩进使段落之间的层次更加清晰，包括4种类型，如图9–5所示。

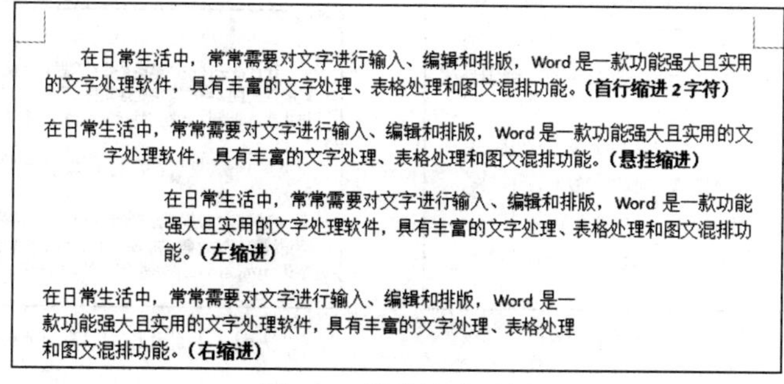

图9–5　段落缩进示例

①首行缩进：控制段落中第一行的缩进量，一般为2个字符。

②悬挂缩进：控制除第一行以外，其他各行的缩进量。

③左缩进：控制段落整体与页面左边距的缩进量。

④右缩进：控制段落整体与页面右边距的缩进量。

设置段落缩进，也可以通过水平标尺的缩进标记实现，如图9–6所示。

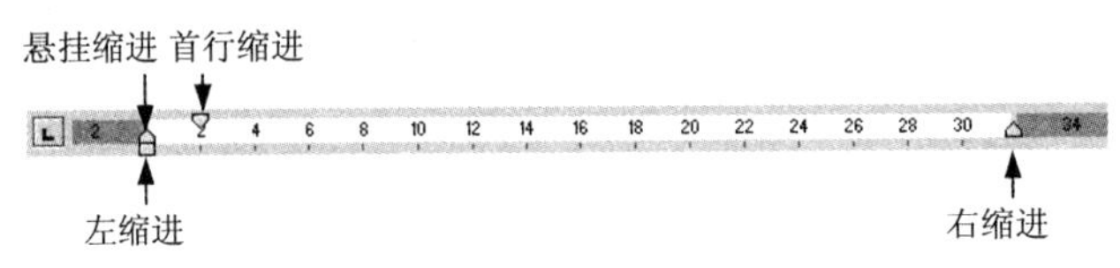

图9–6 水平标尺缩进标记

2. 对齐方式

Word提供了左对齐、居中对齐、右对齐、两端对齐和分散对齐5种对齐方式，默认为两端对齐，如图9–7所示。

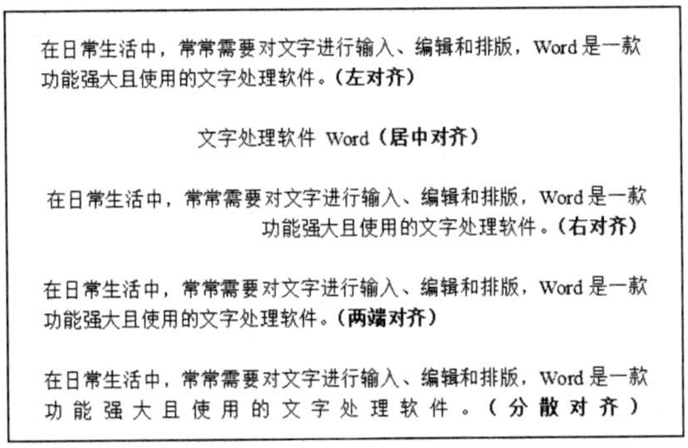

在日常生活中，常常需要对文字进行输入、编辑和排版，Word是一款功能强大且使用的文字处理软件。**（左对齐）**

文字处理软件 Word **（居中对齐）**

在日常生活中，常常需要对文字进行输入、编辑和排版，Word是一款功能强大且使用的文字处理软件。**（右对齐）**

在日常生活中，常常需要对文字进行输入、编辑和排版，Word是一款功能强大且使用的文字处理软件。**（两端对齐）**

在日常生活中，常常需要对文字进行输入、编辑和排版，Word是一款功 能 强 大 且 使 用 的 文 字 处 理 软 件 。**（ 分 散 对 齐 ）**

图9–7　对齐方式示例

3. 行间距与段间距

行间距与段间距是调整文档美观的一项必不可少的内容。行间距是行与行之间的垂直距离。一般情况下采用单倍行距，也可以设置为1.5倍行距、2倍行距、最小值、固定值和多倍行距。设置行距时，需要选择应用行距的段落或文本行。段间距用来表示文本与上下段落之间的距离，常用来设置标题与正文之间的距离。行间距示例如图9–8所示，段间距示例如图9–9所示。

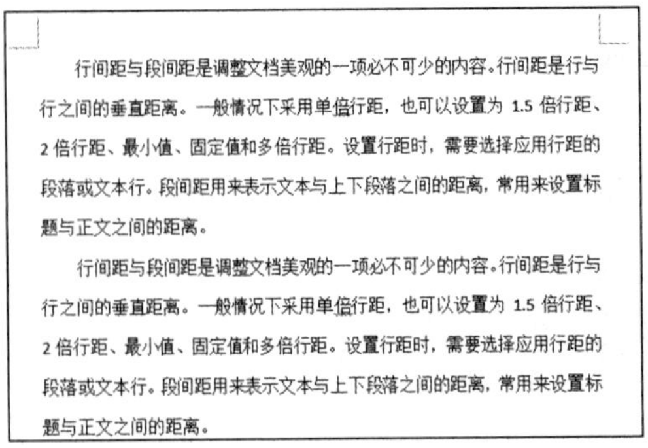

行间距与段间距是调整文档美观的一项必不可少的内容。行间距是行与行之间的垂直距离。一般情况下采用单倍行距，也可以设置为1.5倍行距、2倍行距、最小值、固定值和多倍行距。设置行距时，需要选择应用行距的段落或文本行。段间距用来表示文本与上下段落之间的距离，常用来设置标题与正文之间的距离。

行间距与段间距是调整文档美观的一项必不可少的内容。行间距是行与行之间的垂直距离。一般情况下采用单倍行距，也可以设置为1.5倍行距、2倍行距、最小值、固定值和多倍行距。设置行距时，需要选择应用行距的段落或文本行。段间距用来表示文本与上下段落之间的距离，常用来设置标题与正文之间的距离。

图9–8　行间距示例（1.5倍行距）

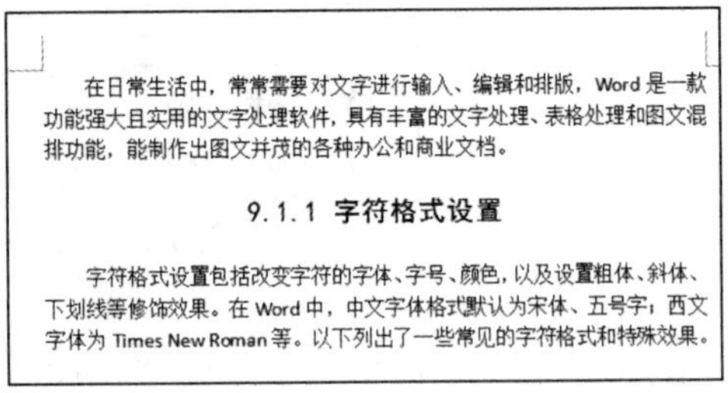

在日常生活中，常常需要对文字进行输入、编辑和排版，Word是一款功能强大且实用的文字处理软件，具有丰富的文字处理、表格处理和图文混排功能，能制作出图文并茂的各种办公和商业文档。

9.1.1 字符格式设置

字符格式设置包括改变字符的字体、字号、颜色，以及设置粗体、斜体、下划线等修饰效果。在Word中，中文字体格式默认为宋体、五号字；西文字体为Times New Roman等。以下列出了一些常见的字符格式和特殊效果。

图9–9　段间距示例（标题上下间距9磅）

4. 列表形式的段落

Word提供的项目符号和编号功能，可以更清晰地表示文档中的要点、方法、步骤等层次结构，是段落应用的一种格式。

单击“开始”→“段落”→“项目符号”下拉按钮，选择所需的项目符号，也可以自定义项目符号为其他的字符或图片。单击“编号”下拉按钮，选择相应的编号样式，如数字、字母、罗马数字等，或者自定义编号样式、编号格式和对齐方式等。列表形式的段落示例如图9–10所示。

段落缩进包括4种类型：
- ✧ 首行缩进
- ✧ 悬挂缩进
- ✧ 左缩进
- ✧ 右缩进

段落格式化包括五方面：
- A. 段落缩进
- B. 对齐方式
- C. 行间距
- D. 段间距
- E. 列表形式的段落

段落缩进包括4种类型：
- ☺ 首行缩进
- ☺ 悬挂缩进
- ☺ 左缩进
- ☺ 右缩进

段落格式化包括五方面：
- I. 段落缩进
- II. 对齐方式
- III. 行间距
- IV. 段间距
- V. 列表形式的段落

图9–10　列表段落示例

9.1.3　表格应用

当需要处理诸如简历表、课程表、通讯录等数据信息时，经常使用表格来完成。表格可以有条理地表达数据之间的复杂关联，清晰地进行数据对比，并进行简单的计算和排序。

在Word中插入表格，采用以下3种方式：

①单击“插入”→“表格”→“表格”按钮，在虚拟表格中拖动鼠标，选择所需的行数和列数，如图9–11所示。

②如果插入的表格超出了8行10列，可在图9–11中，选择“插入表格”命令，打开“插入表格”对话框，如图9–12所示。

③在图9–11中，选择“绘制表格”命令，鼠标变为笔形状，可以绘制任意复杂的表格。

图9–11　插入表格

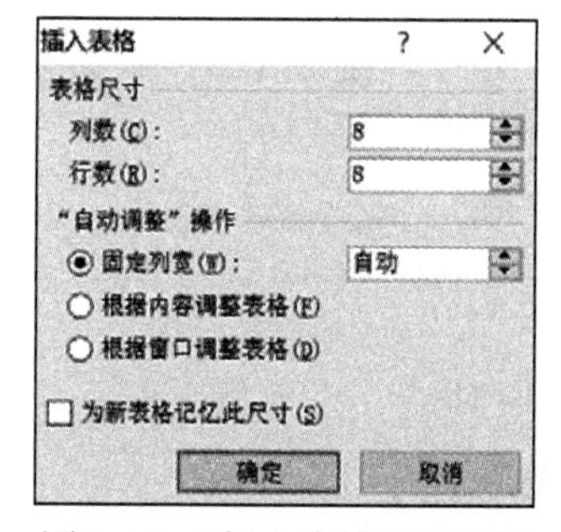

图9–12　“插入表格”对话框

当插入表格后，Word会增加一个“表格工具”选项卡，可以对表格进行编辑和美化工作。

【例9.1】制作表格，如图9–13所示。

操作步骤如下：

①单击“插入”→“表格”→“表格”按钮，插入8行8列的表格。

②合并单元格。选择表格第一列3~5单元格，单击“表格工具–布局”→“合并”→“合并单元格”按钮，如图9–14所示。参照此步骤，合并表格中的其他相应单元格，生成表格如图9–15所示。

超市商品销售表

商品 \ 时间		一季度			二季度		
		一月	二月	三月	四月	五月	六月
食品	饼干	130	190	150	160	170	180
	干果	350	420	330	310	350	300
	巧克力	510	590	530	580	550	490
洗化	洗发水	270	260	200	230	210	280
	洗面奶	310	290	330	300	350	370
	洗衣液	430	410	450	490	460	470

图9–13　超市商品销售表

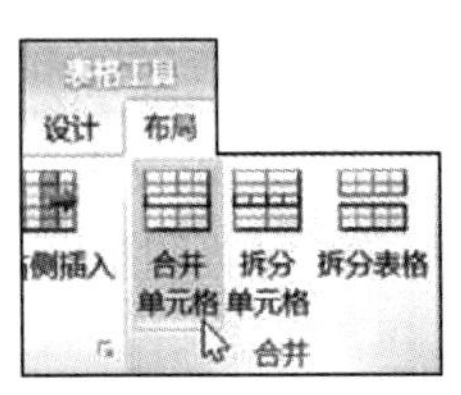

图9–14合并单元格

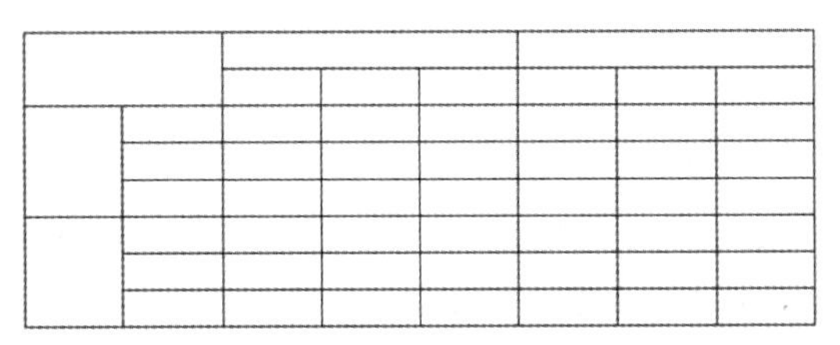

图9–15合并单元格后的表格

③调整行高或列宽。拖动表格中最后一条水平线到适当位置，单击“表格工具–布局”→“单元格大小”→“分布行”按钮（见图9–16），此时表格中平均分布各行。

④绘制斜线表头。单击“表格工具–设计”→“绘图边框”→“绘制表格”按钮（见图9–17），在表头位置绘制斜线。

⑤输入表格信息。

⑥设置表格内对齐方式。单击表格左上角的⊞图标，选中整个表格。单击“表格工具/布局”→“对齐方式”→“水平居中”按钮，此外还可以设置文字方向为横排或竖排，如图9–18所示。

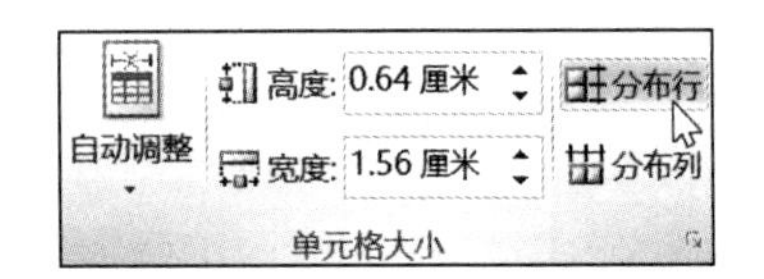

图9–16　平均分布表格各行

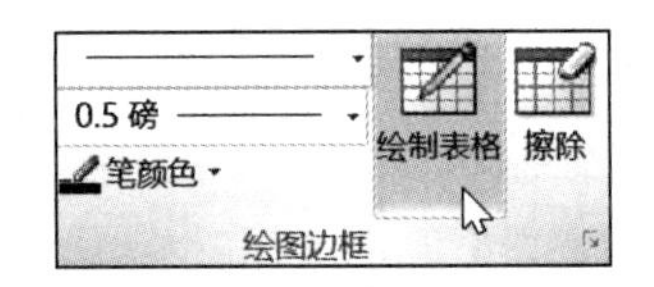

图9–17　绘制表格

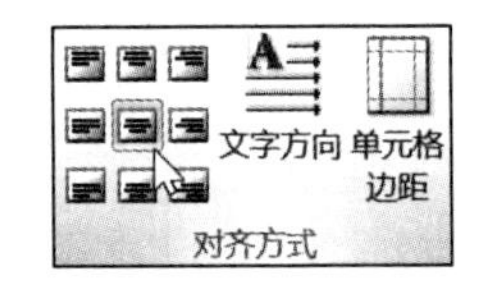

图9–18　设置对齐方式

9.1.4　图文混排

为了使文章更具吸引力，除了文字外还需要有图片的点缀。Word提供了丰富的图形素材，包括剪贴画、图片、艺术字和自选图形等对象。

1. 插入剪贴画

剪贴画是Word自带的图片格式，用来修饰文档。单击“插入”→“插图”→“剪贴画”按钮（见图9–19），在文档右侧打开“剪贴画”任务窗格，单击“搜索”按钮后，可以看到所有Word提供的剪贴画缩略图，如图9–20所示。将鼠标移至缩略图上，会显示该图的宽度、高度、大小，以及文件格式等相关信息。

图9–19　“插图”组

2. 插入图片

有时文章中需要插入的图片来自其他的途径，如用绘图软件绘制的图片，或者用照相机拍摄的照片等，单击“插入”→“插图”→“图片”按钮，打开“插入图片”对话框，选择相应的图片文件。

3. 插入艺术字

Word提供了很多内置的艺术字样式，如图9–21所示。单击“插入”→“文本”→“艺术字”下拉按钮，选择所需的艺术字样式后，在文章相应位置出现艺术字占位符，在其中输入具体的文字。

4. 插入形状

Word提供了一系列的自选图形形状，包括各种线条、椭圆、矩形等基本形状，各类箭头及流程图等，如图9–22所示。选择“插入”选项卡的“插图”组，单击“形状”下拉按钮，选择需要插入的形状。

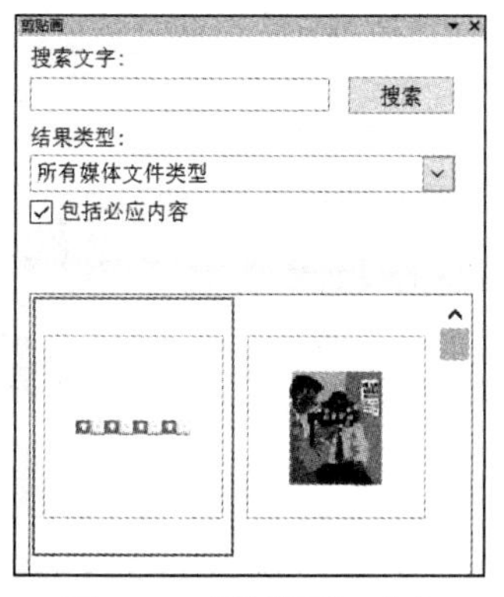

图9–20　“剪贴画”窗格

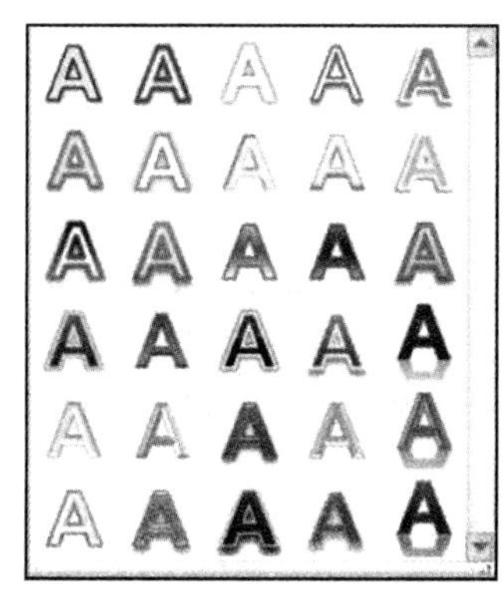

图9–21　艺术字样式

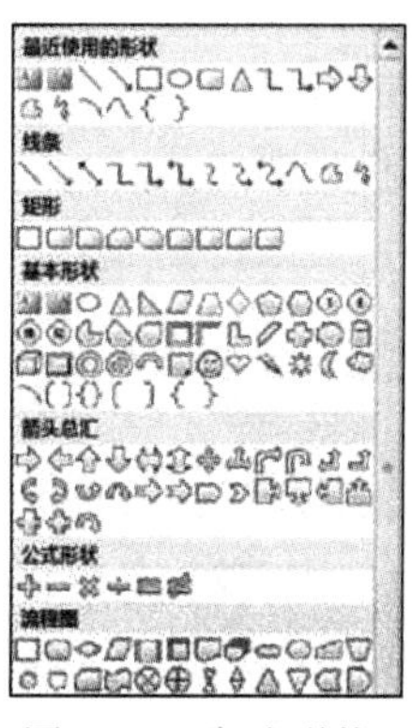

图9–22　自选形状

在插入图形素材后，还需要对图形进行必要的格式设置，包括图形的大小、边框和填充效果、颜色亮度和对比度、图片样式、三维格式、图片与文字的环绕方式，以及对齐方式等。设置图片格式通常采用两种方法：

方法1：选择插入的图形，出现“绘图工具–格式”选项卡，通过选项卡中的各工具按钮进行格式设置，如图9–23所示。

图9–23　“绘图工具–格式”选项卡

方法2：在“绘图工具–格式”选项卡中，单击“形状样式”组右下角的对话框启动按钮，打开“设置形状格式”对话框，可进行相关属性和效果设置，如图9-24所示。

图9–24　“设置形状格式”窗格

9.1.5　Word综合排版

一篇图文并茂的文章包含文字、图片、艺术字、表格、文本框等多个对象，这些对象不能杂乱无章地排列在一起。文档的清晰美观程度与版面的布局密切相关，诸如文本的合理布局、文本与图形的灵活定位等内容，因此在编辑文档之前首先要在全局把握文档的排版。在Word中，版面布局的方式有很多种，例如表格排版、分栏排版和文本框排版等。

【例9.2】按照如图9–25所示版面制作文档。

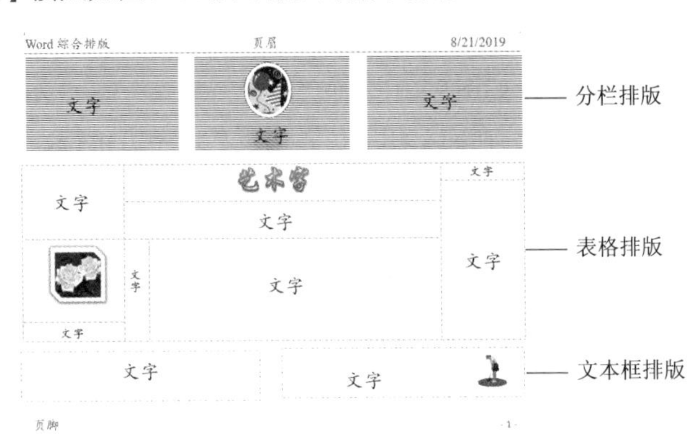

图9–25 Word综合排版示例

图文混排（一）

图文混排（二）

图文混排（三）

操作步骤如下：

（1）页面设置

在进行文档编辑和布局以前，要先完成页面设置，主要包括设置纸张大小、定义页边距、文字方向及页面背景等。通常完成页面布局采用两种方法：

方法1：在“页面布局”选项卡的“页面设置”组中，单击相关的工具按钮完成页面设置，如图9–26所示。

方法2：单击“页面设置”组右下角的对话框启动按钮，打开“页面设置”对话框，如图9–27所示。

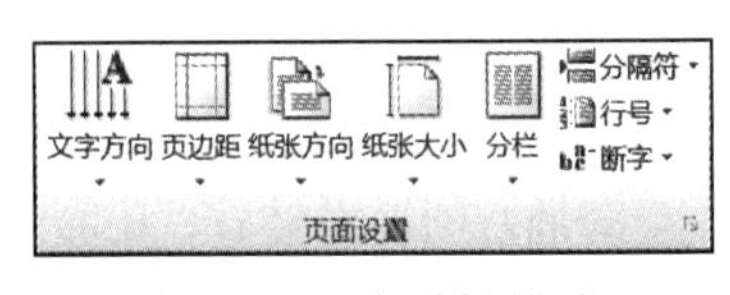

图9–26 “页面设置”组

（2）分栏操作

分栏的布局样式多用于报刊或杂志。输入文本信息，选择需要分栏的文本，单击“页面布局”→“页面设置”→“分栏”下拉按钮，列表中提供了两栏、三栏、偏左和偏右4种分栏效果，如图9–28所示，选择需要的选项。选择列表中的“更多分栏”选项，打开“分栏”对话框，如图9–29所示，提供了更详细的设置方案，包括自定义栏数、设置栏宽以及栏间距等。

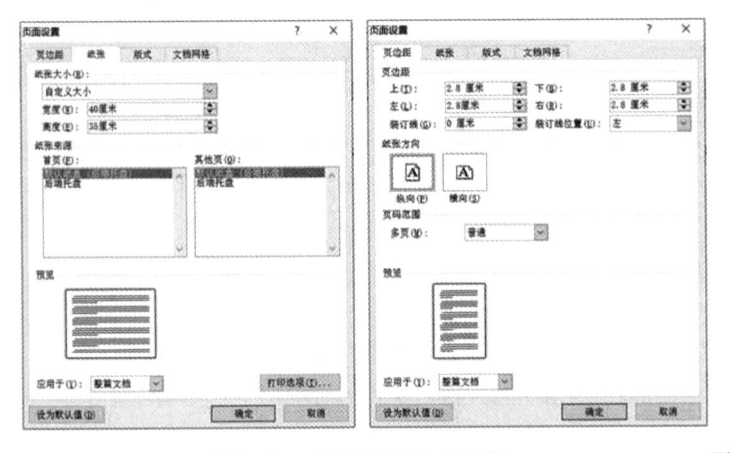

图9–27 “页面设置”对话框

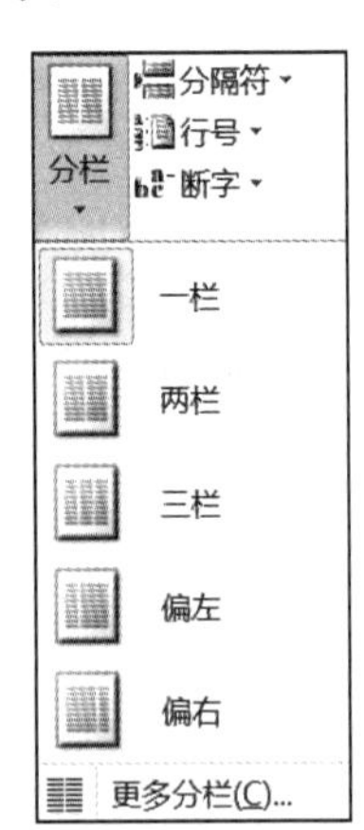

图9–28 “分栏”下拉列表

（3）插入图片并设置格式

在文档中插入图片，在“图片工具–格式”选项卡中设置图片的大小、颜色、样式、对齐方式，以及与文字的环绕方式等格式。

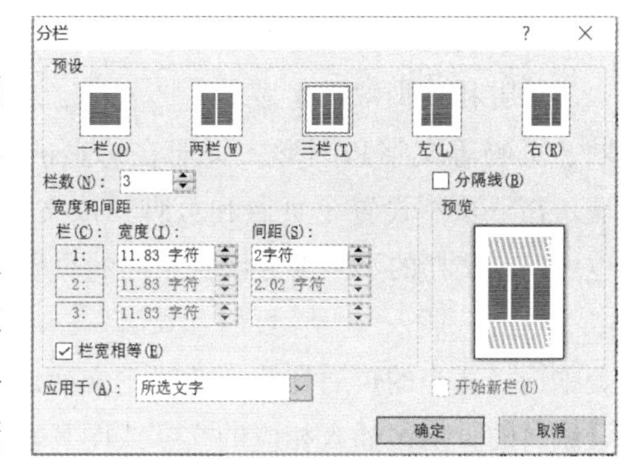

图9–29 “分栏”对话框

当插入图片时，默认的图文混排方式为“嵌入型”，如图9–30所示。如果需要将图片移动到任意位置，并且文字环绕在图片周围，如图9–31所示。单击“图片工具–格式”→“排列”→“自动换行”按钮，在下拉列表中选择“四周型环绕”。

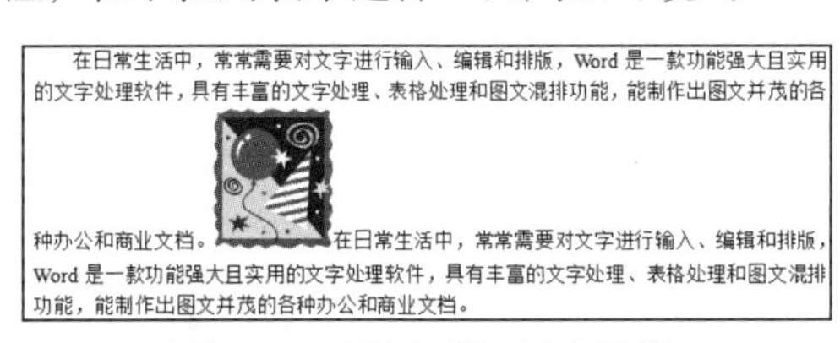

图9–30 “嵌入型”图文混排

图9–31 “四周型环绕”图文混排

（4）表格排版

表格是综合排版的一个主要手段。插入一个3行3列的表格，单击“表格工具–布局”→“合并”→“合并单元格”按钮或“拆分单元格”按钮，完成不规则表格中单元格的合并与拆分；也可以单击“表格工具–设计”选项卡中的“绘制表格”按钮，在表格的相应位置画出需要的线条，完成图9–25中的表格排版布局。

在表格中输入文字信息，也可以在表格中插入图片、艺术字等对象。表格只是作为排版的一个工具，因此制作完成后需要将表格的线条隐藏，单击“表格工具–设计”→“表格样式”→“边框”按钮，在下拉列表中选择“无框线”选项。

（5）文本框的使用

文本框是Word提供的一个很好的排版工具，它是一个容器，在其中可以添加文字、图片和表格等对象。当移动文本框时，可以把文字、图片和表格放置到文档的任意位置。单击“插入”→“文本”→“文本框”按钮，打开如图9–32所示的下拉列表，可以选择Word提供的内置风格的文本框，也可以选择“绘制文本框”命令，在文档中拖动鼠标画出相应大小的文本框。

选择插入的文本框，在“绘图工具–格式”选项卡中设置文本框的颜色、线条、填充效果、文字方向、大小以及文字环绕方式等，也可以右击鼠标打开“设置形状格式”对话框，在其中完成相关格式设置。

图9–32 “文本框”下拉列表

文本框作为排版工具，其边框也需隐藏。单击“绘图工具–格式”→“形状样式”→“形状轮廓”按钮，在下拉列表中选择“无轮廓”，如图9–33所示。

（6）插入页眉和页脚

页眉和页脚常用来显示文档名称、章节标题、作者姓名、日期、页码等文字和图形。页眉在每页的顶端，页脚在每页的底端。在一页中设置了页眉和页脚，该文档的所有页面均会显示。也可以在文档的不同部分设置不同的页眉和页脚。

单击“插入”→“页眉和页脚”→“页眉”按钮，在下拉列表中选择适当的页眉样式，此时正文变成灰色不可编辑状态，在可编辑的页眉区插入相应的文字或图片。同时在页脚区也可以插入相应的内容，如页码等。

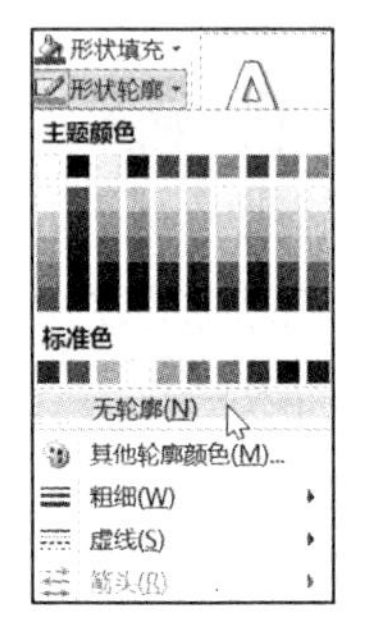

图 9–33 “形状轮廓”下拉列表

当页眉和页脚区处于可编辑状态时，会显示“页眉和页脚工具–设计”选项卡，如图 9–34 所示，根据需要插入日期、时间、页码、图片等信息，也可以在文档的首页或奇偶页设置不同的页眉和页脚。

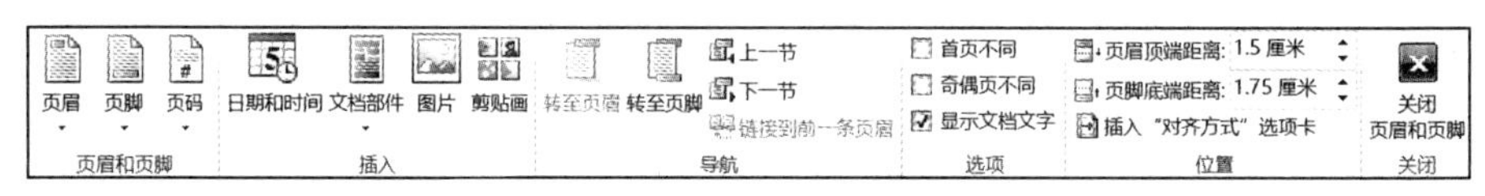

图 9–34“页眉和页脚工具–设计”选项卡

9.1.6 长文档排版

1. 样式排版

对于书刊、论文等拥有几十页或者更长篇幅的长文档，为了提高排版的效率，通常采用“样式”统一段落的风格。同一层次的标题或段落具有相同的文本和段落格式，因此可以定义相应的样式，避免了重复性的工作，并且使文档格式的修改更加方便。

【例 9.3】长文档的样式排版。文章中包含了三级标题，排版后的格式如图 9–35 所示。

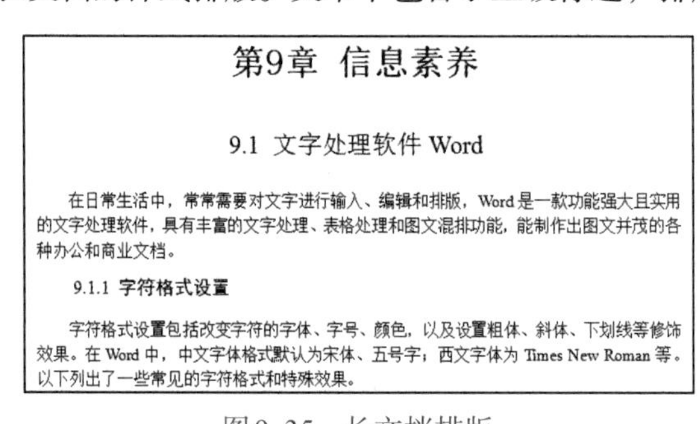

第9章 信息素养

9.1 文字处理软件 Word

在日常生活中，常常需要对文字进行输入、编辑和排版，Word 是一款功能强大且实用的文字处理软件，具有丰富的文字处理、表格处理和图文混排功能，能制作出图文并茂的各种办公和商业文档。

9.1.1 字符格式设置

字符格式设置包括改变字符的字体、字号、颜色，以及设置粗体、斜体、下划线等修饰效果。在 Word 中，中文字体格式默认为宋体、五号字；西文字体为 Times New Roman 等。以下列出了一些常见的字符格式和特殊效果。

图 9–35 长文档排版

操作步骤如下：

（1）建立样式

单击“开始”选项卡“样式”组右下角的对话框启动按钮，打开“样式”窗格，如图 9–36 所示。单击下方的“新建样式”按钮 ，打开“根据格式设置创建新样式”对话框。设置一级标题格式，名称为“标题一”，字体“宋体”、二号字、粗体、居中对齐，如图 9–37 所示。如果需要做进一步的格式设置，可单击左下角的“格式”按钮，在列表中选择“段落”命令，打开“段落”对话框，设置大纲级别“1 级”，段前、段后间距均为 20 磅。

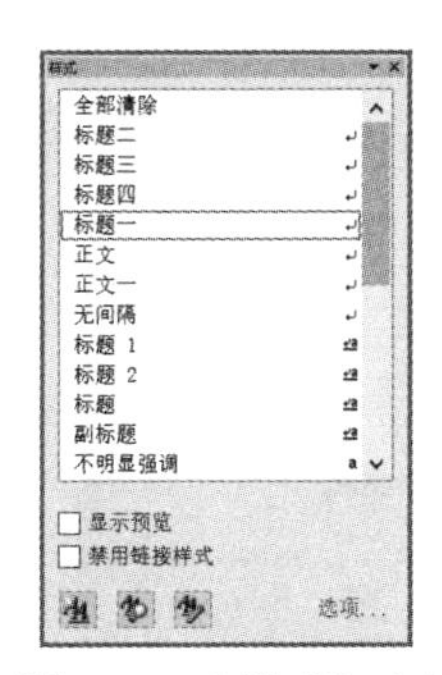

图9–36　“样式”窗格

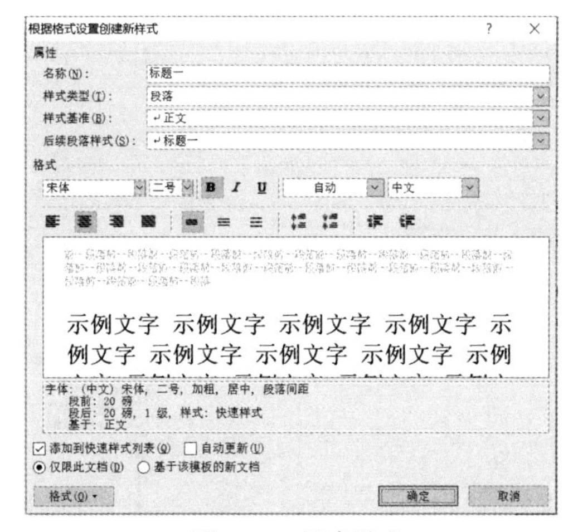

图9–37　新建样式

用同样的方法建立其他级别的样式：

①“标题二”，宋体，三号字，居中对齐，段前、段后间距12磅，大纲级别“2级”。

②“标题三”，黑体，小四号字，两端对齐，首行缩进2字符，段前、段后间距9磅，大纲级别“3级”。

③“正文一”，宋体、五号字、左对齐、首行缩进2字符、大纲级别“正文文本”。

④“图表标题”，宋体、小五号字、居中对齐。

（2）应用样式

样式建立完成后，选择“开始”选项卡的“样式”组，在列表中可以看到新建的几种样式名称，如图9–38所示。

图9–38　“样式”列表

选择或将光标定位在标题“第9章　信息素养”中，在“样式”列表中单击“标题一”，即可完成该样式的应用。依次将建立好的“标题二”、“标题三”、“正文一”、“图表标题”应用于文档的相应段落部分。

2. 创建目录

目录是根据文档内容列出的一个多级标题清单，能够清晰地反映文档的层次结构，可以帮助读者快速地检索到需要阅读的内容。目录一般包括目录项和页码两部分。目录项通常是文档的标题文本，如一级标题、二级标题等，因此在文档中定义准确的标题内容与合理的标题样式是生成良好目录的前提。目录中的标题层次不需要太多，往往定义到三级标题比较合适。页码是文档中该目录项内容出现的起始页码。

【例9.4】进一步完善例9.3中的长文档，在文档的起始页插入目录。

操作步骤如下：

定位光标到需要插入目录的位置。单击“引用”→“目录”→“目录”按钮，在下拉列表中选择相应的目录样式，如图9–39所示。也可以选择“插入目录”命令，打开“目录”对话

框，如图9–40所示，设置目录的模板格式、显示级别、页码的对齐方式，以及制表符前导符等。插入的目录如图9–41所示。

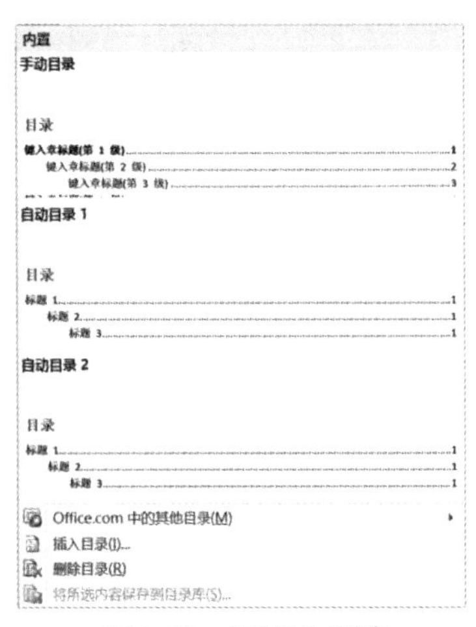

图9–39 “目录”列表

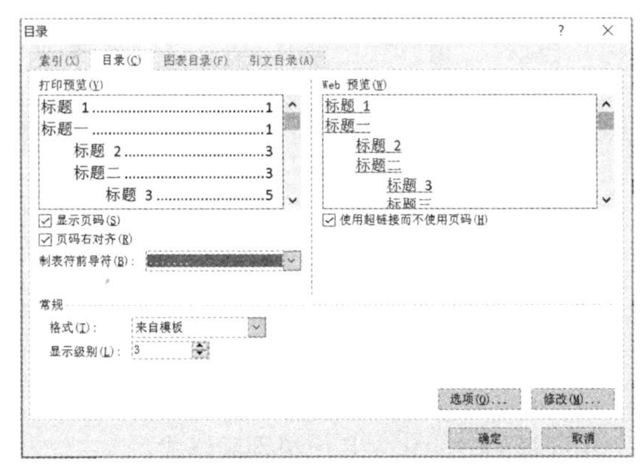

图9–40 “目录”对话框

第9章 信息素养..1
9.1 文字处理软件 Word..1
9.1.1 字符格式设置..1
9.1.2 段落格式设置..2
9.1.3 表格应用..4
9.1.4 图文混排..5
9.1.5 Word 综合排版..7
9.1.6 长文档排版..10
9.2 电子表格软件 Excel..12
9.2.1 Excel 的数据类型..12
9.2.2 Excel 表格制作..13
9.2.3 公式与函数..14
9.2.4 数据图表的设计..16
9.2.5 数据的管理与分析..17

图9–41 目录效果

9.2 电子表格软件 Excel

电子表格软件Excel广泛应用于财务、统计、行政、金融等众多领域，可以高效地完成各类精美电子表格和图表的设计，进行各种烦琐的数据计算和统计分析。

数据的输入和格式化

9.2.1 Excel的数据类型

1. 数值型数据

数值型数据由0～9的数字以及一些特殊符号组成，包括正号（+）、负号（–）、小数点（.）、百分号（%）、指数符号（E、e）、分数线（/）、货币符号（￥、$）和千分隔符（,）等。默认情况下，数值型数据在单元格中靠右对齐。

不同的数字符号有不同的输入方法，需要遵循不同的输入规则。当输入的数值不包括千分隔符，并且数值较大时（整数部分大于11位），Excel会自动转化为科学计数法表示数据。当输入分数时，要在整数和分数之间加一个空格，否则Excel会自动识别为日期型数据。例如：表示分数“5/6”，应输入“0 5/6”；输入分数“4 1/5”表示数据4.2。

2. 文本型数据

文本型数据包含汉字、英文字母、数字、空格以及其他符号。在默认情况下，文本在单元格中靠左对齐。

在电子表格中，常常会遇到电话号码、编号等全部由数字组成的字符串，需要作为文本来处理，此时需要在第一个数字前加单引号“’”。例如，输入编号’080501，单元格中显示为080501，作为文本型数据靠左对齐。

3. 日期时间型数据

Excel默认的日期格式为“yyyy-mm-dd”，在输入时可以使用“/”或“-”来分隔日期中的年、月和日，如输入“2019/8/18”或者“2019-8-18”。时间的默认格式为hh:mm:ss，时、分、秒以“:”来分隔。如果在单元格中同时输入日期和时间，需要在日期和时间之间加一个空格。日期时间型数据默认靠右对齐。

9.2.2　Excel表格制作

1. 数据的输入

在工作表中输入数据有两种方法，如图9–42所示。

方法1：直接在单元格中输入数据。

方法2：在编辑栏中输入。选择要输入的单元格为活动单元格，在编辑栏中输入数据，单击“输入”按钮✔，输入完成。

2. 数据的快速填充

Excel的自动填充功能可以用来输入重复数据或者有规律的数据，包括数值序列、文本和数字的组合序列以及日期时间序列等。

（1）使用填充柄填充数据

在起始单元格中输入数据，将鼠标指针指向单元格的右下角，当指针变成“+”形状（填充柄）时，按住左键横向或纵向拖动到目标位置后会弹出“自动填充选项”按钮，在下拉菜单中选择所需选项，即可完成数据的填充，如图9–43所示。

（2）使用对话框填充数据

单击“开始”→“编辑”→“填充”下拉按钮，在下拉列表中选择“系列”命令，打开“序列”对话框，如图9–44所示。在对话框中进行相关的设置，可以实现等差数列、等比数列和日期等有规律数据序列的填充。例如，在列的方向实现步长为9的等比序列，如图9–45所示。

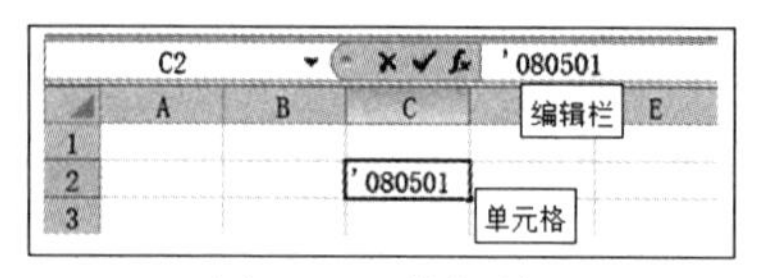

图 9–42　数据输入

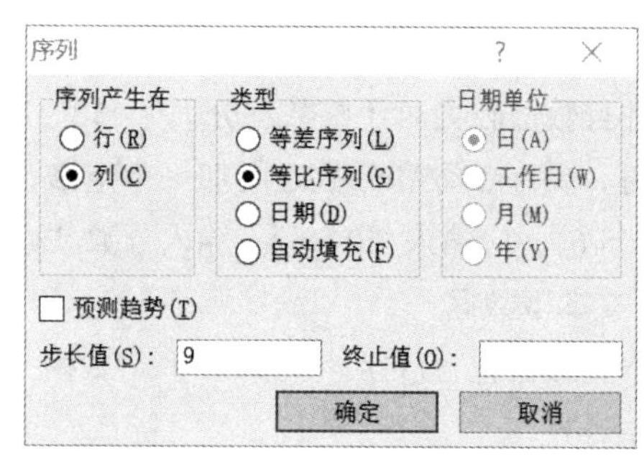

图 9–44　“序列”对话框

	A	B	C	D	E	F	G
1	1	01001	Monday	2019-8-10	2		
2	2	01002	Tuesday	2019-8-11	5		
3	3	01003	Wednesday	2019-8-12	8		
4	4	01004	Thursday	2019-8-13	11		
5	5	01005	Friday	2019-8-14	14		
6	6	01006	Saturday	2019-8-15	17		
7	7	01007	Sunday	2019-8-16	20		
8	8	01008		2019-8-17	23		
9	9	01009		2019-8-18	26		
10	10	01010		2019-8-19	29		
11							
12							
13							
14							
15							
16							

复制单元格(C)
填充序列(S)
仅填充格式(F)
不带格式填充(O)

图 9–43　使用填充柄填充数据

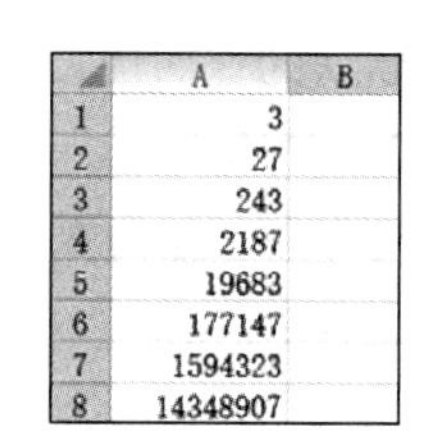

	A	B
1	3	
2	27	
3	243	
4	2187	
5	19683	
6	177147	
7	1594323	
8	14348907	

图 9–45　填充等比数列

3. 格式化工作表

美观、规范和专业的格式，能够帮助工作表更好地展现清晰的数据，包括设置字体、对齐方式、数据格式、表格边框和填充底纹等。格式化工作表一般通过两种方法来完成。

方法 1：通过“开始”选项卡的“字体”、“对齐方式”和“数字”组中的相关按钮完成格式设置。

方法 2：通过单击“字体”、“对齐方式”和“数字”组右下角的对话框启动按钮，打开“设置单元格格式”对话框进行格式设置，如图 9–46 所示。

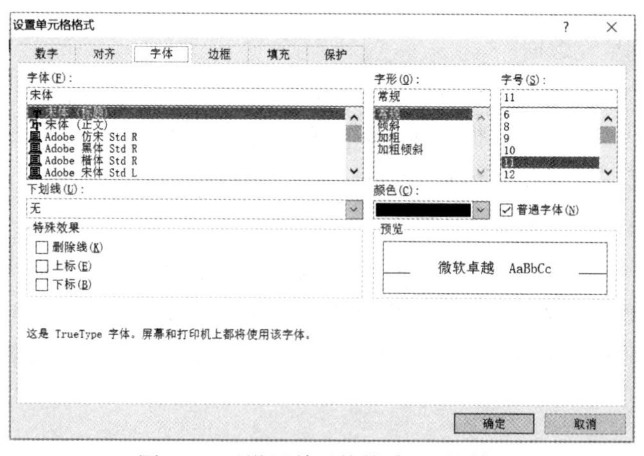

图 9–46　“设置单元格格式”对话框

【例 9.5】建立“学生成绩表”，输入表格数据并进行相关格式设置，如图 9–47 所示。

提示：Excel 包含 3 个基本元素，分别是工作簿、工作表和单元格。工作簿是 Excel 中存储和处理数据的文件，系统默认的扩展名为.xlsx。工作表是用来存储和处理数据的电子表格，一个工作簿中默认包含3张工作表Sheet1、Sheet2和Sheet3。单元格是工作表行列交叉处的方格，是Excel中进行数据处理的最小单位。

	A	B	C	D	E	F	G	H
1	学生成绩表							
2	学号	姓名	性别	班级	出生日期	数学	外语	计算机
3	019060101	张明	男	计算机1班	2001-9-15	75	72	92
4	019060102	刘亚红	女	计算机1班	2001-3-23	62	71	68
5	019060103	赵大鹏	男	计算机1班	2002-4-19	90	86	95
6	019060104	王晓丹	女	计算机1班	2002-11-20	80	70	76
7	019060105	欧阳瑞	男	计算机1班	2001-10-21	63	52	61
8	019060201	吴丹	女	计算机2班	2001-7-10	69	75	82
9	019060202	李海亮	男	计算机2班	2000-6-15	93	96	88
10	019060203	陈小菲	女	计算机2班	2003-12-20	65	87	73
11	019060204	孙雯雯	女	计算机2班	2002-1-23	89	72	79
12	019060205	周朋宇	男	计算机2班	2001-8-26	50	76	67

图9–47 学生成绩表

9.2.3 公式与函数

对于工作表中的大量数据，常常需要进行复杂的计算和管理分析，Excel提供了公式与函数的功能。公式是对单元格中的数值进行加减乘除等运算，而函数是Excel预定义的内置公式。

Excel 公式

1. 运算符与优先级

Excel的运算符包括4种类别，分别是算术运算符、比较运算符、文本运算符和引用运算符，具体运算符的使用方法和优先级如表9–1所示。

表9–1 Excel运算符的使用方法和优先级

类　别	运　算　符	说　明	举　例	优　先　级
引用运算符	:（冒号）	区域运算符，两个单元格引用之间的所有单元格	SUM(A5:D15)	1
	,（逗号）	联合运算符。将多个单元格引用合并为一个引用	SUM(A5:D15,C10:G20)	
	（空格）	交叉运算符。表示两个单元格引用中所共有的单元格	SUM(A5:D15 C10:G20)	
算术运算符	–（负号）	取负数运算	–5	2
	%	百分数运算	10%	3
	^	乘幂运算	2^4（值16）	4
	*和/	乘法运算、除法运算	3*5，3/5	5
	+和–	加法运算、减法运算	A1+B1，A1–B1	6
文本运算符	&	连接两个文本字符串，生成新的字符串	"Good "&"morning"	7
比较运算符	<、<=、>、>=、=、<>	小于、小于等于、大于、大于等于、等于、不等于	25<>10，A1<=A2	8

提示：在Excel公式中，通常使用单元格地址来引用单元格中的数据。例如，SUM(A5:D15)

表示对单元格A5到D15之间的所有数据求和。

2. 公式的创建

Excel进入公式输入状态，必须以等号（=）开头。可以在单元格中直接输入公式，也可以在编辑栏中输入公式。在单元格中显示计算结果，而在编辑栏中显示公式本身。对于工作表中功能相似的公式，Excel提供了公式的复制填充功能，工作效率得到了极大的提高。

【例9.6】在“学生成绩表”中，计算每位学生三门课程的总分。

操作步骤如下：

①选择单元格I3，输入公式“=F3+G3+H3”，得到第一位学生三门课程的总分。

②将光标指向I3单元格右下角的填充柄，向下拖动到单元格I12，进行公式的复制填充，得到所有学生的总分，如图9–48所示。

在Excel公式中，对单元格的引用分为相对引用和绝对引用。相对引用要求直接使用单元格的列标和行号作为其引用的单元格数据，如A10。在进行公式复制填充时，需要单元格引用随着公式地址的变化而变化，指向与当前公式所在单元格相对位置不变的单元格。绝对引用要求在列标和行号的前面分别加上“$”符号，如$A$10。绝对引用表示单元格的绝对地址，不管公式被复制到什么位置，其中的单元格引用都不会改变。

在例9.6中，如果将公式改为绝对引用“=$F$3+$G$3+$H$3”，结果如图9–49所示。

	A	B	C	D	E	F	G	H	I
1	学生成绩表								
2	学号	姓名	性别	班级	出生日期	数学	外语	计算机	总分
3	019060101	张明	男	计算机1班	2001-9-15	75	72	92	=F3+G3+H3
4	019060102	刘亚红	女	计算机1班	2001-3-23	62	71	68	201
5	019060103	赵大鹏	男	计算机1班	2002-4-19	90	86	95	271
6	019060104	王晓丹	女	计算机1班	2002-11-20	80	70	76	226
7	019060105	欧阳瑞	男	计算机1班	2001-10-21	63	52	61	176
8	019060201	吴丹	女	计算机2班	2001-7-10	69	75	82	226
9	019060202	李海亮	男	计算机2班	2000-6-15	93	96	88	277
10	019060203	陈小菲	女	计算机2班	2003-12-20	65	87	73	225
11	019060204	孙雯雯	女	计算机2班	2002-1-23	89	72	79	240
12	019060205	周朋宇	男	计算机2班	2001-8-26	50	76	67	193

图9–48　公式的复制填充

F	G	H	I
数学	外语	计算机	总分
75	72	92	=$F$3+$G$3+$H$3
62	71	68	239
90	86	95	239
80	70	76	239
63	52	61	239
69	75	82	239
93	96	88	239
65	87	73	239
89	72	79	239
50	76	67	239

图9–49　绝对地址引用

3. 函数的使用

Excel函数

Excel提供了很多内置函数，如常用函数、数学与三角函数、日期与时间函数、统计函数、财务函数、查找与引用函数等。函数具有一定的语法格式：

函数名（参数1，参数2，…）

在Excel表格中插入函数，通常采用“插入函数”向导的方法来完成，分为选择函数和设置参数两个步骤。

【例9.7】在“学生成绩表”中完成以下工作：

①依据所有学生的总分进行排名。

②依据总分进行等级划分，要求240分以上的为A，180分~239分为B，180分以下为C。

最终效果如图9–50所示。

操作步骤如下：

①选择J3单元格，单击编辑栏中的“插入函数”按钮 *fx*，或单击“公式”选项卡“函数库”组中的“插入函数”按钮，打开“插入函数”对话框，选择“RANK”函数，如图9–51所示。

②单击“确定”按钮，打开“函数参数”对话框，设置相应参数，如图9–52所示。

	A	B	C	D	E	F	G	H	I	J	K
1	学生成绩表										
2	学号	姓名	性别	班级	出生日期	数学	外语	计算机	总分	排名	等级
3	019060101	张明	男	计算机1班	2001-9-15	75	72	92	239	4	B
4	019060102	刘亚红	女	计算机1班	2001-3-23	62	71	68	201	8	B
5	019060103	赵大鹏	男	计算机1班	2002-4-19	90	86	95	271	2	A
6	019060104	王晓丹	女	计算机1班	2002-11-20	80	70	76	226	5	B
7	019060105	欧阳瑞	男	计算机1班	2001-10-21	63	52	61	176	10	C
8	019060201	吴丹	女	计算机2班	2001-7-10	69	75	82	226	5	B
9	019060202	李海亮	男	计算机2班	2000-6-15	93	96	88	277	1	A
10	019060203	陈小菲	女	计算机2班	2003-12-20	65	87	73	225	7	B
11	019060204	孙雯雯	女	计算机2班	2002-1-23	89	72	79	240	3	A
12	019060205	周朋宇	男	计算机2班	2001-8-26	50	76	67	193	9	B

图 9–50　函数应用

插入函数

搜索函数(S)：

请输入一条简短说明来描述您想做什么，然后单击“转到”　转到(G)

或选择类别(C)：全部

选择函数(N)：

QUARTILE.EXC
QUARTILE.INC
QUOTIENT
RADIANS
RAND
RANDBETWEEN
RANK

RANK(number,ref,order)

此函数与 Excel 2007 和早期版本兼容。
返回某数字在一列数字中相对于其他数值的大小排名

有关该函数的帮助　确定　取消

图 9–51　“插入函数”对话框

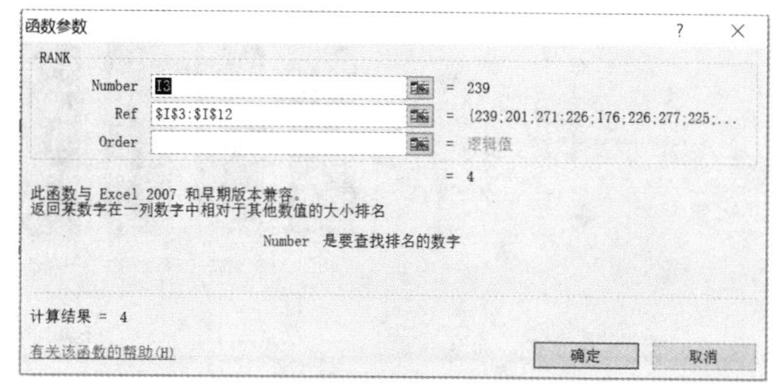

图 9–52　“函数参数”对话框

③依据总分进行等级划分。

选择 IF 函数进行条件逻辑判断，由于划分为 3 个等级，因此在“函数参数”对话框中，参数设置出现了函数嵌套，如图 9–53 所示，具体公式“=IF(I3>=240,"A",IF(I3>=180,"B","C"))”。

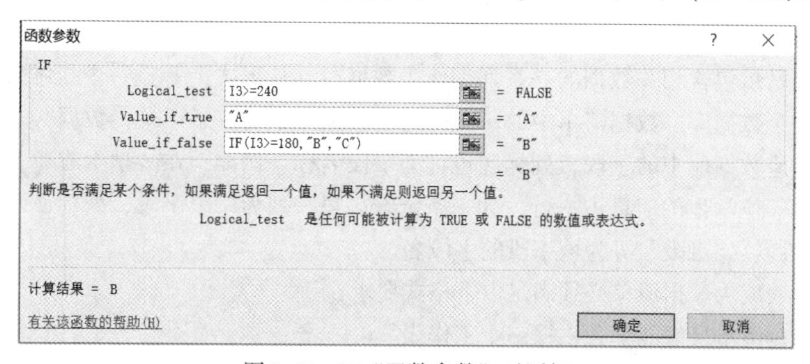

图 9–53　IF“函数参数”对话框

9.2.4　数据图表的设计

为了更直观地表示数据的大小、掌握数据变化的趋势并比较分析数据，Excel 引入了图表功能。Excel 提供了柱形图、折线图、饼图、条形图等多种图表类型，根据实际需求选择相应的图表类型。

数据图表的设计

【例 9.8】在“学生成绩表”中创建图表，要求对“计算机 1 班”学生三门课程的成绩进行对比分析。

操作步骤如下：

①在表格中选择用于创建图表的数据区域，包括相关的行标题、列标题和

对应数据。当选择不连续区域时，在拖动鼠标的同时需要按住【Ctrl】键。

②在“插入”选项卡的“图表”组中，单击某一图表类型，在下拉列表中选择相应的图表样式，如“柱形图”中的“三维柱形图”，如图9–54所示。

选择图表区域，Excel会增加“设计”、“布局”和“格式”3个“图表工具”选项卡，可以对图表进行编辑和修改，包括更改图表的类型、更新图表中的数据、更改图表的样式、设置图表的标签布局以及设置图表的格式等操作。

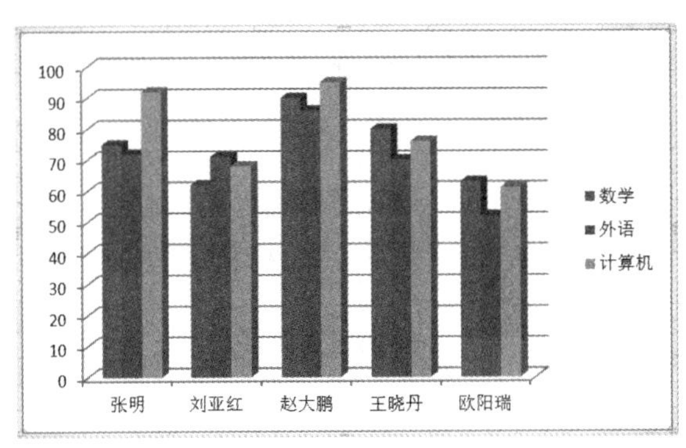

图9–54　生成图表

9.2.5　数据的管理与分析

Excel提供了许多强大的功能来对数据进行管理和分析，如排序、筛选和分类汇总等。利用这些功能，可以方便地完成许多日常生活中的数据处理工作，也可以为企事业单位的管理决策提供有力的依据。

1. 数据清单的建立

数据清单是指包含相关数据的一系列工作表数据行，从形式上看是一个二维表。可以把数据清单看成一个数据库。数据清单中的每一行对应数据库中的一条记录；数据清单中的列对应数据库中的字段，列标题也称为字段名称。例如，在“学生成绩表”中，每一位学生的信息占一行，为一条记录；每一列为一个字段，列标题“学号”“姓名”“班级”等为该字段的字段名。

数据的管理与分析

要使工作表成为数据清单必须满足以下格式要求：

①一个数据清单最好能单独占据一个工作表。

②在数据清单的第一行创建字段名（即列标题），一般是文本型的数据。字段名应与其他数据相区别，可以采用不同的格式，如字体、字号等。

③数据清单的每一行代表一个记录，用于存放一组相关的数据。

④数据清单的每一列代表一个字段，必须具有相同的数据类型。

⑤避免在数据清单中出现空行或空列。

⑥如果工作表中还有其他数据，数据清单与其他数据之间至少要留出一个空行或空列。

提示：对数据进行管理，如排序、筛选和分类汇总等操作，只有在数据清单的格式下才能正确进行。创建和修改数据清单的最简便的方法就是直接在工作表中输入数据。

2. 数据排序

为了提高工作效率，在实际工作中常常需要对杂乱无章的数据进行排序。在数据清单中，可以根据一列或多列的内容按升序或降序对记录重新排序，但不会改变每一行记录的内容。对于数值型数据按照大小顺序排列；文本型数据按字符对应ASCII码值的大小排列；日期型数据按照时间先后排列。

（1）简单排序

简单排序是指根据某一列（字段）为关键字进行的排序。单击要排序列中的任意单元格，单击“数据”→“排序和筛选”→“升序”按钮 或“降序”按钮 。

（2）复杂排序

在简单排序完成后，经常会出现有多个数据相同的情况，如果还需要进一步排序，可以选择复杂排序，即对数据清单中的多列（字段））为关键字进行的排序。

【例9.9】打开“学生成绩表”，先根据“总分”升序排列，“总分”相同的再按照“计算机”成绩降序排列。

操作步骤如下：

①选择数据清单中的任意单元格，单击“数据”→“排序和筛选”→“排序”按钮，打开“排序”对话框。

②在“排序”对话框中，需要设置主要关键字为“总分”，次要关键字为“计算机”，并分别设置排序次序，如图9–55所示。

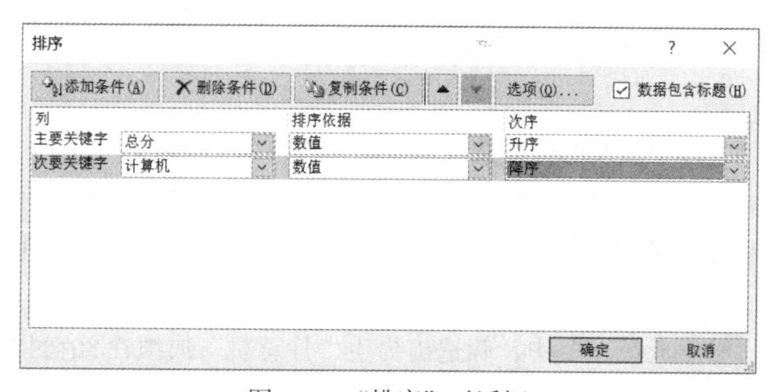

图9–55 “排序”对话框

3. 数据筛选

在实际应用中，经常需要从大量的数据中查询出符合某些条件的数据，Excel提供了数据筛选的功能，将满足条件的数据显示出来，而暂时隐藏其他数据。

（1）自动筛选

【例9.10】在“学生成绩表”中，要求筛选出“计算机1班”数学成绩在70~90分之间的学生信息。

操作步骤如下：

①选择数据清单中的任意单元格，单击“数据”→“排序和筛选”→“筛选”按钮，此时数据清单的每个列标题右侧均出现一个下拉按钮。

②单击“班级”右侧的下拉按钮，选择“计算机1班”。

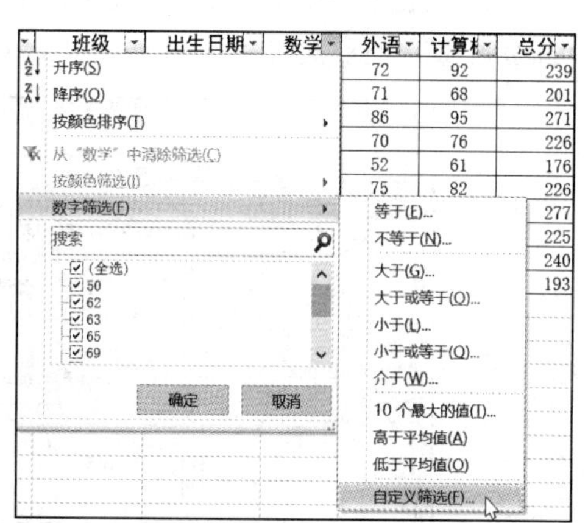

图9–56 自定义筛选

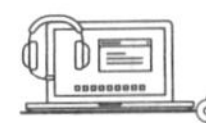

③单击“数学”右侧的下拉按钮，进行二次筛选，在下拉菜单中选择“数字筛选”中的“自定义筛选”命令（见图9–56），在打开的“自定义自动筛选方式”对话框中设置数学成绩的范围，如图9–57所示。筛选后的结果如图9–58所示。

图9–57 “自定义自动筛选方式”对话框

学生成绩表

学号	姓名	性别	班级	出生日期	数学	外语	计算机	总分	排名	等级
019060101	张明	男	计算机1班	2001-9-15	75	72	92	239	4	B
019060104	王晓丹	女	计算机1班	2002-11-20	80	70	76	226	5	B

图9–58 自动筛选结果

（2）高级筛选

对于一些较为复杂的筛选操作，有时利用自动筛选无法完成，可以使用高级筛选功能。完成高级筛选，首先需要设置条件区域，要求该区域与数据清单之间必须至少留出一个空行。条件的书写规则如下：

①第一行必须是条件中涉及的待筛选数据所在列的列名（字段名）。

②当两个条件同时成立，即为“与”的关系时，必须将条件写在相应字段名下方的同一行。

③当两个条件只需满足其中任意一个条件，即为“或”的关系时，必须将条件写在相应字段名下方的不同行。

【例9.11】在“学生成绩表”中，筛选出男生“计算机”成绩在80分以上，或者“等级”为A的学生信息。

操作步骤如下：

①在单元格区域C14:E16建立条件区域，设置筛选条件。

②在数据清单中选择任一单元格，单击“数据”→“排序和筛选”→“高级”按钮，打开“高级筛选”对话框，相关设置如图9–59所示。

学生成绩表

学号	姓名	性别	外语	计算机	总分	排名	等级
019060101	张明	男	72	92	239	4	B
019060102	刘亚红	女	71	68	201	8	B
019060103	赵大鹏	男	86	95	271	2	A
019060104	王晓丹	女	70	76	226	5	B
019060105	欧阳瑞	男	52	61	176	10	C
019060201	吴丹	女	75	82	226	5	B
019060202	李海亮	男	96	88	277	1	A
019060203	陈小菲	女	87	73	225	7	B
019060204	孙雯雯	女	72	79	240	3	A
019060205	周朋宇	男	76	67	193	9	B

性别	计算机	等级
男	>=80	
		A

高级筛选
方式
在原有区域显示筛选结果(F)
将筛选结果复制到其他位置(O)
列表区域(L)：$A$2:$K$12
条件区域(C)：$C$14:$E$16
复制到(T)：
选择不重复的记录(R)
确定
取消

图9–59 高级筛选

4. 分类汇总

分类汇总是指通过排序操作，将数据清单中字段值相同的记录分类集中，然后进行求和、求平均、计数等汇总操作。

【例9.12】在“学生成绩表”中，按“班级”进行分类，对每个班级学生的数学、外语和计算机成绩分别进行汇总求平均值。

操作步骤如下：

①将数据清单按照“班级”进行升序排列。

②单击“数据”→“分级显示”→“分类汇总”按钮，打开“分类汇总”对话框（见图9–60）进行分类字段、汇总方式、选定汇总项等相关设置，汇总结果如图9–61所示。

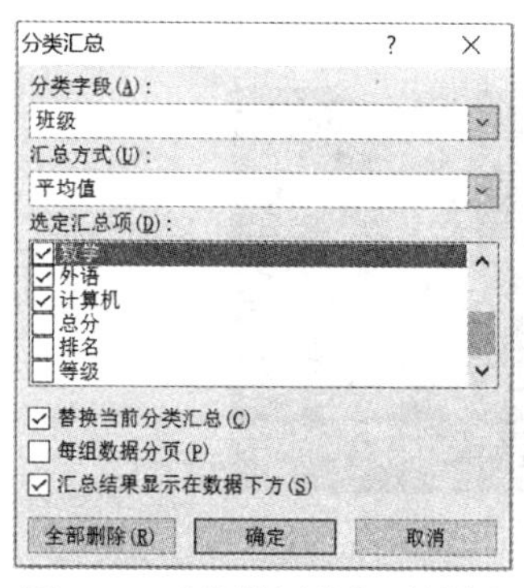

图9–60　“分类汇总”对话框

学生成绩表										
学号	姓名	性别	班级	出生日期	数学	外语	计算机	总分	排名	等级
019060101	张明	男	计算机1班	2001-9-15	75	72	92	239	4	B
019060102	刘亚红	女	计算机1班	2001-3-23	62	71	68	201	8	B
019060103	赵大鹏	男	计算机1班	2002-4-19	90	86	95	271	2	A
019060104	王晓丹	女	计算机1班	2002-11-20	80	70	76	226	5	B
019060105	欧阳瑞	男	计算机1班	2001-10-21	63	52	61	176	10	C
		计算机1班 平均值			74	70.2	78.4			
019060201	吴丹	女	计算机2班	2001-7-10	69	75	82	226	5	B
019060202	李海亮	男	计算机2班	2000-6-15	93	96	88	277	1	A
019060203	陈小菲	女	计算机2班	2003-12-20	65	87	73	225	7	B
019060204	孙雯雯	女	计算机2班	2002-1-23	89	72	79	240	3	A
019060205	周朋宇	男	计算机2班	2001-8-26	50	76	67	193	9	B
		计算机2班 平均值			73.2	81.2	77.8			
		总计平均值			73.6	75.7	78.1			

图9–61　分类汇总结果

9.3　演示文稿制作 PowerPoint

PowerPoint是Office系列办公软件中的一个组件，具有强大的演示文稿制作与编辑功能，在多媒体演示、产品推介、个人演讲等多个领域得到广泛应用。

9.3.1　PowerPoint的视图模式

不同的视图模式提供了观看和操作文档的不同方式。PowerPoint提供了4种常用视图模式，分别是普通视图、幻灯片浏览视图、备注页视图和幻灯片放映视图。视图切换一般通过两种方法来完成。

方法1：通过“视图”选项卡“演示文稿视图”组中的各工具按钮可以选择不同的视图模式，如图9–62所示。

方法2：单击演示文稿窗口右下角的视图按钮。

图9–62　演示文稿视图

普通视图是PowerPoint的默认视图，主要用于幻灯片的设计和编辑。幻灯片浏览视图可以从整体上浏览当前演示文稿中所有幻灯片的效果，调整幻灯片的排列顺序，实现复制、移动、删除等操作，但不能直接编辑和修改幻灯片的具体内容。备注页视图分为上下两部分，上半部分是缩小的幻灯片，下半部分是文本备注页，可以对当前幻灯片撰写相关备注内容。幻灯片放映视图以全屏方式查看演示文稿的实际放映效果，包括动画展示以及幻灯片切换等效果。这4种视图模式如图9–63所示。此外，阅读视图是

PowerPoint 2010新增的一种视图模式，以窗口方式显示演示文稿的放映效果。

（a）普通视图

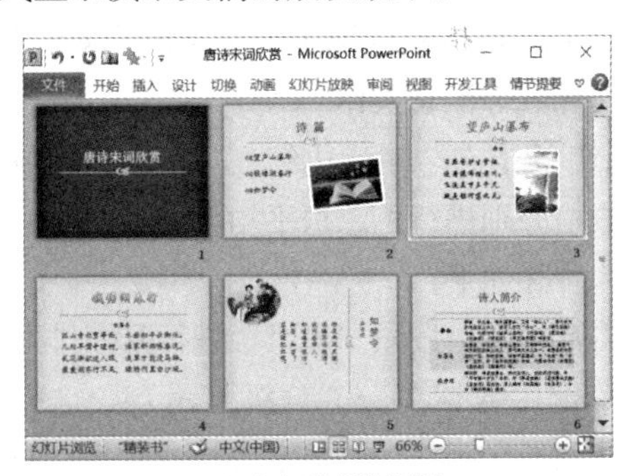

（b）幻灯片浏览视图

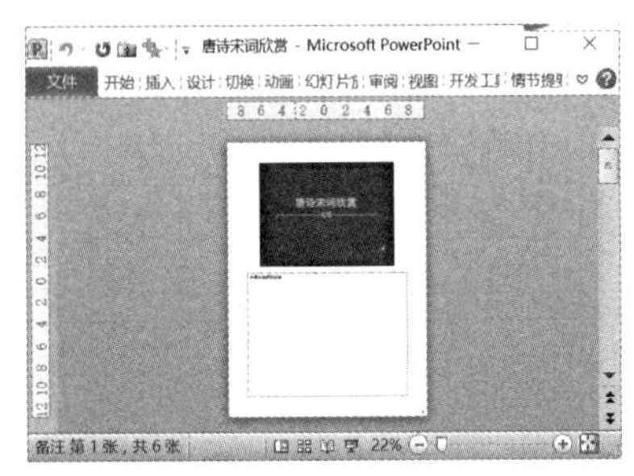

（c）备注页视图

（d）幻灯片放映视图

图9–63　演示文稿4种视图模式

9.3.2　幻灯片的设计与编辑

新建演示文稿后，需要使其中的幻灯片具有统一的风格，包括背景、颜色、字体等。通过对演示文稿的设计模板、配色方案、背景以及版式的设计，实现对幻灯片内容与布局的合理统一，同时达到美化幻灯片的目标。

1. 幻灯片的设计

设计模板决定了幻灯片外观的整体设计，包括背景、预定的配色方案以及字体风格等。在“设计”选项卡的“主题”组中，单击下拉列表，可以看到PowerPoint提供的所有预设主题模板，如图9–64所示。

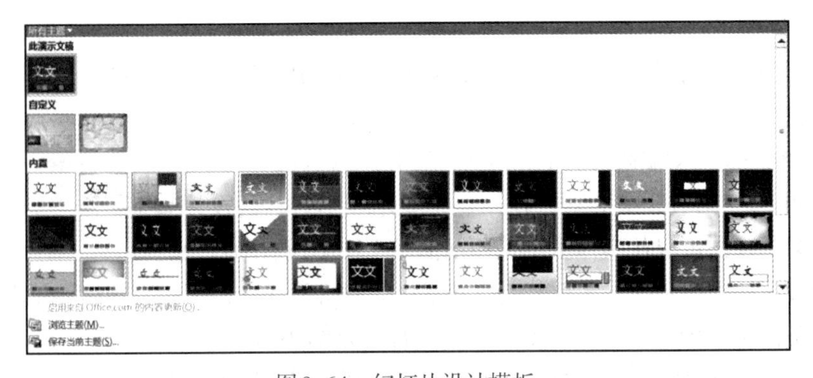

图9–64　幻灯片设计模板

当选择了其中一个设计模板后，还可以在此基础上对背景样式以及配色方案进行相应的调整。单击“设计”→“背景”→“背景样式”下拉按钮，在列表中选择一个背景样式，如图9–65所示；或者在列表中选择“设置背景格式”命令，打开“设置背景格式”对话框，如图9–66所示，完成需要的背景设置。

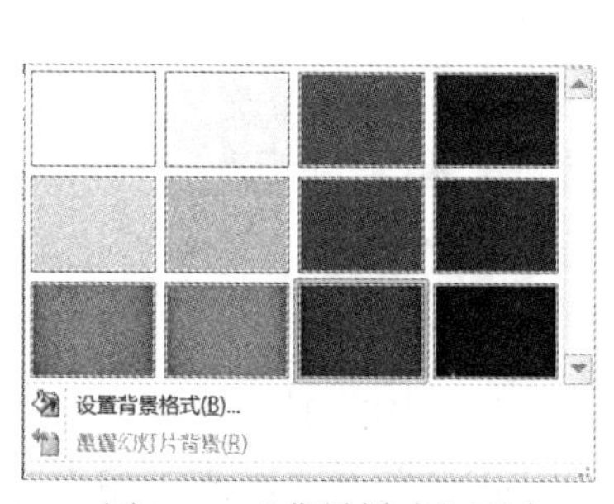

图9–65　“背景样式”列表

图9–66　“设置背景格式”对话框

2. 幻灯片的版式与内容编辑

对幻灯片进行编辑，需要添加文本、图片、表格、音频、视频等多种对象。PowerPoint提供了不同的版式来合理布局这些对象。

在“开始”选项卡的“幻灯片”组中，单击“版式”下拉按钮，可以看到一系列版式布局，如图9–67所示。这些版式包含一些矩形框，称为占位符。根据占位符中的提示信息可以在其中输入文本，插入图片、表格、图表以及媒体剪辑等对象。

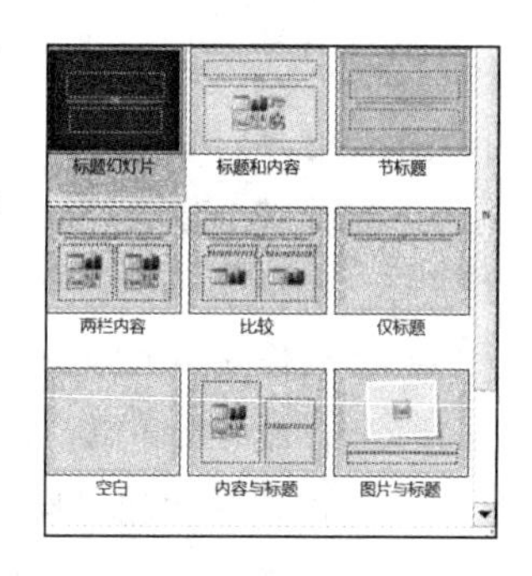

图9–67　幻灯片版式

在编辑幻灯片时，如果在选择的版式基础上还需要添加其他对象，如图片、表格、文本框、艺术字等，可单击“插入”选项卡，通过选项卡中的各工具按钮完成相应对象的插入，如图9–68所示。

图9–68　“插入”选项卡

3. 幻灯片母版

除了标题幻灯片以外，其他使用了相同模板的幻灯片如果包含相同的对象，例如，显示相同的图片或者文字，可以使用幻灯片母版来完成。

单击“视图”→“母版视图”→“幻灯片母版”按钮，打开“幻灯片母版”选项卡，如图9–69所示，可以对幻灯片的版式、主题、背景等进行统一的设置。在幻灯片母版视图下添加的文字图片等信息，当返回普通视图后无法进行编辑。

图9–69　“幻灯片母版”选项卡

【例9.13】制作“唐诗宋词欣赏”演示文稿，如图9–70所示。

图9–70 “唐诗宋词欣赏”演示文稿

操作步骤如下：

①选择“文件”→“新建”→“空白演示文稿”，单击“创建”按钮。

②制作第1张幻灯片。单击“设计”选项卡，在提供的主题下拉列表中选择“精装书”主题模板，此时默认版式为“标题幻灯片”，删除副标题占位符，在标题占位符位置输入标题文本“唐诗宋词欣赏”。

提示：选择的主题模板通常应用于所有幻灯片。也可以选择主题模板后右击，选择“应用于选定幻灯片”命令，使当前幻灯片拥有和其他幻灯片不同的样式风格。

③制作第2张幻灯片。单击“开始”→“幻灯片”→“新建幻灯片”按钮，在下拉列表中选择“标题和内容”版式，在两个占位符位置分别输入文本，并设置字体格式。单击“插入”→“图像”→“图片”按钮，选择图片文件插入相应位置，并设置图片格式。

④制作第3张和第4张幻灯片，都采用“两栏内容”版式，在占位符中分别输入文字并插入图片，设置字体和图片格式。单击“插入”→“文本”→“文本框”→“横排文本框”，在标题线下方拖动文本框，输入诗人名字。在第4张幻灯片的标题位置插入艺术字，单击“插入”→“文本”→“艺术字”按钮，选择适当的艺术字样式，效果如图9–70所示。

⑤制作第5张幻灯片，选择“垂直排列标题与文本”版式，在占位符中输入文字，在左上角插入图片并设置格式。

⑥制作第6张幻灯片，选择“标题和内容”版式，在下方的占位符中单击表格图标▦，插入3行2列表格，在“表格工具”选项卡中设置表格格式。

⑦选择第1张幻灯片，选择“插入”→“媒体”→“音频”→“文件中的音频”命令，选择一个音频文件作为播放幻灯片时的背景音乐。插入音频文件后，会显示一个小喇叭符号，选中的同时出现“音频工具”选项卡，在“音频工具/播放”选项卡中设置播放属性，如图9–71所示。

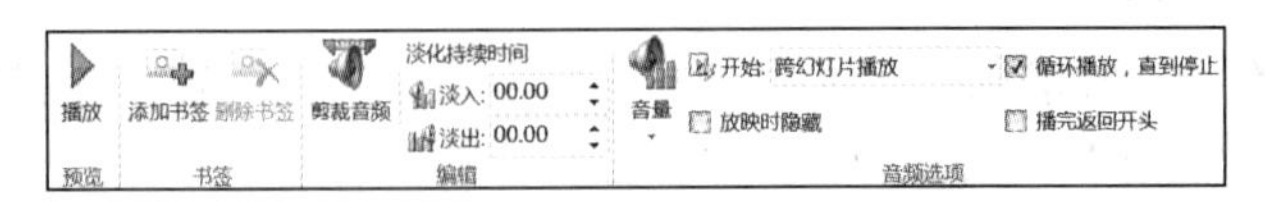

图9–71 “音频工具/播放”选项卡

⑧单击“视图”→“母版视图”→“幻灯片母版”按钮，在幻灯片的左上角插入图片，并设置格式。关闭幻灯片母版，切换回普通视图，可以看到除了标题幻灯片，每张幻灯片左上角

都显示该图片。

9.3.3 幻灯片的互动设计

幻灯片在设计与编辑完成后，需要添加各种互动效果，包括对幻灯片中的文本图片等对象进行动画设计，根据内容在幻灯片之间进行跳转和导航，以及设置幻灯片之间的切换方式等。

1. 设计动画效果

为幻灯片中的标题、文本、图片和表格等对象设计动画效果，可以使幻灯片的放映更加生动活泼，增强互动效果。

【例9.14】为“唐诗宋词欣赏”演示文稿中的幻灯片添加动画效果。

操作步骤如下：

①打开例9.13保存的演示文稿，选择第3张幻灯片。

②选中标题“望庐山瀑布”，切换到“动画”选项卡，如图9–72所示。

图9–72 “动画”选项卡

③在“动画”组的下拉列表中显示了常用动画效果，包括进入、强调、退出和动作路径四大类。选择“进入”类的“飞入”效果。单击“动画”→“高级动画”→“动画窗格”按钮，在打开的动画窗格中显示第1个动画。单击“动画”→“效果选项”按钮，对当前动画的属性进行修改，方向设置为“自右侧”，如图9–73所示。此外在“计时”组中选择该动画单击开始、持续时间2s，如图9–74所示。

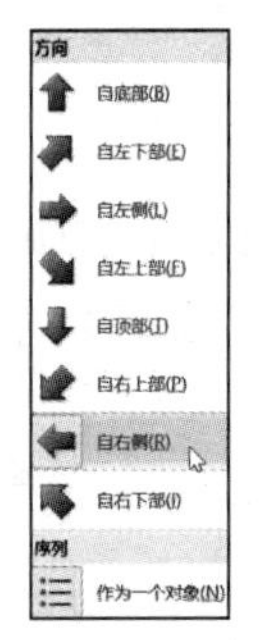

图9–73 “效果选项”下拉列表

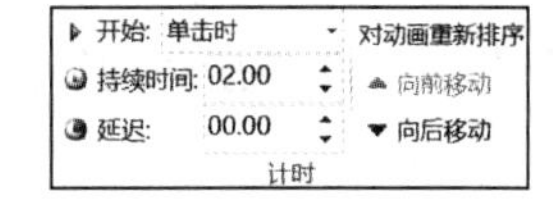

图9–74 “计时”组设置动画属性

④选择诗人名字文本框，添加“进入”类的“翻转式由远及近”动画。在动画窗格中单击该动画右侧的下拉按钮，打开动画设置菜单，如图9–75所示，选择“单击开始”命令，然后选择“效果选项”命令，在打开的对话框中设置该动画的相关属性，在“计时”选项卡中设置为“快速（1秒）”，如图9–76所示。

⑤设置图片动画效果为“进入”类的“形状”动画，效果选项设置方向为“缩小”，形状设置为“圆”，“计时”选项卡持续时间2s。如果该图片还需要添加第二个动画效果，可单击“动画”→“高级动画”→“添加动画”按钮，例如选择“强调”类的“透明”动画效果。

⑥选择诗句文本框，添加“进入”类的“浮入”动画，设置为“单击开始”“中速”。此时

动画窗格如图9–77所示，每句诗都需要单击才能开始。如果需要动画连续播放，分别单击动画6、7和8右侧的下拉按钮，选择“从上一项之后开始”，动画窗格如图9–78所示。

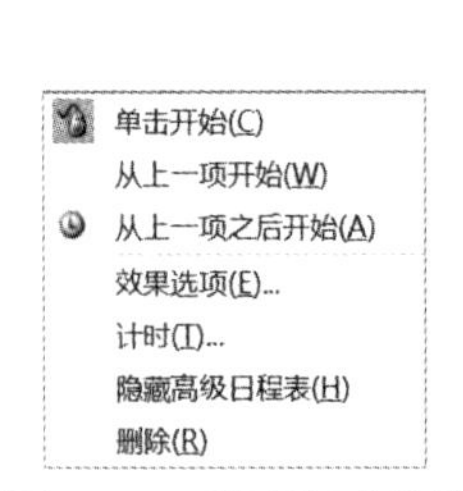

图9–75　动画设置菜单

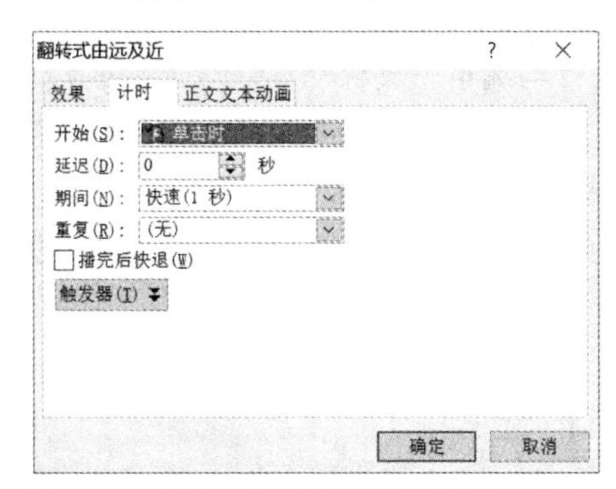

图9–76　“翻转式由远及近”动画属性设置

图9–77　单击播放诗句

图9–78　连续播放诗句

⑦单击动画窗格上方的播放按钮，预览动画效果。

2. 幻灯片跳转与导航

通过PowerPoint提供的超链接和动作按钮两种方法，实现演示文稿中幻灯片的跳转与导航。可以在本文档内导航，也可以链接到其他文件。当幻灯片放映时，单击超链接或动作按钮，可以跳转到所需要的位置。

【例9.15】为幻灯片设置超链接和动作按钮。

操作步骤如下：

①打开例9.14保存的演示文稿，选择第2张幻灯片。选取文字“钱塘湖春行”，右击，在弹出的快捷菜单中选择“超链接”命令，打开“插入超链接”对话框，在“链接到”框中选择“本文档中的位置”，在右边列表框中选择第4张幻灯片，如图9–79所示。设置超链接的文字会改变颜色并且加下画线。

②选择第4张幻灯片。单击“插入”→“形状”，最下方显示一系列动作按钮，如图9–80所示。单击动作按钮中的“后退或前一项”按钮◁，鼠标变为十字形状，在幻灯片右下角位置拖动画出按钮，同时打开“动作设置”对话框。在“单击鼠标”选项卡中选中“超链接到”单选按钮，从下拉列表中选择“上一张幻灯片”，如图9–81所示。

③添加“前进或下一项”动作按钮▷链接到“下一张幻灯片”，方法同步骤②。

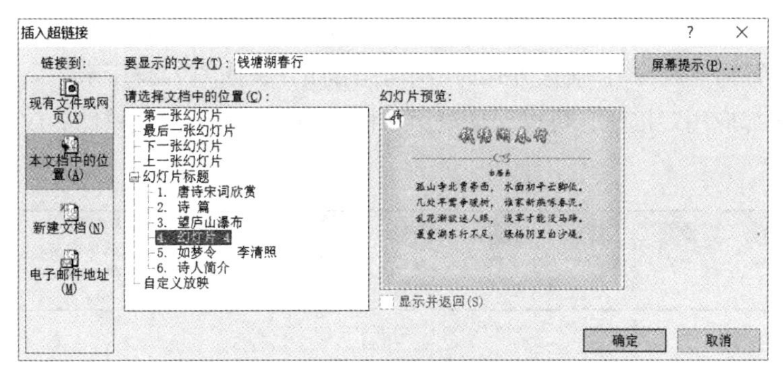

图9–79　“插入超链接”对话框

图9–80　动作按钮图

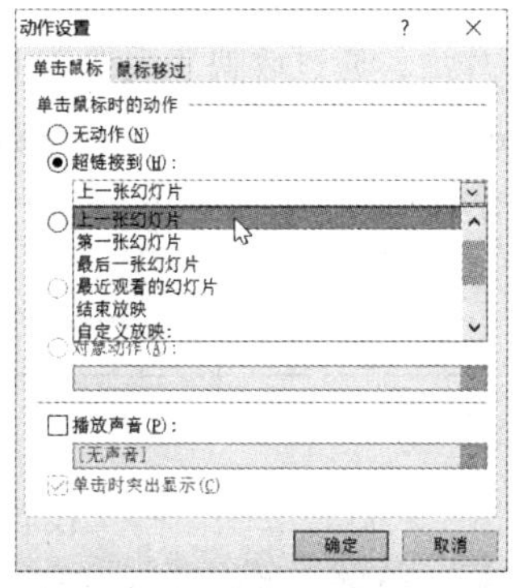

图9–81　“动作设置”对话框

④单击“自定义”动作按钮，在幻灯片右下角拖动，在“动作设置”对话框中选择“超链接到”→“幻灯片…”，打开“超链接到幻灯片”对话框，选择第2张幻灯片，如图9–82所示。右击该动作按钮，在弹出的快捷菜单中选择“编辑文字”命令，在按钮上添加文字“返回目录”。添加动作按钮的幻灯片4，如图9–83所示。

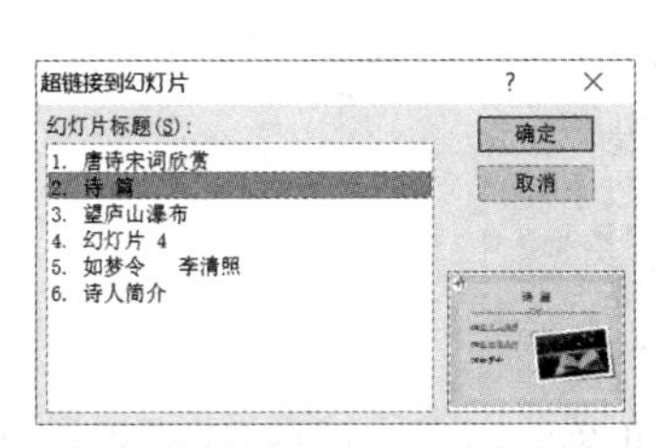

图9–82　“超链接到幻灯片”对话框

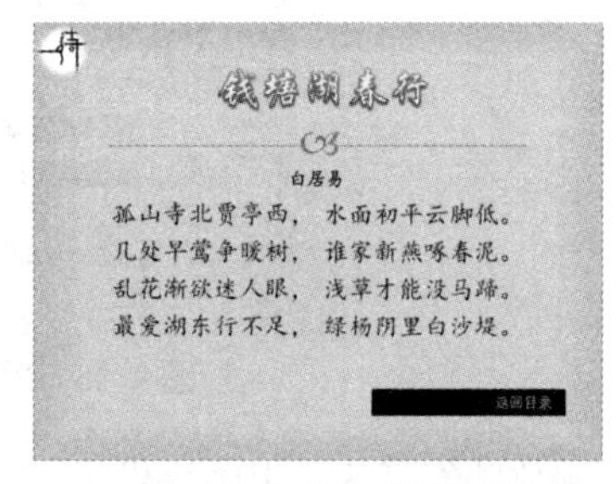

图9–83　动作按钮效果

⑤放映幻灯片，测试以上超链接和动作按钮。

3. 幻灯片切换

幻灯片的切换效果有多种，可在幻灯片放映时，体验从一张幻灯片切换到另一张幻灯片的视觉效果、声音效果以及切换速度。

【例9.16】设置幻灯片切换效果。

操作步骤如下：

①打开例9.15保存的演示文稿。

②选择第1张幻灯片，在“切换”选项卡中设置相关切换属性。在切换方式列表中选择“涟漪”，声音设置为“风铃”，换片方式为“单击鼠标时”，如图9–84所示。

③单击“全部应用”按钮，可以保证演示文稿内幻灯片切换的一致性。放映幻灯片观看切换效果。

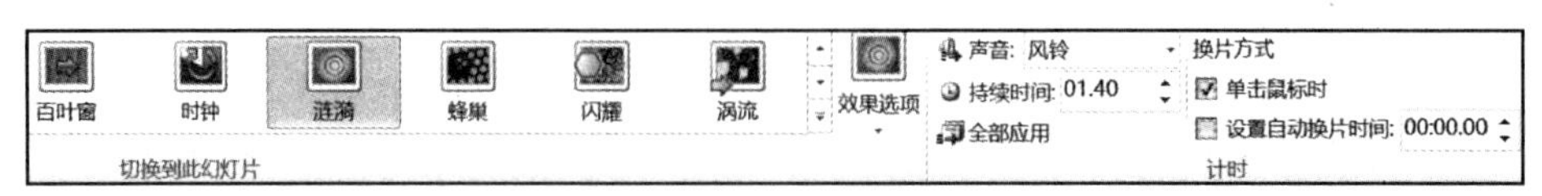

图9–84　幻灯片切换

9.3.4　幻灯片放映

制作完幻灯片后，通过放映来观看效果。设置放映方式通常采用两种方法：

方法1：通过“幻灯片放映”选项卡的相关按钮完成放映设置，如图9–85所示。

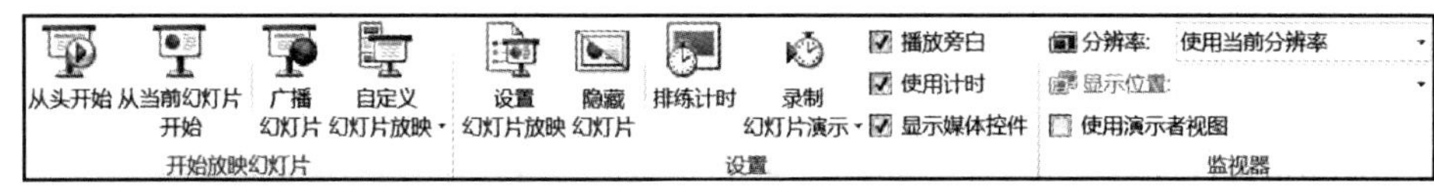

图9–85　“幻灯片放映”选项卡

方法2：单击“幻灯片放映”→“设置”→“设置幻灯片放映”按钮，打开“设置放映方式”对话框进行放映设置，如图9–86所示。

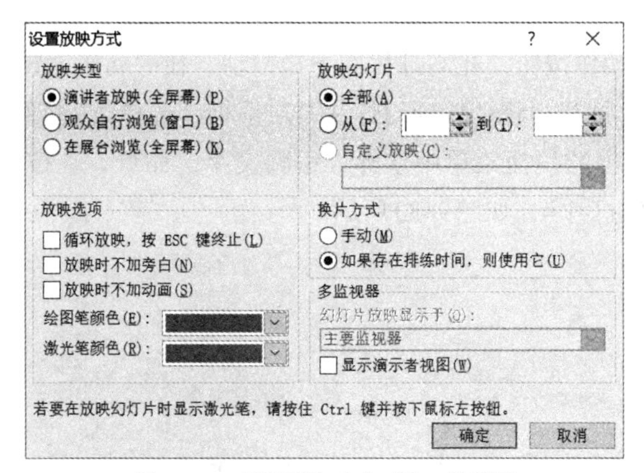

图9–86　“设置放映方式”对话框

在“开始放映幻灯片”组中提供了4种放映方式（见图9–85）。可以根据需要自定义幻灯片放映方式，选择放映幻灯片的范围以及设置放映顺序等。

选择“幻灯片放映”→“开始放映幻灯片”→“自定义幻灯片放映”→“自定义放映”命令，打开“自定义放映”对话框，如图9–87所示。单击“新建”按钮，弹出“定义自定义放映”对话框，如图9–88所示设置放映内容。设置完成，放映名称“诗词欣赏”出现在“自定义放映”对话框中，选中后单击“放映”按钮即可查看放映效果。

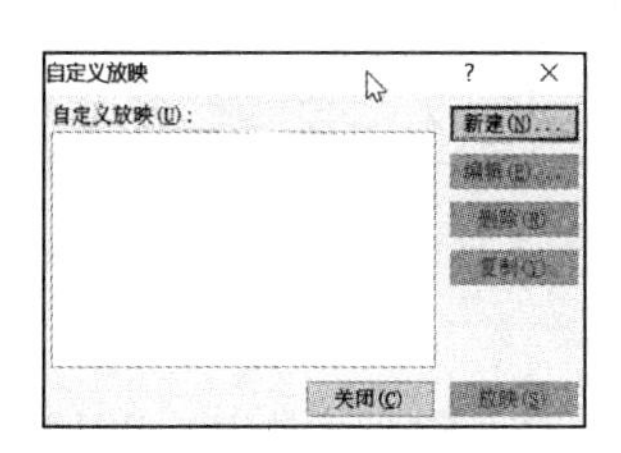

图9–87　“自定义放映”对话框

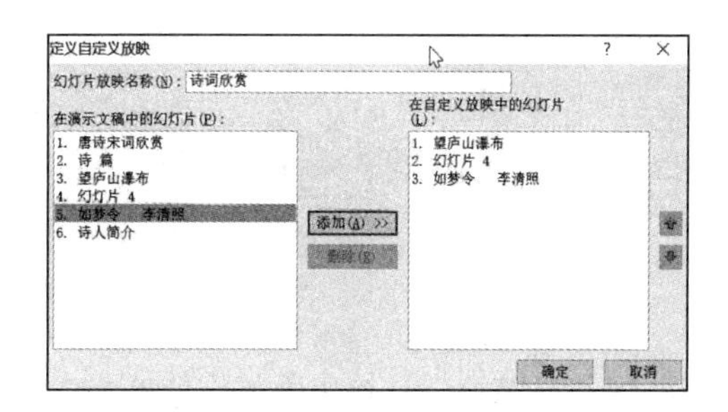

图9–88　“定义自定义放映”对话框

习　　题

一、选择题

1. 下列选项中，Word段落缩进方式不包括（　　）。

　A. 首行缩进　　B. 左缩进　　C. 悬挂缩进　　D. 字符缩进

2. 在Word中插入图片后，默认的图文混排方式是（　　）。

　A. 嵌入型　　B. 浮于文字上方　　C. 四周型　　D. 紧密型

3. 以下函数中，能够进行条件逻辑判断的函数是（　　）。

　A.AVERAGE　　B.IF　　C.COUNTIF　　D.SUM

4. 当输入由数字组成的文本型数据时，例如编号、电话号码等，需要在第一个数字前加上（　　）。

　A. 双引号　　B. 单引号　　C. 等号　　D. 分号

5. （　　）是幻灯片设计和编辑的主要视图方式，也是PowerPoint的默认视图方式。

　A. 幻灯片浏览视图　　B. 备注页视图

　C. 普通视图　　D. 幻灯片放映视图

二、填空题

1. Word提供了5种对齐方式，分别是________、________、________、________、________。

2. Excel中的公式既可以在单元格中输入，也可以在编辑栏中输入。输入公式完成后，________中显示计算结果，________中显示公式本身。

3. 在“学生成绩表”中，计算每位学生的平均成绩，使用________函数完成。此时只需计算第一位学生的平均成绩，利用公式的________功能，可以得到其他学生的平均成绩。

4. Excel中的数据筛选功能分为________和________两类。

5. Excel提供了不同类型数据的排序原则，数值型按照________；文本型按照________；日期型数据按照________。

参考文献

[1] 战德臣. 大学计算机：计算思维与信息素养 [M]. 3 版. 北京：高等教育出版社，2019.

[2] 甘勇，尚展垒，翟萍，等. 大学计算机基础 [M]. 北京：高等教育出版社，2018.

[3] 吴宁，崔舒宁，陈文革. 大学计算机：计算、构造与设计 [M]. 北京：清华大学出版社，2014.

[4] 郭娜，刘颖，王小英，等. 大学计算机基础教程 [M]. 2 版. 北京：清华大学出版社，2019.

[5] 王移芝，鲁凌云. 大学计算机 [M]. 6 版. 北京：高等教育出版社，2019.

[6] 吴雪飞，王铮钧，赵艳红. 大学计算机基础 [M]. 2 版. 北京：中国铁道出版社，2014.